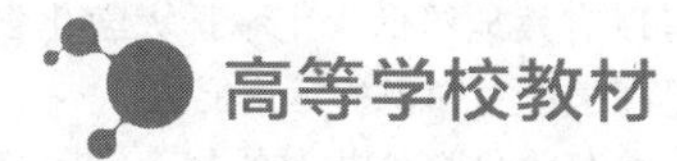

大学化学
学习笔记与解题指导

菅文平 刘松艳 詹从红 吕学举 主编

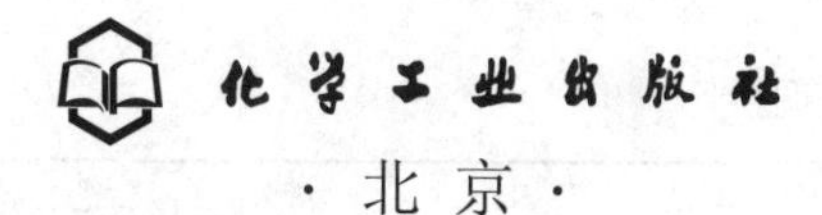

· 北 京 ·

内容简介

《大学化学学习笔记与解题指导》是为配合周伟红主编的《新大学化学》（第四版）而编写的学习指导书，主要包括两部分：第一部分是各章的课堂笔记与自测题；第二部分是综合测试题。全书围绕《新大学化学》的基本内容，对知识点进行梳理，阐明重点与难点问题，可以有效地帮助学生掌握大学化学的基础知识和基本原理。通过典型的例题、丰富的自测题及综合测试题提高学生对知识的运用能力。

《大学化学学习笔记与解题指导》可作为高等学校非化学化工类专业化学公共课的配套学习指导，也可供自学者参考。

图书在版编目（CIP）数据

大学化学学习笔记与解题指导/菅文平等主编. —北京：化学工业出版社，2022.6（2024.9重印）
ISBN 978-7-122-41048-1

Ⅰ.①大… Ⅱ.①菅… Ⅲ.①化学-高等学校-教学参考资料 Ⅳ.①O6

中国版本图书馆CIP数据核字（2022）第048792号

责任编辑：汪 靓 宋林青　　装帧设计：史利平
责任校对：杜杏然

出版发行：化学工业出版社（北京市东城区青年湖南街13号 邮政编码100011）
印 装：河北延风印务有限公司
787mm×1092mm 1/16 印张15½ 字数401千字 2024年9月北京第1版第3次印刷

购书咨询：010-64518888　　售后服务：010-64518899
网 址：http://www.cip.com.cn
凡购买本书，如有缺损质量问题，本社销售中心负责调换。

定 价：42.00元

《大学化学学习笔记与解题指导》编写人员名单

主　编　管文平　刘松艳
　　　　詹从红　吕学举

副主编　贾　琼　田玉美
　　　　刘晓丽　江　东

参　编　张　颖　胡　滨
　　　　张亚南　赫　奕
　　　　郇延富　杨清彪

前言

本书是依据《新大学化学》教学大纲的基本要求，以培养和提高学生的化学思维能力、科学创新能力、理论运用能力为目标而编写的。它不仅是与《新大学化学》内容配套的教学参考书，也是帮助相关专业学生学好《新大学化学》课程的学习指导书，是由多位长期工作在教学一线的、教学经验丰富的骨干教师共同编写而成的。

全书按《新大学化学》教材内容分章编写。前四章是新大学化学课程教学的重要内容。每章由课堂笔记及典型例题、知识思维导图、自测题及答案三部分组成。课堂笔记对每一章的基本概念、原理、公式做了详细梳理和阐释，突出了必须掌握和理解的重要内容，使学生在学习和复习时有据可循，不会疏漏。在重要知识点部分引入相应例题，分析解题思路，规范解答步骤，可以帮助学生深入地理解和掌握教材中的基本原理和重要内容，提高其灵活运用化学知识分析、解决问题的能力。知识思维导图以“一点带面”的方式将全章知识连接起来，方便学生对全章内容整体把握，并清楚它们之间的联系，提高学习效率。丰富的自测题给学生提供理论实践的广阔空间，促进学生理论实际相结合能力的提升。第五章到第九章主要介绍材料、能源、环境等内容，每一章由课堂笔记和自测题两部分组成。按照教学大纲，对规定内容进行知识梳理和总结，并通过自测题对相应知识进行巩固。在各章节内容学习、巩固之后，多套综合测试题以判断题、选择题、填空题、简答题及计算题等形式对教材里的全部知识点进行多维度考核，最终使学生达到对教材内容全面掌握，灵活运用的程度。此外，本书还提供一套吉林大学普通化学期末考试试卷为同学们参考。

本书的编写工作由以下人员完成：菅文平、赫奕（第一、二、四章）；吕学举、张亚南（第三章）；刘松艳、胡滨（第五章）；贾琼、郇延富（第六章）；江东、田玉美（第七章）；詹从红、杨清彪（第八章）；张颖、刘晓丽（第九章）。全书由菅文平统稿整理，全体编者参与校审。

本书在编写过程中参考了许多相关的普通化学和无机化学的习题参考书，在此对这些参考书的作者表示感谢。鉴于水平有限，疏漏和不当之处在所难免，希望同行专家和使用本书的教师、同学们批评指正。

编　者

2022 年 1 月于吉林大学

目录

第一章

化学反应基本规律

课堂笔记及典型例题

本章主要涉及以下几个内容：化学反应中的能量变化问题；化学反应的可行性（方向性）；化学反应进行的限度（化学平衡）问题；化学反应的现实性。前三点属于**化学热力学**，最后一点属于**化学动力学**。**化学热力学**是应用热力学的原理和方法，从化学反应的能量出发，研究化学反应的方向和进行程度的一门科学，**其研究对象**为大量质点（分子、原子或离子等）的集合体，且处于平衡状态（热平衡、相平衡、化学平衡等）。**化学动力学**就是研究化学反应速率和机理的科学。

第一节　基本概念

一、系统与环境

系统是作为研究对象的那部分物质（大量质点的集合体）。它可以是气态、液态或固态系统，也可以是多种聚集状态（气态、液态和固态）的物质组成的系统。**环境**是系统之外，与系统密切相关的其他物质。

系统与环境之间有确切的界面。这种界面可以是真实存在的，也可以是虚构的。比如，一个装有一定体积水的烧杯，以水为系统，则烧杯就是环境，此时系统与环境存在真实界面；一个密闭容器有 O_2 和 N_2 两种气体，以 O_2 为系统，N_2 就是 O_2 的环境，此时系统与环境之间就存在一个虚构的界面。

按照系统与环境之间物质和能量的交换关系，通常将系统分为三类：

敞开系统　系统与环境之间既有物质交换，又有能量交换。

封闭系统　系统与环境之间没有物质交换，只有能量交换。

孤立系统　系统与环境之间既无物质交换，又无能量交换。

事实上，绝对孤立的系统是不存在的，但根据研究的需要，可以将一些系统近似地看作孤立系统。**热力学上研究最多的就是封闭系统**。

对于化学反应，一般将反应物和生成物作为研究系统。

二、相

系统中任何**物理性质和化学性质完全相同**的部分称为**相**。

相的特征：相与相之间有明确的界面。

只有一个相的系统，称为单相系统或均匀系统；含有两个相或多个相的系统称为多相系统或不均匀系统。

注意：判断指定系统是单相或多相系统的依据——相的定义及其特征，即该系统中是否有相界面，系统各部分的物理性质和化学性质是否完全相同。

另外，对于**相**这个概念，要分清以下几种情况：

① 一相不一定是一种物质。如，O_2 和 N_2 气体混合物。

② 相与聚集态的区别。如烧杯中装有水与四氯化碳，这两种物质均为液态，却是两相，因为它们的物理性质和化学性质完全不同，两者之间存在相界面。

③ 同一种物质可因聚集态不同组成多相系统。如，冰水混合物。

第二节　化学反应中的质量守恒与能量守恒

一、化学反应中的质量守恒定律

1. 定律内容

在化学反应中，质量既不能创造，也不能毁灭，只能由一种形式转变为另一种形式。

2. 化学反应计量方程式

化学反应计量方程式表示反应物与生成物之间原子数目和质量的平衡关系，它是质量守恒定律在化学变化中的具体体现。通式为：

$$0=\sum_{B}\nu_{B}B,$$

式中，ν_B 称为化学计量数，对于反应物 ν_B 取负值，生成物 ν_B 取正值；B 代表反应中的任意物质（反应物或生成物）。

二、热力学第一定律

1. 定律内容

在任何过程中，能量既不能创造，也不能消灭，只能从一种形式转化为另一种形式。在转化过程中，能量的总值不变。

2. 定律表达式

$\Delta U=Q+W$，式中涉及三个物理量 U、Q、W。若要理解热力学第一定律，必须先掌握与系统密切相关的一些概念及物理量。

（1）状态和状态函数

状态是由一系列表征系统性质的物理量所确定下来的系统的存在形式。状态函数是用来确定系统状态（系统存在形式）的物理量，是系统自身的性质。

状态函数的主要特征：①状态一定时，状态函数有单一确定值，反之亦然；②状态函数的变化值仅取决于系统的始态（系统变化前的状态）和终态（系统变化后的状态），与变化的具体途径无关。可将状态函数的特征概括为：**状态函数有特征，状态一定值一定，殊途同归变化等，周而复始变化零。**

状态函数的分类：①广度性质的状态函数：其数值与系统中所含物质的量成正比，在**系统内部具有加和性**，如体积、质量、物质的量。②强度性质的状态函数：其数值不随系统中物质的量的变化而变化，**不具有加和性**，如温度、压力、密度。

（2）热力学能

热力学能是系统内部一切能量的总和，也称**内能**，用符号 U 表示。其包括系统内部各种物质的分子平动能、分子转动能、分子振动能、电子运动能、核能等。

热力学能是广度性质的状态函数，具有加和性，其绝对值无法求得。热力学能的改变量由系统的始态和终态的数值决定，即 $\Delta U = U_{终态} - U_{始态}$。对于理想气体，热力学能只是温度的函数。温度不变（$\Delta T=0$），则系统的热力学能就不变（$\Delta U=0$）。

（3）热和功

功和热是系统与环境之间进行能量交换的两种形式。

热是系统与环境因温度不同而交换（或传递）的能量，用符号 Q 表示。功是除了热以外的其他各种被传递的能量，用符号 W 表示。

功和热正、负值的确定：立足于系统，状态变化后，系统获得能量，取正值；系统损失能量，取负值。

功和热都不是状态函数，只有在能量交换的过程中才会有具体的数值，且与变化途径密切相关，途径不同，数值不同，因而**功和热是过程量**。

清楚了（1）、（2）、（3）这三组概念，对于一个封闭系统从具有热力学能 U_1 的始态，通过从环境吸热 Q 及对环境做功 W，变到具有热力学能 U_2 的终态，其热力学能的改变量为：

$$\Delta U_{系统} = U_2 - U_1 = Q + W$$

在此变化过程中，环境损失了热 Q 并获得了功 W，其热力学能的改变量

$$\Delta U_{环境} = -\Delta U_{系统}$$

系统和环境构成热力学宇宙，$\Delta U_{宇宙} = \Delta U_{环境} + \Delta U_{系统} = 0$，因此，热力学第一定律是能量守恒定律。

例题 1-1 某一系统从始态变到终态，从环境中吸热 100J，又对环境做功 200J，求系统的热力学能变化及环境的热力学能变化。

解：对于系统而言，由题意得知，$Q_{系统}=100\text{J}$，$W_{系统}=-200\text{J}$，

由热力学第一定律的数学表达式

$$\Delta U_{系统} = Q_{系统} + W_{系统} = 100\text{J} + (-200\text{J}) = -100\text{J}$$

对于环境而言，由题意得知，$Q_{环境}=-100\text{J}$，$W_{环境}=200\text{J}$，

由热力学第一定律的数学表达式

$$\Delta U_{环境} = Q_{环境} + W_{环境} = (-100\ \text{J}) + 200\ \text{J} = 100\ \text{J}$$

答：系统的热力学能变化为－100J；环境的热力学能变化为 100J。

三、化学反应的反应热

热是化学反应系统与环境进行能量交换的主要形式。通常把只做体积功，且始态和终态具有相同温度时，系统吸收或放出的热量称为**化学反应热**。根据反应条件不同，反应热分为恒容反应热和恒压反应热。

1. 恒容反应热（Q_V）

在恒容、不做非体积功的条件下进行的化学反应就是恒容反应，其热效应称为恒容反应热，用符号 Q_V 表示。在恒容条件（$\Delta V=0$）下，只做体积功，所以 $W_{体积}=0$。根据热力学第一定律：

$$\Delta_r U=Q+W=Q_V$$

该式意义：在不做非体积功的恒容反应系统中，反应的热效应**在数值上**等于热力学能的改变量。这也说明：一方面热力学能的改变量可以通过实验的方法来确定（因为恒容反应热可以通过实验的方法进行测定）；另一方面恒容反应热也可以通过热力学能的改变量来求解。

2. 恒压反应热（Q_p）

在恒压、只做体积功的条件下的反应热效应，用符号 Q_p 来表示。根据热力学第一定律表达式 $\Delta U=Q+W$，系统在恒压对外膨胀做功的情况下，可得

$$\Delta_r U=Q_p-p\Delta V$$

$$Q_p=\Delta_r U+p\Delta V=(U_2+p_2V_2)-(U_1+p_1V_1)$$

热力学将 U、p、V 状态函数构成的复合函数 $U+pV$ 定义为**焓**，用符号 H 表示。因此，恒压反应热可以写为

$$Q_p=(U_2+p_2V_2)-(U_1+p_1V_1)=H_2-H_1=\Delta_r H$$

该式意义：在不做非体积功的恒压反应系统中，反应的热效应**在数值上**等于系统焓的改变量。这也说明焓变可以通过实验的方法测得；恒压反应热的求算可以通过始态和终态来确定。

$\Delta_r H$ 取正或负值，立足于系统：系统获得能量（吸热），$\Delta_r H$ 取正值（$\Delta_r H>0$）；系统损失能量（放热），$\Delta_r H$ 取负值（$\Delta_r H<0$）。

焓的特征：具有能量单位（J 或 kJ）；广度性质的状态函数，具有加和性；绝对值无法确定（因为定义式中热力学能的绝对值无法确定）。

3. 恒压反应热与恒容反应热的关系

若反应系统中各物质均为液体或固体，则 $Q_p\approx Q_V$；

若反应系统中有气体参与，则 $Q_p=Q_V+\Delta nRT$ 或 $\Delta_r H=\Delta_r U+\Delta nRT$，
式中，Δn 是反应前后气体物质的物质的量之差。

若反应进度为 1mol（即按照指定化学反应方程式进行反应物的消耗和产物的生成），则

$$\Delta_r H_m=\Delta_r U_m+\Delta\nu RT$$

式中，$\Delta\nu$ 是反应前后气体物质化学计量数之差。

例题 1-2 已知反应 $2H_2S(g)+3O_2(g) \rightleftharpoons 2H_2O(l)+2SO_2(g)$，在 298.15K 时，该反应的 $\Delta_r H_m$ 为 $-1124.06kJ\cdot mol^{-1}$，求该反应的 $\Delta_r U_m$。

解：由公式 $\Delta_r H_m=\Delta_r U_m+\Delta\nu RT$ 可求

$$\Delta_r U_m=\Delta_r H_m-\Delta\nu RT=-1124.06kJ\cdot mol^{-1}-(-3)\times 8.314\times 298.15\times 10^{-3}kJ\cdot mol^{-1}$$
$$=-1116.62kJ\cdot mol^{-1}$$

答：该反应的 $\Delta_r U_m$ 为 $-1116.62kJ\cdot mol^{-1}$。

四、化学反应热的计算

1. 标准态

热力学上规定了物质的标准态，用符号"$\ominus$"表示：①气态物质的标准态是指系统中每

一种组分气体的分压均为标准压力 $p^{\ominus}$（$p^{\ominus}=100\text{kPa}$）时的（假想）纯理想气体状态；②液体或固体的标准态是指在标准压力 $p^{\ominus}$下的纯液体或纯固体；③溶液中溶质 B 的标准态是指在标准压力 $p^{\ominus}$下，浓度为标准质量摩尔浓度 $b^{\ominus}$（$b^{\ominus}=1.0\text{mol}\cdot\text{kg}^{-1}$），并表现为无限稀溶液特性时溶质 B 的（假想）状态。

注意：①标准态是一种人为指定的理想状态，用于作为系统状态比较的参照，不一定是系统的实际状态。②标准态没有对温度的规定。处于 $p^{\ominus}$下的物质，每个温度下都有一个标准状态，但 IUPAC 推荐选择 298.15K 作为参考温度。③区别标准态与标准状况。研究气体定律时所规定的气体“标准状况”是指在压力为标准大气压（$p=100\text{kPa}$）、温度为 0℃时气体所处的状况，涉及压力和温度两个条件。标准态只规定了压力为 $p^{\ominus}$，没有对温度的规定。

在进行化学反应热计算之前，首先要清楚以下各组状态函数改变量所表示的意义：

状态函数改变量	表示的意义
ΔU，ΔH	当泛指一个过程时，状态函数改变量（热力学能改变量或焓变）的表示法（无上下角标）
$\Delta_r U$，$\Delta_r H$	指明某一反应而没有指明反应进度，即不做严格的定量计算时，两个状态函数改变量的表示法（有下角标 r，表示化学反应）
$\Delta_r U_m$，$\Delta_r H_m$	表示某反应按所给定反应方程式进行 1mol 反应时，热力学能改变量或焓变（有下角标 r 与 m，其中 m 表示 1mol 反应）
$\Delta_r U_m^{\ominus}$，$\Delta_r H_m^{\ominus}$	表示在标准状态下某反应按所给定反应方程式进行 1mol 反应时，热力学能改变量或焓变（有上下角标，“$\ominus$”表示标准状态）

2. 利用盖斯定律计算反应的标准摩尔焓变

盖斯定律内容：化学反应的反应热（在恒容或恒压下）只与物质的始态和终态有关，而与变化途径无关。

对于盖斯定律内容的理解：根据热力学第一定律，在恒容、只做体积功的条件下，$\Delta_r U=Q_V$；而在恒压、只做体积功的条件下，$\Delta_r H=Q_p$。$\Delta_r U$ 和 $\Delta_r H$ 是状态函数的改变量，只取决于系统的始态和终态，与具体的途径无关。因此，在此条件下 **Q_V 和 Q_p 的数值也与实现过程的具体途径无关。**

如果一个化学反应可以由其他反应组合而成，则这个化学反应的反应热也可以由其他反应的反应热组合而得到。

若反应(1)＝反应(2)＋反应(3)，根据盖斯定律，有

$$\Delta_r H_1=\Delta_r H_2+\Delta_r H_3$$

如果在标准状态下，进行 1mol 反应，则有 $\Delta_r H_{m1}^{\ominus}=\Delta_r H_{m2}^{\ominus}+\Delta_r H_{m3}^{\ominus}$

如果一个反应是多个反应乘以系数后相加得到的，那么该反应的摩尔焓变等于各个反应的摩尔焓变乘以相应系数后相加的总和，即：

$$\Delta_r H_m=\sum \nu_i \Delta_r H_{mi}$$

式中，ν_i 是对应 i 化学反应所乘的系数，它可以是整数或分数，也可以是正数或负数。

在标准状态下，则上式可以改写为：

$$\Delta_r H_m^{\ominus}=\sum \nu_i \Delta_r H_{mi}^{\ominus}$$

因此，根据**盖斯定律，可以利用已知化学反应的摩尔焓变来求算某一目标反应的摩尔焓变。**

利用盖斯定律求反应的摩尔焓变时，会涉及热化学方程式——表示化学反应与反应摩尔

焓变关系的化学方程式。反应的摩尔焓变不仅与反应进行时的条件有关，还与反应物和产物的存在状态有关。因此，书写热化学方程式要注意以下几点：

① 习惯上方程式写在左边，$\Delta_r H_m$ 写在右边，注明反应的温度与压力。

② 注明反应物和产物的聚集状态，分别用 s、l 和 g 表示固、液、气，用 aq 表示溶液。如果固体物质存在不同晶型，要注明晶型。

③ 同一化学反应，当化学计量数不同时，反应的摩尔焓变也不同（因为焓具有加合性）。

【应该指出，热化学方程式表示一个已经完成的化学反应。例如

$$2H_2(g)+O_2(g) \rightleftharpoons 2H_2O(g) \quad \Delta_r H_m^{\ominus}(298.15K)=-483.6kJ\cdot mol^{-1}$$

表示在 298.15K、标准状态下，消耗 2mol $H_2(g)$ 与 1mol$O_2(g)$，生成 2mol $H_2O(g)$ 时，放热 483.6$kJ\cdot mol^{-1}$。】

例题 1-3 标准状态下，下列物质燃烧的热化学方程式如下

(1) $2C_2H_2(g)+5O_2(g) \longrightarrow 4CO_2(g)+2H_2O(l) \quad \Delta_r H_{m1}^{\ominus}=-2602kJ\cdot mol^{-1}$

(2) $2C_2H_6(g)+7O_2(g) \longrightarrow 4CO_2(g)+6H_2O(l) \quad \Delta_r H_{m2}^{\ominus}=-3123kJ\cdot mol^{-1}$

(3) $H_2(g)+\frac{1}{2}O_2(g) \longrightarrow H_2O(l) \quad \Delta_r H_{m3}^{\ominus}=-286kJ\cdot mol^{-1}$

根据以上反应焓变，计算乙炔（C_2H_2）氢化反应 $C_2H_2(g)+2H_2(g) \longrightarrow C_2H_6(g)$的标准摩尔焓变。

解：根据已知反应的标准摩尔焓变求反应 $C_2H_2(g)+2H_2(g) \longrightarrow C_2H_6(g)$的标准摩尔焓变，需要依据反应 $C_2H_2(g)+2H_2(g) \longrightarrow C_2H_6(g)$中各物质前的系数对相关的已知反应做相应的系数处理，即乙炔（C_2H_2）氢化反应中 $C_2H_2(g)$的系数为 1，$H_2(g)$的系数为 2，$C_2H_6(g)$的系数为 1，则将（1)/2 得（4)

$$\mathbf{C_2H_2(g)}+\frac{5}{2}O_2(g) \longrightarrow 2CO_2(g)+H_2O(l) \quad \Delta_r H_{m,4}^{\ominus}=-1301kJ\cdot mol^{-1}$$

将（3)×2 得（5)

$$\mathbf{2H_2(g)}+O_2(g) \longrightarrow 2H_2O(l) \quad \Delta_r H_{m5}^{\ominus}=-572kJ\cdot mol^{-1}$$

将（2)/2 得（6)

$$\mathbf{C_2H_6(g)}+\frac{7}{2}O_2(g) \longrightarrow 2O_2(g)+3H_2O(l) \quad \Delta_r H_{m6}^{\ominus}=-1561.5kJ\cdot mol^{-1}$$

再由（4)+(5)-(6）可得乙炔（C_2H_2）氢化反应，即

$$C_2H_2(g)+2H_2(g) \longrightarrow C_2H_6(g),$$

所以 $\Delta_r H_m^{\ominus}=\Delta_r H_{m4}^{\ominus}+\Delta_r H_{m5}^{\ominus}-\Delta_r H_{m6}^{\ominus}=(-1301-572+1561.5)kJ\cdot mol^{-1}$
$=-311.5kJ\cdot mol^{-1}$

答：乙炔氢化反应的标准摩尔焓变为$-311.5kJ\cdot mol^{-1}$

3. 利用标准摩尔生成焓计算反应的标准摩尔焓变

标准摩尔生成焓 在标准状态下，由参考态元素生成 1mol 的 B 物质时反应的摩尔焓变称 B 物质的标准摩尔生成焓，记作 $\Delta_f H_m^{\ominus}$。

参考态元素（单质） 一般指在所讨论的 T、P 下最稳定状态的单质或规定单质。

由标准摩尔生成焓的定义可知，参考态元素的标准摩尔生成焓为零。

对于任一反应 $aA+bB \rightleftharpoons gG+dD$，反应焓变关系如下图：

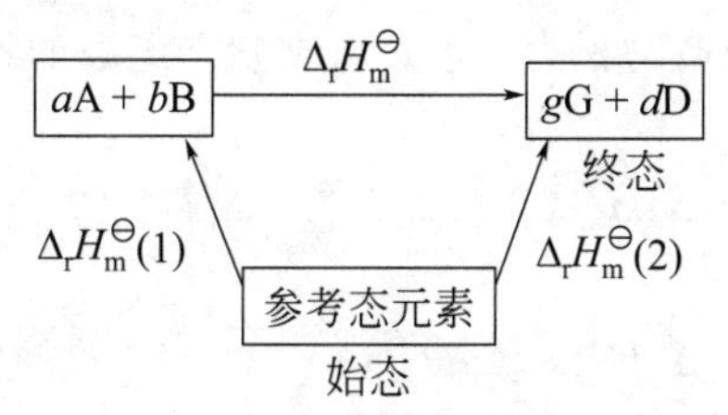

将参考态元素视为始态，产物视为终态，根据状态函数的特征——始态和终态相同，状态函数的改变量相同，有

$$\Delta_r H_m^\ominus(2)=\Delta_r H_m^\ominus(1)+\Delta_r H_m^\ominus \quad \text{将等式变换一下，有}$$

$$\Delta_r H_m^\ominus=\Delta_r H_m^\ominus(2)-\Delta_r H_m^\ominus(1)$$

将相应各物质的标准摩尔生成焓代入，有

$$\begin{aligned}\Delta_r H_m^\ominus &= g\Delta_f H_m^\ominus(\text{G})+d\Delta_f H_m^\ominus(\text{D})-a\Delta_f H_m^\ominus(\text{A})-b\Delta_f H_m^\ominus(\text{B})\\ &=\Sigma\nu_{\text{生成物}}\Delta_f H_m^\ominus(\text{生成物})-\Sigma\nu_{\text{反应物}}\Delta_f H_m^\ominus(\text{反应物})\\ &=\Sigma\nu_B\Delta_f H_m^\ominus(\text{B})\end{aligned}$$

上式表明：在温度 T 时，**化学反应的标准摩尔焓变等于生成物的标准摩尔生成焓的总和减去反应物的标准摩尔生成焓的总和。**

例题 1-4 在 298.15K 时，已知反应 $H_2S(g)+\frac{3}{2}O_2(g) \rightleftharpoons H_2O(l)+SO_2(g)$ 中的 $H_2S(g)$、$H_2O(l)$ 和 $SO_2(g)$ 的 $\Delta_f H_m^\ominus$ 值为 $-20.63\text{kJ}\cdot\text{mol}^{-1}$、$-285.83\text{kJ}\cdot\text{mol}^{-1}$ 和 $-296.83\text{kJ}\cdot\text{mol}^{-1}$。求该反应的 $\Delta_r H_m^\ominus$。

解：本题是利用标准摩尔生成焓求反应的标准摩尔焓变公式 $\Delta_r H_m^\ominus(298.15\text{K})=\Sigma\nu_B\Delta_f H_m^\ominus$ 的直接应用，需要注意各物质前的系数。

根据反应 $$H_2S(g)+\frac{3}{2}O_2(g) \rightleftharpoons H_2O(l)+SO_2(g),$$

由公式 $\Delta_r H_m^\ominus(298.15\text{K})=\Sigma\nu_B\Delta_f H_m^\ominus=\Sigma\nu_B\Delta_f H_m^\ominus(\text{生成物})-\Sigma\nu_B\Delta_f H_m^\ominus(\text{反应物})$

$$\begin{aligned}\Delta_r H_m^\ominus(298.15\text{K}) &= \Delta_f H_m^\ominus(SO_2,g)+\Delta_f H_m^\ominus(H_2O,l)-\frac{3}{2}\Delta_f H_m^\ominus(O_2,g)-\\ &\quad \Delta_f H_m^\ominus(H_2S,g)\\ &=[(-296.83)+(-285.83)-0-(-20.63)]\text{kJ}\cdot\text{mol}^{-1}\\ &=-562.03\text{kJ}\cdot\text{mol}^{-1}\end{aligned}$$

答：该反应的 $\Delta_r H_m^\ominus(298.15\text{K})$ 为 $-562.03\text{kJ}\cdot\text{mol}^{-1}$。

4. 利用标准摩尔燃烧焓计算反应的标准摩尔焓变

标准摩尔燃烧焓 指定温度 T 时，1mol 物质 B 在标准压力下完全燃烧时的摩尔焓变，用符号 $\Delta_c H_m^\ominus$ 表示，单位 $\text{kJ}\cdot\text{mol}^{-1}$。在标准摩尔燃烧焓的定义中，**“完全燃烧”**是指可燃物分子中的各种元素都变成了最稳定的氧化物或单质，如，C 元素转变为 $CO_2(g)$，H 元素转变为 $H_2O(l)$，S 元素转变为 $SO_2(g)$，P 元素转变为 $P_2O_5(s)$，N 元素转变为 $N_2(g)$ 等。

在标准状态下，完全燃烧的产物的标准摩尔燃烧焓等于零。

对于任意一化学反应，$aA+bB \rightleftharpoons gG+dD$，反应物、产物及燃烧产物的关系如下图所示

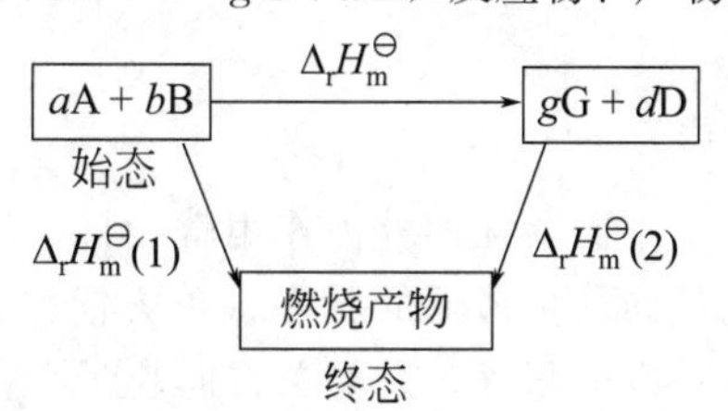

将反应物视为始态，燃烧产物视为终态，根据状态函数的特征——始态和终态相同，状态函数的改变量相同，可得

$$\Delta_r H_m^\ominus(1)=\Delta_r H_m^\ominus+\Delta_r H_m^\ominus(2)$$

将该式变换一下，有

$$\Delta_r H_m^\ominus=\Delta_r H_m^\ominus(1)-\Delta_r H_m^\ominus(2)$$

将相应各物质的标准摩尔燃烧焓代入上式，则有

$$\begin{aligned}\Delta_r H_m^\ominus &=a\Delta_c H_m^\ominus(A)+b\Delta_c H_m^\ominus(B)-g\Delta_c H_m^\ominus(G)-d\Delta_c H_m^\ominus(D)\\ &=\Sigma\nu_{反应物}\ \Delta_c H_m^\ominus(反应物)-\Sigma\nu_{生成物}\ \Delta_c H_m^\ominus(生成物)\\ &=-\Sigma\nu_B\Delta_c H_m^\ominus(B)\end{aligned}$$

根据盖斯定律，**对于一些化学反应，标准摩尔焓变等于反应物的标准摩尔燃烧焓之和减去生成物的标准摩尔燃烧焓之和。**

对于一个指定的化学反应而言，反应物的总焓值与产物的总焓值随温度升高的幅度大体相当，因此 $\Delta_r H_m^\ominus$ 受温度影响很小，可以认为

$$\boldsymbol{\Delta_r H_m^\ominus(T)\approx\Delta_r H_m^\ominus(298.15K)}$$

例题 1-5 已知下列各物质的标准摩尔燃烧焓

热力学函数	乙酸(l)	乙醇(l)	乙酸乙酯(l)
$\Delta_c H_m^\ominus/(kJ\cdot mol^{-1})$	−874.54	−1366.91	−2730.9

求在 298.15K 时反应 $CH_3COOH+CH_3CH_2OH\longrightarrow CH_3COOCH_2CH_3+H_2O$ 的 $\Delta_r H_m^\ominus$。

解： 本题是由标准摩尔燃烧焓求反应的标准摩尔焓变公式 $\Delta_r H_m^\ominus=-\Sigma\nu_B\Delta_c H_m^\ominus$ 的直接应用，需要注意各物质前的系数。葡萄糖发酵生成乙醇反应为

$$CH_3COOH+CH_3CH_2OH\longrightarrow CH_3COOCH_2CH_3+H_2O$$

$$\begin{aligned}\Delta_r H_m^\ominus &=-\Sigma\nu_B\Delta_c H_m^\ominus\\ &=\Sigma\nu_i\Delta_c H_m^\ominus(反应物)-\Sigma\nu_j\Delta_c H_m^\ominus(产物)\\ &=\Delta_c H_m^\ominus(乙酸)+\Delta_c H_m^\ominus(乙醇)-\Delta_c H_m^\ominus(乙酸乙酯)-\Delta_c H_m^\ominus(H_2O)\\ &=(-874.54kJ\cdot mol^{-1})+(-1366.91kJ\cdot mol^{-1})-(-2730.9kJ\cdot mol^{-1})-0\\ &=489.45kJ\cdot mol^{-1}\end{aligned}$$

答：298.15K、$p^\ominus$ 时由葡萄糖发酵生成 1mol 乙醇时的 $\Delta_r H_m^\ominus$ 为 $489.45kJ\cdot mol^{-1}$。

第三节　化学反应进行的方向

一、化学反应的自发性

1. 自发过程

自发过程是指在一定条件下不需要任何外力作用就能自动进行的过程。

自发过程的特征： 自发地趋向能量最低的状态（单方向性）；自发地趋向混乱度最大的状态；具有做功的能力；具有一定的限度，总是单方向趋于平衡态。

2. 混乱度——熵

(1) 基本概念

混乱度 组成物质的质点在一个指定空间区域内排列和运动的无序程度。有序度高，其混乱度小；有序度低，其混乱度大。

熵 描述系统混乱度大小的一个物理量，用符号 S 表示。熵值的大小对应着混乱程度的大小。熵值越大，混乱度越大，有序度越低；熵值越小，混乱度越小，有序度越高。

熵的特征：熵是状态函数；熵具有加合性，与系统中物质的量成正比；在 **0K** 时，任何**纯物质完美晶体**的熵值为零。

熵的影响因素：

① 温度影响：物质的熵值随温度升高而增大；

② 压力影响：对于气态物质的熵值，压力越大，熵值越小；

③ 聚集态影响（同一物质）：S(气态)＞S(液态)＞S(固态)；

④ 原子个数影响（聚集态相同）：原子个数多的熵值大；

⑤ 摩尔质量相同的不同物质，其结构越复杂，对称性越低，熵值越大（**如乙醇和甲醚**）；

⑥ 混合物的熵值总是大于纯净物的熵值。

规定熵（绝对熵） 指定温度下的熵值，可以通过从 0K 到指定温度下的热力学数据求得。

摩尔熵 1mol 物质 B 的**规定熵**，表示为 $\boldsymbol{S_m}$。

标准摩尔熵 在标准状态下的摩尔熵称为标准摩尔熵，简称标准熵，记作 $S_m^{\ominus}$，单位 $J \cdot mol^{-1} \cdot K^{-1}$。**参考态元素的标准摩尔熵不为零。**

(2) 熵变的计算

利用标准摩尔熵 $S_m^{\ominus}$ 的数据可以计算化学反应的标准摩尔熵变 $\Delta S_m^{\ominus}$。

对于反应 $aA+bB \rightleftharpoons gG+dD$，在 298.15K 的标准摩尔熵变 $\Delta S_m^{\ominus}$，

$$\begin{aligned}\Delta_r S_m^{\ominus} &= gS_m^{\ominus}(G)+dS_m^{\ominus}(D)-aS_m^{\ominus}(A)-bS_m^{\ominus}(B)\\ &=\Sigma\nu_{生成物}\ S_m^{\ominus}(生成物)-\Sigma\nu_{反应物}\ S_m^{\ominus}(反应物)\\ &=\Sigma\nu_B S_m^{\ominus}(B)\end{aligned}$$

上式表明，**反应的标准摩尔熵变 $\boldsymbol{\Delta_r S_m^{\ominus}}$ 等于生成物的标准摩尔熵之和减去反应物标准摩尔熵之和。**

对于一个指定的化学反应而言，反应物的总熵值与产物的总熵值随温度升高的幅度大体相当，$\Delta_r S_m^{\ominus}$ 受温度影响很小，可以认为

$$\boldsymbol{\Delta_r S_m^{\ominus}(T) \approx \Delta_r S_m^{\ominus}(298.15K)}$$

对于反应过程熵变情况的估计：

① 在化学反应过程中，如果从固态或液态物质生成气态物质，系统混乱度变大，系统熵值增加，即 $\Delta_r S>\mathbf{0}$；

② 在化学反应过程中，如果生成物和反应物对比，气态物质的化学计量数是增大的，则系统熵值增加，即 $\Delta_r S>\mathbf{0}$；

③ 如果是气体生成固体或液体的反应，或气态物质的化学计量数减少的反应，则系统熵值减少，即 $\Delta_r S<\mathbf{0}$。

【以上三条用于定性判断反应熵值的增减】

例题 1-6 计算反应 $2CO(g)+2NO(g) \rightleftharpoons 2CO_2(g)+N_2(g)$ 在 350K 的熵变 $\Delta_r S_m^{\ominus}$。已知各物质的 $S_m^{\ominus}$(298.15K) 为：

热力学函数	CO(g)	NO(g)	CO_2(g)	N_2(g)
$S_m^\ominus/(J\cdot mol^{-1}\cdot K^{-1})$	197.67	210.76	213.74	191.61

解：该题是熵变计算公式的应用，注意每个物质前的系数及温度对反应熵变的影响。

$$\begin{aligned}\Delta_r S_m^\ominus(298.15K) &= \Sigma\nu_B S_m^\ominus(B)\\ &= \Sigma\nu_{生成物} S_m^\ominus(生成物) - \Sigma\nu_{反应物} S_m^\ominus(反应物)\\ &= [S_m^\ominus(N_2,g) + 2S_m^\ominus(CO_2,g)] - [2S_m^\ominus(NO,g) + 2S_m^\ominus(CO,g)]\\ &= [191.61 + 2\times213.74 - 2\times210.76 - 2\times197.67]J\cdot mol^{-1}\cdot K^{-1}\\ &= -197.77J\cdot mol^{-1}\cdot K^{-1}\end{aligned}$$

$$\Delta_r S_m^\ominus(350K) \approx \Delta_r S_m^\ominus(298.15K) = -197.77J\cdot mol^{-1}\cdot K^{-1}$$

答：在 350K 时反应的熵变 $\Delta_r S_m^\ominus$ 为 $-197.77J\cdot mol^{-1}\cdot K^{-1}$。

(3) 反应方向的判断

在**孤立系统**中，热力学第二定律的数学表达式可简化为：

$$\boldsymbol{\Delta S_{孤立} \geqslant 0}$$

式中“＞”表示自发过程；“＝”表示可逆过程。

在孤立系统中，如果发生可逆过程，则系统的熵不变；如果发生的是自发过程，则系统的熵会增大。在孤立系统中，不可能发生系统熵减小的过程，这也称为熵增加原理。因此，**对于孤立系统，可以直接用系统的熵变来判断过程进行的方向**。但是，大多数化学反应并不是孤立系统，所以用熵增大作为反应自发性判据并不具有普遍意义。

二、吉布斯函数变与化学反应进行的方向

1. 基本概念

吉布斯函数　在恒温、恒压下，自发反应（在理论上或实际上）具有对外做有用功的能力，用系统的一个状态函数来体现，这个状态函数就是吉布斯函数，用符号 G 表示，定义为 $G=H-TS$。

吉布斯函数的特征：吉布斯函数是状态函数，且具有加和性；其绝对值不能确定；单位 kJ 或 J。

吉布斯函数变　在恒温、恒压下，当系统发生状态变化时，其吉布斯函数的改变量，记为 ΔG，单位 kJ 或 J，则有 $\Delta G=\Delta H-T\Delta S$（吉布斯-亥姆霍兹公式）。

摩尔吉布斯函数变　在某一温度下，发生 1mol 化学反应时吉布斯函数的改变量，记为 $\Delta_r G_m$，单位 $kJ\cdot mol^{-1}$，则有 $\Delta_r G_m=\Delta_r H_m-T\Delta_r S_m$。

标准摩尔吉布斯函数变　在某一温度下，各物质处于标准状态时化学反应的摩尔吉布斯函数变，记为 $\Delta_r G_m^\ominus$，单位 $kJ\cdot mol^{-1}$，则有 $\Delta_r G_m^\ominus=\Delta_r H_m^\ominus-T\Delta_r S_m^\ominus$。

标准摩尔生成吉布斯函数　在某一温度下，由参考态元素生成 1mol 物质 B 的标准摩尔吉布斯函数变，记作 $\Delta_f G_m^\ominus$，单位 $kJ\cdot mol^{-1}$。参考态元素的 $\Delta_f G_m^\ominus$ 为 0。

根据公式 $\Delta G=\Delta H-T\Delta S$ 可以确定吉布斯函数变的数值，进而判断反应的自发性。将 ΔH 和 ΔS 的正负值及温度 T 对 ΔG 影响的情况归纳于下表中。

类型	ΔH	ΔS	ΔG	反应情况
1	−	+	−	任何温度均自发
2	+	−	+	任何温度非自发
3	−	−	高温+	高温非自发
			低温−	低温自发
4	+	+	低温+	低温非自发
			高温−	高温自发

2. 吉布斯函数变的计算

(1) 恒温、标准状态下 $\Delta_r G_m^{\ominus}$ 的计算

温度为 298.15K 时，$\Delta_r G_m^{\ominus}$ 的计算有两种方法：

① 使用吉布斯-亥姆霍兹公式，利用反应的标准摩尔焓变 $\Delta_r H_m^{\ominus}$（298.15K）和反应的标准摩尔熵变 $\Delta_r S_m^{\ominus}$（298.15K）进行计算：

$$\Delta_r G_m^{\ominus}(298.15\text{K})=\Delta_r H_m^{\ominus}(298.15\text{K})-298.15\text{K}\times\Delta_r S_m^{\ominus}(298.15\text{K})$$

② 利用物质的标准摩尔生成吉布斯函数 $\Delta_f G_m^{\ominus}$ 进行计算：

$$\Delta_r G_m^{\ominus}(298.15\text{K})=\Sigma\nu_B\Delta_f G_m^{\ominus}(\text{B},298.15\text{K})$$

反应的标准摩尔吉布斯函数变等于生成物的标准摩尔生成吉布斯函数之和减去反应物的标准摩尔生成吉布斯函数之和。

在其他温度（非 298.15K）下，$\Delta_r G_m^{\ominus}$ 只能用吉布斯-亥姆霍兹公式进行计算。因为反应的焓变和熵变随温度变化都很小，

$$\Delta_r H_m^{\ominus}(T)\approx\Delta_r H_m^{\ominus}(298.15\text{K})$$

$$\Delta_r S_m^{\ominus}(T)\approx\Delta_r S_m^{\ominus}(298.15\text{K})$$

因此有近似计算公式

$$\Delta_r G_m^{\ominus}(T)\approx\Delta_r H_m^{\ominus}(298.15\text{K})-T\Delta_r S_m^{\ominus}(298.15\text{K})$$

(2) 恒温、非标准态下 $\Delta_r G_m$ 的计算

对于任一恒温、恒压下进行的化学反应 $a\text{A}+b\text{B}\rightleftharpoons g\text{G}+h\text{H}$，

若各组分 $p\neq p^{\ominus}$，$b\neq b^{\ominus}$，即反应处于非标准态，则反应的 $\Delta_r G_m$ 可以通过化学反应等温式来计算，即 $\Delta_r G_m=\Delta_r G_m^{\ominus}+RT\ln\Pi_B$，式中 Π_B 称为反应商。

对于气相反应 $\Pi_B=\dfrac{[p_C/p^{\ominus}]^c[p_D/p^{\ominus}]^d}{[p_A/p^{\ominus}]^a[p_B/p^{\ominus}]^b}$；对于溶液相反应 $\Pi_B=\dfrac{[b_C/b^{\ominus}]^c[b_D/b^{\ominus}]^d}{[b_A/b^{\ominus}]^a[b_B/b^{\ominus}]^b}$；对于多相反应系统，计算反应商时，气体组分用相对分压代入，溶液组分用相对浓度代入，水、纯液体、纯固体的浓度视为常数不代入计算。

3. 吉布斯函数变判据

在恒温、恒压、只做体积功的非标准状态下，根据反应的摩尔吉布斯函数变 $\Delta_r G_m$ 判断反应的进行方向：

$$\begin{cases}\Delta_r G_m<0，反应正向进行；\\ \Delta_r G_m>0，反应逆向进行；\\ \Delta_r G_m=0，反应达到平衡。\end{cases}$$

在恒温、恒压、只做体积功的标准状态下，根据反应的标准摩尔吉布斯函数变 $\Delta_r G_m^{\ominus}$ 判断的反应进行方向：

$$\begin{cases}\Delta_r G_m^\ominus<0，反应正向进行；\\ \Delta_r G_m^\ominus>0，反应逆向进行；\\ \Delta_r G_m^\ominus=0，反应达到平衡。\end{cases}$$

例题 1-7 通过计算说明反应：$4CuO \rightleftharpoons 2\,Cu_2O(s)+O_2$

（1）在 298.15K 标准状态下能否自发进行？

（2）在 700K、标准状态下能否自发进行？

（3）确定标准状态下该反应达平衡时的温度及反应自发进行的温度范围。

（4）在 700K、系统中 $p(O_2)$ 为 10kPa 的条件下，反应向哪个方向进行？

热力学函数	CuO(s)	$Cu_2O(s)$	$O_2(g)$
$\Delta_f G_m^\ominus/(kJ\cdot mol^{-1})$	−129.7	−146.0	0
$\Delta_f H_m^\ominus/(kJ\cdot mol^{-1})$	−157.3	−168.6	0
$S_m^\ominus/(J\cdot mol^{-1}\cdot K^{-1})$	42.6	93.1	205.2

解：在标准状态下，确定反应能否自发正向进行，需要根据已知条件确定反应的标准摩尔吉布斯函数变 $\Delta_r G_m^\ominus$ 是否小于 0，$\Delta_r G_m^\ominus<0$，反应自发进行；$\Delta_r G_m^\ominus>0$，非自发进行。

（1）对于反应 $4CuO(s) \rightleftharpoons 2Cu_2O(s)+O_2(g)$，根据已知热力学数据 $\Delta_f G_m^\ominus$、$\Delta_f H_m^\ominus$ 和 $S_m^\ominus$ 可以通过两种方法计算 298.15K 时的 $\Delta_r G_m^\ominus$ 值：

第一种方法：
$$\begin{aligned}\Delta_r G_m^\ominus &=\Sigma\nu_B\Delta_f G_m^\ominus\\ &=2\Delta_f G_m^\ominus(Cu_2O,s)+\Delta_f G_m^\ominus(O_2,g)-4\Delta_f G_m^\ominus(CuO,s)\\ &=[2\times(-146.0)+0-4\times(-129.7)]kJ\cdot mol^{-1}\\ &=226.8kJ\cdot mol^{-1}>0\end{aligned}$$

第二种方法：
$$\begin{aligned}\Delta_r H_m^\ominus &=\Sigma\nu_B\Delta_f H_m^\ominus\\ &=2\Delta_f H_m^\ominus(Cu_2O,s)+\Delta_f H_m^\ominus(O_2,g)-4\Delta_f H_m^\ominus(CuO,s)\\ &=[2\times(-168.6)+0-4\times(-157.3)]kJ\cdot mol^{-1}\\ &=292kJ\cdot mol^{-1}\end{aligned}$$

$$\begin{aligned}\Delta_r S_m^\ominus &=\Sigma\nu_B S_m^\ominus\\ &=2S_m^\ominus(Cu_2O,s)+S_m^\ominus(O_2,g)-4S_m^\ominus(CuO,s)\\ &=[2\times93.1+205.2-4\times42.6]J\cdot mol^{-1}\cdot K^{-1}\\ &=221J\cdot mol^{-1}\cdot K^{-1}\end{aligned}$$

$$\begin{aligned}\Delta_r G_m^\ominus &=\Delta_r H_m^\ominus-T\Delta_r S_m^\ominus\\ &=292kJ\cdot mol^{-1}-298.15K\times221kJ\cdot mol^{-1}\cdot K^{-1}\times10^{-3}\\ &=226.11kJ\cdot mol^{-1}>0\end{aligned}$$

该反应在 298.15K、标准状态下的 $\Delta_r G_m^\ominus$ 的数值大于零，反应不能自发进行。

（2）在 700K、标准状态下的 $\Delta_r G_m^\ominus$ 的数值求解：

因为 $\Delta_r H_m^\ominus(298.15K)\approx\Delta_r H_m^\ominus(700K)$，

$\Delta_r S_m^\ominus(298.15K)\approx\Delta_r S_m^\ominus(700K)$，

所以，根据（1）中计算的 $\Delta_r H_m^\ominus(298.15K)$ 和 $\Delta_r S_m^\ominus(298.15K)$，代入吉布斯-亥姆霍兹公式有

$$\Delta_r G_m^\ominus(T)=\Delta_r H_m^\ominus(T)-T\Delta_r S_m^\ominus(T)$$

$$\begin{aligned}\Delta_r G_m^\ominus(700K) &=\Delta_r H_m^\ominus(700K)-700K\times\Delta_r S_m^\ominus(700K)\\ &\approx\Delta_r H_m^\ominus(298.15K)-700K\times\Delta_r S_m^\ominus(298.15K)\\ &=292kJ\cdot mol^{-1}-700K\times221kJ\cdot mol^{-1}\cdot K^{-1}\times10^{-3}\\ &=137.3kJ\cdot mol^{-1}>0\end{aligned}$$

该反应在 700K、标准状态下的 $\Delta_r G_m^\ominus$ 的数值大于零，反应仍不能自发进行。

(3) 在标准状态下，该反应达到平衡时的温度确定：

根据吉布斯-亥姆霍兹公式 $\Delta_r G_m^\ominus = \Delta_r H_m^\ominus - T\Delta_r S_m^\ominus$ 可知，当 $\Delta_r G_m^\ominus = 0$，反应达到平衡，则有

$$\Delta_r H_m^\ominus - T\Delta_r S_m^\ominus = 0$$

$$T = \Delta_r H_m^\ominus / \Delta_r S_m^\ominus = 292\text{kJ}\cdot\text{mol}^{-1}/(221\text{J}\cdot\text{mol}^{-1}\cdot\text{K}^{-1}) \approx 1321\text{K}$$

在标准状态下，该反应达到平衡时的温度是 1321K。

由于该反应是吸热($\Delta_r H_m^\ominus > 0$)、熵增($\Delta_r S_m^\ominus > 0$)的反应，若在标准状态下可以自发进行，则

$$\Delta_r G_m^\ominus = \Delta_r H_m^\ominus - T\Delta_r S_m^\ominus < 0$$

$$\Delta_r H_m^\ominus / \Delta_r S_m^\ominus < T$$

$$T > 1321\text{K}$$

即标准状态下反应自发进行的温度范围是高于 1321K。

(4) 已知 O_2 的分压为 10kPa，该反应处于非标准状态，反应能否自发进行要依据 $\Delta_r G_m$ 是否小于零（即 $\Delta_r G_m < 0$）来判断。由化学反应等温方程式

$$\Delta_r G_m(T) = \Delta_r G_m^\ominus(T) + RT\ \ln\Pi_B$$

得 $\Delta_r G_m(700\text{K}) = \Delta_r G_m^\ominus(700\text{K}) + (8.314\times10^{-3}\times700\times\ln\Pi_B)\text{kJ}\cdot\text{mol}^{-1}$

$= 137.3\text{kJ}\cdot\text{mol}^{-1} + [8.314\times10^{-3}\times700\times\ln(1.0\times10^4/10^5)]\text{kJ}\cdot\text{mol}^{-1}$

$= 137.3\text{kJ}\cdot\text{mol}^{-1} - 13.40\text{kJ}\cdot\text{mol}^{-1}$

$= 123.9\text{kJ}\cdot\text{mol}^{-1} > 0$

答：该反应在 700K 非标准状态下不能自发进行。

第四节　化学反应进行的程度——化学平衡

一、化学平衡

1. 基本概念

可逆反应　在相同条件下可以同时向正反应方向和逆反应方向进行的化学反应，称为可逆反应。

化学平衡状态　当可逆反应进行到最大限度时，系统中反应物和生成物的浓度不再随时间而改变，系统的这种状态称为化学平衡状态。化学平衡是动态平衡，外界条件改变时，化学反应将从一个平衡状态移动到另一个平衡状态。**【因为可逆反应达到化学平衡时，正、逆反应仍在继续进行，只不过正、逆反应速率相等，方向相反，反应物和生成物的浓度不再发生变化。当条件改变，使正、逆反应速率不等，则平衡被破坏，经过一定时间再建立新的平衡。】**

标准平衡常数　当反应达到平衡时，用各组分在平衡时的相对浓度（$b/b^\ominus$ 或 $c/c^\ominus$）或相对分压（气相反应）($p/p^\ominus$) 来定量表达化学反应的平衡关系的常数称为标准平衡常数 $K^\ominus$。**它表示反应进行的程度。**$K^\ominus$ 值越大，反应进行得越彻底。

标准平衡常数是量纲为 1 的量，由反应的本性决定的，仅与温度有关，与系统组分的浓度和压力无关。

对于反应 $a\text{A} + b\text{B} \rightleftharpoons c\text{C} + d\text{D}$，

① 如果四种物质都是气体，$K^{\ominus}=\dfrac{(p_C/p^{\ominus})^c(p_D/p^{\ominus})^d}{(p_A/p^{\ominus})^a(p_B/p^{\ominus})^b}$　式中 $p^{\ominus}=100\text{kPa}$

② 如果四种物质是稀溶液，$K^{\ominus}=\dfrac{(b_C/b^{\ominus})^c(b_D/b^{\ominus})^d}{(b_A/b^{\ominus})^a(b_B/b^{\ominus})^b}$　式中 $b^{\ominus}=1.0\text{mol}\cdot\text{kg}^{-1}$

③ 如果反应是多相共存的反应，如 $a\text{A(g)}+b\text{B(s)} = g\text{G(s)}+d\text{D(aq)}$，则标准平衡常数表示为

$$K^{\ominus}=\frac{(b_D/b^{\ominus})^d}{(p_A/p^{\ominus})^a}$$

反应中的纯液体和纯固体不写入标准平衡常数表达式中。

④ $K^{\ominus}$值与反应方程式的写法有关。如果上述气相反应写为 $2a\text{A}+2b\text{B} = 2c\text{C}+2d\text{D}$，则

$$K_1^{\ominus}=\frac{(p_C/p^{\ominus})^{2c}(p_D/p^{\ominus})^{2d}}{(p_A/p^{\ominus})^{2a}(p_B/p^{\ominus})^{2b}}=\left[\frac{(p_C/p^{\ominus})^c(p_D/p^{\ominus})^d}{(p_A/p^{\ominus})^a(p_B/p^{\ominus})^b}\right]^2=(K^{\ominus})^2$$

即标准平衡常数表达式中涉及计量数 ν_B，若同一反应各物质前计量数 ν_B 不同（反应方程式写法不同），则 $K^{\ominus}$值不同。

⑤ 多重平衡规则　如果系统中含有多个平衡关系，或一个反应可以由多个反应组合得到，则总反应的标准平衡常数可以表示为各反应的标准平衡常数的乘积或商。这一结论称为多重平衡规则，即

反应Ⅰ＝反应Ⅱ＋反应Ⅲ，有 $K_{\text{I}}^{\ominus}=K_{\text{II}}^{\ominus}K_{\text{III}}^{\ominus}$

或　反应Ⅰ＝反应Ⅱ－反应Ⅲ，有 $K_{\text{I}}^{\ominus}=K_{\text{II}}^{\ominus}/K_{\text{III}}^{\ominus}$

2. 标准平衡常数与标准摩尔吉布斯函数变

① 当反应达到平衡时，$\Delta_r G_m(T)=0$，反应商 $\Pi_B(p_B^{eq}/p^{\ominus})^{\nu_B}$ 为标准平衡常数 $K^{\ominus}$，则吉布斯函数变与标准吉布斯函数变的关系变为 $0=\Delta_r G_m^{\ominus}(T)+RT\ln K^{\ominus}$，即

$$\ln K^{\ominus}=-\frac{\Delta_r G_m^{\ominus}(T)}{RT}\quad 或\quad \lg K^{\ominus}=-\frac{\Delta_r G_m^{\ominus}(T)}{2.303RT}$$

由上式可以得出以下结论：a. $\Delta_r G_m^{\ominus}$ 是温度的函数，与热力学标准态有关，所以 $K^{\ominus}$也是温度的函数，与热力学标准态有关；b. 由 $\Delta_r G_m^{\ominus}$ 的数值，可以确定 $K^{\ominus}$的大小。$\Delta_r G_m^{\ominus}$ 的代数值越小，则 $K^{\ominus}$值越大，反应正向进行的程度越大；$\Delta_r G_m^{\ominus}$ 的代数值越大，则 $K^{\ominus}$值越小，反应正向进行的程度越小；c. 已知 $K^{\ominus}$的大小，可以确定同温度下 $\Delta_r G_m^{\ominus}$ 的数值，提供一种求解 $\Delta_r G_m^{\ominus}$ 的方法。

②确定标准平衡常数与标准摩尔吉布斯函数变的关系 $\ln K^{\ominus}=-\dfrac{\Delta_r G_m^{\ominus}(T)}{RT}$后，则有

$$\Delta_r G_m(T)=-RT\ln K^{\ominus}+RT\ln\Pi_B(p/p^{\ominus})$$

根据此式可以判断反应的所处状态：

如果 $\Pi_B(p/p^{\ominus})\nu_B<K^{\ominus}$，则 $\Delta_r G_m(T)<0$，反应正向自发进行；

如果 $\Pi_B(p/p^{\ominus})\nu_B>K^{\ominus}$，则 $\Delta_r G_m(T)>0$，反应正向非自发进行；

如果 $\Pi_B(p/p^{\ominus})\nu_B=K^{\ominus}$，则 $\Delta_r G_m(T)=0$，反应处于平衡状态。

例题 1-8　$Na_2CO_3\cdot 10H_2O(s)$风化反应式：

$$Na_2CO_3\cdot 10H_2O(s)\longrightarrow Na_2CO_3\cdot H_2O(s)+9H_2O(g)$$

已知 298.15K 时，有关物质的热力学数据如下：

热力学函数	$Na_2CO_3\cdot 10H_2O(s)$	$Na_2CO_3\cdot H_2O(s)$	$H_2O(g)$
$\Delta_f G_m^{\ominus}/(\text{kJ}\cdot\text{mol}^{-1})$	−3428	−1285	−228.6

计算：

(1) 298.15K 时风化反应的 $\Delta_r G_m^{\ominus}$ 和 $K^{\ominus}$；

(2) 298.15K 时水的饱和蒸气压为 3.167kPa，若空气的相对湿度为 70%，在敞口瓶中，该风化反应能否发生？

解：(1) $\Delta_r G_m^{\ominus} = \Sigma\nu_B \Delta_f G_m^{\ominus}$

$$= \Delta_f G_m^{\ominus}(Na_2CO_3 \cdot H_2O, s) + 9\Delta_f G_m^{\ominus}(H_2O, g) - \Delta_f G_m^{\ominus}(Na_2CO_3 \cdot 10H_2O, s)$$

$$= [(-1285) + 9\times(-228.6) - (-3428)] kJ\cdot mol^{-1}$$

$$= 85.60 kJ\cdot mol^{-1}$$

将相应已知数据代入公式 $\lg K^{\ominus} = -\dfrac{\Delta_r G_m^{\ominus}(T)}{2.303RT}$，则有

$$\lg K^{\ominus} = -\frac{\Delta_r G_m^{\ominus}(T)}{2.303RT} = \frac{-85.60\times1000}{2.303\times8.314\times298.15} = -14.99$$

$$K^{\ominus} = 1.02\times10^{-15}$$

(2) 判断该风化反应能否发生，有以下两种方法：

第一种方法：该反应处于非标准状态，通过计算 $\Delta_r G_m$ 数值，看是否小于零（即 $\Delta_r G_m < 0$）来判断反应能否自发进行。由化学反应等温方程式

$$\Delta_r G_m(T) = \Delta_r G_m^{\ominus}(T) + RT\ \ln\Pi_B$$

得 $\Delta_r G_m(298.15K) = \Delta_r G_m^{\ominus}(298.15K) + (8.314\times10^{-3}\times298.15\times\ln\Pi_B) kJ\cdot mol^{-1}$

$$= 85.60 kJ\cdot mol^{-1} + [8.314\times10^{-3}\times298.15\times \ln(3.167\times10^{3}\times0.7/10^{5})^{9}] kJ\cdot mol^{-1}$$

$$= 85.60 kJ\cdot mol^{-1} - 84.992 kJ\cdot mol^{-1}$$

$$= 0.608 kJ\cdot mol^{-1} > 0$$

结果表明风化反应不能正向进行。

第二种方法：根据反应商 Π_B 与 $K^{\ominus}$ 的大小关系确定反应的进行方向。

由题中已知条件得

$$\Pi_B = (3.167\times10^{3}\times0.7/10^{5})^{9} = 1.29\times10^{-15}$$

在 298.15K 时，$K^{\ominus} = 1.02\times10^{-15}$

因为 $\Pi_B > K^{\ominus}$，等温方程式确定 $\Delta_r G_m^{\ominus}(T) > 0$，反应正向非自发进行。

这两种方法对比，第二种方法更简单一些。

二、化学平衡移动

当浓度、压力（总压力和分压力）和温度这些外界条件发生改变时，化学平衡就会发生移动。前两者对化学平衡的影响是**在温度不变的前提下进行的**，因此它们的影响不改变反应的标准平衡常数，而**温度对化学平衡的影响是通过反应热来实现的，反应的标准平衡常数要发生变化。**

1. 浓度的影响

增大反应物浓度或减小生成物浓度时平衡正向移动；反之，平衡逆向移动。

2. 压力的影响

① 如果反应没有气相物质参与或有气相物质参与，但反应方程式两端气体分子数相同，

则可以认为改变压力对反应系统影响非常小或不影响。

② 增大系统的总压力，平衡向气体分子数减少（$\Sigma_B \nu_B < 0$）的方向移动；减小压力，平衡向气体分子数增加（$\Sigma_B \nu_B > 0$）的方向移动。

③ 增大反应物分压或减小生成物分压时，平衡正向移动；反之，平衡逆向移动。

压力对平衡的影响实质是通过浓度的变化起作用。

3. 温度的影响

升高温度，平衡向吸热反应方向移动；降低温度，平衡向放热反应方向移动。温度对标准平衡常数的影响是通过**反应热**来实现的。在温度 T 时，标准平衡常数为 $K^{\ominus}$ 和 $\Delta_r H_m^{\ominus}$ 之间有以下关系：

$$\ln \frac{K_2^{\ominus}}{K_1^{\ominus}} = \frac{\Delta_r H_m^{\ominus}}{R}\left(\frac{T_2 - T_1}{T_2 T_1}\right)，也可以转化为 \lg \frac{K_2^{\ominus}}{K_1^{\ominus}} = \frac{\Delta_r H_m^{\ominus}}{2.303R}\left(\frac{T_2 - T_1}{T_2 T_1}\right)。$$

由上述公式可以得出以下结论：①已知 T_1、T_2 及它们对应的标准平衡常数为 $K_1^{\ominus}$、$K_2^{\ominus}$，可以求出反应的标准摩尔焓变 $\Delta_r H_m^{\ominus}$，这也是求 $\Delta_r H_m^{\ominus}$ 的一种方法；②已知反应的 $\Delta_r H_m^{\ominus}$，温度为 T_1 时的标准平衡常数 $K_1^{\ominus}$，可以计算另一温度 T_2 时的标准平衡常数 $K_2^{\ominus}$ 或求标准平衡常数 $K_2^{\ominus}$ 对应的温度 T_2；③如果反应为放热反应（$\Delta_r H_m^{\ominus} < 0$），升高温度（$T_1 > T_2$），则 $K_2^{\ominus} < K_1^{\ominus}$，即标准平衡常数值变小，平衡向左移；如果反应为吸热反应（$\Delta_r H_m^{\ominus} > 0$），升高温度（$T_1 > T_2$），则标准平衡常数值变大，平衡向右移；④如果两个反应同为放热反应或吸热反应，升高（或降低）相同温度，则标准摩尔焓变数值大的反应标准平衡常数变化显著。

4. 勒夏特列原理

1884 年，法国科学家勒夏特列（Le chatelier）总结出一条定性判断平衡移动的规则：如果改变平衡系统的条件（如浓度、压力或温度）之一，平衡将向减弱这个改变的方向移动。

例题 1-9 已知反应 $Cl_2(g) + F_2(g) \rightleftharpoons 2ClF(g)$ 在 298.15K 和 398.15K 时的标准平衡常数分别为 9.3×10^9 和 3.3×10^7。计算反应的 $\Delta_r H_m^{\ominus}$ 和 $\Delta_r S_m^{\ominus}$。

解： 根据公式 $\ln \frac{K_2^{\ominus}}{K_1^{\ominus}} = \frac{\Delta_r H_m^{\ominus}}{R}\left(\frac{T_2 - T_1}{T_2 T_1}\right)$，将已知数据代入，有

$$\ln \frac{3.3\times10^7}{9.3\times10^9} = \frac{\Delta_r H_m^{\ominus}}{8.314\times10^{-3}\,\text{kJ}\cdot\text{mol}^{-1}\cdot\text{K}^{-1}} \times \left(\frac{398.15\text{K} - 298.15\text{K}}{398.15\text{K}\times298.15\text{K}}\right)$$

解得 $\Delta_r H_m^{\ominus} = -55.68\text{kJ}\cdot\text{mol}^{-1}$

反应的 $\Delta_r S_m^{\ominus}$ 的求解： 根据 $K^{\ominus}$ 的数值，由公式 $\Delta_r G_m^{\ominus} = -RT\ln K^{\ominus}$ 计算 $\Delta_r G_m^{\ominus}$，再根据吉布斯-亥姆霍兹公式 $\Delta_r G_m^{\ominus} = \Delta_r H_m^{\ominus} - T\Delta_r S_m^{\ominus}$ 求 $\Delta_r S_m^{\ominus}$。具体解题过程如下：

$$\begin{aligned}\Delta_r G_m^{\ominus} &= -RT\ln K^{\ominus} = -8.314\times10^{-3}\,\text{kJ}\cdot\text{mol}^{-1}\cdot\text{K}^{-1}\times298.15\text{K}\times\ln(9.3\times10^9)\\ &= -56.897\text{kJ}\cdot\text{mol}^{-1}\end{aligned}$$

$$\Delta_r G_m^{\ominus} = \Delta_r H_m^{\ominus} - T\,\Delta_r S_m^{\ominus}$$

$$-56.897\text{kJ}\cdot\text{mol}^{-1} = -55.68\text{kJ}\cdot\text{mol}^{-1} - 298.15\text{K}\times\Delta_r S_m^{\ominus}$$

$$\Delta_r S_m^{\ominus} = 4.08\text{J}\cdot\text{mol}^{-1}\cdot\text{K}^{-1}$$

也可以直接根据公式 $\ln K_1^{\ominus} = -\frac{\Delta_r H_m^{\ominus}}{RT_1} + \frac{\Delta_r S_m^{\ominus}}{R}$，代入已知数据得

$$\ln(9.3\times10^9) = -\frac{-55.68\text{kJ}\cdot\text{mol}^{-1}}{8.314\text{J}\cdot\text{mol}^{-1}\cdot\text{K}^{-1}\times298.15\text{K}} + \frac{\Delta_r S_m^{\ominus}}{8.314\text{J}\cdot\text{mol}^{-1}\cdot\text{K}^{-1}}$$

$$\Delta_r S_m^{\ominus} = 4.08\text{J}\cdot\text{mol}^{-1}\cdot\text{K}^{-1}$$

答：反应的 $\Delta_r H_m^{\ominus}$ 和 $\Delta_r S_m^{\ominus}$ 分别为 $-55.68\text{kJ}\cdot\text{mol}^{-1}$ 和 $4.08\text{J}\cdot\text{mol}^{-1}\cdot\text{K}^{-1}$。

第五节　化学反应速率

一、反应速率

对于任一化学反应 $0=\sum_B \nu_B \text{B}$，化学反应速率 $v=\frac{1}{\nu_B}\times\frac{dc_B}{dt}$，单位为 $\text{mol}\cdot\text{L}^{-1}\cdot\text{s}^{-1}$。

特点：对于同一反应系统，以浓度为基础的化学反应速率的数值与选用何种物质为基准无关，只与化学反应计量方程式的写法有关。

二、反应速率理论

1. 碰撞理论的基本要点

碰撞理论由路易斯（Lewis，美）在 1918 年提出。它的基本要点为：

① 反应速率与碰撞频率有关，反应物分子间的相互碰撞是化学反应进行的先决条件。碰撞频率越高，反应速率越大。

② 在反应物分子的无数次碰撞中，只有少数具备足够能量的分子按一定取向才能发生**有效碰撞**，转化为产物（**即活化分子间的碰撞不一定都有效，它们还必须采取合适的取向**）。

系统中只有一小部分分子在相互碰撞中有可能发生化学反应，这部分分子称为**活化分子**。活化分子的最低能量 E_c 与反应系统中分子的平均能量 $E_{平均}$ 之差叫做反应的**活化能**，用 E_a 表示，即 $E_a=E_c-E_{平均}$。

活化能是化学反应的“能垒”。不同的反应，活化能大小不同。在一定温度下，活化能越小，活化分子数就越多，反应速率就越大，反之亦然。E_a 可以通过实验测定。

2. 过渡状态理论的基本要点

① 当两个具有足够能量的反应物分子相互接近时，分子中的化学键要经过重排，能量要重新分配，形成一个中间的过渡状态——活化配合物，而后分解成产物。因此，该理论又称**活化配合物理论**。

② 反应速率与下列三个因素有关：活化配合物的浓度，活化配合物分解为产物的概率，活化配合物分解为产物的速率。

活化配合物所具有的最低势能与反应物分子的平均势能的差值等于反应的活化能。E_a 为正反应的活化能，E'_a 为逆反应的活化能。

反应前后系统的势能发生了变化，这部分能量转化成了热能，即系统终态与始态的势能差等于化学反应的焓变 $\Delta_r H$。显然，它又等于正反应的活化能减去逆反应的活化能：

$$\Delta_r H = E_a - E'_a$$

当 $E_a > E'_a$ 时，$\Delta_r H > 0$，反应吸热；当 $E_a < E'_a$ 时，$\Delta_r H < 0$，反应放热。正反应如果吸热，其逆反应必定放热。

三、影响化学反应速率的因素

基元反应 反应物分子在有效碰撞中一步直接转化为产物分子的反应。

反应级数 在反应速率方程中，某反应物浓度的指数称为反应的分级数，所有反应物浓度的指数之和称为反应级数或总级数。

1. 浓度对化学反应速率的影响

质量作用定律 在一定温度下，**基元反应**（即一步完成的反应）的反应速率与反应物浓度以其计量数为指数的幂的乘积成正比。如基元反应

$$aA + bB \longrightarrow gG + hH$$

其反应速率为

$$v = kc^{a}(A)c^{b}(B)$$

即如果反应为基元反应，其速率方程式表达式可以根据反应式直接写出。

对于**非基元反应**（即由若干个基元反应步骤组成的复杂反应）来说，虽然质量作用定律适用于其中每一个步骤，但往往不适用于总的反应，故反应级数与反应式中反应物分子的计量数之和往往不相等。即

$$v = kc^{m}(A)c^{n}(B)$$ **其中 m、n 不一定等于 a 和 b。**

非基元反应的速率方程**根据实验来确定**。有时候，尽管由实验测得的速率方程与按基元反应处理写出的速率方程完全一致，也不能认为这种反应就一定是基元反应。

速率常数 k 与反应、温度、催化剂等因素有关，与浓度无关。对于给定反应，当温度、催化剂等条件一定时，k 为定值。**k 的量纲与反应总级数（n）有关，其单位的通式为（浓度）$^{1-n}$（时间）$^{-1}$**。

例题 1-10 乙醛的分解反应 $CH_3CHO(g) \longrightarrow CH_4(g) + CO(g)$ 在一系列不同浓度时的初始反应速率的实验数据如下：

$c(CH_3CHO)/(mol \cdot L^{-1})$	0.1	0.2	0.3	0.4
$v/(mol \cdot L^{-1} \cdot s^{-1})$	0.020	0.081	0.182	0.318

（1）此反应是几级反应？

（2）计算反应速率常数 k。

（3）计算 $c(CH_3CHO) = 0.15 mol \cdot L^{-1}$ 时的反应速率。

解：（1）根据反应式先写出此反应的速率方程式的未定式：

$$v = kc^{m}(CH_3CHO)$$

要求 m，建立如下比例式：
$$\frac{v_1}{v_3} = \frac{c^{m}(CH_3CHO)_1}{c^{m}(CH_3CHO)_3}$$

两边取对数得，
$$\ln\frac{v_1}{v_3} = \ln\frac{c^{m}(CH_3CHO)_1}{c^{m}(CH_3CHO)_3}$$

即
$$\ln\frac{v_1}{v_3} = m\ln\frac{c(CH_3CHO)_1}{c(CH_3CHO)_3}$$

将对应已知数值代入，得
$$\ln\frac{0.020}{0.182} = m\ln\frac{0.1}{0.3}$$

从上式解得
$$m = 2$$

所以乙醛的分解反应是二级反应。

（2）由（1）解可知反应速率方程式为 $v=kc^2(CH_3CHO)$，所以 $k=\frac{v}{c^2(CH_3CHO)}$将 $c(CH_3CHO)=0.20mol\cdot L^{-1}$ 时，$v=0.081mol\cdot L^{-1}\cdot s^{-1}$ 代入上式得

$$k=\frac{0.081mol\cdot L^{-1}\cdot s^{-1}}{(0.2mol\cdot L^{-1})^2}=2.00L\cdot mol^{-1}\cdot s^{-1}$$

（3）将 $c(CH_3CHO)=0.15mol\cdot L^{-1}$ 代入速率方程中，即可求得此时的反应速率

$$v=2.0L\cdot mol^{-1}\cdot s^{-1}\times(0.15mol\cdot L^{-1})^2=0.045mol\cdot L^{-1}\cdot s^{-1}$$

答：（1）此反应是二级反应。

（2）反应速率常数 $k=2.00L\cdot mol^{-1}\cdot s^{-1}$。

（3）$c(CH_3CHO)=0.15mol\cdot L^{-1}$ 时的反应速率为 $0.045mol\cdot L^{-1}\cdot s^{-1}$。

2. 温度对化学反应速率的影响

当反应物浓度一定时，温度对化学反应速率的影响是通过改变反应速率常数来实现的。阿仑尼乌斯（Arrhenius，瑞典）指出反应速率常数和温度之间的定量关系为：

$$k=Ae^{-\frac{E_a}{RT}} \quad 或 \quad \lg\frac{k_2}{k_1}=\frac{E_a}{2.303R}\left(\frac{T_2-T_1}{T_1T_2}\right)$$

式中，k 为反应速率常数；E_a 为反应活化能；R 为摩尔气体常数；T 为热力学温度；A 为一常数，称为指前因子或频率因子。在一般温度范围内，E_a 和 A 可以认为不随温度的变化而变化。

依据阿仑尼乌斯公式可以得到以下结论：

① 对同一反应，E_a 一定时，温度越高，k 值越大。

② 在同一温度下，E_a 大的反应，其 k 值较小；反之，E_a 小的反应，其 k 值较大。

③ 对于不同反应，升高相同温度，E_a 大的反应其反应速率增加的多。

例题 1-11　丙酮二酸在水溶液中的分解反应在 283K 时的速率常数为 $1.08\times10^{-4}s^{-1}$，在 333K 时的速率常数为 $5.48\times10^{-2}s^{-1}$。

（1）计算反应的活化能及 310K 时的速率常数。

（2）如果在 283K 时加入催化剂，使该反应的活化能降为 $47.5kJ\cdot mol^{-1}$，计算有催化剂与无催化剂时反应速率的倍数。

（3）求未加催化剂时，该反应的指前因子 A。

解：（1）根据公式 $\lg\frac{k_2}{k_1}=\frac{E_a}{2.303R}\left(\frac{T_2-T_1}{T_1T_2}\right)$可得

$$E_a=\frac{2.303RT_1T_2}{T_2-T_1}\lg\frac{k_2}{k_1}$$

$$=\frac{2.303\times8.314J\cdot mol^{-1}\cdot K^{-1}\times283K\times333K}{333K-283K}\lg\frac{5.48\times10^{-2}}{1.08\times10^{-4}}$$

$$=97.6kJ\cdot mol^{-1}$$

$$\lg\frac{k_2}{k_1}=\frac{E_a}{2.303R}\left(\frac{T_2-T_1}{T_1T_2}\right)$$

$$\lg\frac{k_2}{1.08\times10^{-4}s^{-1}}=\frac{97.6\times1000}{2.303\times8.314}\times\left(\frac{310-283}{310\times283}\right)$$

$$k_2=4.00\times10^{-3}s^{-1}$$

答：该反应的活化能为 97.6kJ·mol^{-1}，310K 时的速率常数为 $4.00\times10^{-3}s^{-1}$。

（2）对于同一反应，认为指前因子不变，则有催化剂与无催化剂的反应速率之比就是速率常数之比，即 $v_2/v_1=k_2/k_1$。

根据公式 $\ln k=-\frac{E_a}{RT}+\ln A$ 得

$$\ln k_1=-\frac{E_{a1}}{RT}+\ln A=-\frac{97.6\times1000}{8.314\times283}+\ln A$$

$$\ln k_2=-\frac{E_{a2}}{RT}+\ln A=-\frac{47.5\times1000}{8.314\times283}+\ln A$$

$$\ln\frac{k_2}{k_1}=-\frac{E_{a2}-E_{a1}}{RT}=-\frac{(47.5-97.6)\times1000}{8.314\times283}=21.29$$

$$\frac{v_2}{v_1}=\frac{k_2}{k_1}=1.7\times10^9$$

答：在 283K 时，有催化剂时的反应速率是无催化剂时的 1.7×10^9 倍。

（3）根据公式 $k=Ae^{-\frac{E_a}{RT}}$ 可以求 A。

将温度 $T=283K$ 对应的速率常数 $k=1.08\times10^{-4}s^{-1}$，和在（1）中得到的活化能 $E_a=97.6kJ\cdot mol^{-1}$ 代入公式，可得

$$1.08\times10^{-4}s^{-1}=Ae^{-\frac{97.6\times1000}{8.314\times283}}$$

$$A=1.12\times10^{14}s^{-1}$$

答：反应的指前因子 A 为 $1.12\times10^{14}s^{-1}$。

3. 催化剂对化学反应速率的影响

催化剂是指能显著改变反应速率，而本身的**组成、质量和化学性质**在反应前后均不发生变化的物质。加快反应的为正催化剂，减慢反应的为负催化剂。

催化剂之所以能加快反应速率，是因为它改变了反应历程，降低了反应的活化能，使一部分能量低的非活化分子成为活化分子，大大增加了活化分子的百分数，导致有效碰撞次数骤增，因此反应速率大大加快。

说明四点：

① 催化剂只能改变反应速率，而不能改变反应方向。对于热力学上不能发生的反应，使用任何催化剂也不能使其自发进行。

② 催化剂同时加快或减慢正逆反应的速率，而且改变的倍数相同。因此催化剂只能缩短或延长到达平衡的时间，而不能改变转化率。

③ 催化剂具有选择性。某一种催化剂往往只对某一反应有催化作用。不同的反应，需要用不同的催化剂进行催化；同一反应物，使用不同催化剂可以得到不同产物。

④ 反应系统中的少量杂质常可强烈地影响催化剂的性能。

4. 影响多相反应速率的因素

在多相系统中，只有在相的界面上，反应物粒子才有可能接触，进而发生化学反应。反应产物如果不能离开相的界面，就将阻碍反应的继续进行。因此，对于多相反应系统，除了反应物浓度、反应温度、催化作用等因素外，相的接触面和扩散作用对反应速率也有很大影响。

知识思维导图

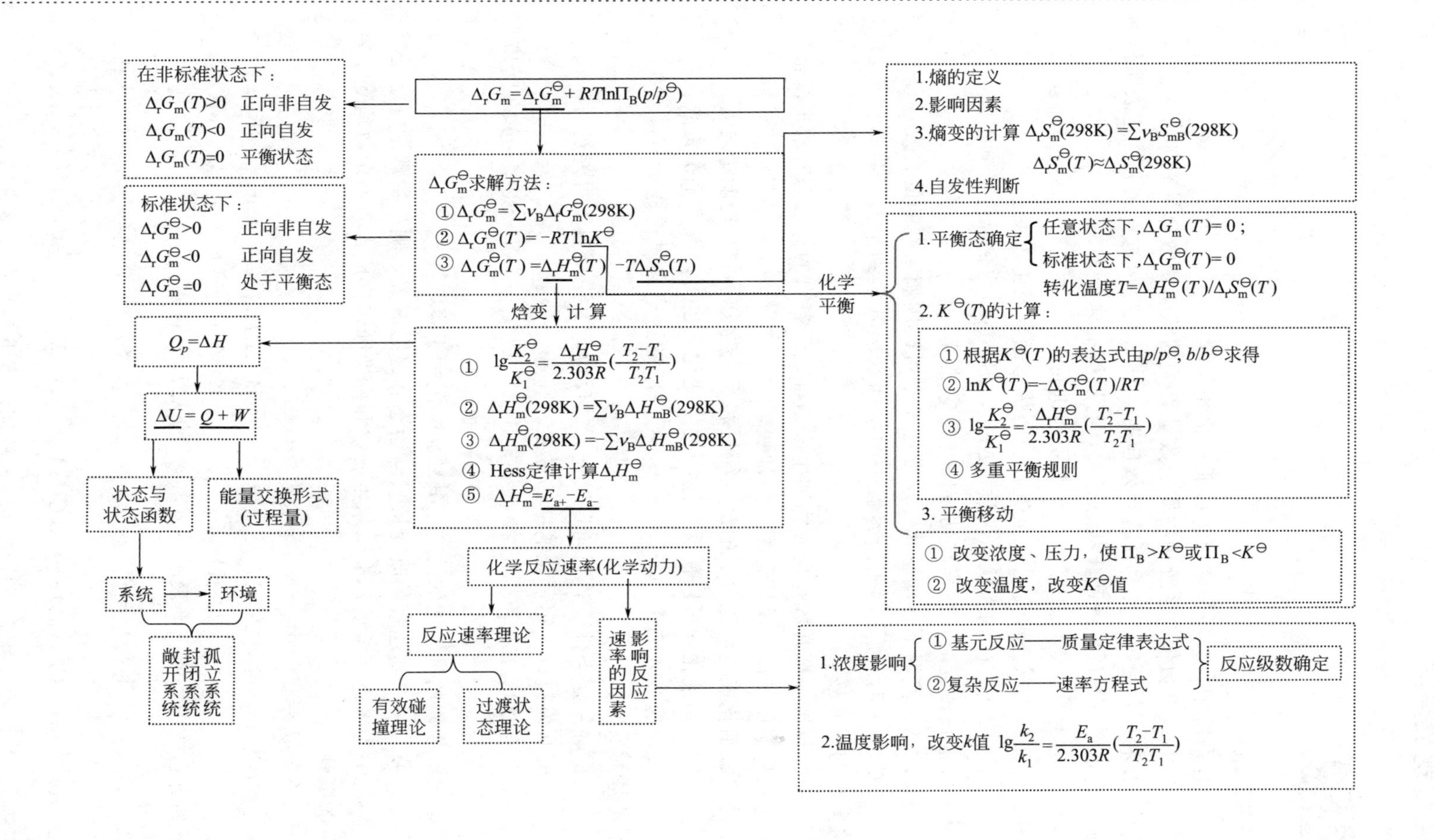

在非标准状态下：
$\Delta_r G_m(T)>0$ 正向非自发
$\Delta_r G_m(T)<0$ 正向自发
$\Delta_r G_m(T)=0$ 平衡状态
标准状态下：
$\Delta_r G_m^{\ominus}>0$ 正向非自发
$\Delta_r G_m^{\ominus}<0$ 正向自发
$\Delta_r G_m^{\ominus}=0$ 处于平衡态
$\Delta_r G_m=\Delta_r G_m^{\ominus}+RT\ln\Pi_B(p/p^{\ominus})$
$\Delta_r G_m^{\ominus}$求解方法：
① $\Delta_r G_m^{\ominus}=\sum\nu_B\Delta_f G_m^{\ominus}(298K)$
② $\Delta_r G_m^{\ominus}(T)=-RT\ln K^{\ominus}$
③ $\Delta_r G_m^{\ominus}(T)=\Delta_r H_m^{\ominus}(T)-T\Delta_r S_m^{\ominus}(T)$
焓变 计算
① $\lg\frac{K_2^{\ominus}}{K_1^{\ominus}}=\frac{\Delta_r H_m^{\ominus}}{2.303R}(\frac{T_2-T_1}{T_2T_1})$
② $\Delta_r H_m^{\ominus}(298K)=\sum\nu_B\Delta_f H_{mB}^{\ominus}(298K)$
③ $\Delta_r H_m^{\ominus}(298K)=-\sum\nu_B\Delta_c H_{mB}^{\ominus}(298K)$
④ Hess定律计算$\Delta_r H_m^{\ominus}$
⑤ $\Delta_r H_m^{\ominus}=E_{a+}-E_{a-}$
$Q_p=\Delta H$
$\Delta U=Q+W$
状态与状态函数
能量交换形式(过程量)
系统
环境
敞开系统
封闭系统
孤立系统
化学反应速率(化学动力)
反应速率理论
有效碰撞理论
过渡状态理论
影响反应速率的因素
1.熵的定义
2.影响因素
3.熵变的计算 $\Delta_r S_m^{\ominus}(298K)=\sum\nu_B S_{mB}^{\ominus}(298K)$
$\Delta_r S_m^{\ominus}(T)\approx\Delta_r S_m^{\ominus}(298K)$
4.自发性判断
化学平衡
1.平衡态确定
任意状态下，$\Delta_r G_m(T)=0$；
标准状态下，$\Delta_r G_m^{\ominus}(T)=0$
转化温度$T=\Delta_r H_m^{\ominus}(T)/\Delta_r S_m^{\ominus}(T)$
2. $K^{\ominus}(T)$的计算：
① 根据$K^{\ominus}(T)$的表达式由$p/p^{\ominus}$, $b/b^{\ominus}$求得
② $\ln K^{\ominus}(T)=-\Delta_r G_m^{\ominus}(T)/RT$
③ $\lg\frac{K_2^{\ominus}}{K_1^{\ominus}}=\frac{\Delta_r H_m^{\ominus}}{2.303R}(\frac{T_2-T_1}{T_2T_1})$
④ 多重平衡规则
3. 平衡移动
① 改变浓度、压力，使$\Pi_B>K^{\ominus}$或$\Pi_B<K^{\ominus}$
② 改变温度，改变$K^{\ominus}$值
1.浓度影响
① 基元反应——质量定律表达式
②复杂反应——速率方程式
反应级数确定
2.温度影响，改变k值 $\lg\frac{k_2}{k_1}=\frac{E_a}{2.303R}(\frac{T_2-T_1}{T_2T_1})$

自测题及答案

自测题一

一、判断题

（　　）1. 系统中含有多种物质不可能是单相系统。

（　　）2. 凡是其数值与系统中物质的数量有关的状态函数都具有加合性。

（　　）3. 利用盖斯定律计算反应热效应时，其热效应与过程无关。这表明任何情况下，化学反应的热效应只与反应的起止状态有关，与反应的途径无关。

（　　）4. 凡是 $\Delta_r G_m^\ominus$ 大于零的过程都不能进行。

（　　）5. 系统的状态改变时，至少有一个状态函数发生改变。

（　　）6. H、S、G 均为状态函数，ΔH、ΔS、ΔG 均受温度影响不大。

（　　）7. 温度改变时，平衡移动方向与反应热有关。

（　　）8. “冰在室温下自动融化为水”是一个可以用熵增判断的自发过程。

（　　）9. 在一定温度下，密闭容器中的水和水蒸气达到平衡。将密闭容器体积减小，则平衡将向水的一方移动。

（　　）10. 标准平衡常数是反应物和生成物都处于各自的标准态时的平衡常数。

（　　）11. 温度升高，反应速率一定加快。

（　　）12. 活化能是活化分子的最低能量和反应物分子的平均能量之差。

（　　）13. 个别催化剂可以使反应速率发生变化，也可以改变平衡常数。

（　　）14. 反应 $2NO(g)+O_2(g) \longrightarrow 2NO_2(g)$ 的速率方程式是 $v=kc^2(NO)c(O_2)$，该反应一定是基元反应。

（　　）15. 在一定条件下，正向自发进行的反应，其逆反应不可能进行。

（　　）16. 自发过程一定都是熵增的过程。

（　　）17. 在 298.15K，标准状态下，$S(s)+O_2(g) \longrightarrow SO_2(g)$ 的反应热是 SO_2 的 $\Delta_f H_m^\ominus$。

（　　）18. 物质的量增加的反应，其 ΔS 一定大于零。

（　　）19. 若一个物理量的改变量只与始态和终态有关，则该物理量一定是状态函数。

（　　）20. 参考态元素的标准摩尔生成焓和标准摩尔生成吉布斯函数均等于零。

二、选择题

1. 下列各热力学函数中，哪一个为零？（　　）

A. $\Delta_f G_m^\ominus$（I_2，g，298K）　　B. $\Delta_f H_m^\ominus$（Br_2，g，298K）

C. $\Delta_f G_m^\ominus$（Cl_2，g，298K）　　D. $\Delta_c H_m^\ominus$（H_2O，g，298K）

2. 下列方程式中，能正确表示 AgCl(s) 的 $\Delta_f H_m^\ominus$ 的是（　　）

A. $2Ag(s)+Cl_2(g) \longrightarrow 2AgCl(s)$　　B. $Ag(s)+\frac{1}{2}Cl_2(g) \longrightarrow AgCl(s)$

C. $Ag^+(aq)+Cl^-(aq) \longrightarrow AgCl(s)$　　D. $Ag(s)+\frac{1}{2}Cl_2(l) \longrightarrow AgCl(s)$

3. 下列 $\Delta_r H$ 与 $\Delta_r S$ 组合对应的反应是任何温度下均为自发反应的是（　　）

A. $\Delta_r H>0$，$\Delta_r S>0$　　B. $\Delta_r H<0$，$\Delta_r S<0$

C. $\Delta_r H>0$，$\Delta_r S<0$　　D. $\Delta_r H<0$，$\Delta_r S>0$

4.在298.15K时，下列物质标准摩尔规定熵最小的是（　）

A. Ag　　B.水　　C. Cl_2　　D. NaCl

5.某化学反应 $A(g)+B(s)=\!=\!=2C(g)$ 的 $\Delta_r H_m^{\ominus}<0$。在标准状态下，该反应（　）

A.仅在低温下，反应可以自发进行

B.仅在高温下，反应可以自发进行

C.任何温度下反应均可自发进行

D.任何温度下反应都难以自发进行

6.化学反应的 $K^{\ominus}(T)$ 的数值与下列哪些因素有关？（　）

A.反应物的浓度和温度　　B.温度和催化剂

C.生成物的浓度和温度　　D.反应方程式的写法和温度

7.已知基元反应 $A(g)+2B(g)=\!=\!=C(g)$，其速率常数为 k。当2molA与1molB在1L容器中混合时，反应速率是（　）

A. $4k$　　B. $2k$　　C. $\frac{1}{4}k$　　D. $\frac{1}{2}k$

8.在某一温度下，反应 $O_2(g)+2H_2(g)=\!=\!=2H_2O(g)$ 的 $K^{\ominus}=0.72$。若平衡后再通入一定量的 $H_2(g)$，此时 $K^{\ominus}$、反应商 Π_B、$\Delta_r G_m^{\ominus}$、$\Delta_r G_m$ 的关系应为（　）

A. $\Pi_B>K^{\ominus}$，$\Delta_r G_m^{\ominus}=0$，$\Delta_r G_m<0$　　B. $\Pi_B>K^{\ominus}$，$\Delta_r G_m^{\ominus}>0$，$\Delta_r G_m>0$

C. $\Pi_B<K^{\ominus}$，$\Delta_r G_m^{\ominus}<0$，$\Delta_r G_m<0$　　D. $\Pi_B<K^{\ominus}$，$\Delta_r G_m^{\ominus}>0$，$\Delta_r G_m<0$

9.已知反应 $3H_2(g)+N_2(g)=\!=\!=2NH_3(g)$ 在400℃时的 $K^{\ominus}=1.66\times10^{-4}$。同温同压下，$\frac{3}{2}H_2(g)+\frac{1}{2}N_2(g)=\!=\!=NH_3(g)$ 的 $K^{\ominus}$ 是（　）

A. 1.66×10^{-4}　　B. 8.3×10^{-5}　　C. 1.29×10^{-2}　　D. 2.76×10^{-8}

10.对于一个确定的化学反应，下列说法正确的是（　）

A. $\Delta_r G_m$ 越负，反应速率越快　　B. E_a 越大，反应速率越快

C. $\Delta_r H_m$ 越负，反应速率越快　　D. E_a 越小，反应速率越快

11.某化学反应的速率常数 k 的单位是 $mol\cdot kg^{-1}\cdot s^{-1}$，则该化学反应的级数为（　）

A. 3级　　B. 2级　　C. 0级　　D. 1级

12.反应 $A+B=\!=\!=C+D$ 的 $\Delta_r H_m^{\ominus}>0$，当升高温度时，将导致（　）

A. $k_正$ 和 $k_逆$ 都增加　　B. $k_正$ 和 $k_逆$ 都减小

C. $k_正$ 增加，$k_逆$ 减小　　D. $k_正$ 减小，$k_逆$ 增加

13.反应 $A+2B=\!=\!=C$ 是可逆基元反应，$\Delta_r H_m^{\ominus}<0$，则正、逆反应活化能关系为（　）

A. $E_{a正}<E_{a逆}$　　B. $E_{a正}=E_{a逆}$

C. $E_{a正}>E_{a逆}$　　D.无法比较 $E_{a正}$ 和 $E_{a逆}$ 的大小

14.升高温度，反应速率增加的主要原因是（　）

A.活化能减小　　B.活化分子百分数增加

C.碰撞频率增加　　D.压力增加

15.在298.15K时，已知某反应的 $\Delta_r G_m^{\ominus}=89kJ\cdot mol^{-1}$，$\Delta_r H_m^{\ominus}=53kJ\cdot mol^{-1}$，下列说法错误的是（　）

A.可以求298.15K时反应的标准摩尔熵变

B.可以求298.15K时反应的标准平衡常数

C.可以求反应的活化能

D. 可以求反应达到平衡时的温度

16. 在化学反应中加入正催化剂的作用是（　　）

A. 加快正反应速率而减慢逆反应速率

B. 增加反应的标准平衡常数

C. 提高平衡时产物的浓度

D. 改变反应途径，降低活化能

17. 某反应在 400K 时的反应速率常数是 298K 时的 4 倍，则此反应的活化能为（　　）

A. $13.47kJ \cdot mol^{-1}$　　B. $-13.47kJ \cdot mol^{-1}$

C. $5.85kJ \cdot mol^{-1}$　　D. $-5.85kJ \cdot mol^{-1}$

18. 已知 $C_2H_2(g)+\frac{5}{2}O_2(g) = 2CO_2(g)+H_2O(l)$ 的 $\Delta_r H_m<0$，为提高转化率，应采取的措施是（　　）

A. 低温高压　　B. 高温高压　　C. 低温低压　　D. 高温低压

19. 下列反应中，熵值增加的是（　　）

A. $3H_2(g)+N_2(g) \longrightarrow 2NH_3(g)$

B. $CH_4(g)+2O_2(g) \longrightarrow 2H_2O(s)+CO_2(g)$

C. $CaCO_3(s) \longrightarrow CaO(s)+CO_2(g)$

D. $Cu^{2+}(aq)+S^{2-}(aq) \longrightarrow CuS(s)$

20. 下列符号表示状态函数的是（　　）

A. ΔU　　B. ΔH　　C. ΔG　　D. S

三、填空题

1. 反应 $A(g)+2B(g) \longrightarrow C(g)$ 的速率方程为 $v=kc(A)c^2(B)$，该反应是______级反应。当 B 的浓度增加为原浓度的 2 倍时，反应速率将变为原来的________；当反应容器的体积增大到原体积的 3 倍，反应速率将变为原来的______。

2. 某化学反应在温度由 20℃升高至 30℃时，反应速率正好变为原来的 2 倍，则该反应的活化能为____________$kJ \cdot mol^{-1}$。

3. 在 298K 时，反应 $\frac{1}{2}H_2(g)+\frac{1}{2}Cl_2(g) \longrightarrow HCl(g)$ 放热 $88kJ \cdot mol^{-1}$，反应的活化能为 $113kJ \cdot mol^{-1}$，那么逆反应的活化能为________$kJ \cdot mol^{-1}$，逆反应的反应热为________$kJ \cdot mol^{-1}$。

4. 将 H_2SO_4 溶于水，此溶解过程的 ΔH________，ΔG________，ΔS________。（填 >0 或 <0）

5. 在 298K 时，1mol 液态苯完全燃烧生成 $CO_2(g)$ 和 $H_2O(l)$，则该反应的 Q_p 与 Q_V 的差值是__________$kJ \cdot mol^{-1}$。

6. 已知 $\Delta_f G_m^{\ominus}(NH_3)=-16.5kJ \cdot mol^{-1}$，则反应 $3H_2(g)+N_2(g) \longrightarrow 2NH_3(g)$ 在 25℃时的标准平衡常数为__________________。

7. 已知下列物质的标准摩尔生成焓，$\Delta_f H_m^{\ominus}(C_2H_2, g)=226.73kJ \cdot mol^{-1}$，$\Delta_f H_m^{\ominus}(CO_2, g)=-393.5kJ \cdot mol^{-1}$，$\Delta_f H_m^{\ominus}(H_2O, l)=-285.8kJ \cdot mol^{-1}$，则 C_2H_2 的燃烧焓为____________$kJ \cdot mol^{-1}$。

8. 反应 $A \longrightarrow 2B+\frac{1}{2}C$ 对 A 是一级反应，若 $dc(B)/dt=1.0mol \cdot L^{-1} \cdot s^{-1}$，则 $-dc(A)/dt=$______；$dc(C)/dt=$______________。

9.根据阿仑尼乌斯公式可以判断：反应的活化能越大，反应速率就越______，温度越高，反应速率越________。

10.反应 $A(g)+B(s)\longrightarrow C(g)$ 的 $\Delta_r H_m^\ominus=-47.6kJ\cdot mol^{-1}$，A、C 为理想气体。在 298K 标准压力下，系统做了最大非体积功，放热 $2.31kJ\cdot mol^{-1}$，则此变化过程的 $Q=$__________；$W=$__________；$\Delta_r U_m^\ominus=$__________；$\Delta_r H_m^\ominus=$__________；$\Delta_r S_m^\ominus=$__________；$\Delta_r G_m^\ominus=$__________。

11.根据阿仑尼乌斯公式，可以通过__________和__________使化学反应速率常数 k 增大，前者增加了反应的________________，后者降低了反应的__________________。

四、简答题

1.标准状况与热力学规定的标准态有何不同？

2.解释 $\Delta_r G_m$ 和 $\Delta_r G_m^\ominus$ 的区别。

3.如何利用公式 $\ln\frac{K_2^\ominus}{K_1^\ominus}=\frac{\Delta_r H_m^\ominus}{R}\left(\frac{T_2-T_1}{T_2 T_1}\right)$ 讨论温度对化学平衡的影响？

五、计算题

1.已知在 298.15K 时反应 $2NO(g)+O_2(g)\rightleftharpoons 2NO_2(g)$ 中各物质的标准摩尔生成焓和标准摩尔熵，计算该反应在此条件下的标准平衡常数 $K^\ominus$；当反应系统中 $p(NO)=20kPa$、$p(O_2)=10kPa$、$p(NO_2)=70kPa$ 时，判断反应向哪个方向进行？

	NO(g)	$O_2(g)$	$NO_2(g)$
$\Delta_f H_m^\ominus/(kJ\cdot mol^{-1})$	91.3	0	33.2
$S_m^\ominus/(J\cdot mol^{-1}\cdot K^{-1})$	210.8	205.2	240.1

2. Ag_2O 遇热分解：$2Ag_2O(s)\longrightarrow 4Ag(s)+O_2(g)$，已知在 298.15K 时，$Ag_2O$ 的 $\Delta_f H_m^\ominus=-31.1kJ\cdot mol^{-1}$，$\Delta_f G_m^\ominus=-11.2kJ\cdot mol^{-1}$，计算 Ag_2O 的最低分解温度是多少？在 400K 时，$p(O_2)$ 是多少？

3.在 308K 和总压为 1.0×10^5 Pa 时，N_2O_4 有 27.2%分解为 NO_2。计算

(1) 反应 $N_2O_4(g)\rightleftharpoons 2NO_2(g)$在 308K 时的标准平衡常数 $K^\ominus$；

(2) 在 308K 和总压 2.0×10^5 Pa 时，N_2O_4 的解离度增大还是减小？说明压力对平衡移动的影响。

4.青霉素 G 分解反应的实验数据如下：

T/K	310	327
k/h^{-1}	2.16×10^{-2}	0.119

(1) 判断青霉素 G 分解反应为几级反应。

(2) 求反应的活化能和指前因子 A。

5.反应 $2A+B\longrightarrow A_2B$ 是基元反应，在 300K 时，当两反应物浓度均为 $0.01mol\cdot L^{-1}$ 时，起始反应速率为 $2.5\times10^{-3}mol\cdot L^{-1}\cdot s^{-1}$。计算当 $c(A)=0.015mol\cdot L^{-1}$，$c(B)=0.03mol\cdot L^{-1}$ 时，起始反应速率是多少？若该反应的活化能为 $56.7kJ\cdot mol^{-1}$，计算该反应在 273K 时的速率常数是多少？

6.已知 298.15K 时反应

$$3H_2(g)+N_2(g)\longrightarrow 2NH_3(g),\ \Delta_r H_{m1}^\ominus=-92.22kJ\cdot mol^{-1}$$

$$2H_2(g)+O_2(g)\longrightarrow 2H_2O(g),\ \Delta_r H^{\ominus}_{m2}=-483.64\text{kJ}\cdot\text{mol}^{-1}$$

试计算下列反应的 $\Delta_r H^{\ominus}_{m3}$，$\Delta_r U^{\ominus}_{m3}$

$$4NH_3(g)+3O_2(g)\longrightarrow 2N_2(g)+6H_2O(g)$$

7. 将 SO_2 和 O_2 注入一个恒温（$T=673$K）恒容的容器中，反应前它们的分压分别为 $p(SO_2)=101$kPa，$p(O_2)=122$kPa。当反应 $2SO_2(g)+O_2(g)=2SO_3(g)$ 达平衡时，$p(SO_3)$ 为 79.2kPa。计算该反应的 $K^{\ominus}$ 和 $\Delta_r G^{\ominus}_m$ 值。

自测题一答案

一、判断题

1. ×；2. √；3. ×；4. ×；5. √；6. ×；7. √；8. ×；9. √；10. ×；11. ×；12. √；13. ×；14. ×；15. ×；16. ×；17. √；18. ×；19. ×；20. √

二、选择题

1. C；2. B；3. D；4. A；5. C；6. D；7. B；8. D；9. C；10. D；11. C；12. A；13. A；14. B；15. C；16. D；17. A；18. A；19. C；20. D

三、填空题

1. 3；4 倍；1/27

2. 51.2

3. 201；88

4. <0；<0；>0

5. -3.72

6. 6.09×10^5

7. -1299.53

8. $0.5\text{mol}\cdot\text{L}^{-1}\cdot\text{s}^{-1}$；$0.25\text{mol}\cdot\text{L}^{-1}\cdot\text{s}^{-1}$

9. 小；大

10. $-2.31\text{kJ}\cdot\text{mol}^{-1}$；$-45.29\text{kJ}\cdot\text{mol}^{-1}$；$-47.6\text{kJ}\cdot\text{mol}^{-1}$；$-47.6\text{kJ}\cdot\text{mol}^{-1}$；$-7.75\text{J}\cdot\text{mol}^{-1}\cdot\text{K}^{-1}$；$-45.29\text{kJ}\cdot\text{mol}^{-1}$（对外功应取负值）

11. 升高温度；正催化剂；活化分子百分数；活化能

四、简答题

1. 答：标准状况是研究气体定律时所规定的，是指气体在标准大气压（$p=101325$Pa）和温度为 0℃下所处状况。化学热力学上规定的标准态是不涉及温度的。每个指定温度都可对应一个标准态；不同物质的标准态规定为：气体物质的标准态是在标准压力（$p^{\ominus}=100$kPa）时的（假想）纯理想气体状态；液体或固体的标准态是在标准压力 $p^{\ominus}$ 时的纯液体或纯固体；溶液中溶质 B 的标准态是在标准压力下 $p^{\ominus}$ 时的标准质量摩尔浓度 $b^{\ominus}=1.0\text{mol}\cdot\text{kg}^{-1}$，并表现为无限稀溶液特性时溶质 B 的（假想）状态。

2. 答：$\Delta_r G_m$ 是指任意温度下，系统中参加反应的各物质处于非标准状态、进行 1mol 反应时的吉布斯函数的改变量。它表示实际条件下系统自发变化的趋势，所以可作为非标准状态下化学反应方向的判据。当 $\Delta_r G_m<0$ 时，反应能正向自发进行。

$\Delta_r G^{\ominus}_m$ 指在任意温度下，系统中各物质均处在标准态下，进行 1mol 反应时吉布斯函数的改变量。它只表示标准态时反应自发进行的趋势。在标准状态下，当 $\Delta_r G^{\ominus}_m<0$ 时，反应正向自发进行。对一定的反应，温度一定时，$\Delta_r G^{\ominus}_m$ 是一个定值，决定反应进行的限度。

3. 答：根据公式 $\ln(K^{\ominus}_2/K^{\ominus}_1)=\dfrac{\Delta_r H^{\ominus}_m}{R}\left(\dfrac{T_2-T_1}{T_1T_2}\right)$，当升高温度时，$\dfrac{T_2-T_1}{T_1T_2}>0$，对于

吸热反应（$\Delta_r H_m^\ominus>0$），则 $\ln(K_2^\ominus/K_1^\ominus)>0$，标准平衡常数变大，平衡右移；对于放热反应（$\Delta_r H_m^\ominus<0$），则 $\ln(K_2^\ominus/K_1^\ominus)<0$，标准平衡常数变小，平衡左移。当降低温度时，$\frac{T_2-T_1}{T_1T_2}<0$，对于吸热反应，则 $\ln(K_2^\ominus/K_1^\ominus)<0$，平衡常数变小，平衡左移；对于放热反应，则 $\ln(K_2^\ominus/K_1^\ominus)>0$，平衡常数变大，平衡右移。

五、计算题

1.解：(1) $\Delta_r H_m^\ominus=\Sigma\nu_B\Delta_f H_m^\ominus$

$=2\Delta_f H_m^\ominus(NO_2, g)-\Delta_f H_m^\ominus(O_2, g)-2\Delta_f H_m^\ominus(NO, g)$

$=[2\times33.2-0-2\times91.3]\ \mathrm{kJ\cdot mol^{-1}}$

$=-116.2\mathrm{kJ\cdot mol^{-1}}$

$\Delta_r S_m^\ominus=\Sigma\nu_B S_m^\ominus$

$=2S_m^\ominus(NO_2, g)-S_m^\ominus(O_2, g)-2S_m^\ominus(NO, g)$

$=[2\times240.1-205.2-2\times210.8]\ \mathrm{J\cdot mol^{-1}\cdot K^{-1}}$

$=-146.6\mathrm{J\cdot mol^{-1}\cdot K^{-1}}$

$\Delta_r G_m^\ominus=\Delta_r H_m^\ominus-T\Delta_r S_m^\ominus$

$=-116.2\mathrm{kJ\cdot mol^{-1}}-298.15\mathrm{K}\times(-146.6)\times10^{-3}\mathrm{kJ\cdot mol^{-1}\cdot K^{-1}}$

$=-72.49\mathrm{kJ\cdot mol^{-1}}$

$$\lg K^\ominus=-\frac{\Delta_r G_m^\ominus(T)}{2.303RT}=-\frac{-72.49\times1000}{2.303\times8.314\times298.15}=12.698$$

$K^\ominus=4.99\times10^{12}$

(2) 当反应中的 $p(NO)=20\mathrm{kPa}$、$p(O_2)=10\mathrm{kPa}$、$p(NO_2)=70\mathrm{kPa}$ 时，系统处于非标准态。根据反应商 Π_B 与 $K^\ominus$ 的大小关系可以确定反应的进行方向

$$\Pi_B=\frac{[p(NO_2)/p^\ominus]^2}{[p(NO)/p^\ominus]^2[p(O_2)/p^\ominus]}=\frac{[70/100]^2}{[20/100]^2[10/100]}=122.5$$

在 298.15K 时，$K^\ominus=4.99\times10^{12}$。

因为 $\Pi_B<K^\ominus$，使得等温方程式确定 $\Delta_r G_m^\ominus(T)<0$，所以反应正向自发进行。

2.解：(1) 对于 $2Ag_2O(s)\longrightarrow4Ag(s)+O_2(g)$，根据已知条件，可确定反应的 $\Delta_r H_m^\ominus$，$\Delta_r G_m^\ominus$，再根据吉-亥方程可以求出反应的 $\Delta_r S_m^\ominus$。最后由 $\Delta_r H_m^\ominus$ 和 $\Delta_r S_m^\ominus$ 确定 Ag_2O 分解的最低温度。已知 Ag_2O 的 $\Delta_f H_m^\ominus=-31.1\mathrm{kJ\cdot mol^{-1}}$，$\Delta_f G_m^\ominus=-11.2\mathrm{kJ\cdot mol^{-1}}$

$\Delta_r H_m^\ominus=\Sigma\nu_B\Delta_f H_m^\ominus$

$=4\Delta_f H_m^\ominus(Ag,s)+\Delta_f H_m^\ominus(O_2,g)-2\Delta_f H_m^\ominus(Ag_2O,s)$

$=[4\times0+0-2\times(-31.1)]\mathrm{kJ\cdot mol^{-1}}$

$=62.2\mathrm{kJ\cdot mol^{-1}}$

$\Delta_r G_m^\ominus=\Sigma\nu_B G_m^\ominus$

$=4\Delta_f G_m^\ominus(Ag,s)+\Delta_f G_m^\ominus(O_2,g)-2\Delta_f G_m^\ominus(Ag_2O,s)$

$=[4\times0+0-2\times(-11.2)]\mathrm{kJ\cdot mol^{-1}}$

$=22.4\mathrm{kJ\cdot mol^{-1}}$

由 $\Delta_r G_m^\ominus=\Delta_r H_m^\ominus-T\Delta_r S_m^\ominus$ 得

$\Delta_r S_m^\ominus=(\Delta_r H_m^\ominus-\Delta_r G_m^\ominus)/T=[(62.2-22.4)\times1000/298.15]\mathrm{kJ\cdot mol^{-1}\cdot K^{-1}}$

$=133.5\mathrm{J\cdot mol^{-1}\cdot K^{-1}}$

当 $\Delta_r G_m^\ominus=\Delta_r H_m^\ominus-T\Delta_r S_m^\ominus<0$ 时，Ag_2O 开始分解，即

$T > \Delta_r H_m^\ominus / \Delta_r S_m^\ominus = (62.2 \times 1000/133.5)\text{K} = 465.9\text{K}$

在温度高于 465.9K 时，Ag_2O 开始分解

(2) 在 400K 时，$\Delta_r G_m^\ominus = \Delta_r H_m^\ominus - T\Delta_r S_m^\ominus = (62.2 - 400 \times 133.5 \times 10^{-3})\ \text{kJ} \cdot \text{mol}^{-1} = 8.8\text{kJ} \cdot \text{mol}^{-1}$

$$\ln K^\ominus = -\frac{\Delta_r G_m^\ominus(T)}{RT} = -\frac{8.8 \times 1000}{8.314 \times 400} = -2.65$$

$K^\ominus = 7.065 \times 10^{-2}$

$K^\ominus = p(O_2)/p^\ominus \quad p(O_2) = 7.065 \times 10^3\,\text{Pa}$

也可以通过标准平衡常数、反应的标准摩尔焓变和温度的关系式

$$\ln \frac{K_2^\ominus}{K_1^\ominus} = \frac{\Delta_r H_m^\ominus}{R}\left(\frac{T_2 - T_1}{T_2 T_1}\right)$$

求 400K 的标准平衡常数，进而求 O_2 的分压。

$$\ln K_1^\ominus = -\frac{\Delta_r G_m^\ominus(T)}{RT} = -\frac{22.4 \times 1000}{8.314 \times 298.15} = -9.04$$

$$K^\ominus = 1.186 \times 10^{-4}$$

将数值代入公式 $\ln \frac{K_2^\ominus}{K_1^\ominus} = \frac{\Delta_r H_m^\ominus}{R}\left(\frac{T_2 - T_1}{T_2 T_1}\right)$ 中，有

$$\ln \frac{K_2^\ominus}{1.186 \times 10^{-4}} = \frac{62.2 \times 1000}{8.314} \times \frac{400 - 298.15}{400 \times 298.15}$$

$K^\ominus = 7.06 \times 10^{-2} \quad K^\ominus = p(O_2)/p^\ominus \quad p(O_2) = 7.06 \times 10^3\,\text{Pa}$

3. 解：(1) 假设 $N_2O_4(g)$ 起始时的物质的量为 1mol，解离度为 a

$$N_2O_4(g) \rightleftharpoons 2NO_2$$

	$N_2O_4(g)$	$2NO_2$
起始时的物质的量/mol	1	0
平衡时的物质的量/mol	$(1-a)$	$2a$
平衡时各物质的分压	$\frac{p_总(1-a)}{(1+a)}$	$\frac{p_总 2a}{(1+a)}$

平衡时系统总的物质的量为 $(1+a)$

因为 $p_总 = p^\ominus \quad a = 27.2\%$，所以

$$K^\ominus = \frac{[p(NO_2)/p^\ominus]^2}{p(N_2O_4)/p^\ominus} = \frac{\left(\frac{2a}{1+a}\right)^2}{\frac{1-a}{1+a}} = \frac{\left(\frac{2 \times 27.2\%}{1.272}\right)^2}{\frac{0.728}{1.272}} = 0.32$$

(2) 当 $p_总 = 2.00 \times 10^5\,\text{Pa}$ 时，$p_总/p^\ominus = 2$，代入公式有

$$K^\ominus = \frac{[p(NO_2)/p^\ominus]^2}{p(N_2O_4)/p^\ominus} = \frac{\left(\frac{4a}{1+a}\right)^2}{\frac{2 \times (1-a)}{1+a}} = 0.32 \quad 解得\ a = 19.6\%$$

计算结果表明：恒温时，增大总压，平衡向气体分子数减小的方向运动。

4. 解：(1) 根据速率常数的单位可以确定，该分解反应为一级反应。

(2) 根据公式 $\ln \frac{k_2}{k_1} = \frac{E_a}{R}\left(\frac{T_2 - T_1}{T_1 T_2}\right)$ 得

$$\ln\frac{0.119}{2.16\times10^{-2}}=\frac{E_a}{8.314\text{kJ}\cdot\text{mol}^{-1}\cdot\text{K}^{-1}}\times\left(\frac{327\text{K}-310\text{K}}{310\text{K}\times327\text{K}}\right)$$

$E_a=84.6\text{kJ}\cdot\text{mol}^{-1}$

根据公式 $k=Ae^{-\frac{E_a}{RT}}$ 求 A。将温度 $T=327\text{K}$，对应的速率常数 $k=0.119\text{h}^{-1}$，活化能 $E_a=84.6\text{kJ}\cdot\text{mol}^{-1}$ 代入公式，有

$$0.119\text{h}^{-1}=Ae^{-\frac{84.6\times1000}{8.314\times327}}$$

$$A=3.89\times10^{12}\text{h}^{-1}$$

答：反应得活化能为 $84.6\text{kJ}\cdot\text{mol}^{-1}$，指前因子 A 为 $3.89\times10^{12}\text{h}^{-1}$。

5.解：(1) 由于反应 $2A+B\longrightarrow A_2B$ 是基元反应，根据质量作用定律有，

$$v=kc^2(\text{A})c(\text{B})\quad 此反应为3级反应$$

将两反应物的浓度（均为 $0.01\text{mol}\cdot\text{L}^{-1}$）和起始反应速率（$2.5\times10^{-3}\text{mol}\cdot\text{L}^{-1}\cdot\text{s}^{-1}$）代入质量作用定律表达式中，有

$$2.5\times10^{-3}\text{mol}\cdot\text{L}^{-1}\cdot\text{s}^{-1}=k\times(0.01\text{mol}\cdot\text{L}^{-1})^2\times(0.01\text{mol}\cdot\text{L}^{-1})$$

解得 $k=2.5\times10^3\text{mol}^{-2}\cdot\text{L}^2\cdot\text{s}^{-1}$

当 $c(\text{A})=0.015\text{mol}\cdot\text{L}^{-1}$，$c(\text{B})=0.03\text{mol}\cdot\text{L}^{-1}$ 时，起始反应速率是

$$v=2.5\times10^3\text{mol}^{-2}\cdot\text{L}^2\cdot\text{s}^{-1}\times(0.015\text{mol}\cdot\text{L}^{-1})^2\times(0.03\text{mol}\cdot\text{L}^{-1})$$
$$=1.69\times10^{-2}\text{mol}\cdot\text{L}^{-1}\cdot\text{s}^{-1}$$

(2) 根据公式 $\ln\frac{k_2}{k_1}=\frac{E_a}{R}\left(\frac{T_2-T_1}{T_1T_2}\right)$，将已知数据代入有

$$\ln\frac{k_2}{2.5\times10^3\text{mol}^{-2}\cdot\text{L}^2\cdot\text{s}^{-1}}=\frac{56.7\times1000}{8.314}\times\left(\frac{273-300}{300\times273}\right)$$

解得 $k_2=2.64\times10^2\text{mol}^{-2}\cdot\text{L}^2\cdot\text{s}^{-1}$

6.解：根据盖斯定律，反应3＝3×反应2－2×反应1，所以

$$\Delta_rH^\ominus_{m3}=3\Delta_rH^\ominus_{m2}-2\Delta_rH^\ominus_{m1}$$
$$=[3\times(-483.64)-2\times(-92.22)]\text{kJ}\cdot\text{mol}^{-1}$$
$$=-1266.48\text{kJ}\cdot\text{mol}^{-1}$$

对于反应的 $\Delta_rU^\ominus_{m3}$，根据 $\Delta_rU^\ominus_{m3}=\Delta_rH^\ominus_{m3}+W_{体积}$，系统膨胀对外做功，功为负值。

$$W_{体积}=-\Delta(pV)=-\Delta nRT=[-(2+6-4-3)\times8.314\times298.15\times10^{-3}]\text{kJ}\cdot\text{mol}^{-1}$$
$$=-2.48\text{kJ}\cdot\text{mol}^{-1}$$

所以 $\Delta_rU^\ominus_{m3}=[(-1266.48)+(-2.48)]\text{kJ}\cdot\text{mol}^{-1}=-1268.96\text{kJ}\cdot\text{mol}^{-1}$

7.解：

	$2SO_2(g)$	+	$O_2(g)$	$\rightleftharpoons 2SO_3(g)$
起始分压/kPa	101		122	0
平衡分压/kPa	101－79.2＝21.8		122－79.2/2＝82.4	79.2

根据标准平衡常数的表达式有

$$K^\ominus=\frac{[p(SO_3)/p^\ominus]^2}{[p(SO_2)/p^\ominus]^2[p(O_2)/p^\ominus]}=\frac{[79.2/100]^2}{[21.8/100]^2[82.4/100]}=16.02$$

$$\Delta_rG^\ominus_m(673K)=-RT\ln K^\ominus$$
$$=(-8.314\times10^{-3}\times673\times\ln16.02)\text{kJ}\cdot\text{mol}^{-1}$$
$$=-15.52\text{kJ}\cdot\text{mol}^{-1}$$

自测题二

一、判断题

(　　) 1. 在任何情况下，无论一个反应是一步完成还是分几步完成，它们的热效应一定相同。

(　　) 2. 对于一个反应，如果 $\Delta_r H_m^\ominus > \Delta_r G_m^\ominus$，则该反应必是熵增大的反应。

(　　) 3. 一个化学反应的 $\Delta_r G_m^\ominus$ 的值越负，其自发进行的倾向越大，反应速率越快。

(　　) 4. 反应的级数，可以根据反应方程式中反应物的计量数来确定，也可以根据速率常数的单位来确定。

(　　) 5. $CO_2(g)$ 的标准摩尔生成焓等于石墨的标准摩尔燃烧焓。

(　　) 6. 由于 $CaCO_3$ 分解是吸热的，所以它的标准摩尔生成焓为负值。

(　　) 7. 反应速率常数只与反应温度有关，与反应物浓度无关。

(　　) 8. 对于可逆反应，$\Delta_r H_m^\ominus < 0$，升高温度，正反应速率常数增大的倍数比逆反应速率增大的倍数大。

(　　) 9. 放热反应均是自发反应。

(　　) 10. ΔS 为正值的反应都是自发进行的。

(　　) 11. 若反应的结果增加了气态物质的量，则该反应的 ΔS 一定是正值。

(　　) 12. 对于有气体参加的可逆反应，改变压力不一定会引起平衡移动。

(　　) 13. 对于任何可逆反应，其正、逆反应的平衡常数之积等于 1。

(　　) 14. 在速率方程中，各物质浓度的幂次等于反应式中各物质化学式前的计量系数时，该反应即为基元反应。

(　　) 15. 对于基元反应而言，双分子反应是二级反应。

(　　) 16. 提高反应温度，只对吸热反应起着加快反应速率的作用。

(　　) 17. 对于热力学不能发生的反应，可通过选择合适的催化剂使反应得以发生。

(　　) 18. 某化学反应，$E_{a正} > E_{a逆}$，则该反应的焓变小于零，是放热反应。

(　　) 19. 纯氧气的标准摩尔熵为零。

(　　) 20. 标准平衡常数和转化率都可以表示反应进行的程度，但转化率与反应物的浓度有关，标准平衡常数与反应物的浓度无关。

二、选择题

1. 反应速率常数的数值与下列哪个因素无关（　　）

A. 反应物浓度　　B. 温度　　C. 催化剂　　D. 反应物

2. 在 298.15K、100kPa 时，反应 $3H_2(g) + N_2(g) \xlongequal{} 2NH_3(g)$ 的 $\Delta_r H_m^\ominus$ 为 $-92.2kJ \cdot mol^{-1}$，则 $NH_3(g)$ 的 $\Delta_f H_m^\ominus$ 为（　　）

A. $-92.2kJ \cdot mol^{-1}$　　B. $-184.4kJ \cdot mol^{-1}$

C. $-46.1kJ \cdot mol^{-1}$　　D. $-30.7kJ \cdot mol^{-1}$

3. 增加反应物浓度，反应速率增加的主要原因是（　　）

A. 单位体积分子数增加　　B. 单位体积内活化分子数增加

C. 活化分子百分数增加　　D. 反应系统混乱度增大

4. 反应 $3H_2(g) + N_2(g) \longrightarrow 2NH_3(g)$ 达平衡时，保持体积不变，如果加入惰性气体使总压增加一倍，则（　　）

A. NH_3 平衡浓度增加　　B. NH_3 平衡浓度减小

C. 正反应速度加快　　D. 平衡时 N_2 和 NH_3 的量没有变化

5. 已知 298.15K 时 NaCl(s) 在水中的溶解度是 $6mol \cdot L^{-1}$。在此温度下，将 1mol NaCl(s) 加入 1L 水中，则过程是（　　）

A. $\Delta_r G>0$，$\Delta_r S>0$　　B. $\Delta_r G<0$，$\Delta_r S>0$

C. $\Delta_r G>0$，$\Delta_r S<0$　　D. $\Delta_r G<0$，$\Delta_r S<0$

6. 相同温度下，已知下列反应的标准平衡常数

$$2H_2(g)+S_2(g) \longrightarrow 2H_2S(g) \quad K_1^{\ominus}$$

$$2Br_2(g)+2H_2S(g) \longrightarrow 4HBr(g)+S_2(g) \quad K_2^{\ominus}$$

则反应 $Br_2(g)+H_2(g) \longrightarrow 2HBr(g)$ 的标准平衡常数是（　　）

A. $(K_1^{\ominus}/K_2^{\ominus})^{\frac{1}{2}}$　　B. $(K_1^{\ominus}K_2^{\ominus})^{\frac{1}{2}}$

C. $(K_1^{\ominus}/K_2^{\ominus})$　　D. $(K_1^{\ominus}K_2^{\ominus})$

7. 在 298.15K 进行的下列反应，反应的 $\Delta_r H_m^{\ominus}$ 与生成物的 $\Delta_f H_m^{\ominus}$ 相等的是（　　）

A. $3H_2(g)+N_2(g) \longrightarrow 2NH_3(g)$　　B. $H_2(g)+Cl_2(g) \longrightarrow 2HCl(g)$

C. $H_2(g)+\frac{1}{2}O_2(g) \longrightarrow H_2O(l)$　　D. C(金刚石)$+O_2(g) \longrightarrow CO_2(g)$

8. 对于基元反应而言，下列叙述正确的是（　　）

A. 反应级数一定与反应分子数一致

B. 反应级数不一定与反应分子数一致

C. 反应级数由慢反应步骤决定

D. 反应级数由实验测定

9. 在 0℃和标准压力下，水凝结为冰，则此过程（　　）

A. $\Delta_r G>0$，$\Delta_r H>0$　　B. $\Delta_r G<0$，$\Delta_r H>0$

C. $\Delta_r G=0$，$\Delta_r S<0$　　D. $\Delta_r G<0$，$\Delta_r S<0$

10. 下列叙述正确的是（　　）

A. 反应级数等于反应物在方程式中的系数之和

B. 非基元反应由若干基元反应组成

C. 如果速率方程式中各物质的浓度的指数等于方程中其化学式前的系数，则此反应为基元反应

D. 任意两个反应相比，速率常数较大的反应，其反应速率一定较大

11. 298K 时反应 $C(s)+CO_2(g) \longrightarrow 2CO(g)$ 的 $\Delta_r H_m^{\ominus}=a\,kJ \cdot mol^{-1}$，则在恒温恒压下，该反应的热力学能的改变量为（　　）

A. $a-2.48kJ \cdot mol^{-1}$　　B. $a\,kJ \cdot mol^{-1}$

C. $a+2.48kJ \cdot mol^{-1}$　　D. $-a\,kJ \cdot mol^{-1}$

12. 升高同样的温度，化学反应速率增大倍数较多的是（　　）

A. 吸热反应　　B. 放热反应

C. 活化能较大的反应　　D. 活化能较小的反应

13. 若反应 $A+B \longrightarrow C$ 对 A、B 均为一级反应，下列说法正确的是（　　）

A. 此反应是一级反应

B. 此反应为基元反应

C. 两反应物的浓度同时减半时，其反应速率也相应减半

D. 两种反应物中，无论哪一种物质的浓度增加 1 倍，都将使反应速率增加 1 倍

14. 反应 $2NO(g)+O_2(g) \longrightarrow 2NO_2(g)$ 的 $\Delta_r H_m^\ominus=-114kJ \cdot mol^{-1}$，$\Delta_r S_m^\ominus=-146J \cdot mol^{-1} \cdot K^{-1}$。反应达平衡时各物质的分压为标准大气压，则反应的温度是（　　）

A. 780℃　　B. 508℃　　C. 428℃　　D. 1053℃

15. 在 298K 反应 $BaCl_2 \cdot H_2O \rightleftharpoons BaCl_2(s)+H_2O(g)$ 达平衡时，$p(H_2O)=330Pa$。则反应的 $\Delta_r G_m^\ominus$ 为（　　）

A. $-14.2kJ \cdot mol^{-1}$　　B. $14.2kJ \cdot mol^{-1}$

C. $1.42kJ \cdot mol^{-1}$　　D. $-1.42kJ \cdot mol^{-1}$

16. 已知 $\Delta_c H_m^\ominus$(C,石墨)$=-393.7kJ \cdot mol^{-1}$，$\Delta_c H_m^\ominus$(C,金刚石)$=-395.6kJ \cdot mol^{-1}$，则 $\Delta_f H_m^\ominus$(C,金刚石)为（　　）

A. $-789.5kJ \cdot mol^{-1}$　　B. $789.5kJ \cdot mol^{-1}$

C. $-1.9kJ \cdot mol^{-1}$　　D. $1.9kJ \cdot mol^{-1}$

17. 改变哪一个因素，能使任何平衡系统中的产物的产量增加（　　）

A. 增加反应物起始浓度　　B. 增加压力

C. 加入催化剂　　D. 升高温度

18. 关于化学平衡移动的说法中，正确的是（　　）

A. 平衡移动是指反应从不平衡到平衡的过程

B. 加压总是使反应从分子数多的一方向分子数少的一方移动

C. 在反应式两边气体分子数不等的化学平衡中，保持体积不变的情况下，充入惰性气体增加系统总压，原平衡不移动

D. 在化学平衡移动中，标准平衡常数总是保持不变

19. 某一反应的反应热为 $-65kJ \cdot mol^{-1}$，则此反应的活化能为（　　）

A. $E_a \leqslant 65kJ \cdot mol^{-1}$　　B. $E_a > 65kJ \cdot mol^{-1}$

C. $E_a \geqslant 65kJ \cdot mol^{-1}$　　D. 无法判断

20. 已知 $4NH_3(g)+3O_2(g) \longrightarrow 2N_2+6H_2O(g)$，若反应速率分别用 $v(NH_3)$、$v(O_2)$、$v(N_2)$、$v(H_2O)$($mol \cdot L^{-1} \cdot min^{-1}$) 表示，则正确的关系式为（　　）

A. $2v(NH_3)=v(H_2O)$　　B. $2v(O_2)=v(H_2O)$

C. $2v(NH_3)=v(N_2)$　　D. $3v(O_2)=2v(N_2)$

三、填空题

1. 正催化剂改变了________，降低了__________，从而增加了________，使反应速率加快。

2. 过渡状态理论认为反应速率与三个因素有关，分别为____________；____________；__________。有效碰撞理论认为反应速率与三个因素有关，分别为__________；__________；__________。

3. 298K 时，$Ag_2O(s)$ 的 $\Delta_f G_m^\ominus=-11.3kJ \cdot mol^{-1}$，$Ag_2O(s)$ 分解成 $Ag(s)$ 和 $O_2(g)$ 的反应在室温和标准状态下是______________反应（填“正向自发”或“正向非自发”）。

4. 1mol 水在 100℃、100kPa 下变为水蒸气的汽化热为 40.58kJ，假定水蒸气为理想气体，蒸发过程不做非体积功，则 $H_2O(l) \rightleftharpoons H_2O(g)$ 相变过程的 $W=$__________；$\Delta U=$________；$\Delta_r S_m^\ominus=$__________；$\Delta_r G_m^\ominus=$__________。

5. 已知环己烷的汽化过程 $\Delta_r H_m^\ominus=28.7kJ \cdot mol^{-1}$，$\Delta_r S_m^\ominus=88J \cdot mol^{-1} \cdot K^{-1}$，环己烷的正常沸点为________℃，在 25℃时的饱和蒸气压为________kPa。

6. 对于__________反应，某物质的反应级数一定等于该物质在反应方程式中的系数。通

常，反应速率常数随温度的升高而__________，与该物质的浓度________；速率常数的单位取决于____________。如果某反应的速率常数的单位为 $mol \cdot L^{-1} \cdot s^{-1}$，则该反应为_____级反应。

7. 可逆反应 $CO(g)+2H_2(g) \rightleftharpoons CH_3OH(g)$ 在 523K 时的 $K^{\ominus}=2.33\times10^{-3}$，在 548K 时的 $K^{\ominus}=5.42\times10^{-4}$，则该反应为_______热反应。如果提高 H_2 的转化率，应采取_____压_____温的反应条件；在恒温恒容条件下，系统达平衡，加入 He(g)增大压强，则平衡将_____，H_2 的转化率将_______；加入催化剂后，平衡将_____；升高温度时，其正反应速率常数将_______，逆反应速率常数将_________，平衡将向_______方向移动，该反应的 $\Delta_r G_m^{\ominus}$ 将_______。

8. 在封闭系统中，$\Delta_r H_m^{\ominus}=Q_p$ 的使用条件是________________。

9. 已知反应 $CaCO_3(s) \longrightarrow CaO(s)+CO_2(g)$，在 298K 时的 $\Delta_r G_m^{\ominus}$ 为 $130kJ \cdot mol^{-1}$，在 1200K 时，$\Delta_r G_m^{\ominus}$ 为 $-15.3kJ \cdot mol^{-1}$，则反应的 $\Delta_r H_m^{\ominus}$ 为___________$kJ \cdot mol^{-1}$，$\Delta_r S_m^{\ominus}$ 为________$J \cdot mol^{-1} \cdot K^{-1}$。该系统处于平衡时为_______相系统。

10. 对于自发过程，从过程的能量变化来看，系统倾向于取得_________；从系统中质点分布和运动状态来分析，系统倾向于取得___________；自发过程通过一定的装置都可以___________。

11. 在标准状态下，灰锡和白锡的转变温度为 18℃，$\Delta_r S_m^{\ominus}=-72J \cdot mol^{-1} \cdot K^{-1}$，此过程的 $\Delta_r H_m^{\ominus}$ 为_______$kJ \cdot mol^{-1}$。

12. 写出下列反应的标准平衡常数 $K^{\ominus}$ 表达式

(1) $CO(g)+NO(g) \rightleftharpoons CO_2(g)+\frac{1}{2}N_2(g)$　$K^{\ominus}=$________________

(2) $CaCO_3(s) \rightleftharpoons CaO(s)+CO_2(g)$　$K^{\ominus}=$________________

(3) $Zn(s)+2H^+(aq) \rightleftharpoons Zn^{2+}(aq)+H_2(g)$　$K^{\ominus}=$________________

(4) $C_2H_5OH(l)+CH_3COOH(l) \rightleftharpoons CH_3COOC_2H_5(l)+H_2O(l)$　$K^{\ominus}=$________

四、简答题

1. 如何理解 $\Delta_r H_m^{\ominus}=Q_p$ 公式的含义？

2. 在公式 $\Delta_r G_m^{\ominus}=\Sigma\nu_B \Delta_f G_m^{\ominus}$ 中等号两边符号中角标 m 的意义是否相同？

3. 根据已知热力学数据解释为什么金刚石不如石墨稳定。

热力学函数	C(石墨)	C(金刚石)
$\Delta_f H_m^{\ominus}/(kJ \cdot mol^{-1})$	0	1.9
$S_m^{\ominus}/(J \cdot mol^{-1} \cdot K^{-1})$	5.7	2.4

五、计算题

1. 已知 298K 下，下列热化学方程式

(1) $C(石墨)+O_2(g) \longrightarrow CO_2(g)$，$\Delta_r H_{m1}^{\ominus}=-393.51kJ \cdot mol^{-1}$

(2) $2H_2(g)+O_2(g) \longrightarrow 2H_2O(l)$，$\Delta_r H_{m2}^{\ominus}=-571.66kJ \cdot mol^{-1}$

(3) $CH_3CH_2CH_3(g)+5O_2(g) \longrightarrow 4H_2O(l)+3CO_2(g)$，$\Delta_r H_{m3}^{\ominus}=-2220kJ \cdot mol^{-1}$

根据这些热化学方程式确定 298K 时 $CH_3CH_2CH_3(g)$ 的 $\Delta_c H_m^{\ominus}$，并通过标准摩尔燃烧焓计算 298K 时 $CH_3CH_2CH_3(g)$ 生成反应的 $\Delta_r H_m^{\ominus}$。

2. 已知合成氨反应 $\frac{1}{2}N_2(g)+\frac{3}{2}H_2(g) \longrightarrow NH_3(g)$ 的 $\Delta_r H_m^{\ominus}=-45.9kJ \cdot mol^{-1}$。在

773K 时，不使用催化剂，活化能 $E_a=254kJ\cdot mol^{-1}$，使用催化剂后，活化能 $E_a=146kJ\cdot mol^{-1}$。催化后反应速率提高了多少倍？催化前后的逆反应的活化能各是多少？

3. 已知反应 $N_2O_4(g) \rightleftharpoons 2NO_2(g)$，318K 时，将 0.0030mol 的 N_2O_4 注入容积为 0.50L 的真空容器中，系统达到平衡时，压力为 26.3kPa。在 298K 时 $N_2O_4(g)$、$NO_2(g)$ 的 $\Delta_f H_m^{\ominus}$ 分别为 $9.16kJ\cdot mol^{-1}$、$33.18kJ\cdot mol^{-1}$。试计算：

(1) 在 318K 时，N_2O_4 的分解率及反应的标准平衡常数；

(2) 在 298K 时，反应的标准平衡常数。

4. 298K 时，测得反应 $2NO(g)+O_2(g) \longrightarrow 2NO_2(g)$ 的三组实验数据如下：

序号	$c(NO)/(mol\cdot L^{-1})$	$c(O_2)/(mol\cdot L^{-1})$	$v/(mol\cdot L^{-1}\cdot s^{-1})$
1	0.0020	0.0010	2.75×10^{-5}
2	0.0040	0.0010	1.1×10^{-4}
3	0.0020	0.0020	5.5×10^{-5}

(1) 确定反应级数，写出反应速率方程式。

(2) 计算反应速率常数。

(3) 计算 $c(NO)=0.0030mol\cdot L^{-1}$，$c(O_2)=0.0015mol\cdot L^{-1}$ 时的反应速率。

5. 反应 $A(g)+B(g) \longrightarrow 2C(g)$，A、B、C 均为理想气体，在 298.15K、100kPa 条件下，若分别采用下列两个途径完成变化，求每个过程的 Q、W、$\Delta_r U_m^{\ominus}$、$\Delta_r H_m^{\ominus}$、$\Delta_r G_m^{\ominus}$、$\Delta_r S_m^{\ominus}$。

(1) 系统放热 $41.8kJ\cdot mol^{-1}$，而没有做功；

(2) 系统做了最大非体积功，且放出 $1.64kJ\cdot mol^{-1}$ 的热。

6. 可逆反应 $2NaHCO_3(s) \rightleftharpoons Na_2CO_3(s)+H_2O(g)+CO_2(g)$，在 100℃时平衡常数 $K^{\ominus}=0.23$。$NaHCO_3$ 作为药物使用时需灭菌。灭菌方法是在 100℃条件下通入 100kPa 的潮湿 CO_2，问此条件下水蒸气的分压在什么范围。

7. 在 298.15K 及标准状态下，已知以下两个反应

(1) $H_2O(l)+\frac{1}{2}O_2(g) \longrightarrow H_2O_2(aq)$，$\Delta_r G_m^{\ominus}=105.3kJ\cdot mol^{-1}$

(2) $Zn(s)+\frac{1}{2}O_2(g) \longrightarrow ZnO(s)$，$\Delta_r G_m^{\ominus}=-318.3kJ\cdot mol^{-1}$

若把两个反应偶合起来：

$H_2O(l)+Zn(s)+O_2(g) \longrightarrow ZnO(s)+H_2O_2(aq)$

依据题中所给条件判断该偶合反应在 298.15K 下能否自发进行？并计算此温度下偶合反应的标准平衡常数 $K^{\ominus}$。

自测题二答案

一、判断题

1. ×；2. √；3. ×；4. ×；5. √；6. ×；7. ×；8. ×；9. ×；10. ×；11. √；12. √；13. √；14. ×；15. √；16. ×；17. ×；18. ×；19. ×；20. √

二、选择题

1. A；2. C；3. B；4. D；5. B；6. B；7. C；8. A；9. C；10. B；11. A；12. C；13. D；14. B；15. B；16. D；17. A；18. C；19. D；20. B

三、填空题

1. 反应途径/反应机理；反应的活化能；活化分子百分数

2. 活化配合物的浓度；活化配合物的分解概率；活化配合物的分解速率；反应物分子间的有效碰撞频率；反应物的活化能；碰撞时分子的空间取向

3. 正向非自发

4. $-3.101\text{kJ}\cdot\text{mol}^{-1}$；$37.48\text{kJ}\cdot\text{mol}^{-1}$；$108.87\text{J}\cdot\text{mol}^{-1}\cdot\text{K}^{-1}$；$0\text{kJ}\cdot\text{mol}^{-1}$

5. 53.1；37.03

6. 基元反应；增大；无关；反应的总级数；零

7. 放；高；低；不移动；不变；不移动；增大；增大；逆反应；变大

8. 等压、不做非体积功

9. 178.0；161.1；三

10. 最低能量状态；最大混乱度；做有用功

11. -20.95

12. (1) $\dfrac{p(CO_2)[p(N_2)]^{\frac{1}{2}}}{p(CO_2)p(NO)}(p^{\ominus})^{\frac{1}{2}}$；(2) $\dfrac{p(CO_2)}{p^{\ominus}}$；(3) $\dfrac{b(Zn^{2+})p(H_2)}{b^2(H^+)}\times\dfrac{b^{\ominus}}{p^{\ominus}}$

(4) $\dfrac{b(CH_3COOC_2H_5)b(H_2O)}{b(CH_3COOH)b(C_2H_5OH)}$

四、简答题

1. 答：$\Delta_r H_m^{\ominus}=Q_p$ 公式是在不做非体积功的恒压反应系统中成立，它表明两层含义：一层含义是反应的热效应在数值上等于系统焓的改变量，焓变可以通过实验的方法测得；另一方面，反应热的求算可以通过始态和终态的状态函数 H 来确定。

2. 答：在 $\Delta_r G_m^{\ominus}=\Sigma\nu_B\Delta_f G_m^{\ominus}$ 公式中，等号两边符号中的下角标 m 意义是不同的：在 $\Delta_r G_m^{\ominus}$ 中，下角标“m”表示反应进度为 1mol 的反应，或化学反应是按着指定化学方程式为基本单元所进行的反应，反应进度为 1mol。在 $\Delta_f G_m^{\ominus}$ 中，下角标“m”表示由参考态元素生成 1mol 的 B 物质。

3. 答：由已知热力学数据可以求得由 C(金刚石）变为 C(石墨）的 $\Delta_r H_m^{\ominus}=-1.9\text{kJ}\cdot\text{mol}^{-1}$，$\Delta_r S_m^{\ominus}=3.3\text{kJ}\cdot\text{mol}^{-1}$，由此可知，该过程是一个焓减、熵增的自发过程，说明石墨比金刚石稳定。

五、计算题

1. 解：(1) 由热化学方程式 (3) 可得 298K 时 $CH_3CH_2CH_3(g)$ 的 $\Delta_c H_m^{\ominus}$，即

$$\Delta_c H_m^{\ominus}(CH_3CH_2CH_3,g)=\Delta_r H_{m3}^{\ominus}=-2220\text{kJ}\cdot\text{mol}^{-1}$$

(2) $CH_3CH_2CH_3(g)$ 的生成反应为：$3C(\text{石墨})+4H_2(g)\longrightarrow CH_3CH_2CH_3(g)$

由已知热化学方程式可得

$$\Delta_c H_m^{\ominus}(CH_3CH_2CH_3,g)=\Delta_r H_{m3}^{\ominus}=-2220\text{kJ}\cdot\text{mol}^{-1}$$

$$\Delta_c H_m^{\ominus}(C,\text{石墨})=\Delta_r H_{m1}^{\ominus}=-393.51\text{kJ}\cdot\text{mol}^{-1}$$

$$\Delta_c H_m^{\ominus}(H_2,g)=\frac{1}{2}\Delta_r H_{m2}^{\ominus}=-285.83\text{kJ}\cdot\text{mol}^{-1}$$

根据 $\Delta_r H_m^{\ominus}=\sum\nu_B\Delta_c H_{mB}^{\ominus}$ 得

$$\Delta_r H_m^{\ominus}=3\Delta_c H_m^{\ominus}(C,\text{石墨})+4\Delta_c H_m^{\ominus}(H_2,g)-\Delta_c H_m^{\ominus}(CH_3CH_2CH_3,g)$$

$$\Delta_r H_m^{\ominus}=3\times(-393.51)\text{kJ}\cdot\text{mol}^{-1}+4\times(-285.83)\text{kJ}\cdot\text{mol}^{-1}-(-2220)\text{kJ}\cdot\text{mol}^{-1}$$
$$=-103.85\text{kJ}\cdot\text{mol}^{-1}$$

2.解：未催化时，有 $k_1=Ae^{-\frac{E_{a1}}{RT}}$；催化后，有 $k_2=Ae^{-\frac{E_{a2}}{RT}}$

对于同一反应，忽略指前因子 A 的变化，则有

$$\frac{k_2}{k_1}=e^{\frac{E_{a1}-E_{a2}}{RT}}=\exp\left[\frac{(254-146)\times10^3\,\mathrm{J\cdot mol^{-1}}}{8.314\,\mathrm{J\cdot mol^{-1}\cdot K^{-1}}\times773\,\mathrm{K}}\right]=1.99\times10^7$$

催化反应只是降低了活化能，$\Delta_r H_m^\ominus$ 则在催化前后不发生变化，因此有 $\Delta_r H_m^\ominus=E_{a(正)}-E_{a(逆)}$ 催化前逆反应的活化能：$E_{a(逆)}=E_{a(正)}-\Delta_r H_m^\ominus=[254-(-45.9)]\,\mathrm{kJ\cdot mol^{-1}}=299.9\,\mathrm{kJ\cdot mol^{-1}}$

催化后逆反应的活化能：$E_{a(逆)}=E_{a(正)}-\Delta_r H_m^\ominus=[146-(-45.9)]\,\mathrm{kJ\cdot mol^{-1}}=191.9\,\mathrm{kJ\cdot mol^{-1}}$

3.解：(1) 设45℃时 N_2O_4(g) 分解率为 a

$$N_2O_4(g) \rightleftharpoons 2NO_2(g)$$

$n_{平}$/mol　$0.0030\times(1-a)$　　　$0.0060a$

$n_{总}=0.0030\times(1+a)\,\mathrm{mol}$

代入 $pV=nRT$，得 $26.3\,\mathrm{kPa}\times0.50\,\mathrm{L}=0.0030\times(1+a)\,\mathrm{mol}\times8.314\,\mathrm{J\cdot mol^{-1}\cdot K^{-1}}\times318\,\mathrm{K}$

$$a=65.8\%$$

平衡时 $p(N_2O_4)=p_{总}\times0.003\times(1-a)/[0.003\times(1+a)]=[26.3\times(1-65.8\%)/(1+65.8\%)]\,\mathrm{kPa}=5.42\,\mathrm{kPa}$

$p(NO_2)=p_{总}\times0.0060a/[0.003\times(1+a)]=[26.3\times2\times65.8\%/(1+65.8\%)]\,\mathrm{kPa}=20.88\,\mathrm{kPa}$

$$K^\ominus(318\,\mathrm{K})=\frac{[p(NO_2)/p^\ominus]^2}{p(N_2O_4)/p^\ominus}=\frac{(20.88/100)^2}{5.42/100}=0.804$$

(2) 25℃时反应的标准平衡常数

$$\begin{aligned}\Delta_r H_m^\ominus&=\Sigma\nu_B\Delta_f H_m^\ominus\\&=2\Delta_f H_m^\ominus(NO_2,\ g)-\Delta_f H_m^\ominus(N_2O_4,\ g)\\&=(2\times33.18-9.16)\,\mathrm{kJ\cdot mol^{-1}}\\&=57.2\,\mathrm{kJ\cdot mol^{-1}}\end{aligned}$$

根据公式 $\ln\frac{K_2^\ominus}{K_1^\ominus}=\frac{\Delta_r H_m^\ominus}{R}\left(\frac{T_2-T_1}{T_2T_1}\right)$，有

$$\ln\frac{K_2^\ominus}{0.804}=\frac{57.2\times1000\,\mathrm{J\cdot mol^{-1}}}{8.314\,\mathrm{J\cdot mol^{-1}\cdot K^{-1}}}\left(\frac{298\,\mathrm{K}-318\,\mathrm{K}}{298\,\mathrm{K}\times318\,\mathrm{K}}\right)=-1.452$$

$$K^\ominus(298\,\mathrm{K})=0.188$$

4.解：(1) 根据反应式先写出此反应的速率方程式的未定式：$v=kc^m(NO)c^n(O_2)$。要求 m，建立如下比例式：$\frac{v_1}{v_2}=\frac{c^m(NO)_1}{c^m(NO)_2}=\left[\frac{c(NO)_1}{c(NO)_2}\right]^m$，将对应已知数值代入有

$$\frac{2.75\times10^{-5}}{1.1\times10^{-4}}=\left(\frac{0.0020}{0.0040}\right)^m$$

解得　　$m=2$

要求 n，建立如下比例式：$\frac{v_1}{v_3}=\frac{c^n(O_2)_1}{c^n(O_2)_3}=\left[\frac{c(O_2)_1}{c(O_2)_3}\right]^n$，将对应已知数值代入有

$$\frac{2.75\times10^{-5}}{5.5\times10^{-5}}=\left(\frac{0.0010}{0.0020}\right)^n$$

解得 $$n=1$$

所以该反应是三级反应，反应速率方程式为 $v=kc^2(NO)c(O_2)$

（2）由（1）解可知反应速率方程式为 $v=kc^2(NO)c(O_2)$，

将 $c(NO)=0.0020mol\cdot L^{-1}$，$c(O_2)=0.0010mol\cdot L^{-1}$ 时，$v=2.75\times10^{-5}mol\cdot L^{-1}\cdot s^{-1}$ 代入上式得

$$2.75\times10^{-5}mol\cdot L^{-1}\cdot s^{-1}=k\times(0.0020mol\cdot L^{-1})^2\times(0.0010mol\cdot L^{-1})$$

解得 $$k=6.88\times10^3\ L^2\cdot mol^{-2}\cdot s^{-1}$$

（3）将 $c(NO)=0.0030mol\cdot L^{-1}$，$c(O_2)=0.0015mol\cdot L^{-1}$ 代入速率方程中，即可求得此时的反应速率

$$v=6.88\times10^3\ L^2\cdot mol^{-2}\cdot s^{-1}\times(0.0030mol\cdot L^{-1})^2\times(0.0015mol\cdot L^{-1})$$
$$=9.29\times10^{-5}mol\cdot L^{-1}\cdot s^{-1}$$

5.解：由于系统的 H、U、S、G 均为状态函数，其改变量与途径无关，因此上述两个过程的 $\Delta_r U_m^\ominus$、$\Delta_r H_m^\ominus$、$\Delta_r G_m^\ominus$、$\Delta_r S_m^\ominus$ 是相同的。

由途径（1）可知，$W=0kJ\cdot mol^{-1}$，$Q=-41.8kJ\cdot mol^{-1}$，根据热力学第一定律

$$\Delta_r U_m^\ominus=Q+W=-41.8kJ\cdot mol^{-1}$$

因为 $\Delta_r H_m^\ominus=\Delta_r U_m^\ominus+\Delta nRT$，$\Delta n=0$，所以 $\Delta_r H_m^\ominus=-41.8kJ\cdot mol^{-1}$

由途径（2）可知，系统做了最大非体积功，且 $Q=-1.64kJ\cdot mol^{-1}$，根据 $\Delta_r U_m^\ominus=Q+W'$ 有，

$$-41.8kJ\cdot mol^{-1}=-1.64kJ\cdot mol^{-1}+W'$$

解得 $$W'=-40.16kJ\cdot mol^{-1}$$

等温等压下，系统 $\Delta_r G_m^\ominus$ 的减小等于系统对外所做的最大有用功，因此

$$\Delta_r G_m^\ominus=W'=-40.16kJ\cdot mol^{-1}$$

根据吉-亥方程 $\Delta_r G_m^\ominus=\Delta_r H_m^\ominus-T\Delta_r S_m^\ominus$，$\Delta_r G_m^\ominus=-40.16kJ\cdot mol^{-1}$，$\Delta_r H_m^\ominus=-41.8kJ\cdot mol^{-1}$，$T=298K$，

所以 $\Delta_r S_m^\ominus=-5.50kJ\cdot mol^{-1}$

经上述求解，两个途径的各个量的数值分别为：

途径（1）：$Q=-41.8kJ\cdot mol^{-1}$；$W'=0kJ\cdot mol^{-1}$；$\Delta_r G_m^\ominus=-40.16kJ\cdot mol^{-1}$，$\Delta_r H_m^\ominus=-41.8kJ\cdot mol^{-1}$；$\Delta_r U_m^\ominus=-41.8kJ\cdot mol^{-1}$；$\Delta_r S_m^\ominus=-5.50kJ\cdot mol^{-1}\cdot K^{-1}$

途径（2）：$Q=-1.64kJ\cdot mol^{-1}$；$W'=-40.16kJ\cdot mol^{-1}$；$\Delta_r G_m^\ominus=-40.16kJ\cdot mol^{-1}$，$\Delta_r H_m^\ominus=-41.8kJ\cdot mol^{-1}$；$\Delta_r U_m^\ominus=-41.8kJ\cdot mol^{-1}$；$\Delta_r S_m^\ominus=-5.50kJ\cdot mol^{-1}\cdot K^{-1}$

6.解：$p(H_2O)+p(CO_2)=100kPa$，系统处于非标准态，根据反应商 Π_B 与 $K^\ominus$ 的大小关系可以确定反应的进行方向。如果水蒸气分压满足

$$\Pi_B=\frac{p(H_2O)}{p^\ominus}\times\frac{p(CO_2)}{p^\ominus}=\frac{p(H_2O)}{100}\times\frac{100-p(H_2O)}{100}>0.23$$

则 $NaHCO_3$ 不分解，可以进行杀菌。解上面不等式得到

$$35.86kPa<p(H_2O)<64.14kPa$$

答：满足题中条件水蒸气的分压应在 35.86kPa 与 64.14kPa 之间。

7.解：对于 $H_2O(l)+Zn(s)+O_2(g)\longrightarrow ZnO(s)+H_2O_2(aq)$ 的 $\Delta_r G_m^\ominus$ 可根据盖斯定

律，有

$$\Delta_r G_m^{\ominus} = \Delta_r G_{m1}^{\ominus} + \Delta_r G_{m2}^{\ominus} = (105.3 - 318.3)\text{kJ}\cdot\text{mol}^{-1} = -213.0\text{kJ}\cdot\text{mol}^{-1} < 0$$

说明该偶合反应在上述条件下可以自发进行。

根据公式 $\ln K^{\ominus}(298.15K) = -\dfrac{\Delta_r G_m^{\ominus}(T)}{RT} = -\dfrac{-213.0\times 1000}{8.314\times 298.15} = 85.928$

$$K^{\ominus} = 2.08\times 10^{37}$$

该题是利用盖斯定律计算指定反应的 $\Delta_r G_m^{\ominus}$，也就是说盖斯定律不仅可以计算指定反应的热效应，还可以计算具有广度性质的状态函数的改变量，如 $\Delta_r G_m^{\ominus}$、$\Delta_r S_m^{\ominus}$ 等。

第二章

溶液与离子平衡

课堂笔记及典型例题

本章内容主要包括以下几个方面：溶液浓度的各种表示方法；稀溶液的依数性；酸碱质子理论；酸碱质子转移平衡及溶液中有关离子浓度的计算；缓冲溶液 pH 计算及缓冲机理；难溶强电解质的沉淀-溶解平衡及相关计算；配位化合物及配位平衡相关计算。

第一节　溶液浓度的表示方法

通常，溶液的性质与溶液的浓度有关。溶液浓度是指溶液中溶质和溶剂的相对含量。常用的溶液浓度的表示方法有以下五种：

(1) B 的质量分数

$\omega_B=\dfrac{m_B}{m}$　m_B→溶质 B 的质量；m→溶液（溶剂+溶质）的质量　　ω_B 的量纲为 1。

(2) B 的体积分数

$\varphi_B=\dfrac{V_B}{V}$　V_B→组分 B 的分体积；V→混合前各纯组分气体的体积之和　　φ_B 的量纲为 1。

(3) B 的摩尔分数

$x_B=\dfrac{n_B}{n}$　n_B→组分 B 的物质的量；n→系统中各个物质的物质的量之和　　x_B 的量纲为 1。

(4) B 的质量摩尔浓度

$b_B=\dfrac{n_B}{m_A}$　n_B→溶质 B 的物质的量；m_A→溶剂 A 的总质量　　b_B 的单位为 $mol\cdot kg^{-1}$，

(5) B 的物质的量浓度

$c_B=\dfrac{n_B}{V}$　n_B→溶质 B 的物质的量；V→溶液的总体积　　c_B 的常用单位为 $mol\cdot L^{-1}$ 或 $mmol\cdot L^{-1}$。

物质的量浓度与质量摩尔浓度关系：对于质量为 m，密度为 ρ 的稀溶液，溶质 B 的含

量较低，即 $m=m_A+m_B\approx m_A$，则有

$$c_B=\frac{n_B\rho}{m}\approx\frac{n_B\rho}{m_A}=b_B\rho$$

若溶液为稀水溶液，则

$$c_B\approx b_B$$

注意：使用质量摩尔浓度或物质的量浓度时，必须指明基本单元。

关于基本单元说明：

① 基本单元可以是分子、离子、原子及其他粒子，或这些粒子的特定组合。

② 基本单元的表示方法：用加圆括号的化学式（或化学式的组合）来表示，不宜用中文名称。

如："1摩尔氧"的含义不明确，应表示为 1mol O_2 或 $n(O_2)=1$mol

③ 同一系统中的同一物质，所选基本单元不同，则其物质的量也不同。

例：若分别以 NaCl，$\frac{1}{2}$NaCl 和 2NaCl 作为基本单元，则同一氯化钠的物质的量之间的关系为：

$$n(\mathrm{NaCl})=\frac{1}{2}n(\frac{1}{2}\mathrm{NaCl})=2n(2\mathrm{NaCl})$$

第二节　稀溶液的依数性

溶液的性质可分为两类：一类由溶质的本性决定，如溶液的颜色、酸碱性等；另一类与溶质的相对含量有关，与溶质的本性无关，即**稀溶液的依数性**。在难挥发、非电解质稀溶液中，依数性呈现明显的**定量规律**。

一、蒸气压下降

1. 饱和蒸气压

在一定温度下，当密闭容器中的液体蒸发和蒸气凝结速率相等，即达到气-液平衡。此时液面上方的蒸气为**饱和蒸气**，所产生的压力称为该液体在此温度下的**饱和蒸气压**，简称蒸气压，用符号 p^* 表示，单位 Pa。

蒸气压与温度和液体的性质有关，与液体量的多少和上方空间的大小无关。

T越高，p^*越大

同一温度下，物质的挥发性越强，p^*越大

同一物质不同聚集态：$p^*(\mathrm{g})>p^*(\mathrm{l})>p^*(\mathrm{s})$

2. 溶液的蒸气压下降

在相同温度下，当纯液体中加入**难挥发的溶质**时，所形成溶液的蒸气压**总是低于**纯溶剂的蒸气压。这种现象称为**溶液的蒸气压下降**，用 Δp 表示。

蒸气压下降的原因：①因为溶剂中溶解了难挥发的溶质后，溶剂表面被一定数量的溶质粒子占据，溶剂的表面积相对减小；②因为溶质粒子与溶剂分子相互作用束缚了一些高能量溶剂分子的蒸发，二者造成单位时间内逸出液面的溶剂分子数比纯溶剂的要少，当达到平衡

时，溶液的蒸气压 $p<p^*$。溶液浓度越大，溶液的蒸气压下降得越多。

1887 年，法国物理学家拉乌尔通过研究难挥发非电解质稀溶液，得出如下经验公式：

$$p=p^*x_A$$

如果溶液由溶剂 A 和溶质 B 组成，则

$$p=p^*x_A=p^*(1-x_B)=p^*-p^*x_B$$

$$\Delta p=p^*-p=p^*x_B$$

> Δp为溶液的蒸气压下降
> p^*纯溶剂的饱和蒸气压
> p溶液的蒸气压
> x_B溶质的摩尔分数

该式表明：在一定温度下，难挥发非电解质稀溶液的蒸气压下降与溶质的摩尔分数成正比，与溶质本性无关。——拉乌尔定律

将上式进一步整理，可得

$$\Delta p=p^*x_B=p^*\frac{n_B}{n_B+n_A}\approx p^*\frac{n_B}{n_A}$$

$$=p^*M_A\frac{n_B}{m_A}=Kb_B\approx Kc_B$$

> 因为是稀溶液，所以式中有两步近似；
> 温度一定时，p^*M_A 为一常数 K。
> 溶剂不同，K 值不同。

该式表明：在一定温度下，难挥发非电解质稀溶液的蒸气压下降与溶质的质量摩尔浓度成正比，与溶质本性无关。

3. 应用

干燥剂的干燥原理：干燥剂表面吸收空气中的水形成一薄层溶液，其 p 低于空气中水的 $p_水$，蒸气压不平衡，使空气中的水不断被吸入溶液致使溶液变稀，蒸气压增大。当达到气液平衡时，干燥剂失效。

二、溶液的沸点上升和凝固点下降

1. 沸点与凝固点

沸点 液体的蒸气压等于外界压力时所对应的温度称为此液体的沸点，用符号 T_b^* 表示。此时，液体就会沸腾（液体表面和内部同时气化），气-液两相达到平衡状态。液体的沸点与外界压力有关。

溶液的沸点 溶液的蒸气压等于外界压力时对应的温度（**即溶液刚开始沸腾时的温度**）。

凝固点 一定外压下（通常为 100.00kPa），纯物质的液相与其固相平衡共存时的温度称为该液体凝固点，用符号 T_f^* 表示。此时固-液两相蒸气压相等。

2. 难挥发非电解质稀溶液的沸点上升和凝固点下降

从图 2-1 中可以得到以下信息：①纯水、冰和水溶液的饱和蒸气压均随温度的升高而增大；②在相同温度下，水溶液的饱和蒸气压低于纯水的饱和蒸气压；③冰的蒸气压曲线的斜率明显大于水的蒸气压曲线的斜率，冰的饱和蒸气压随温度的变化更显著（**因为冰的升华热大于水的蒸发热**）。

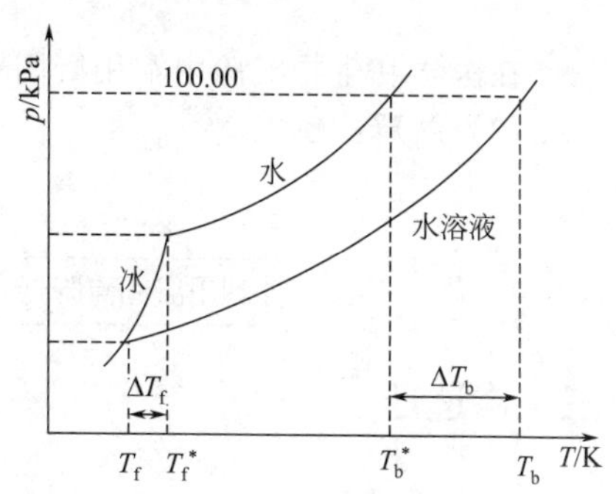

图 2-1 水、水溶液、冰体系的饱和蒸气压曲线

在相同温度下，由于水溶液的蒸气压总是比水的蒸

气压低，当水沸腾时，在其中加入难挥发的非电解质形成稀溶液，其蒸气压低于外界压力，溶液不再沸腾。要使溶液的蒸气压等于外界压力，必须升高温度。把溶液的沸点高于纯溶剂沸点的现象称为**溶液的沸点升高。**

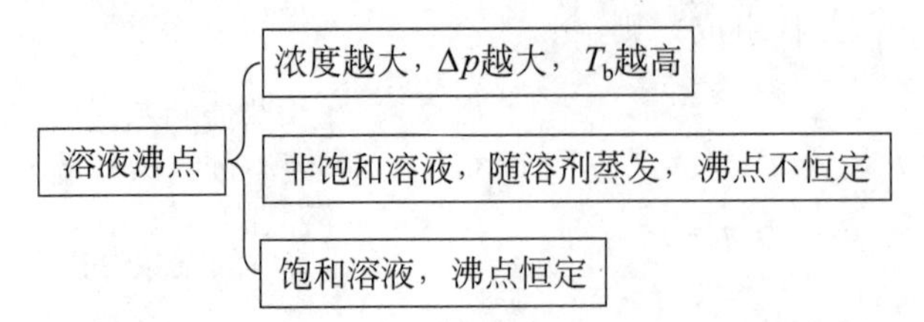

同理，在相同的外界条件下，在冰水混合物中加入难挥发的非电解质形成的水溶液，其蒸气压要小于冰的蒸气压。只有在比水的凝固点更低的温度下才能使水溶液与冰的蒸气压相等，即为**溶液的凝固点**。把溶液的凝固点总是低于纯溶剂的凝固点的这种现象称为**溶液的凝固点降低**。

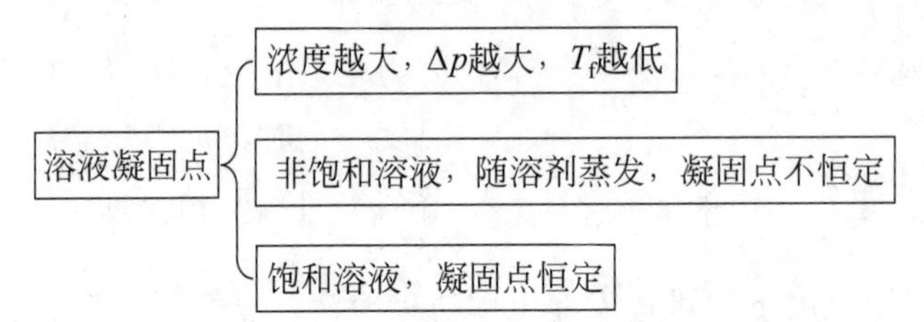

溶液的沸点上升和凝固点下降的**根本原因**都是溶液的**蒸气压下降**。实验结果表明，**难挥发的非电解质稀溶液的沸点上升和凝固点下降与溶液的质量摩尔浓度成正比，**与溶质的本性无关。拉乌尔定律的数学表达式

$$\Delta T_b = T_b^* - T_b = K_b b_B$$

$$\Delta T_f = T_f^* - T_f = K_f b_B$$

ΔT_b，ΔT_f 分别为溶液的沸点上升值和凝固点下降值

K_b，K_f 分别为溶液的沸点上升常数和凝固点下降常数

T_b，T_f 分别为溶液的沸点和凝固点

T_b^*，T_f^* 分别为溶剂的沸点和凝固点

3. 应用

(1) 计算小分子溶质的分子量

$$\Delta T_b = K_b b_B = \frac{K_b m_B / M_B}{m_A} \quad 即 \quad M_B = \frac{K_b m_B}{m_A \Delta T_b}$$

$$\Delta T_f = K_f b_B = \frac{K_f m_B / M_B}{m_A} \quad 即 \quad M_B = \frac{K_f m_B}{m_A \Delta T_f}$$

在医学和生物实验中常用凝固点降低法求溶质的分子量。

(2) 解释实例

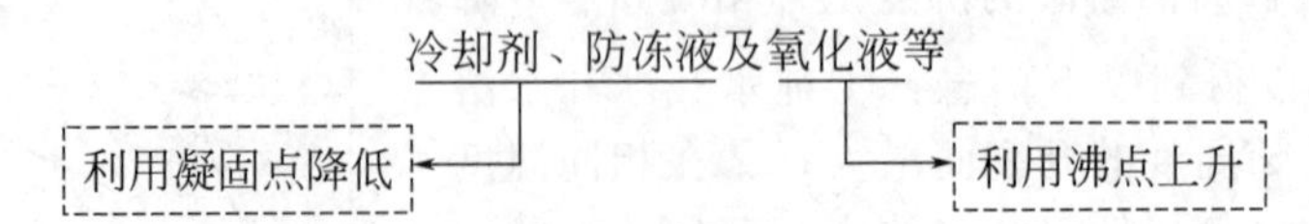

三、渗透压

1. 半透膜

半透膜具有选择性，只允许一部分物质通过。半透膜有两类：天然半透膜和人工半

透膜。

2. 渗透

渗透 由于半透膜的存在，膜两侧不同浓度溶液出现液面差的现象。

渗透现象产生的原因：在静水压相同的前提下，半透膜两侧单位体积内溶剂分子数不同或单位时间内通过膜两侧的溶剂分子数不同。当溶液一侧的静水压升到一定值后，单位时间内从膜两侧透过的溶剂分子数相等，溶剂的液面不再下降，溶液的液面不再上升，此时系统达到**渗透平衡**。

溶液的渗透压 为了阻止渗透现象发生而在溶液上方所施加的额外压力，用符号 Π 表示，单位为 Pa。

反渗透 在溶液上方施加的力超过渗透压，使浓溶液中的溶剂向稀溶液或溶剂中扩散的现象。实例：海水淡化、污水处理和溶液浓缩等。

范特霍夫方程表达式 $\Pi V=n_{B}RT$ 或 $\Pi=c_{B}RT$

式中，R 为摩尔气体常量，$R=8.314\mathrm{Pa\cdot m^{3}\cdot K^{-1}\cdot mol^{-1}}$ 或 $8.314\mathrm{kPa\cdot dm^{3}\cdot K^{-1}\cdot mol^{-1}}$。

该式表明：在一定体积和温度下，难挥发、非电解质稀溶液的渗透压与溶液浓度成正比，与溶质的本性无关。

3. 应用

(1) 计算大分子溶质的分子量

$$M_{B}=\frac{m_{B}RT}{V\Pi}$$

(2) 解释实例

如“烧苗”，海鱼不能在淡水中生存及发蔫的蔬菜洒水后重新复原等。

依数定律——稀溶液定律

难挥发、非电解质稀溶液的 {蒸气压下降、沸点上升、凝固点下降、渗透压} 均与溶液中溶质的量（即溶质的粒子数）成正比，与溶质的本性无关

注意：依数定律仅适用于难挥发非电解质的稀溶液。

对于难挥发电解质稀溶液，上述四类依数性依然存在，但需要在公式中引入一个校正因子 i，公式转变为：

$$\Delta T_{b}=iK_{b}b_{B}$$

$$\Delta T_{f}=iK_{f}b_{B}$$

$$\Pi=iRTb_{B}$$

对于强电解质稀溶液来说，可忽略正、负离子间的相互作用，则 i 值近似等于强电解质解离出的离子个数。

若溶质具有挥发性或者为溶质不具挥发性的浓溶液，蒸气压下降、沸点上升、凝固点降低和渗透压的数值也随溶质的粒子数增多而增大，但不符合依数定律的定量关系。

例题 2-1 一种精制蛋白质的分子量约为 5×10^{4}，计算溶质的质量分数为 0.02 的该物质的水溶液的沸点升高、凝固点降低和 298.15K 时的渗透压。已知 298.15K 水的密度 $997\mathrm{kg\cdot m^{-3}}$，$K_{b}=0.512\mathrm{K\cdot kg\cdot mol^{-1}}$，$K_{f}=1.86\mathrm{K\cdot kg\cdot mol^{-1}}$。

解：为了计算方便，取 1kg 溶液。

$$b_B=\frac{n_B}{m_A}=\frac{m_B/M_B}{m_A}=\frac{1kg\times0.02/(50kg\cdot mol^{-1})}{1kg\times(1-0.02)}=4.1\times10^{-4}mol\cdot kg^{-1}$$

$$c_B=\frac{n_B}{V}\approx\frac{n_B}{V_A}=\frac{m_B/M_B}{m_A/\rho_A}=\frac{1kg\times0.02/(50kg\cdot mol^{-1})}{1kg\times(1-0.02)/997kg\cdot m^{-3}}=0.41mol\cdot m^{-3}$$

溶液的沸点升高、凝固点降低和渗透压：

$$\Delta T_b=K_b b_B=0.512K\cdot kg\cdot mol^{-1}\times4.1\times10^{-4}mol\cdot kg^{-1}=2.1\times10^{-4}K$$

$$\Delta T_f=K_f b_B=1.86K\cdot kg\cdot mol^{-1}\times4.1\times10^{-4}mol\cdot kg^{-1}=7.6\times10^{-4}K$$

$$\Pi_B=c_B RT=0.41mol\cdot m^{-3}\times8.314J\cdot mol^{-1}\cdot K^{-1}\times298.15K=1016.3Pa$$

答：该蛋白质的水溶液的沸点升高、凝固点降低、298.15K 时的渗透压分别为 $2.1\times10^{-4}K$、$7.6\times10^{-4}K$、1016.3Pa。

【该题的计算结果说明：计算大分子的溶质（比如蛋白质）的分子量，用渗透压法更适合。】

例题 2-2 下列溶液凝固点降低的顺序：

A. $b(C_6H_{12}O_6)=0.1mol\cdot kg^{-1}$　　B. $b(\frac{1}{2}CaCl_2)=0.1mol\cdot kg^{-1}$

C. $b(\frac{1}{3}Na_3PO_4)=0.1mol\cdot kg^{-1}$　　D. $b(KNO_3)=0.1mol\cdot kg^{-1}$

解：溶液凝固点降低的大小与溶液中所含溶质的粒子数的多少有关。溶液中溶质的粒子数越多，凝固点降低的越大，凝固点越低；溶质的粒子数越少，则凝固点降低的程度越小，凝固点越高。

在 1kg 溶剂中，A 选项中粒子数为 0.1mol；B 选项中粒子数为$\frac{3}{2}\times0.1mol$；C 选项中粒子数为$\frac{4}{3}\times0.1mol$；D 选项中粒子数为 $2\times0.1mol$。因此，所含粒子数的大小顺序为：D＞B＞C＞A，则溶液凝固点降低顺序为：D＞B＞C＞A。而溶液凝固点的高低顺序为：D＜B＜C＜A。

第三节　酸碱质子理论

酸碱质子理论不仅适用于水体系，也适用于非水体系，扩大了酸、碱范围。其基本要点如下：

一、酸、碱的定义

凡是能给出质子的物质是**酸**，凡是能接受质子的物质是**碱**。

酸和碱不是孤立存在的，而是相互依存、相互转化的——共轭关系。通过失去和得到一个质子而互相转变的一对酸碱称为**共轭酸碱对**。

共轭酸碱对（HAc 酸 — Ac^- 碱）

$$\underset{酸}{HAc}+\underset{碱}{H_2O}=\!=\underset{碱}{Ac^-}+\underset{酸}{H_3O^+}$$

共轭酸碱对（H_2O 碱 — H_3O^+ 酸）

二、酸、碱的种类

一元酸、碱：HAc，HF，NH_3，CN^-，HSO_4^- 等。
多元酸、碱：H_2CO_3，H_3PO_4，H_2S，CO_3^{2-}，S^{2-} 等。
两性物质：H_2O，HS^-，$H_2PO_4^-$ 等。

酸和碱有分子形式的，也有离子形式的

三、酸、碱反应的实质

酸、碱反应的实质是两对共轭酸碱之间的质子转移。酸碱反应总是由强酸与强碱向弱酸与弱碱方向进行。

四、酸、碱的强度

酸、碱的强弱取决于两方面：①酸给出质子的能力和碱接受质子的能力；②溶剂接受和给出质子的能力。**在不同溶剂中**，酸或碱的相对强弱与溶剂的性质有关，即接受或给出质子的能力；**相同溶剂中**，酸碱的相对强弱取决于其本性。

水溶液中，酸碱的强弱可以根据质子转移平衡常数的大小来衡量，平衡常数值大，酸（或碱）的酸性（或碱性）越强。

在共轭酸碱对中，若酸的酸性越强，则其共轭碱的碱性就越弱；若碱的碱性越强，则其共轭酸的酸性越弱。例如，酸性 HCl＞HAc，则碱性 Cl^-＜Ac^-。

第四节　酸和碱的质子转移平衡

一、水的质子自递平衡

质子自递反应是发生在同种物质间的质子传递反应。水是两性物质，既可以接受质子，也可以给出质子。因此，在水分子间能够发生质子传递，最终达到质子自递反应平衡：

$$H_2O + H_2O \rightleftharpoons H_3O^+ + OH^-$$

$$K_w^\ominus = [b(H_3O^+)/b^\ominus][b(OH^-)/b^\ominus]$$

标准平衡常数 $K_w^\ominus$ 称为水的离子积常数，简称水的离子积。$K_w^\ominus$ 值随温度的升高而增大。

当溶液酸或碱的浓度较低时，常用 pH 或 pOH 表示溶液的酸度或碱度：

$$pH = -\lg[b(H_3O^+)/b^\ominus],\quad pOH = -\lg[b(OH^-)/b^\ominus]$$

在 298.15K 时，$K_w^\ominus = 1.0\times10^{-14}$，则 $pH + pOH = pK_w^\ominus = 14$

二、一元弱酸、弱碱的质子转移平衡

1. 一元酸、碱的质子转移平衡常数

在水溶液中，酸的强度取决于酸给出质子的能力。碱的强弱取决于碱接受质子的能力。在一定温度下，对于一元弱酸 HA，在水溶液中存在以下质子转移平衡：

$$HA + H_2O \rightleftharpoons A^- + H_3O^+$$

（H^+ 由 HA 转移至 H_2O）

其平衡常数表达式为

$$K_a^\ominus=\frac{[b(H_3O^+)/b^\ominus][b(A^-)/b^\ominus]}{b(HA)/b^\ominus}$$

式中，$K_a^\ominus$ 为酸的质子转移平衡常数，简称**酸常数**。$K_a^\ominus$ 也称为酸的解离平衡常数。

对于一元弱碱，在水溶液中同样也存在质子转移平衡

$$H_2O+A^- \xrightarrow{H^+} HA+OH^-$$

其平衡常数表达式为

$$K_b^\ominus=\frac{[b(OH^-)/b^\ominus][b(HA)/b^\ominus]}{b(A^-)/b^\ominus}$$

式中，$K_b^\ominus$ 为碱的质子转移平衡常数，简称**碱常数**。$K_b^\ominus$ 也称为碱的解离平衡数。

关于解离平衡数（$K_a^\ominus$ 与 $K_b^\ominus$）应清楚以下几点：

① $K_a^\ominus$ 与 $K_b^\ominus$ 是标准平衡常数，随温度的变化而改变；

② $K_a^\ominus(K_b^\ominus)$ 数值大小与酸（碱）的本性有关；

③ $K_a^\ominus(K_b^\ominus)$ 数值与酸（碱）的起始浓度无关；

④ $K_a^\ominus(K_b^\ominus)$ 数值越大，酸（碱）性越强。

在**同一溶剂中，同一类型的弱酸**可以通过 $K_a^\ominus$ 的大小进行酸性强弱的比较。例如，HAc 的 $K_a^\ominus=1.76\times10^{-5}$，HF 的 $K_a^\ominus=3.53\times10^{-4}$，HCN 的 $K_a^\ominus=4.93\times10^{-10}$，三种一元酸的酸性强弱为：HF>HAc>HCN。

2. 解离度 α 与解离平衡常数 $K_i^\ominus$ 的关系

共同点：
- 反映弱电解质的解离程度
- 比较弱电解质相对强弱

不同点：
- $K_i^\ominus$ 与弱电解质溶液的浓度无关
- 解离度随弱电解质溶液的浓度的变化而变化

→ $K_i^\ominus$ 比解离度 α 能更好地表明电解质的相对强弱

3. 一元弱酸（碱）质子转移平衡中的近似计算

对于一元弱酸，在水溶液中达到质子转移平衡，其平衡常数表达式为

$$K_a^\ominus=\frac{[b(H_3O^+)/b^\ominus][b(A^-)/b^\ominus]}{b(HA)/b^\ominus}$$

可转变为

$$K_a^\ominus=\frac{[b(H_3O^+)/b^\ominus]^2}{b_0(HA)/b^\ominus-b(H_3O^+)/b^\ominus}$$

$b_0(HA)$为起始浓度

如果 $b_0(HA)/K_a^\ominus>400$，$b_0(HA)/b^\ominus-b(H_3O^+)/b^\ominus\approx b_0(HA)/b^\ominus$，则有

$$b(H_3O^+)/b^\ominus=\sqrt{K_a^\ominus b_0(HA)/b^\ominus}$$

$$\alpha=\frac{b(H_3O^+)/b^\ominus}{b_0(HA)/b^\ominus}=\frac{\sqrt{K_a^\ominus b_0(HA)/b^\ominus}}{b_0(HA)/b^\ominus}=\sqrt{\frac{K_a^\ominus}{b_0(HA)/b^\ominus}}$$

同理，对于一元弱碱 A^-，如果 $b_0(A^-)/K_b^\ominus>400$，则有

$$b(OH^-)/b^\ominus=\sqrt{K_b^\ominus b_0(A^-)/b^\ominus}$$

$$\alpha=\sqrt{\frac{K_b^\ominus}{b_0(A^-)/b^\ominus}}$$

4. 共轭酸碱的质子转移平衡常数的关系

在水溶液中，酸的解离平衡常数 $K_a^\ominus$ 与其共轭碱的解离平衡常数 $K_b^\ominus$ 之间存在如下定量关系：

$$K_a^\ominus K_b^\ominus=\frac{[b(H_3O^+)/b^\ominus][b(A^-)/b^\ominus]}{b(HA)/b^\ominus}\times\frac{[b(HA)/b^\ominus][b(OH^-)/b^\ominus]}{b(A^-)/b^\ominus}$$

$$K_a^\ominus K_b^\ominus=[b(H_3O^+)/b^\ominus][b(OH^-)/b^\ominus]=K_w^\ominus$$

上式表明：① $K_a^\ominus$ 与 $K_b^\ominus$ 成反比，说明酸越强，其共轭碱越弱；碱越强，则其共轭酸越弱。② 已知共轭酸碱对中酸（碱）的 $K_a^\ominus(K_b^\ominus)$，就可求得其共轭碱（酸）的 $K_b^\ominus(K_a^\ominus)$。

例题 2-3 求 $0.1mol\cdot kg^{-1}$ NH_4Cl 溶液的 pH 值是多少？已知 $K_b^\ominus(NH_3\cdot H_2O)=1.77\times10^{-5}$。

解： NH_4^+ 是一元弱酸，可根据公式 $b(H_3O^+)/b^\ominus=\sqrt{K_a^\ominus b_0(HA)/b^\ominus}$ 计算 H^+ 的浓度。

$$b(H^+)/b^\ominus=\sqrt{K_a^\ominus b_0(NH_4^+)/b^\ominus}$$

$$=\sqrt{\frac{K_w^\ominus}{K_b^\ominus}b_0(NH_4^+)/b^\ominus}=\sqrt{\frac{1\times10^{-14}}{1.77\times10^{-5}}\times0.1}=7.52\times10^{-6}$$

$$pH=5.12$$

答：$0.1mol\cdot kg^{-1}$ NH_4Cl 溶液的 pH 值是 5.12。

三、同离子效应与盐效应

同离子效应 在弱电解质溶液中，加入与弱电解质具有相同离子的强电解质，使弱电解质解离度降低的现象。

例如，将强电解质 NaAc 加入 HAc 溶液中，$b(Ac^-)$ 增加，使 HAc 的解离平衡左移，HAc 的解离度降低。

$$HAc+H_2O \rightleftharpoons Ac^-+H_3O^+$$

$$NaAc \longrightarrow Ac^-+Na^+$$

盐效应 在弱电解质溶液中加入不含有相同离子的强电解质，由于离子间相互牵制作用增大，使弱电解质解离度增大的现象。

有同离子效应就必然存在盐效应。与同离子效应相比，盐效应影响较小。因此，在稀溶液中，常常只考虑同离子效应，忽略盐效应。

例题 2-4 往氨水溶液中加入一些固体 NH_4Cl，会使（ ）

A. 溶液 pH 增大　　B. 溶液 pH 减小

C. 溶液 pH 不变　　D. $NH_3\cdot H_2O$ 的 $K_b^\ominus$ 增大

解： 答案选 B。

分析：在氨水溶液中加入一些固体 NH_4Cl，NH_4Cl 为强电解质，解离产生的 NH_4^+ 会对 $NH_3\cdot H_2O$ 的解离平衡产生同离子效应，使平衡左移，溶液中的 OH^- 浓度降低，H^+ 浓度提高，所以溶液的 pH 减小。对于给定一元弱碱，其碱常数（$K_b^\ominus$）与温度有关，温度改变时，碱常数改变，温度不变，碱常数不变。

四、多元弱酸的质子转移平衡

多元弱酸 在水溶液中能释放两个或两个以上质子的弱酸。

在水溶液中，多元弱酸释放质子是分步进行的，即逐级解离，每一步反应都有相应的解离平衡常数。例如 $H_2S+H_2O \rightleftharpoons H_3O^+ + HS^-$ 一级解离平衡

解离平衡常数表达式为 $K_{a1}^{\ominus}=\dfrac{[b(H_3O^+)/b^{\ominus}][b(HS^-)/b^{\ominus}]}{b(H_2S)/b^{\ominus}}$

$HS^- + H_2O \rightleftharpoons H_3O^+ + S^{2-}$ 二级解离平衡

解离平衡常数表达式为 $K_{a2}^{\ominus}=\dfrac{[b(H_3O^+)/b^{\ominus}][b(S^{2-})/b^{\ominus}]}{b(HS^-)/b^{\ominus}}$

应用多重平衡规则，对于总反应 $H_2S+2H_2O \rightleftharpoons 2H_3O^+ + S^{2-}$

$$K_a^{\ominus}=K_{a1}^{\ominus}K_{a2}^{\ominus}=\frac{[b(H_3O^+)/b^{\ominus}][b(HS^-)/b^{\ominus}]}{b(H_2S)/b^{\ominus}}\times\frac{[b(H_3O^+)/b^{\ominus}][b(S^{2-})/b^{\ominus}]}{b(HS^-)/b^{\ominus}}$$

$$=\frac{b(H_3O^+)^2 b(S^{2-})}{b(H_2S)}(b^{\ominus})^{-2}$$

在氢硫酸溶液中，H_3O^+、S^{2-} 和 H_2S 平衡浓度之间的关系为

$$b(S^{2-})=\frac{K_{a1}^{\ominus}K_{a2}^{\ominus}b(H_2S)}{b^2(H_3O^+)}(b^{\ominus})^2$$

由该公式可知，在一定浓度的 H_2S 溶液中，$b(S^{2-})$与$b(H^+)$的平方成反比。通过调节溶液的 pH 可以控制溶液中的负二价酸根 S^{2-} 的浓度。

二元弱酸的 $K_{a1}^{\ominus} \gg K_{a2}^{\ominus}$ 原因： ①S^{2-} 对 H^+ 的吸引强于 HS^- 对 H^+ 的吸引；②第一步解离得到的 H^+ 对第二步解离产生同离子效应，抑制反应的进行。

一般情况下，二元弱酸的 $K_{a1}^{\ominus} \gg K_{a2}^{\ominus}$，故比较无机多元弱酸的强弱时，只需比较它们的一级解离平衡常数的大小。

通过例题说明多元弱酸溶液中各个相关组分浓度的确定。

例题 2-5 298.15K 时，计算 $0.1mol \cdot kg^{-1}$ 氢硫酸饱和溶液中的 $b(H^+)$，$b(HS^-)$，$b(S^{2-})$。

解： 氢硫酸的 $K_{a1}^{\ominus}=1.07\times10^{-7}$，$K_{a2}^{\ominus}=1.26\times10^{-13}$，$K_{a1}^{\ominus} \gg K_{a2}^{\ominus}$，所以，溶液中的 $b(H^+)$按一级解离平衡进行计算。设 $b(H^+)$为 $x\,mol\cdot kg^{-1}$，$b(S^{2-})$为 $y\,mol\cdot kg^{-1}$，根据氢硫酸在溶液中分步解离可以求得。

$$H_2S+H_2O \rightleftharpoons H_3O^+ + HS^-$$

$b_{平}/(mol\cdot kg^{-1})$　$0.1-x\approx0.1$　　x　　x

由平衡常数表达式 $K_{a1}^{\ominus}=\dfrac{[b(H_3O^+)/b^{\ominus}][b(HS^-)/b^{\ominus}]}{b(H_2S)/b^{\ominus}}$有

$$1.07\times10^{-7}=\frac{x^2}{0.10}$$

$$x=1.03\times10^{-4}$$

即　$b(H^+)=b(HS^-)=1.03\times10^{-4}\,mol\cdot kg^{-1}$

$$HS^- + H_2O \rightleftharpoons H_3O^+ + S^{2-}$$

$b_{平}/(mol\cdot kg^{-1})$　$x-y\approx x$　　$x+y\approx x$　y

由平衡常数表达式 $K_{a2}^{\ominus}=\dfrac{[b(H_3O^+)/b^{\ominus}][b(S^{2-})/b^{\ominus}]}{b(HS^-)/b^{\ominus}}$有

$$1.26\times10^{-13}=\frac{xy}{x}$$

$$y=1.26\times10^{-13}$$

即 $b(S^{2-})/b^{\ominus}=1.26\times10^{-13}=K_{a2}^{\ominus}$

例题 2-6 298.15K 时，在 $0.1mol\cdot kg^{-1}$ 氢硫酸饱和溶液中，加入盐酸使溶液 pH＝2.00，计算溶液中 $b(H^+)$，$b(HS^-)$，$b(S^{2-})$。

解：溶液 pH＝2，所以 $b(H^+)=0.01mol\cdot kg^{-1}$，氢硫酸解离出的氢离子非常少，跟 $0.01mol\cdot kg^{-1}$ 相比可以忽略。而 $b(HS^-)$ 可以根据氢硫酸在溶液中分步解离可以求得。

设 $b(HS^-)$ 为 $x\,mol\cdot kg^{-1}$，

$$H_2S+H_2O \rightleftharpoons H_3O^+ + HS^-$$

$$b_{平}/(mol\cdot kg^{-1}) \quad 0.1-x\approx0.1 \qquad 0.01 \qquad x$$

由平衡常数表达式 $K_{a1}^{\ominus}=\frac{[b(H_3O^+)/b^{\ominus}][b(HS^-)/b^{\ominus}]}{b(H_2S)/b^{\ominus}}$ 有

$$1.07\times10^{-7}=\frac{0.01x}{0.10}$$

$$x=1.07\times10^{-6} \quad 即 \quad b(HS^-)=1.07\times10^{-6}\,mol\cdot kg^{-1}。$$

由于溶液中存在同离子效应，$b(S^{2-})$ 根据多重平衡规则进行确定。

$$H_2S+H_2O \rightleftharpoons 2H_3O^+ + S^{2-}$$

根据公式 $b(S^{2-})=\frac{K_{a1}^{\ominus}K_{a2}^{\ominus}b(H_2S)}{b(H_3O^+)^2}(b^{\ominus})^2$ 有

$$b(S^{2-})=1.07\times10^{-7}\times1.26\times10^{-13}\times\frac{0.1}{(0.01)^2}=1.35\times10^{-17}\,mol\cdot kg^{-1}$$

通过上述两道例题的求解，关于氢硫酸溶液中不同组分浓度的计算应该注意以下几点：

① 溶液中只有氢硫酸存在，$b(H^+)$ 由第一步解离平衡来计算，即按一元酸解离进行求解；负二价酸根的浓度 $b(S^{2-})$ 由第二步解离平衡进行计算，结果等于第二步解离平衡常数，即 $b(S^{2-})/b^{\ominus}=K_{a2}^{\ominus}$。

② 溶液中有 H^+ 产生的同离子效应（即溶液中不仅存在氢硫酸还有其他强酸或通过反应产生 H^+），则负二价酸根的浓度 $b(S^{2-})$ 由多重平衡规则方法确定，通过公式 $b(S^{2-})=\frac{K_{a1}^{\ominus}K_{a2}^{\ominus}b(H_2S)}{b(H_3O^+)^2}(b^{\ominus})^2$ 求得。

五、缓冲溶液

1. 定义

缓冲溶液　能抵抗外加少量强酸、强碱，少量水稀释而维持溶液 pH 基本不变的溶液。

缓冲作用　缓冲溶液所具有的抵抗外加少量强酸、强碱或稀释的作用。

缓冲对　根据酸碱质子理论，缓冲溶液一般是由浓度较大的弱酸及其共轭碱组成的混合溶液，共轭酸碱对称为缓冲对或缓冲系。

2. 缓冲机理

以 NaH_2PO_4 和 Na_2HPO_4 组成的缓冲溶液为例：

在含有的 NaH_2PO_4 和 Na_2HPO_4 的水溶液中，$b(H_2PO_4^-)$ 和 $b(HPO_4^{2-})$ 较大，

Na_2HPO_4 的加入产生同离子效应，使 $H_2PO_4^-$ 的质子转移平衡左移，抑制了 $H_2PO_4^-$ 的解离，$b(H^+)$则很小。

① 抗少量强酸　在该缓冲溶液中加入少量强酸，H^+ 和 HPO_4^{2-} 结合形成 $H_2PO_4^-$，迫使 $H_2PO_4^-$ 的解离平衡左移，溶液中的 H^+ 浓度不会显著增加，溶液的 pH 基本不变；

② 抗少量强碱　在该缓冲溶液中加入少量强碱，H^+ 和 OH^- 结合形成 H_2O，迫使 $H_2PO_4^-$ 的解离平衡右移，不断释放 H^+ 和 HPO_4^{2-}，维持 $b(H^+)$几乎不变，因此溶液的 pH 基本不变；

③ 抗稀释　加少量水稀释时，各物质浓度随之降低，$H_2PO_4^-$ 的解离度随浓度的降低而略有增大，因此溶液的 pH 基本保持不变。

3. 缓冲溶液的 pH 的计算及缓冲容量

缓冲溶液 pH 可以通过缓冲溶液的 pH 计算公式 $pH = pK_a^\ominus + \lg\dfrac{b(A^-)}{b(HA)}$进行确定。由公式可知，缓冲溶液的 pH 由 $pK_a^\ominus$ 和$\dfrac{b(A^-)}{b(HA)}$（称为缓冲比）两项决定。当 $pK_a^\ominus$ 一定时，溶液的 pH 随缓冲比的不同而变化；当缓冲比为 1 时，$pH = pK_a^\ominus$，此时缓冲能力最强。缓冲溶液缓冲能力的强弱可以通过**缓冲容量**来衡量，缓冲容量越大，缓冲能力越强。

影响缓冲容量的因素有缓冲溶液的总浓度［b(弱酸)＋b(共轭碱)］和缓冲比［b(弱酸)/b(共轭碱)］。当缓冲比一定时，缓冲溶液总浓度越大，缓冲容量越大，缓冲能力越强；当总浓度一定时，缓冲比为 1 时，缓冲容量最大，缓冲能力最强；**当缓冲比大于 10 或小于 0.1 时，溶液不具缓冲作用，不是缓冲溶液，所以缓冲比为 0.1～10 称为缓冲范围。**

例题 2-7　100g 水中加入 0.010mol HAc 和 0.010mol NaAc 形成缓冲溶液，若向其中加入 0.001mol 盐酸，计算加入盐酸前和加入盐酸后溶液的 pH。

解：HAc 和 NaAc 混合液中，起始浓度为

$$b(HAc) = b(NaAc) = (0.010/0.10)\,mol\cdot kg^{-1} = 0.10\,mol\cdot kg^{-1}$$

$$b(H^+) = (0.001/0.10)\,mol\cdot kg^{-1} = 0.010\,mol\cdot kg^{-1}$$

在 HAc 和 NaAc 混合溶液中，因为同离子效应，可忽略 HAc 解离的 $b(Ac^-)$。

已知 $K_a^\ominus(HAc) = 1.76\times10^{-5}$，加入盐酸前，$b(HAc)/b(NaAc) = 1$，比值在缓冲范围内，是缓冲溶液，可利用缓冲溶液的 pH 的计算公式进行计算。

缓冲溶液的 pH 为

$$pH = pK_a^\ominus + \lg\frac{b(A^-)}{b(HA)} = -\lg1.75\times10^{-5} + \lg\frac{0.1}{0.1} = 4.76$$

加入盐酸后，H^+ 与溶液中的 Ac^- 结合生成 HAc，从而使溶液中的 $b(HAc)$增加，$b(Ac^-)$降低。发生如下反应　　$H^+ + Ac^- \rightleftharpoons HAc$

	H^+	Ac^-	HAc
初始物质的量/mol	0.0010	0.010	0.010
反应后物质的量/mol	0.00	0.009	0.011

加入 0.0010mol 盐酸后，$b(HAc) = (0.011/0.10)\,mol\cdot kg^{-1} = 0.11\,mol\cdot kg^{-1}$，$b(NaAc) = (0.0090/0.10)\,mol\cdot kg^{-1} = 0.090\,mol\cdot kg^{-1}$，$b(HAc)/b(NaAc) = 11/9$，比值在缓冲范围内，是缓冲溶液，可利用缓冲溶液的 pH 的计算公式进行计算

$$pH = pK_a^\ominus + \lg\frac{b(A^-)}{b(HA)} = -\lg1.75\times10^{-5} + \lg\frac{0.09}{0.11} = 4.67$$

因此，加入盐酸前和加入盐酸后溶液的 pH 分别为 4.76 和 4.67。

例题 2-8　计算含有 $0.1\,mol\cdot kg^{-1}$ HAc 和 $0.005\,mol\cdot kg^{-1}$ NaAc 溶液的 pH。

解：在该溶液中，$b(HAc)=0.1mol\cdot kg^{-1}$，$b(NaAc)=0.005mol\cdot kg^{-1}$，$b(HAc)/b(NaAc)=0.1/0.005=20$，HAc 和 Ac^- 虽是共轭酸碱对，但比值超出缓冲范围，该溶液不是缓冲溶液，不能用缓冲溶液 pH 的计算公式求该溶液的 pH。在 HAc 和 NaAc 混合溶液中存在同离子效应，可以根据弱酸解离平衡计算溶液的 pH。

设溶液中的 $b(H^+)$ 为 $x\,mol\cdot kg^{-1}$

$$HAc \rightleftharpoons H^+ + Ac^-$$

初始浓度/$(mol\cdot kg^{-1})$　　0.1　　　0　　　0.005

平衡浓度/$(mol\cdot kg^{-1})$　　$0.1-x$　　x　　$0.005+x$

由平衡常数表达式

$$K_a^{\ominus}=\frac{[b(H_3O^+)/b^{\ominus}][b(Ac^-)/b^{\ominus}]}{b(HAc)/b^{\ominus}}=\frac{x\times(0.005+x)}{0.1-x}=1.75\times10^{-5}$$

解得 $x=3.5\times10^{-4}$　即　pH=3.46

答：该溶液的 pH 为 3.46。

以上例题说明：计算含有共轭酸碱对溶液的 pH，首先判断是否为缓冲溶液，即共轭酸碱浓度的比值是否在缓冲范围 0.1～10；如果确定是缓冲溶液，则用缓冲溶液 pH 的计算公式进行求解；如果不是缓冲溶液，则按酸（碱）解离平衡进行计算。

第五节　难溶电解质的沉淀溶解平衡

一、溶度积

1. 固-液平衡

在一定温度下，将难溶强电解质溶于水，溶解的部分将全部解离，随着进入溶液的离子数增加，溶液中的离子又有可能结合成固态电解质沉积于固体表面。当固体溶解的速率和离子沉积的速率相等时，即达到沉淀溶解平衡。此时溶液为饱和状态，溶液的浓度为该温度下难溶电解质的溶解度，用 S 表示。

2. 溶度积

难溶电解质的沉淀溶解平衡可用通式表示为

$$A_mB_n \rightleftharpoons mA^{n+}+nB^{m-}$$

$$K_{sp}^{\ominus}=[b(A^{n+})/b^{\ominus}]^m[b(B^{m-})/b^{\ominus}]^n$$

在一定温度下，难溶电解质的饱和溶液中，离子的相对质量摩尔浓度幂的乘积为一常数，称为**溶度积常数**，用 $K_{sp}^{\ominus}$ 表示，反映了难溶电解质的溶解能力。

用 $K_{sp}^{\ominus}$ 比较难溶强电解质的溶解度的大小时，**要注意**：

① **结构类型相同**的难溶强电解质（如 AgCl 和 AgBr），可以用 $K_{sp}^{\ominus}$ 直接判断溶解度的大小。$K_{sp}^{\ominus}$ 数值越大，溶解度越大；$K_{sp}^{\ominus}$ 数值越小，溶解度越小。

② **不同结构类型**的难溶强电解质（如 AgCl 和 Ag_2CrO_4），不可以用 $K_{sp}^{\ominus}$ 比较溶解度的大小，必须进行计算，通过计算结果判断。

3. 溶度积（$K_{sp}^{\ominus}$）与溶解度（S）

共同点：都可以用来表示一定温度下相应物质的溶解能力。

不同点：溶度积（$K_{sp}^{\ominus}$）与温度有关，与离子浓度无关，温度一定值一定；溶解度（S）

除了与难溶电解质的本性和温度有关外，还与溶液中难溶电解质的离子浓度有关。

溶度积（$K_{sp}^{\ominus}$）与溶解度（S）可以相互换算。已知难溶电解质的溶度积可以求其溶解度，已知难溶电解质的溶解度也可以求其溶度积常数。

$$K_{sp}^{\ominus}=[b(A^{n+})/b^{\ominus}]^m[b(B^{m-})/b^{\ominus}]^n=(mS/b^{\ominus})^m(nS/b^{\ominus})^n=m^m n^n S^{m+n}(b^{\ominus})^{-(m+n)}$$

例题 2-9 写出 CuI，PbI_2 和 $Ca_3(PO_4)_2$ 三种难溶强电解质的溶度积、离子浓度和溶解度的关系。

解：对于 CuI，$b(Cu^+)=b(I^-)=S$

$$K_{sp}^{\ominus}(CuI)=[b(Cu^+)/b^{\ominus}][b(I^-)/b^{\ominus}]=(S/b^{\ominus})(S/b^{\ominus})=S^2(b^{\ominus})^{-2}$$

对于 PbI_2，$b(Pb^{2+})=\frac{1}{2}b(I^-)=S$

$$K_{sp}^{\ominus}(PbI_2)=[b(Pb^{2+})/b^{\ominus}][b(I^-)/b^{\ominus}]^2=(S/b^{\ominus})(2S/b^{\ominus})^2=4S^3(b^{\ominus})^{-3}$$

对于 $Ca_3(PO_4)_2$，$\frac{1}{3}b(Ca^{2+})=\frac{1}{2}b(PO_4^{3-})=S$

$$K_{sp}^{\ominus}(Ca_3(PO_4)_2)=[b(Ca^{2+})/b^{\ominus}]^3[b(PO_4^{3-})/b^{\ominus}]^2=(3S/b^{\ominus})^3\times(2S/b^{\ominus})^2=108S^5(b^{\ominus})^{-5}$$

二、沉淀溶解平衡移动

1. 溶度积规则

离子积 在一定温度下，难溶电解质溶液中，任意情况下有关离子的相对质量摩尔浓度以其化学计量数为指数幂的乘积，称为离子积或反应商，用符号 $\Pi_B(b_B/b^{\ominus})^{\nu_B}$ 表示。

$\Pi_B(b_B/b^{\ominus})^{\nu_B}$ **与 $K_{sp}^{\ominus}$** 的表达式相同，但二者含义不同。$K_{sp}^{\ominus}$ 表示难溶电解质饱和溶液中有关离子浓度幂的乘积，它在一定温度下为常数；离子积则表示任意情况下有关离子浓度幂的乘积，其数值不一定是常数。

溶度积规则 在任何给定的溶液中，$\Pi_B(b_B/b^{\ominus})^{\nu_B}$ 与 $K_{sp}^{\ominus}$ 之间可能有三种情况，借此可以判断沉淀的生成与溶解：

① $\Pi_B(b_B/b^{\ominus})^{\nu_B}<K_{sp}^{\ominus}$ 系统为不饱和溶液，不会析出沉淀。

② $\Pi_B(b_B/b^{\ominus})^{\nu_B}=K_{sp}^{\ominus}$ 系统为饱和溶液，此状态下无沉淀析出。

③ $\Pi_B(b_B/b^{\ominus})^{\nu_B}>K_{sp}^{\ominus}$ 系统为过饱和溶液，将有沉淀析出。

比如，以在 $AgNO_3$ 溶液中加入沉淀剂 KCl 溶液为例，说明产生 AgCl 沉淀所经历的三个阶段：

① 在 KCl 溶液逐滴加入的起始阶段，$b(Cl^-)$ 比较低，使 $\Pi_B(b_B/b^{\ominus})^{\nu_B}<K_{sp}^{\ominus}$ 系统为不饱和溶液，不会析出 AgCl 沉淀；

② 随着 KCl 溶液不断加入，溶液中的 $b(Cl^-)$ 逐渐增加，当 $\Pi_B(b_B/b^{\ominus})^{\nu_B}=K_{sp}^{\ominus}$ 时，系统达到饱和，此状态下无沉淀析出；

③ 再继续滴加 KCl 溶液，溶液中的 $b(Cl^-)$ 继续增加，使 $\Pi_B(b_B/b^{\ominus})^{\nu_B}>K_{sp}^{\ominus}$ 时，系统成为过饱和溶液，则有 AgCl 沉淀析出。

因此，溶度积规则是难溶电解质沉淀溶解平衡移动规律的总结。依据这一规则，通过改变离子浓度，可以使沉淀生成或溶解。

2. 溶度积规则应用

(1) 沉淀溶解

依据溶度积规则，使沉淀（难溶电解质）溶解，可以通过加入某种物质，使它与难溶电解质的组分离子发生反应，生成弱电解质、气体、配离子或生成溶解度更小的物质，使 $\Pi_B(b_B/b^\ominus)^{\nu_B}<K_{sp}^\ominus$，沉淀溶解平衡右移，实现沉淀溶解。

例如，$Mg(OH)_2$ 的溶解：

$$Mg(OH)_2(s) \rightleftharpoons Mg^{2+}(aq)+2OH^-(aq) \quad H^+$$

$$\Updownarrow$$

$$H_2O$$

（2）同离子效应

在难溶强电解质的饱和溶液中加入含有相同离子的强电解质，使溶液中的离子积 $\Pi_B(b_B/b^\ominus)^{\nu_B}>K_{sp}^\ominus$，难溶强电解质的多相平衡会向生成沉淀的方向移动，从而降低难溶强电解质的溶解度的现象。

例题 2-10 试求室温下 AgCl 在纯水中和 $0.010mol\cdot kg^{-1}$ NaCl 溶液中的溶解度。（已知 $K_{sp}^\ominus(AgCl)=1.77\times10^{-10}$）

解：设 AgCl 溶解度为 S，则由 AgCl 溶解而得到的 $b(Ag^+)$、$b(Cl^-)$ 均为 S。在纯水中

多相离子平衡式：　$AgCl(s) \rightleftharpoons Ag^+(aq)+Cl^-(aq)$

平衡浓度　　　　　　　　　　S　　　　S

代入溶度积常数表达式

$$K_{sp}^\ominus(AgCl)=1.77\times10^{-10}=b(Ag^+)b(Cl^-)(b^\ominus)^{-2}=S\times S\times(b^\ominus)^{-2}$$

解得　$S=1.32\times10^{-5}mol\cdot kg^{-1}$

在 NaCl 溶液中，Cl^- 的总浓度为 $S+0.010mol\cdot kg^{-1}$，

多相离子平衡式：　$AgCl(s) \rightleftharpoons Ag^+(aq)+Cl^-(aq)$

平衡浓度　　　　　　　　　　S　　　　$S+0.010mol\cdot kg^{-1}$

代入溶度积常数表达式

$$K_{sp}^\ominus(AgCl)=1.77\times10^{-10}=b(Ag^+)b(Cl^-)(b^\ominus)^{-2}=S\times(S+0.010mol\cdot kg^{-1})\times(b^\ominus)^{-2}$$

由于 S 很小，所以 $S+0.010mol\cdot kg^{-1}\approx0.010mol\cdot kg^{-1}$。

代入上式得　$S=1.77\times10^{-8}mol\cdot kg^{-1}$

答：AgCl 的溶解度在纯水中的 $1.32\times10^{-5}mol\cdot kg^{-1}$，在 $0.01mol\cdot kg^{-1}$ NaCl 溶液中的溶解度为 $1.7\times10^{-8}mol\cdot kg^{-1}$。

可见，同离子效应可以使难溶强电解质的溶解度降低。

（3）沉淀转化

在含有某种沉淀的溶液中，加入适当的沉淀剂，使之与其中某一种离子的离子积 $\Pi_B(b_B/b^\ominus)^{\nu_B}>K_{sp}^\ominus$，最终转化为更难溶的另一种沉淀。

沉淀转化反应进行的程度可以用反应的标准平衡常数 $K^\ominus$ 来衡量。沉淀转化反应的标准平衡常数越大，沉淀转化反应就越容易进行。例如，转化反应

$$3CaCO_3(S)+2PO_4^{3-}\longrightarrow Ca_3(PO_4)_2(s)+3CO_3^{2-}$$

其平衡常数为

$$K^\ominus=\frac{[b(CO_3^{2-})/b^\ominus]^3}{[b(PO_4^{3-})/b^\ominus]^2}=\frac{[b(CO_3^{2-})/b^\ominus]^3[b(CO_3^{2-})/b^\ominus]^3}{[b(PO_4^{3-})/b^\ominus]^2[b(CO_3^{2-})/b^\ominus]^3}=\frac{[K_{sp}^\ominus(CaCO_3)]^3}{K_{sp}^\ominus[Ca_3(PO_4)_2]}$$

$$=\frac{[K_{sp}^{\ominus}(CaCO_3)]^3}{K_{sp}^{\ominus}[Ca_3(PO_4)_2]}=\frac{(2.9\times10^{-9})^3}{2.07\times10^{-33}}=1.18\times10^7$$

该转化反应的转化平衡常数比较大，说明转化反应可以进行得比较彻底。

沉淀转化规律：对于结构类型相同的难溶电解质，$K_{sp}^{\ominus}$ 大者向 $K_{sp}^{\ominus}$ 小者转化，二者 $K_{sp}^{\ominus}$ 相差越大，转化越完全，如 AgCl 和 AgI 的转化；对结构类型不同的难溶电解质，依据转化反应方程式，通过两个难溶电解质的 $K_{sp}^{\ominus}$ 来计算转化反应的标准平衡常数 $K^{\ominus}$ 进行判断，如上面确定的 $CaCO_3$ 与 $Ca_3(PO_4)_2$ 转化的平衡常数。

（4）分步沉淀与沉淀分离

分步沉淀 溶液中同时含有几种离子，当加入沉淀剂时，这几种离子与沉淀剂先后产生沉淀的现象。如果溶液中残留离子的浓度**小于 $1\times10^{-5}mol\cdot kg^{-1}$**，认为该离子已经沉淀完全了。

例题 2-11 向含有浓度均为 $0.010mol\cdot kg^{-1}$ 的 I^- 和 Cl^- 的混合溶液中逐滴加入 $AgNO_3$ 溶液。试通过计算确定哪一种离子先沉淀？第二种离子沉淀时，第一种离子在溶液中的浓度是多少？两种离子能否发生分离？（已知 $K_{sp}^{\ominus}(AgCl)=1.77\times10^{-10}$，$K_{sp}^{\ominus}(AgI)=8.52\times10^{-17}$）

【分析：对于溶液中共存的两种离子都可以和沉淀剂反应生成沉淀的情况，判断哪一种离子先生成沉淀，就是通过计算来确定哪一种离子所需沉淀剂的浓度最低，它就先沉淀析出。利用溶度积常数可以分别计算出生成两种沉淀所需沉淀剂的最低浓度。】

解：在上述溶液中生成 AgI 和 AgCl 沉淀所需 Ag^+ 的最低浓度分别为：

AgI 开始沉淀时，$b(Ag^+)_1/b^{\ominus}=\frac{K_{sp}^{\ominus}(AgI)}{b(I^-)/b^{\ominus}}=\frac{8.52\times10^{-17}}{0.01}=8.52\times10^{-15}$

AgCl 开始沉淀时，$b(Ag^+)_2/b^{\ominus}=\frac{K_{sp}^{\ominus}(AgCl)}{b(Cl^-)/b^{\ominus}}=\frac{1.77\times10^{-10}}{0.010}=1.77\times10^{-8}$

$b(Ag^+)_1(8.52\times10^{-15}mol\cdot kg^{-1})\ll b(Ag^+)_2(1.77\times10^{-8}mol\cdot kg^{-1})$，即沉淀 I^- 所需的 $b(Ag^+)$ 比沉淀 Cl^- 所需的 $b(Ag^+)$ 少得多，所以 AgI 沉淀首先析出。

【分析：随着 $AgNO_3$ 溶液的不断加入，AgI 沉淀在不断析出，$b(I^-)$ 也在不断降低。当 $b(Ag^+)$ 增大到 $1.77\times10^{-8}mol\cdot kg^{-1}$ 时，AgCl 沉淀开始析出，此时的溶液对 AgI 和 AgCl 都是饱和溶液。】

根据溶度积常数 $K_{sp}^{\ominus}(AgI)$ 和溶液中 $b(Ag^+)$，有

$$b(I^-)/b^{\ominus}=\frac{K_{sp}^{\ominus}(AgI)}{b(Ag^+)_1/b^{\ominus}}=\frac{8.52\times10^{-17}}{1.77\times10^{-8}}=4.81\times10^{-9}$$

确定此时溶液中 $b(I^-)=4.81\times10^{-9}mol\cdot kg^{-1}$。

由于 I^- 的质量摩尔浓度 $4.81\times10^{-9}mol\cdot kg^{-1}$ 小于 $1\times10^{-5}mol\cdot kg^{-1}$。这说明，当 AgCl 开始沉淀时，$I^-$ 早已沉淀完全，混合溶液中的 I^- 和 Cl^- 可以有效分离。

分步沉淀的次序与 $K_{sp}^{\ominus}$ 的大小及沉淀的类型有关：①沉淀类型相同且被沉淀的离子浓度相同，则 $K_{sp}^{\ominus}$ 小的先沉淀；②沉淀类型不同或类型相同但被沉淀离子浓度不同时，要通过计算确定，先达到离子积 $\Pi_B(b_B/b^{\ominus})^{\nu_B}>K_{sp}^{\ominus}$ 的难溶强电解质先沉淀。

例题 2-12 在 $0.2mol\cdot kg^{-1}ZnSO_4$ 溶液中含有 $0.01mol\cdot kg^{-1}$ 的 Fe^{3+}。（1）确定 Fe^{3+} 生成沉淀的 pH 范围。（2）如何控制溶液的 pH 除去 Fe^{3+} 而 Zn^{2+} 不沉淀？（已知 $K_{sp}^{\ominus}(Fe(OH)_3)=2.79\times10^{-39}$，$K_{sp}^{\ominus}(Zn(OH)_2)=3.0\times10^{-17}$）

【分析：(1) 确定一个离子生成沉淀时所需沉淀剂的浓度范围就是确定该离子刚刚生成沉淀时和沉淀完全时所对应的沉淀剂的浓度。对于确定 Fe^{3+} 生成沉淀的 pH 范围就是确定这样两个节点，一个节点是 Fe^{3+} 刚开始生成沉淀（即离子积 $\Pi_B(b_B/b^\ominus)^{\nu_B}=K_{sp}^\ominus$）时对应的溶液 pH，此时 $b(Fe^{3+})=0.01mol\cdot kg^{-1}$；另一个节点是 Fe^{3+} 沉淀完全时对应的溶液 pH，此时 $b(Fe^{3+})=1\times10^{-5}mol\cdot kg^{-1}$。(2) 完全分离溶液中的两种离子：一个离子沉淀析出，用其在溶液中残留浓度最大值为 $1\times10^{-5}mol\cdot kg^{-1}$ 来确定所用沉淀剂的浓度，而另一个离子不沉淀，以该离子的起始浓度来确定所用沉淀剂的浓度。对于通过控制溶液的 pH 除去 Zn^{2+} 溶液中 Fe^{3+} 就是：首先利用 $b(Fe^{3+})=1\times10^{-5}mol\cdot kg^{-1}$ 求出分离两种离子溶液的最低 pH；再根据离子积 $\Pi_B(b_B/b^\ominus)^{\nu_B}=K_{sp}^\ominus$，利用 $b(Zn^{2+})=0.2mol\cdot kg^{-1}$，求出分离两种离子溶液的最高 pH，进而确定 pH 的范围。】

解：(1) 多相离子平衡式：　$Fe(OH)_3(s) \rightleftharpoons Fe^{3+}(aq)+3OH^-(aq)$

根据溶度积常数表达式

$$K_{sp}^\ominus(Fe(OH)_3)=[b(Fe^{3+})/b^\ominus][b(OH^-)/b^\ominus]^3=2.79\times10^{-39}$$

溶液中 Fe^{3+} 刚刚开始沉淀：$b(Fe^{3+})=0.01mol\cdot kg^{-1}$，得

$$b(OH^-)/b^\ominus=\sqrt[3]{K_{sp}^\ominus(Fe(OH)_3)/[b(Fe^{3+})/b^\ominus]}$$

$$=\sqrt[3]{2.79\times10^{-39}/0.01}=6.53\times10^{-13}$$

$$pH=14-pOH=14+\lg(6.53\times10^{-13})=1.81$$

溶液中 Fe^{3+} 沉淀完全时：$b(Fe^{3+})=1\times10^{-5}mol\cdot kg^{-1}$，得

$$b(OH^-)/b^\ominus=\sqrt[3]{K_{sp}^\ominus(Fe(OH)_3)/[b(Fe^{3+})/b^\ominus]}$$

$$=\sqrt[3]{2.79\times10^{-39}/(1.0\times10^{-5})}=6.53\times10^{-12}$$

$$pH=14-pOH=14+\lg(6.53\times10^{-12})=2.81$$

由上计算得到溶液中 Fe^{3+} 沉淀的 pH 范围是 1.81～2.81。

(2) 除去溶液中的 Fe^{3+} 而 Zn^{2+} 不沉淀的 pH 范围的确定：

多相离子平衡式：　$Fe(OH)_3(s) \rightleftharpoons Fe^{3+}(aq)+3OH^-(aq)$

根据溶度积常数表达式 $K_{sp}^\ominus(Fe(OH)_3)=[b(Fe^{3+})/b^\ominus][b(OH^-)/b^\ominus]^3=2.79\times10^{-39}$

若除尽溶液中 Fe^{3+} 则 $b(Fe^{3+})\leqslant1\times10^{-5}mol\cdot kg^{-1}$，得

$$b(OH^-)/b^\ominus=\sqrt[3]{K_{sp}^\ominus(Fe(OH)_3)/[b(Fe^{3+})/b^\ominus]}$$

$$=\sqrt[3]{2.79\times10^{-39}/(1.0\times10^{-5})}=6.53\times10^{-12}$$

$$pH=14-pOH=14+\lg(6.53\times10^{-12})=2.81$$

多相离子平衡式：　$Zn(OH)_2(s) \rightleftharpoons Zn^{2+}(aq)+2OH^-(aq)$

根据溶度积常数表达式

$$K_{sp}^\ominus(Zn(OH)_2)=[b(Zn^{2+})/b^\ominus][b(OH^-)/b^\ominus]^2=3.0\times10^{-17}$$

若溶液中 Zn^{2+} 不生成沉淀，则 $b(Zn^{2+})=0.2mol\cdot kg^{-1}$，得

$$b(OH^-)/b^\ominus=\sqrt{K_{sp}^\ominus(Zn(OH)_2)/[b(Zn^{2+})/b^\ominus]}$$

$$=\sqrt{3.0\times10^{-17}/0.2}=1.22\times10^{-8}$$

此时溶液的 $pH=14-pOH=14+\lg(1.22\times10^{-8})=6.09$

由上面计算确定除去 Fe^{3+} 又不生成 $Zn(OH)_2$ 沉淀，需将溶液的 pH 控制在 2.81～6.09。

第六节　配位平衡

一、配位化合物的概念、组成和命名

1. 配位化合物

配位化合物是含有**配位单元**的化合物，配位单元为内界，与之结合的部分为外界。

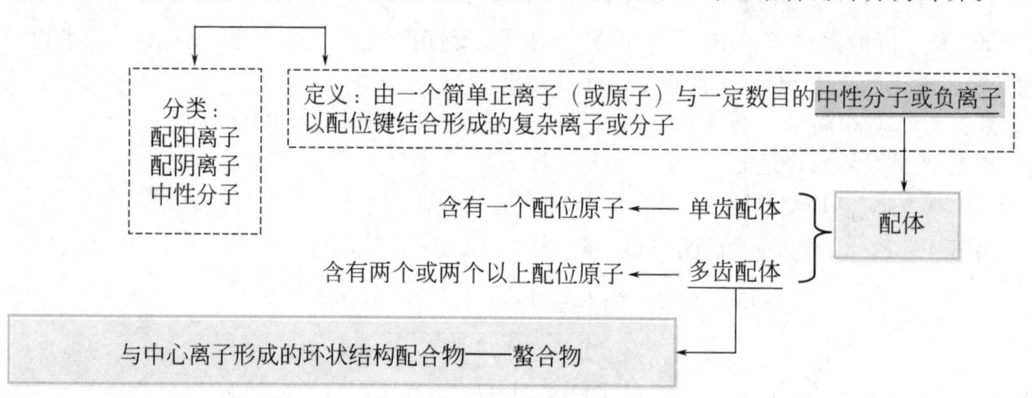

2. 配位数与配体数

配位数　配合物中配位原子的个数
配体数　配体的个数
单齿配体二者相同，多齿配体中的配位数与配体数不同

3. 配位化合物命名

配合物命名遵循无机化合物的命名原则：某化某、某酸某、某酸和氢氧化某。配位单元（内界）按如下格式命名：

配体数(用一、二、三、四…表示)—配体名称—“合”—中心离子名称(中心离子氧化数)

(不同配体间用“·”隔开)　　(用罗马数字表示)

配合物中同时含有几种配体时，命名原则如下：

① 无机（配体）在前，有机（配体）在后；

② 在无机配体中，离子（配体）在前，分子（配体）在后；

③ 同类配体，按配位原子元素符号的英文字母顺序。

例如：

$[Cr(OH)_3(H_2O)(en)]$	三羟基·一水·乙二胺合铬(Ⅲ)，	(体现了①②两条)
$[CoCl(NH_3)_5]Cl_2$	二氯化一氯·五氨合钴(Ⅲ)	(体现了②条)
$[Co(NH_3)_5H_2O]Cl_3$	三氯化五氨·一水合钴(Ⅲ)	(体现了③条)
$K_4[PtCl_6]$	六氯合铂(Ⅱ)酸钾	(体现了化合物命名原则)
$[Ag(NH_3)_2]OH$	氢氧化二氨合银(Ⅰ)	(体现了化合物命名原则)
$Co(CO)_8$	八羰基合钴	(中性配位分子的中心原子氧化数可以不标)

4. 常见配体名称及其配位原子

配体	名称	配位原子	配体	名称	配位原子
F^-	氟	F	Cl^-	氯	Cl
Br^-	溴	Br	I^-	碘	I
H_2O	水	O	NH_3	氨	N
OH^-	羟基	O	CO	羰基	C
CN^-	氰根	C	NC^-	异氰根	N
SCN^-	硫氰酸根	S	NCS^-	异硫氰酸根	N
NO_2^-	硝基	N	ONO^-	亚硝酸根	O
N_3^-	叠氮	N	en（二齿配体）	乙二胺	N(2 个)
$C_2O_4^{2-}$（二齿配体）	草酸根	O(2 个)	dien（三齿配体）	二乙基三胺	N(3 个)
$N(C_2H_4NH_2)_3$（四齿配体）	氨基三乙胺	N(4 个)	EDTA（六齿配体）	乙二胺四乙酸及其盐离子	N(2 个) O(4 个)

二、配位平衡及配位平衡移动

1. 配位平衡

在配位化合物的水溶液中，内界和外界间是完全解离的，配离子只有一部分解离，故存在解离平衡，即配位平衡。以 $[Cu(NH_3)_4]^{2+}$ 为例：

$$[Cu(NH_3)_4]^{2+} \rightleftharpoons Cu^{2+} + 4NH_3$$

$$K^\ominus = \frac{[b(Cu^{2+})/b^\ominus][b(NH_3)/b^\ominus]^4}{b([Cu(NH_3)_4]^{2+})/b^\ominus}$$

标准平衡常数 $K^\ominus$ 可以衡量配离子的解离程度，因此称之为不稳定常数，用 $K^\ominus_{不稳}$ 表示。配离子的不稳定常数的倒数称为配离子的稳定常数，用 $K^\ominus_{稳}$，即

$$K^\ominus_{稳}([Cu(NH_3)_4]^{2+}) = \frac{1}{K^\ominus_{不稳}([Cu(NH_3)_4]^{2+})} = \frac{b([Cu(NH_3)_4]^{2+})/b^\ominus}{[b(Cu^{2+})/b^\ominus][b(NH_3)/b^\ominus]^4}$$

应用 $K^\ominus_{稳}$ 比较配合物稳定性时，必须注意配离子的类型。配体数相同的配合物之间才可以直接比较，$K^\ominus_{稳}$ 越大，配合物越稳定；配体数不同的配合物只能通过计算确定配合物稳定性的大小，即在配位平衡溶液中，哪种配位化合物的中心离子浓度小，哪种化合物就越稳定。

例题 2-13 已知两种配离子 $[CuY]^{2-}$ 与 $[Cu(en)_2]^{2+}$ 的溶液，其浓度均为 0.10mol·kg^{-1}，$K^\ominus_{稳}$ 分别为 6.3×10^{18} 和 1.0×10^{20}，试确定哪种离子更稳定。

解：设平衡时有 x_1 mol·kg^{-1} 的 $[CuY]^{2-}$ 解离及 x_2 mol·kg^{-1} 的 $[Cu(en)_2]^{2+}$ 解离。

在 $[CuY]^{2-}$ 溶液中存在下列平衡：

$$[CuY]^{2-} \rightleftharpoons Cu^{2+} + Y^{4-}$$

平衡浓度/(mol·kg^{-1})　　$0.1-x_1$　　x_1　　x_1

代入平衡常数表达式，得

$$K^{\ominus}_{稳}=\frac{b([CuY]^{2-})/b^{\ominus}}{[b(Cu^{2+})/b^{\ominus}][b(Y^{4-})/b^{\ominus}]}=\frac{0.1-x_1}{x_1^2}\approx\frac{0.1}{x_1^2}=6.3\times10^{18}$$

所以

$$x_1=1.3\times10^{-10}$$

在 $[Cu(en)_2]^{2+}$ 溶液中存在下列平衡：

$$[Cu(en)_2]^{2+} \rightleftharpoons Cu^{2+} + 2en$$

平衡浓度/(mol·kg^{-1})　　$0.1-x_2$　　x_2　　$2x_2$

代入平衡常数表达式，得

$$K^{\ominus}_{稳}=\frac{b([Cu(en)_2]^{2-})/b^{\ominus}}{[b(Cu^{2+})/b^{\ominus}][b(en)/b^{\ominus}]^2}=\frac{0.1-x_2}{4x_2^3}\approx\frac{0.1}{4x_2^3}=1.0\times10^{20}$$

所以

$$x_2=6.3\times10^{-8}$$

计算结果表明 $[CuY]^{2-}$ 比 $[Cu(en)_2]^{2+}$ 更稳定。

这一点与利用溶度积比较不同类型难溶电解质溶解度的大小相似。

2. 配位平衡移动

配位平衡也是一种动态平衡，改变平衡条件时，配位平衡也会发生移动。主要讨论以下四个方面对配位平衡的影响：①溶液的酸度；②沉淀反应；③其他配位反应；④氧化还原反应。

① 溶液的酸度　改变溶液酸度会影响配位平衡系统中配离子、金属离子和配体浓度。例如：在含有 $[Cu(NH_3)_4]^{2+}$ 溶液中加入酸，则配位平衡右移。

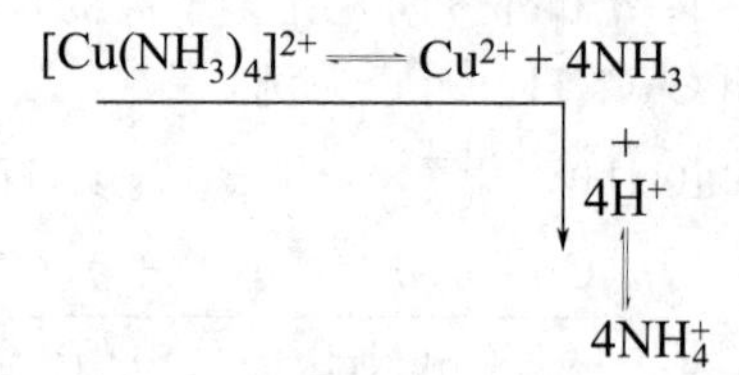

这种由于酸的加入而导致配合物稳定性降低的现象称为酸效应。该系统中总反应可以表示为$[Cu(NH_3)_4]^{2+}+4H^+ \rightleftharpoons Cu^{2+}+4NH_4^+$，根据多重平衡规则，有

$$K^{\ominus}=\frac{[b(Cu^{2+})/b^{\ominus}][b(NH_4^+)/b^{\ominus}]^4}{[b([Cu(NH_3)_4]^{2+})/b^{\ominus}][b(H^+)/b^{\ominus}]^4}=\frac{1}{K^{\ominus}_{稳}([Cu(NH_3)_4]^{2+})K^{\ominus}_{a}(NH_4^+)}$$

由公式可见，$K^{\ominus}$越大，酸效应越明显。

② 沉淀反应的影响　在一个配位平衡系统中，加入某种能和中心原子生成沉淀的试剂，可使配位平衡发生移动。例如，在含有 $[Ag(NH_3)_2]^+$ 的溶液中加入含 Br^- 的溶液，由于生成 AgBr 沉淀而使配位平衡向右移动。

$$[Ag(NH_3)_2]^+ \rightleftharpoons Ag^+ + 2NH_3$$

$$+\ Br^- \rightleftharpoons AgBr$$

在该系统中，总反应方程式为 $[Ag(NH_3)_2]^+ + Br^- \rightleftharpoons AgBr + 2NH_3$。根据多重平衡规

则，该反应的标准平衡常数为

$$K^{\ominus}=\frac{[b(NH_3)/b^{\ominus}]^2}{[b([Ag(NH_3)_2]^+)/b^{\ominus}][b(Br^-)/b^{\ominus}]}$$
$$=\frac{[b(NH_3)/b^{\ominus}]^2[b(Ag^+)/b^{\ominus}]}{[b([Ag(NH_3)_2]^+)/b^{\ominus}][b(Br^-)/b^{\ominus}][b(Ag^+)/b^{\ominus}]}$$
$$=\frac{1}{K^{\ominus}_{稳}([Ag(NH_3)_2]^+)K^{\ominus}_{sp}(AgBr)}$$

由公式可见，$K^{\ominus}$越大，配位平衡越容易转化为沉淀溶解平衡。

③ 其他配位反应的影响　在一个配位平衡系统中，加入另一种配体，它可以与金属离子生成更稳定的配离子，则配位平衡会发生右移。例如，在含有 $[Ag(NH_3)_2]^+$ 的溶液中加入含 CN^- 的溶液，由于生成更稳定的 $[Ag(CN)_2]^-$ 而使配位平衡右移。

系统总反应为$[Ag(NH_3)_2]^+ + 2CN^- \rightleftharpoons [Ag(CN)_2]^- + 2NH_3$，由多重平衡规则，有

$$K^{\ominus}=\frac{[b([Ag(CN)_2]^-)/b^{\ominus}][b(NH_3)/b^{\ominus}]^2}{[b([Ag(NH_3)_2]^+)/b^{\ominus}][b(CN^-)/b^{\ominus}]^2}$$
$$=\frac{[b([Ag(CN)_2]^-)/b^{\ominus}][b(NH_3)/b^{\ominus}]^2[b(Ag^+)/b^{\ominus}]}{[b([Ag(NH_3)_2]^+)/b^{\ominus}][b(CN^-)/b^{\ominus}]^2[b(Ag^+)/b^{\ominus}]}$$
$$=\frac{K^{\ominus}_{稳}([Ag(CN)_2]^-)}{K^{\ominus}_{稳}([Ag(NH_3)_2]^+)}$$

对于上述讨论的①、②和③三方面影响，要会求算总反应的平衡常数，即由已知的酸常数、溶度积常数和配离子的稳定常数表示总反应的标准平衡常数，由总反应的平衡常数大小确定转化反应进行的方向和限度。

④ 氧化还原反应　溶液中的氧化还原反应可以使配位平衡发生移动。例如，在含有配离子$[Fe(SCN)_6]^{3-}$的溶液中加入还原剂 $SnCl_2$，由于 Fe^{3+} 被还原而浓度降低，促使$[Fe(SCN)_6]^{3-}$发生解离，平衡发生右移。

$$2[Fe(SCN)_6]^{3-} \rightleftharpoons 2Fe^{3+} + 12SCN^-$$
$$+$$
$$Sn^{2+}$$
$$\downarrow\uparrow$$
$$2Fe^{2+} + Sn$$

由此可以得出，配位平衡与氧化还原平衡之间转化，实际上是配体与氧化剂（或还原剂）对金属离子的争夺，平衡总是向着争夺能力大的方向移动。

例题 2-14　判断$[Ag(NH_3)_2]^+ + Br^- \rightleftharpoons AgBr + 2NH_3$ 反应进行的方向和限度。（已知 $[Ag(NH_3)_2]^+$ 的 $K^{\ominus}_{稳}$ 为 1.1×10^7，AgBr 的 $K^{\ominus}_{sp}$ 为 5.35×10^{-13}）

解：欲判断反应进行的方向，根据反应方程式和已知常数求出反应的标准平衡常数 $K^{\ominus}$，由 $K^{\ominus}$的大小判断反应进行的方向和限度。

根据反应有

$$K^{\ominus}=\frac{[b(NH_3)/b^{\ominus}]^2}{[b([Ag(NH_3)_2]^+)/b^{\ominus}][b(Br^-)/b^{\ominus}]}$$
$$=\frac{[b(NH_3)/b^{\ominus}]^2[b(Ag^+)/b^{\ominus}]}{\{b[Ag(NH_3)_2]^+/b^{\ominus}\}[b(Br^-)/b^{\ominus}][b(Ag^+)/b^{\ominus}]}$$

$$=\frac{1}{K^\ominus_{稳}([Ag(NH_3)_2]^+)K^\ominus_{sp}(AgBr)}=\frac{1}{1.1\times10^7\times5.35\times10^{-13}}=1.7\times10^5$$

由 $K^\ominus$ 可以判断出上述反应正向进行，并进行得比较彻底。

例题 2-15 求 298.15K 时，1.0kg 6.0mol·kg^{-1} 氨水中可溶解 AgCl 的物质的量。

解： AgCl 与氨水作用的反应式 $AgCl+2NH_3 \rightleftharpoons [Ag(NH_3)_2]^+ + Cl^-$ 其平衡常数表达式为

$$K^\ominus=\frac{[b([Ag(NH_3)_2]^+)/b^\ominus][b(Cl^-)/b^\ominus]}{[b(NH_3)/b^\ominus]^2}$$

由多重平衡规则，可得

$$K^\ominus=K^\ominus_{稳}([Ag(NH_3)_2]^+)K^\ominus_{sp}(AgCl)=1.1\times10^7\times1.77\times10^{-10}=1.98\times10^{-3}$$

设溶解的 AgCl 为 x mol，则平衡时各物质的浓度分别为 $b([Ag(NH_3)_2]^+)=x$ mol·kg^{-1}，$b(Cl^-)=x$ mol·kg^{-1}，$b(NH_3)=(6.0-2x)$ mol·kg^{-1}，将数据代入其平衡常数表达式：

$$K^\ominus=\frac{[b([Ag(NH_3)_2]^+)/b^\ominus][b(Cl^-)/b^\ominus]}{[b(NH_3)/b^\ominus]^2}=\frac{x^2}{(6.0-2x)^2}=1.98\times10^{-3}$$

解得 $$x=0.245$$

答：298.15K 时，1.0kg 6.0mol·kg^{-1} 氨水中可溶解 AgCl 的物质的量为 0.245mol。

例题 2-16 向 $[Ag(CN)_2]^-$ 和 CN^- 的平衡浓度均为 0.10mol·kg^{-1} 的溶液中加入等质量的 0.10mol·kg^{-1} 的 NaCl 溶液，问能否产生 AgCl 沉淀？若改加等质量的 0.10mol·kg^{-1} 的 Na_2S 溶液，能否产生 Ag_2S 沉淀？（已知 $[Ag(CN)_2]^-$ 的 $K^\ominus_{稳}=1.3\times10^{21}$，AgCl 的 $K^\ominus_{sp}=1.8\times10^{-10}$，$Ag_2S$ 的 $K^\ominus_{sp}=2.0\times10^{-49}$）

解： (1) 等质量加入 NaCl 溶液后，各组分浓度减半，即 $b([Ag(CN)_2]^-)$、$b(CN^-)$ 和 $b(Cl^-)$ 均为 0.05mol·kg^{-1}，

在溶液中存在下列平衡：$Ag^+ + 2CN^- \rightleftharpoons [Ag(CN)_2]^-$

由配离子稳定常数表达式得

$$b(Ag^+)/b^\ominus=\frac{b([Ag(CN)_2]^-)/b^\ominus}{K^\ominus_{稳}[b(CN)/b^\ominus]^2}=\frac{0.05}{1.3\times10^{21}\times0.05^2}=1.54\times10^{-20}$$

加入 NaCl 溶液，产生 AgCl 沉淀的条件是 $\Pi_B(b_B/b^\ominus)^{\nu_B}>K^\ominus_{sp}(AgCl)=1.77\times10^{-10}$，

$$[b(Cl^-)/b^\ominus][b(Ag^+)/b^\ominus]=0.05\times1.54\times10^{-20}=7.7\times10^{-22}<K^\ominus_{sp}=1.8\times10^{-10}$$

所以，加入 NaCl 溶液无法产生 AgCl 沉淀。

(2) 等质量加入 Na_2S 溶液后，各组分浓度减半，即 $b([Ag(CN)_2]^-)$、$b(CN^-)$ 和 $b(S^{2-})$ 均为 0.05mol·kg^{-1}。加入 Na_2S 溶液出现 Ag_2S 沉淀的条件是：$\Pi_B(b_B/b^\ominus)^{\nu_B}>K^\ominus_{sp}(Ag_2S)$

$$[b(S^{2-})/b^\ominus][b(Ag^+)/b^\ominus]^2=0.05\times(1.54\times10^{-20})^2=1.19\times10^{-41}>K^\ominus_{sp}=2.0\times10^{-49}$$

所以，加入等质量等浓度的 Na_2S 溶液可以产生 Ag_2S 沉淀。

以上两道例题是关于沉淀溶解平衡和配位平衡相结合的类型题，是两部分知识的综合运用。

知识思维导图

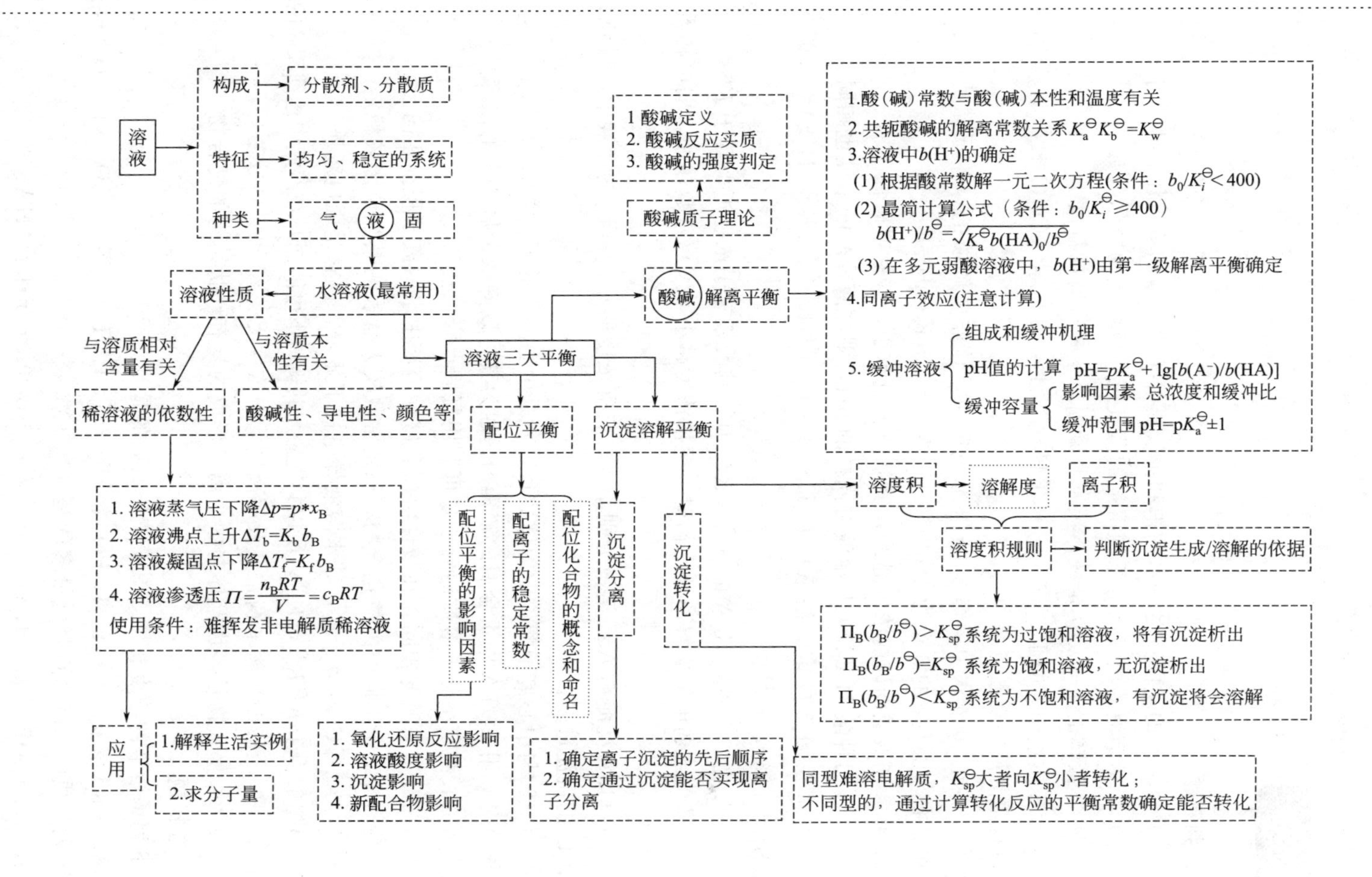

溶液
构成
分散剂、分散质
特征
均匀、稳定的系统
种类
气
液
固
水溶液(最常用)
溶液性质
与溶质相对含量有关
与溶质本性有关
稀溶液的依数性
酸碱性、导电性、颜色等
1. 溶液蒸气压下降$\Delta p=p^* x_B$
2. 溶液沸点上升$\Delta T_b=K_b b_B$
3. 溶液凝固点下降$\Delta T_f=K_f b_B$
4. 溶液渗透压$\Pi=\frac{n_B RT}{V}=c_B RT$
使用条件：难挥发非电解质稀溶液
应用
1.解释生活实例
2.求分子量
溶液三大平衡
酸碱
解离平衡
酸碱质子理论
1 酸碱定义
2. 酸碱反应实质
3. 酸碱的强度判定
1.酸(碱)常数与酸(碱)本性和温度有关
2.共轭酸碱的解离常数关系$K_a^\ominus K_b^\ominus=K_w^\ominus$
3.溶液中$b(H^+)$的确定
(1) 根据酸常数解一元二次方程(条件：$b_0/K_i^\ominus<400$)
(2) 最简计算公式（条件：$b_0/K_i^\ominus \geq 400$）
$b(H^+)/b^\ominus=\sqrt{K_a^\ominus b(HA)_0/b^\ominus}$
(3) 在多元弱酸溶液中，$b(H^+)$由第一级解离平衡确定
4.同离子效应(注意计算)
5. 缓冲溶液
组成和缓冲机理
pH值的计算 $pH=pK_a^\ominus+\lg[b(A^-)/b(HA)]$
缓冲容量
影响因素 总浓度和缓冲比
缓冲范围 $pH=pK_a^\ominus \pm 1$
配位平衡
配位平衡的影响因素
配离子的稳定常数
配位化合物的概念和命名
1. 氧化还原反应影响
2. 溶液酸度影响
3. 沉淀影响
4. 新配合物影响
沉淀溶解平衡
沉淀分离
沉淀转化
1. 确定离子沉淀的先后顺序
2. 确定通过沉淀能否实现离子分离
同型难溶电解质，$K_{sp}^\ominus$大者向$K_{sp}^\ominus$小者转化；
不同型的，通过计算转化反应的平衡常数确定能否转化
溶度积
溶解度
离子积
溶度积规则
判断沉淀生成/溶解的依据
$\Pi_B(b_B/b^\ominus)>K_{sp}^\ominus$ 系统为过饱和溶液，将有沉淀析出
$\Pi_B(b_B/b^\ominus)=K_{sp}^\ominus$ 系统为饱和溶液，无沉淀析出
$\Pi_B(b_B/b^\ominus)<K_{sp}^\ominus$ 系统为不饱和溶液，有沉淀将会溶解

自测题及答案

自测题一

一、判断题

(　　)1. 在水的凝固点时，水的饱和蒸气压等于冰的饱和蒸汽压，也等于外界大气压。

(　　)2. 稀溶液的蒸气压等于纯溶剂的蒸气压乘以溶质的摩尔分数。

(　　)3. 液体的凝固点就是液体蒸发和凝固速率相等时的温度。

(　　)4. 质量相等的丁二胺（$H_2N(CH_2)_4NH_2$）和尿素（$CO(NH_2)_2$）分别溶于1kg水中，所得两溶液的凝固点相同。

(　　)5. 在100g水中溶解5.2g某非电解质，该非电解质的摩尔质量为$60g \cdot mol^{-1}$，此溶液在标准态压力下的沸点为100.45℃。($K_b = 0.52K \cdot kg \cdot mol^{-1}$)

(　　)6. 弱酸或弱碱的浓度越小，其解离度也越小，酸性或碱性越弱。

(　　)7. 两种酸HA和HB溶液有同样的pH，则这两种酸的浓度也相同。

(　　)8. 在H_2S的饱和溶液中$b(HS^-) = 1.03 \times 10^{-4}$。($K_{a1}^{\ominus}(H_2S) = 1.07 \times 10^{-7}$，$K_{a2}^{\ominus}(H_2S) = 1.26 \times 10^{-13}$)

(　　)9. 当二元弱酸H_2A的$K_{a1}^{\ominus} \gg K_{a2}^{\ominus}$时，其酸根离子浓度近似等于$K_{a2}^{\ominus}$。

(　　)10. 当弱电解质解离达平衡时，溶液浓度越小，解离常数越小，弱电解质的解离越弱。

(　　)11. 将沉淀剂Ag^+溶液分别滴入含有等浓度的Cl^-和I^-的溶液中，得到I^-的沉淀量比Cl^-的沉淀量多。

(　　)12. 与中心离子配位的配体数目，就是中心离子的配位数。

(　　)13. 用EDTA做重金属的解毒剂是因为其可以降低金属离子的浓度。

(　　)14. 测定小分子溶质的分子量可利用凝固点降低法。

(　　)15. 只要温度相同，在酸性溶液和碱性溶液中水的离子积都相同。

(　　)16. 对于不同的配位化合物，稳定常数较大者表明其配位键较稳定。

(　　)17. AgCl难溶于水，其水溶液导电性不显著，但它是强电解质。

(　　)18. 由于$K_a^{\ominus} K_b^{\ominus} = K_w^{\ominus}$，所以共轭酸与共轭碱不可能同时在溶液中达到较高的浓度。

(　　)19. 弱酸的解离平衡常数及解离度均与浓度无关。

(　　)20. 螯合物是多齿配体与中心离子形成的具有环状结构的配合物。

二、选择题

1. 下列稀溶液的浓度相同，其蒸气压最高的是（　　）

A. NaCl溶液　　B. H_3PO_4溶液　　C. $C_6H_{12}C_6$溶液　　D. $NH_3 \cdot H_2O$溶液

2. 下列物质中，凝固点降低最多的是（　　）

A. $0.2mol \cdot kg^{-1} C_{12}H_{22}O_{11}$　　B. $0.2mol \cdot kg^{-1}$ HAc

C. $0.2mol \cdot kg^{-1}$ NaCl　　D. $0.1mol \cdot kg^{-1}$ HAc

3. 相同浓度的下列水溶液中渗透压最高的是（　　）

A. C_2H_5OH　　B. NaCl　　C. HAc　　D. Na_2SO_4

4. 下列物质中，既可以作为酸又可以作为碱的是（　　）

A. PO_4^{3-}　　B. H_3O^+　　C. NH_4^+　　D. HCO_3^-

5. 向 HAc 溶液中加入一些 NaAc，将会使（　　）

A. HAc 的 $K_a^\ominus$ 值减小　　B. HAc 的解离度减小

C. HAc 中的 H^+ 浓度增加　　D. 溶液的 pH 减小

6. 已知 H_3PO_4 的解离常数为：$K_{a1}^\ominus=7.5\times10^{-3}$，$K_{a2}^\ominus=6.23\times10^{-8}$，$K_{a3}^\ominus=3.6\times10^{-13}$，则 $0.1mol\cdot kg^{-1}$ H_3PO_4 溶液中 H^+ 浓度（$mol\cdot kg^{-1}$）为（　　）

A. 0.1　　B. 2.7×10^{-2}　　C. 2.4×10^{-2}　　D. 7.5×10^{-3}

7. 已知 $K_{sp}^\ominus(Ag_2CrO_4)=1.2\times10^{-12}$，若往 $0.1mol\cdot kg^{-1}$ 的 CrO_4^{2-} 溶液中滴加 $AgNO_3$，则开始产生沉淀时溶液中 Ag^+ 浓度为（　　）

A. $1.2\times10^{-11}mol\cdot kg^{-1}$　　B. $6.5\times10^{-5}mol\cdot kg^{-1}$

C. $0.1mol\cdot kg^{-1}$　　D. $3.46\times10^{-6}mol\cdot kg^{-1}$

8. 下列可用作缓冲溶液的是（　　）

A. $0.1mol\cdot kg^{-1}$ NaAc+$0.1mol\cdot kg^{-1}$ HCl 混合溶液

B. $0.1mol\cdot kg^{-1}$ HAc+$0.2mol\cdot kg^{-1}$ NaOH 混合溶液

C. $0.2mol\cdot kg^{-1}$ HAc+$0.1mol\cdot kg^{-1}$ NaOH 混合溶液

D. $0.2mol\cdot kg^{-1}$ HAc+$0.1mol\cdot kg^{-1}$ HCl 混合溶液

9. 在已经产生了 AgCl 沉淀的溶液中，能使沉淀溶解的方法是（　　）

A. 加入 HCl 溶液　　B. 加入 $AgNO_3$ 溶液

C. 加入浓氨水　　D. 加入 NaCl 溶液

10. 下列说法中正确的是（　　）

A. 在 H_2S 的饱和溶液中加入 Cu^{2+}，溶液的 pH 值将变小

B. 分步沉淀的结果总能使两种溶度积不同的离子通过沉淀反应完全分离开

C. 所谓沉淀完全是指沉淀剂将溶液中某一离子除净了

D. 若某系统的溶液中离子积等于溶度积，则该系统必然存在固相

11. 下列配合物的中心离子的配位数都是 6，相同浓度的水溶液导电能力最强的是（　　）

A. $K_2[MnF_6]$　　B. $[Co(NH_3)_6]Cl_3$

C. $[Cr(NH_3)_4]Cl_3$　　D. $K_4[Fe(CN)_6]$

12. 配合物中心离子的配位数等于（　　）

A. 配位体数　　B. 配位体中的原子数

C. 配位原子数　　D. 配位原子中的弧对电子数

13. 已知 $NH_3\cdot H_2O$ 的 $K_b^\ominus=1.8\times10^{-5}$，则其共轭酸的 $K_a^\ominus$ 值为（　　）

A. 1.8×10^{-9}　　B. 1.8×10^{-10}　　C. 5.6×10^{-5}　　D. 5.6×10^{-10}

14. AgCl 置于较浓溶液中振荡，部分 AgCl 转化为 AgI，其原因是（　　）

A. I^- 的还原性比 Cl^- 强　　B. AgI 的溶解度比 AgCl 小

C. I^- 的变形性比 Cl^- 大　　D. 氯的非金属性比碘强

15. 下列对沉淀溶解平衡的描述正确的是（　　）

A. 沉淀溶解达到平衡时，沉淀的速率与溶解的速率相等

B. 沉淀溶解达到平衡时，溶液中各离子浓度相等

C. 沉淀溶解达到平衡时，溶液中各离子浓度相等且保持不变

D. 沉淀溶解达到平衡时，如果再加入沉淀物，将促进其溶解

16. 已知 $[Cu(NH_3)_4]^{2+}$ 的稳定常数为 1.0×10^{13}。向 $0.1mol\cdot kg^{-1}$ $CuSO_4$ 溶液中通入氨气，当溶液中 $b(NH_3)=1.0mol\cdot kg^{-1}$ 时，溶液中 $b(Cu^{2+})$ 的数量级为（　　）

A. 10^{-14}　　B. 10^{-13}　　C. 10^{-12}　　D. 10^{-11}

17. $Na_2S_2O_3$ 可以作为重金属中毒时的解毒剂，这是利用它的（　　）

A. 还原性　　B. 氧化性

C. 配位性　　D. 与重金属离子生成难溶物

18. 在含有 AgCl 固体的饱和溶液中加入少量的下列物质，AgCl 的溶解度不会增大的是（　　）

A. 氨水　　B. KNO_3 溶液　　C. $Na_2S_2O_3$　　D. 蒸馏水

19. 在 $Mg(OH)_2$ 的饱和溶液中，加入一些 $MgCl_2$ 晶体，会使（　　）

A. 溶液的 pH 减小　　B. 溶液的 pH 增加

C. 溶液的 pH 不变　　D. $Mg(OH)_2$ 的溶度积减小

20. 下列不是共轭酸碱对的是（　　）

A. PO_4^{3-}/HPO_4^{2-}　B. H_3O^+/H_2O　C. H_2CO_3/CO_3^-　D. HAc/Ac^-

三、填空题

1. 稀溶液的依数性是指溶液的______、______、______和______，而且只与______成正比。

2. 下列水溶液：（A）$1.0mol\cdot kg^{-1}$ KCl　（B）$1.0mol\cdot kg^{-1}$ Na_2SO_4　（C）$1.0mol\cdot kg^{-1}$ 蔗糖　（D）$0.1mol\cdot kg^{-1}$ 乙醇　（E）$0.1mol\cdot kg^{-1}$ 蔗糖。按凝固点由高到低的顺序排列（用字母表示）______。

3. 在稀 HAc 溶液中滴入两滴甲基橙指示剂，溶液显______色，若再加入少量 NaAc（s），溶液会由______色变为______色，其原因是______。

4. Ag_2CrO_4 的溶度积常数表达式为______，其溶解度 S 与 K_{sp} 的关系为______。

5. 溶液中 Cd^{2+} 和 Zn^{2+} 的浓度均为 $0.1mol\cdot kg^{-1}$，要使 Cd^{2+} 形成 CdS 沉淀使之与 Zn^{2+} 分离，则 S^{2-} 浓度要控制在______$mol\cdot kg^{-1} < b(S^{2-}) <$______$mol\cdot kg^{-1}$ 范围内。当 Cd^{2+} 基本沉淀完全时，S^{2-} 浓度为______$mol\cdot kg^{-1}$（已知 $K_{sp}^{\ominus}(CdS)=3.6\times10^{-29}$，$K_{sp}^{\ominus}(ZnS)=2.5\times10^{-22}$）。

6. 填表：

化学式	名称	中心离子	配位体	配位原子	配位数	配离子电荷
$[Co(NH_3)_4(NO_2)Cl]SO_4$						
$[Cu(en)_2]SO_4$						
$[Fe(EDTA)]^{2-}$						
	四异硫氰酸根二氨合钴(Ⅲ)酸铵					
	二羟基四水合铝(Ⅲ)配离子					
	高氯酸六氨合钴(Ⅱ)					

7. 试确定下列反应进行的方向（$K^{\ominus}_{稳}\{[Zn(CN)_4]^{2-}\}=5.01\times10^{16}$，$ZnCO_3$ 的 $K^{\ominus}_{sp}=1.46\times10^{-10}$）：

$ZnCO_3(s)+4CN^- \rightleftharpoons [Zn(CN)_4]^{2-}+CO_3^{2-}$，向________方向进行。

8. 形成配位键时，中心原子必须具有________，配位体必须具有________。

9. 在 $K_4[Fe(CN)_6]$中，K^+ 与 $[Fe(CN)_6]^{4+}$ 是以________键结合；Fe^{3+} 与 CN^- 是以________键结合。

10. 已知盐酸和醋酸（$K^{\ominus}_a=1.75\times10^{-5}$）的浓度均为 0.20mol·kg^{-1}，两溶液的 pH 分别为________和________；若将两种溶液等质量混合后，溶液的 pH 为________。

11. 下列物质 CO_3^{2-}，HPO_4^{2-}，OH^-，NH_4^+，$[Al(H_2O)_5OH]^{2+}$，H_2S，NH_2^- 中，只属于质子酸的是______________；只属于质子碱的是______________；属于两性物质的是____________，并写出这些两性物质的共轭碱的形式____________。

12. 在 0.5mol·kg^{-1} 的硫酸溶液中，$b(H^+)=$________mol·kg^{-1}。($K^{\ominus}_a=1.0\times10^{-2}$)

13. 总浓度一定时，当缓冲比为________时，缓冲溶液的缓冲能力最强。

14. 已知一元弱酸的 $K^{\ominus}_a=1.8\times10^{-5}$。由该酸和其共轭碱组成缓冲溶液的缓冲范围是________。

15. 在pH=3.00 的醋酸（$K^{\ominus}_a=1.75\times10^{-5}$）溶液中 HAc 的浓度是__________mol·kg^{-1}。

四、计算题

1. 已知临床上用的葡萄糖等渗溶液的凝固点降低值为 0.543℃，试计算此葡萄糖溶液的浓度和血液的渗透压。(已知水的 $K_{fp}=1.86$℃·kg·mol^{-1})

2. 现有 1.0kg 的缓冲溶液中含有 0.11mol HAc 和 0.15mol NaAc，（已知 $K^{\ominus}_a(HAc)=1.75\times10^{-5}$）试求：(1) 该缓冲溶液的 pH 是多少？

(2) 往该缓冲溶液中加入 0.02mol KOH 后，溶液的 pH 是多少？

(3) 往该缓冲溶液中加入 0.02mol HCl 后，溶液的 pH 是多少？

3. 将 50g 0.1mol·kg^{-1} 的某一元弱酸 HA 溶液，与 20g 0.1mol·kg^{-1} 的 KOH 溶液混合，再将混合溶液稀释至 100g，测得此时溶液的 pH=5.25，求此一元弱酸的解离常数。

4. 向 50.0mL 0.10mol·L^{-1} $AgNO_3$ 溶液中加入质量分数为 18.3%（密度 0.929kg·L^{-1}）的氨水 30mL，然后加水稀释到 100mL，计算平衡后溶液的 Ag^+、NH_3、$[Ag(NH_3)_2]^+$ 分别是多少？

已知 $K^{\ominus}_{稳}([Ag(NH_3)_2]^+)=1.12\times10^7$

自测题一答案

一、判断题

1. ×；2. ×；3. ×；4. ×；5. √ 6. ×；7. ×；8. √；9. ×；10. ×；11. √；12. ×；13. √；14. √；15. √；16. ×；17. √；18. ×；19. ×；20. √

二、选择题

1. C；2. C；3. D；4. D；5. B；6. C；7. D；8. C；9. C；10. A；11. D；12. C；13. D；14. B；15. A；16. A；17. C；18. D；19. A；20. C

三、填空题

1. 蒸气压下降；沸点上升；凝固点下降；渗透压；一定量溶剂中溶质的物质的量

2. D=E>C>A>B

3. 红；红；黄；同离子效应

4. $K_{sp}^{\ominus}=[b(Ag^{+})/b^{\ominus}]^2 b(CrO_4^{2-})/b^{\ominus}$；$S=\sqrt[3]{\frac{K_{sp}^{\ominus}}{4}}$

5. 3.6×10^{-24}；2.5×10^{-21}；3.6×10^{-24}

6.

	硫酸一氯·一硝基·四氨合钴(Ⅳ)	Co^{4+}	NH_3、NO_2^-、Cl^-	N、N、Cl	6	+2
	硫酸二乙二胺合铜(Ⅱ)	Cu^{2+}	en	N	4	+2
	乙二胺四乙酸根合铁(Ⅱ)离子	Fe^{2+}	$EDTA^{4-}$	N、O	6	−2
$NH_4[Co(NCS)_4(NH_3)_2]$		Co^{3+}	NCS^-、NH_3	N、N	6	−1
$[Al(OH)_2(H_2O)_4]^+$		Al^{3+}	OH^-、H_2O	O	6	+1
$[Co(NH_3)_6](ClO_4)_2$		Co^{2+}	NH_3	N	6	+2

7. 右

8. 空轨道；孤对电子

9. 离子；配位

10. 0.7；2.73；1

11. NH_4^+，H_2S；CO_3^{2-}，OH^-；HPO_4^{2-}，$[Al(H_2O)_5OH]^{2+}$，NH_2^-；PO_4^{3-}，$[Al(H_2O)_4(OH)_2]^+$，NH^{2-}

12. 0.5096

13. 1

14. 3.74～5.74

15. 5.7×10^{-2}

四、计算题

1. 解：根据 $\Delta T_{fp}=K_{fp}b_B$

$$b_B=\frac{\Delta T_{fp}}{K_{fp}}=0.292\text{mol}\cdot\text{kg}^{-1}$$

假设溶剂的质量为1kg，则葡萄糖的物质的量是0.292mol，质量为：

$$m=nM=(0.292\times180)\text{g}=52.56\text{g}$$

所以，该葡萄糖溶液的质量分数　$x=52.56\text{g}/(1000+52.56)\text{g}\times100\%=4.99\%$

根据范特霍夫公式：$\Pi=cRT$　在稀溶液中，$c\approx b$

因为是等渗溶液，所以血液的渗透压应该等于葡萄糖溶液渗透压，即

$$\Pi_{血液}=\Pi_{葡萄糖}=cRT=[0.292\times8.314\times(273.15+37)]\text{Pa}=752.9\text{Pa}=0.7529\text{kPa}$$

2. 解：(1) 在该缓冲溶液中，$b(HAc)=0.11\text{mol}\cdot\text{kg}^{-1}$，$b(Ac^-)=0.15\text{mol}\cdot\text{kg}^{-1}$

由 $pH=pK_a^{\ominus}-\lg\frac{b(HAc)}{b(NaAc)}$可得

$$pH=-\lg(1.75\times10^{-5})-\lg(0.11/0.15)=4.89$$

(2) 加入0.02mol KOH后，$b(HAc)=0.09\text{mol}\cdot\text{kg}^{-1}$，$b(Ac^-)=0.17\text{mol}\cdot\text{kg}^{-1}$

由 $pH=pK_a^{\ominus}-\lg\frac{b(HAc)}{b(NaAc)}$　可得　$pH=5.03$

(3) 加入0.02mol HCl后，$b(HAc)=0.13\text{mol}\cdot\text{kg}^{-1}$，$b(Ac^-)=0.13\text{mol}\cdot\text{kg}^{-1}$

由 $pH=pK_a^{\ominus}-\lg\frac{b(HAc)}{b(NaAc)}$　可得　$pH=4.76$

3.解：弱酸 HA 与 KOH 混合后，由于 HA 过量，将形成 $HA\text{-}A^-$ 缓冲溶液，其中，$b(HA)=0.03mol\cdot kg^{-1}$，$b(A^-)=0.02mol\cdot kg^{-1}$

$$pH=pK_a^{\ominus}-\lg\frac{b(HA)}{b(A^-)}\quad K_a^{\ominus}=3.7\times10^{-6}$$

4.解：混合前氨水溶液的浓度：

$$c=\frac{n(NH_3)}{0.03L}=\frac{(0.929\times30\times18.3\%/17)mol}{0.03L}=10.0mol\cdot L^{-1}$$

混合并稀释后，氨水溶液的浓度：$10.0mol\cdot L^{-1}\times30mL/100mL=3.0mol\cdot L^{-1}$

混合并稀释后，Ag^+ 的浓度：$0.1mol\cdot L^{-1}\times50mL/100mL=0.05mol\cdot L^{-1}$

溶液中存在下列平衡，设 Ag^+ 浓度为 $x\,mol\cdot L^{-1}$，则

	Ag^+	+ $2NH_3$	$\rightleftharpoons$ $[Ag(NH_3)_2]^+$
初始浓度/$(mol\cdot L^{-1})$	0.05	3.0	0
平衡浓度/$(mol\cdot L^{-1})$	x	$3.0-0.05\times2+2x$	$0.05-x$

$$K^{\ominus}=\frac{0.05-x}{x\times(3.0-0.05\times2+2x)^2}\approx\frac{0.05}{x\times2.9^2}=1.12\times10^7$$

$$解得\quad x=5.31\times10^{-10}$$

即 Ag^+ 浓度为 $5.31\times10^{-10}mol\cdot L^{-1}$；$NH_3$ 的浓度为 $(3.0-0.05\times2+2x)mol\cdot L^{-1}\approx2.9mol\cdot L^{-1}$；$[Ag(NH_3)_2]^+$ 的浓度为 $(0.05-x)mol\cdot L^{-1}\approx0.05mol\cdot L^{-1}$。

自测题二

一、判断题

(　　)1.难挥发电解质的稀溶液的沸点与溶液中的粒子数不存在定量关系。

(　　)2.溶剂的饱和蒸气压与溶剂的性质和温度有关，与溶剂的量无关。

(　　)3.氢氧化钠的物质的量是 1mol 的说法是不明确的。

(　　)4.凝固点降低法可以测血红蛋白的分子量。

(　　)5.在一定温度下，只要难挥发非电解质的稀溶液浓度相同就具有相同的渗透压。

(　　)6.纯溶剂通过半透膜向溶液渗透的压力称为渗透压。

(　　)7.将两种不发生反应的等渗溶液以任意比例混合后得到的仍然是等渗溶液。

(　　)8.在弱酸溶液中加入该弱酸的盐，该溶液的 pH 变小。

(　　)9.三元酸 H_3A 溶液中 A^{3-} 的浓度近似等于 H_3A 的第三级的解离常数。

(　　)10.两种难溶电解质，其溶解度小者 $K_{sp}^{\ominus}$ 一定小。

(　　)11. NaAc 溶液与 HCl 溶液反应，当反应达平衡时，其平衡常数等于 HAc 的解离平衡常数。

(　　)12. $0.40mol\cdot kg^{-1}$ HAc 溶液中的 $b(H^+)$ 是 $0.10mol\cdot kg^{-1}$ HAc 溶液中的 $b(H^+)$ 的 4 倍。

(　　)13.缓冲溶液的总浓度一定时，缓冲比越大，其缓冲容量就越大。

(　　)14. Na_2CO_3 溶液中 H_2CO_3 的浓度近似等于 $K_{b2}^{\ominus}$。

(　　)15. HAc 在液氨中的解离常数要比其在水中的大。

(　　)16.高浓度的强酸或强碱溶液都具有缓冲作用。

(　　)17.在 AgCl 的水溶液中，$b(Ag^+)$ 与 $b(Cl^-)$ 乘积等于 AgCl 的溶度积常数。

(　　)18.渗透压高的溶液其质量摩尔浓度（基本单元为该物质的分子式）一定大。

(　　) 19. 根据酸碱质子理论，酸与碱具有共轭关系，酸越强其共轭碱越弱。

(　　) 20. 配合物的内界与外界在水中可以完全解离。

(　　) 21. 配位化合物的稳定常数较大者，其稳定性一定较强。

(　　) 22. 常温条件下，将 pH=1.00 的 HCl 溶液和 pH=13.00 的 NaOH 溶液等体积混合后，溶液的 pH 为 7.00。

(　　) 23. 弱电解质的解离度随着弱电解质浓度的降低而增大。

(　　) 24. 在冰冻的地面上撒一些草木灰，冰较易融化。

(　　) 25. 盐效应能够使弱酸溶液的 pH 变大。

(　　) 26. 酸常数可以用相对平衡浓度来表示，因此其数值与浓度有关。

(　　) 27. 沉淀转化的条件是新沉淀的 $K_{sp}^{\ominus}$ 要大于原沉淀的 $K_{sp}^{\ominus}$。

(　　) 28. 为使 Ca^{2+} 沉淀完全，则加入的沉淀剂 Na_2SO_4 越多，Ca^{2+} 沉淀越完全。

(　　) 29. 配位数相同时，同一中心离子所形成的螯合物比普通配合物要稳定。

(　　) 30. 难溶电解质的溶解度与电解质本身和同名离子浓度有关，与溶液的酸碱性无关。

二、选择题

1. 下列溶液随温度降低最后结冰的是(　　)

A. 0.10mol·kg^{-1} HAc 溶液　　B. 0.10mol·kg^{-1} NaOH 溶液

C. 0.10mol·kg^{-1} K_2SO_4 溶液　　D. 0.10mol·kg^{-1} 蔗糖溶液

2. 在一定温度下，某非电解质稀溶液的质量摩尔浓度增加一倍，其溶液性质正确的是(　　)

A. 溶液蒸气压下降一倍　　B. 溶液沸点升高一倍

C. 溶液凝固点下降一倍　　D. 渗透压增加一倍

3. 稀溶液依数性的核心性质是(　　)

A. 溶液的蒸气压下降　　B. 溶液的沸点上升

C. 溶液的凝固点下降　　D. 溶液的渗透压

4. 在 HAc-NaAc 组成的缓冲溶液中，若 $b(HAc)>b(Ac^-)$，则该缓冲溶液抵抗酸或碱的能力为(　　)

A. 抗酸能力>抗碱能力　　B. 抗酸能力<抗碱能力

C. 抗酸碱能力相同　　D. 无法判断

5. 按照酸碱质子理论，属于两性物质的是(　　)

A. CH_3COO^-　　B. NH_4^+　　C. $[Fe(H_2O)_5OH]^{2+}$　　D. OH^-

6. 下列溶液等浓度混合，不是缓冲溶液的是(　　)

A. NaH_2PO_4-Na_2HPO_4　　B. NaH_2PO_4-Na_3PO_4

C. NaH_2PO_4-H_3PO_4　　D. Na_2HPO_4-Na_3PO_4

7. 在饱和 H_2S 水溶液中，下列组分浓度最大的是(　　)

A. H_2S　　B. HS^-　　C. H^+　　D. S^{2-}

8. 下列溶液在浓度相同的情况下，pH 最高的是(　　)

A. Na_2S　　B. NaAc　　C. NaCN　　D. $NH_3·H_2O$

9. 对于质量摩尔浓度为 1.0mol·kg^{-1} 的 NaCl 水溶液，其溶质的摩尔分数 x_B 和质量分数 ω_B 分别为(　　)

A. 1.00，18.09%　B. 0.055，17.0%　C. 0.0177，5.53%　D. 0.180，5.85%

10. 已知水的K_f=1.86K·kg·mol^{-1}，测得某人血清的凝固点为0.56℃，该血清的浓度为（　　）

A. 332mmol·kg^{-1}　　B. 147mmol·kg^{-1}

C. 301mmol·kg^{-1}　　D. 146mmol·kg^{-1}

11. 已知298K时，$K_{sp}^{\ominus}(Ag_2CrO_4)=1.0\times10^{-12}$，则该温度下，$Ag_2CrO_4$在0.01mol·kg^{-1} $AgNO_3$溶液中的溶解度是（　　）

A. 1.0×10^{-10}mol·kg^{-1}　　B. 1.0×10^{-8}mol·kg^{-1}

C. 1.0×10^{-5}mol·kg^{-1}　　D. 1.0×10^{-6}mol·kg^{-1}

12. AgCl在下列物质中溶解度最大的是（　　）

A. 纯水　　B. 0.1mol·kg^{-1} $BaCl_2$

C. 0.1mol·kg^{-1} NaCl　　D. 6.0mol·kg^{-1} $NH_3\cdot H_2O$

13. 在PbI_2沉淀中加入过量的KI溶液，使沉淀溶解的原因是（　　）

A. 生成配位化合物　　B. 同离子效应

C. 氧化还原作用　　D. 溶液碱性增强

14. 下列缓冲溶液中，缓冲容量最大的是（　　）

A. 1kg中含有0.1mol HAc与0.1mol NaAc

B. 1.2kg中含有0.1mol HAc与0.1mol NaAc

C. 1.2kg中含有0.08mol HAc与0.12mol NaAc

D. 1kg中含有0.08mol HAc与0.12mol NaAc

15. 下列有关选择性沉淀的叙述中正确的是（　　）

A. 溶度积小的一定先沉淀

B. 溶解度小的先沉淀

C. 被沉淀离子浓度大的先沉淀

D. 沉淀时所需沉淀剂浓度小的先沉淀

16. 欲使被半透膜隔开的两种溶液间不发生渗透，应使两溶液（两溶液中的基本单元均为溶质的分子式表示）（　　）

A. 物质的量浓度相同　　B. 渗透浓度相同

C. 质量浓度相同　　D. 质量摩尔浓度相同

17. 在200g水中溶解1.0g非电解质及0.488gNaCl（M_r=58.5），该溶液的凝固点为−0.31℃。则该溶质的分子量为（　　）

A. 30　　B. 36　　C. 60　　D. 56

18. 欲使0.1mol·kg^{-1}HAc溶液的解离度减小而pH增大，可加入（　　）

A. NaAc　　B. HCl　　C. NaCl　　D. H_2O

19. 下列溶液的浓度均为0.1mol·kg^{-1}，其pH小于7的是（　　）

A. Na_3PO_4　　B. Na_2HPO_4　　C. $NaHCO_3$　　D. NaH_2PO_4

20. 下列哪种情况最有利于配位平衡转化为沉淀平衡？（　　）

A. $K_{sp}^{\ominus}$越小，$K_{稳}^{\ominus}$越大　　B. $K_{sp}^{\ominus}$越大，$K_{稳}^{\ominus}$越大

C. $K_{sp}^{\ominus}$越小，$K_{稳}^{\ominus}$越小　　D. $K_{sp}^{\ominus}$越大，$K_{稳}^{\ominus}$越小

21. 关于难溶电解质的溶解度与溶度积的关系，叙述正确的是（　　）

A. 对于任何类型的难溶电解质而言，溶解度越大，溶度积越大

B. 对于任何类型的难溶电解质而言，溶解度越大，溶度积越小

C. 对于同种类型的难溶电解质而言，溶解度越大，溶度积越小

D. 对于同种类型的难溶电解质而言，溶解度越大，溶度积越大

22. 若 $[M(NH_3)_2]^+$ 的 $K^{\ominus}_{稳}=a$，$[M(CN)_2]^+$ 的 $K^{\ominus}_{稳}=b$，则反应$[M(NH_3)_2]^+ + 2CN^- \rightleftharpoons [M(CN)_2]^+ + 2NH_3$ 的平衡常数为（　　）

A. ab　　B. $a+b$　　C. a/b　　D. b/a

23. 已知 $Mg(OH)_2$ 的 $K^{\ominus}_{sp}=5.61\times10^{-12}$，则其饱和溶液的 pH 为（　　）

A. 3.48　　B. 3.78　　C. 10.35　　D. 10.22

24. 已知 $Ca_3(PO_4)_2$ 的溶解度为 $7.19\times10^{-7}mol\cdot kg^{-1}$，则该化合物的溶度积常数为（　　）

A. 2.08×10^{-29}　　B. 1.92×10^{-31}　　C. 7.68×10^{-31}　　D. 5.2×10^{-30}

25. 在 $Mg(OH)_2$ 饱和溶液中加入 $MgCl_2$，使 Mg^{2+} 的浓度为 $0.01mol\cdot kg^{-1}$（$K^{\ominus}_{sp}=5.61\times10^{-12}$），则溶液的 pH 为（　　）

A. 5.26　　B. 9.37　　C. 8.75　　D. 4.37

26. 在 $K[Co(C_2O_4)_2(en)]$中，中心离子的配位数是（　　）

A. 3　　B. 4　　C. 5　　D. 6

27. 下列物质不能作为配合物配体的是（　　）

A. CH_3NH_2　　B. NH_3　　C. NH_4^+　　D. CO

28. 关于分布沉淀的叙述，正确的是（　　）

A. 溶解度小的物质先沉淀　　B. 溶度积先达到的先沉淀

C. 溶解度大的物质先沉淀　　D. 被沉淀的离子浓度大的先沉淀

29. 下列关于 $K^{\ominus}_{sp}$ 的叙述不正确的是（　　）

A. $K^{\ominus}_{sp}$ 可由热力学关系得到，因此是热力学平衡常数

B. $K^{\ominus}_{sp}$ 表示难溶强电解质饱和溶液中有关离子相对平衡浓度幂的乘积

C. $K^{\ominus}_{sp}$ 只与难溶电解质本性有关，与外界条件无关

D. $K^{\ominus}_{sp}$ 越大，难溶电解质的溶解度就越大

30. 在 CaF_2($K^{\ominus}_{sp}=5.3\times10^{-9}$) 与 $CaSO_4$($K^{\ominus}_{sp}=4.93\times10^{-5}$) 混合的饱和溶液中，测得 F^- 的浓度为 $1.8\times10^{-3}mol\cdot kg^{-1}$，则溶液中 SO_4^{2-} 的浓度为（　　）

A. $3.0\times10^{-2}mol\cdot kg^{-1}$　　B. $5.6\times10^{-3}mol\cdot kg^{-1}$

C. $1.6\times10^{-2}mol\cdot kg^{-1}$　　D. $9.0\times10^{-2}mol\cdot kg^{-1}$

三、填空题

1. 在混合溶液中，某弱酸 HA 与其共轭碱 A^- 的浓度相等，A^- 解离常数 $K^{\ominus}_b=1\times10^{-10}$，则此溶液的 pH 为__________。

2. 已知 $H_2C_2O_4$ 的 $K^{\ominus}_{a1}=5.36\times10^{-2}$，$K^{\ominus}_{a2}=5.35\times10^{-5}$。计算 $0.1mol\cdot kg^{-1}$ $H_2C_2O_4$ 溶液中 $b(HC_2O_4^-)$为__________$mol\cdot kg^{-1}$，$b(C_2O_4^{2-})$为__________$mol\cdot kg^{-1}$。

3. 用浓度均为 $0.1mol\cdot kg^{-1}$ 的 HAc 和 NaAc 溶液配制 pH=4.6 的缓冲溶液 130mL，则需要 HAc 溶液的体积为__________mL。(已知 HAc 的 $K^{\ominus}_a=1.75\times10^{-5}$)

4. 已知 AgCl、AgBr、$Ag_2C_2O_4$ 的溶度积常数分别为 1.8×10^{-10}，5.4×10^{-13}，5.4×10^{-12}。某溶液中含有 Cl^-、Br^-、$C_2O_4^{2-}$，其浓度为 $0.050mol\cdot kg^{-1}$，向该溶液逐渐滴加 $0.10mol\cdot kg^{-1}$ $AgNO_3$ 时，三种离子沉出的先后顺序是__________。

5. 计算由 $CaCO_3$ 转化为 $Ca_3(PO_4)_2$ 的标准平衡常数为__________。

(已知 $K_{sp}^{\ominus}(CaCO_3)=2.8\times10^{-9}$，$K_{sp}^{\ominus}(Ca_3(PO_4)_2)=2.07\times10^{-29}$)

6. 配位化合物 $[PtCl(NO_2)(NH_3)_4]CO_3$ 的名称为＿＿＿＿＿＿＿＿＿＿＿＿＿；中心离子是＿＿＿＿；配位体为＿＿＿＿＿＿＿＿；配位原子为＿＿＿＿＿＿＿；配位数为＿＿＿＿＿＿。

7. 缓冲溶液的 pH 首先取决于＿＿＿＿＿＿＿的大小，其次才与＿＿＿＿＿＿＿有关。缓冲溶液的有效缓冲范围＿＿＿＿＿＿＿＿＿＿；当＿＿＿＿＿＿＿＿＿时，缓冲溶液具有最大缓冲能力；影响缓冲能力的因素有＿＿＿＿＿＿和＿＿＿＿＿＿＿。

8. 根据酸碱质子理论，NH_3 的共轭酸是＿＿＿＿＿；$[Cr(OH)_3(H_2O)_3]$ 的共轭碱是＿＿＿＿＿＿＿；NH_2^- 的共轭碱是＿＿＿＿＿＿＿＿＿；PO_4^{3-} 的共轭酸是＿＿＿＿＿＿＿＿＿＿＿＿＿＿。

9. 在$[Ag(NH_3)_2]NO_3$的溶液中，存在下列平衡 $Ag^++2NH_3 \rightleftharpoons [Ag(NH_3)_2]^+$。若向溶液中加入盐酸，则平衡向＿＿＿＿移动；若向溶液中加入氨水，则平衡向＿＿＿＿＿移动。

10. 渗透产生的基本条件是＿＿＿＿＿＿＿和＿＿＿＿＿＿。

11. 若将 0.1mol AgCl 固体全部溶于 1.0kg $NH_3\cdot H_2O$ 溶液中，则所用氨水的起始浓度最低为＿＿＿＿＿＿。(已知 $K_{稳}^{\ominus}([Ag(NH_3)_2]^+)=1.12\times10^7$，$K_{sp}^{\ominus}(AgCl)=1.8\times10^{-10}$)

12. 计算 $0.010mol\cdot kg^{-1}$ 的 Fe^{3+} 溶液中生成 $Fe(OH)_3$ 所需 pH 范围是＿＿＿＿＿＿＿＿＿＿。($K_{sp}^{\ominus}(Fe(OH)_3)=2.79\times10^{-39}$)

四、简答题

1. 将海水鱼放入淡水中，鱼会死亡。结合所学知识予以解释。

2. 以缓冲溶液 HAc-NaAc 为例，说明缓冲溶液具有缓冲作用的原理。

五、计算题

1. 欲使 0.01mol PbS 溶于 1kg 的盐酸溶液中，所需盐酸溶液的最低浓度是多少？
(已知 $K_{sp}^{\ominus}(PbS)=8.0\times10^{-28}$，$K_{a1}^{\ominus}(H_2S)=1.07\times10^{-7}$，$K_{a2}^{\ominus}(H_2S)=1.26\times10^{-13}$)

2. 混合溶液中 Ca^{2+} 和 Ba^{2+} 浓度均为 $0.10mol\cdot kg^{-1}$，向混合溶液中加入 Na_2SO_4，能否使两种离子分离？(已知 $K_{sp}^{\ominus}(BaSO_4)=1.1\times10^{-10}$，$K_{sp}^{\ominus}(CaSO_4)=4.9\times10^{-5}$)

3. 10g $0.1mol\cdot kg^{-1}$ $NH_3\cdot H_2O$ 和 10g $0.1mol\cdot kg^{-1}$ $MgCl_2$ 溶液混合，如果不希望生成沉淀，需要加入多少克 $(NH_4)_2SO_4$ 沉淀刚好溶解？(已知 $K_{sp}^{\ominus}(Mg(OH)_2)=5.61\times10^{-12}$，$M((NH_4)_2SO_4)=132g\cdot mol^{-1}$，$K_b^{\ominus}(NH_3)=1.8\times10^{-5}$)

4. 在 $0.1mol\cdot kg^{-1}$ $FeCl_2$ 和 $0.1mol\cdot kg^{-1}$ $CuCl_2$ 混合溶液中，通入 H_2S 气体到饱和，此时溶液中 Fe^{2+} 浓度是多少？(已知 $K_{sp}^{\ominus}(FeS)=6.3\times10^{-18}$，$K_{sp}^{\ominus}(CuS)=6.3\times10^{-36}$，$K_{a1}^{\ominus}(H_2S)=1.07\times10^{-7}$，$K_{a2}^{\ominus}(H_2S)=1.26\times10^{-13}$)

5. 在 $0.1mol\cdot kg^{-3}$ $ZnSO_4$，中不断通入 H_2S 气体到饱和，计算产生 ZnS 后，溶液中的 Zn^{2+} 浓度是多少？(已知 $K_a^{\ominus}(HSO_4^-)=1.0\times10^{-2}$，$K_{sp}^{\ominus}(ZnS)=2.5\times10^{-22}$，$K_{a1}^{\ominus}(H_2S)=1.07\times10^{-7}$，$K_{a2}^{\ominus}(H_2S)=1.26\times10^{-13}$)

6. 将浓度均为 $2.0mol\cdot kg^{-1}$ 的 $[Ag(CN)_2]^-$ 溶液和 KI 溶液等质量混合，计算达平衡时 CN^- 的浓度是多少？(已知 $K_{稳}^{\ominus}([Ag(CN)_2]^-)=1.3\times10^{21}$，$K_{sp}^{\ominus}(AgCl)=1.77\times10^{-10}$)

自测题二答案

一、判断题

1. ×；2. √；3. √；4. ×；5. √；6. ×；7. √；8. ×；9. ×；10. ×；11. ×；12. ×；13. ×；14. √；15. √；16. √；17. ×；18. ×；19. √；20. √；21. ×；22. √；23. √；24. √；25. ×；26. ×；27. × 28. ×；29. √；30. ×

二、选择题

1. C；2. D；3. A；4. B；5. C；6. B；7. A；8. D；9. C；10. C；11. B；12. D；13. A；14. A；15. D；16. B；17. C；18. A；19. D；20. C；21. D；22. D；23. C；24. A；25. B；26. D；27. C；28. B；29. C；30. A

三、填空题

1. 4

2. 0.051；5.35×10^{-5}

3. 76.0

4. Br^-、Cl^-、$C_2O_4^{2-}$

5. 1.06×10^3

6. 碳酸一氯·一硝基·四氨合铂(Ⅳ)；Pt^{4+}；Cl^-，NO_2^-，NH_3；Cl，N，N；6

7. $pK_a^\ominus$；缓冲比；$pK_a\pm1$；b(酸)/b(碱)=1；缓冲溶液的总浓度；缓冲比

8. NH_4^+；$[Cr(OH)_4(H_2O)_2]^-$；NH^{2-}；HPO_4^{2-}

9. 左；右

10. 半透膜；膜两侧单位体积内的溶剂分子数不同

11. $2.42mol\cdot kg^{-1}$

12. 1.82～2.82

四、简答题

1. 答：这是因为淡水的渗透压小于海水鱼细胞内液的渗透压，因而水将向鱼体内细胞扩散，使细胞逐渐胀大，最后破裂，导致鱼死亡。

2. 答：在 HAc-NaAc 缓冲溶液中存在着大量 Ac^- 和 HAc。按照酸碱质子理论，组成缓冲溶液的 HAc 和 Ac^- 是共轭酸碱对，它们之间的质子转移平衡式为：$HAc+H_2O \rightleftharpoons H_3O^+ +Ac^-$。当加入少量强酸时，平衡左移，共轭碱 Ac^- 与 H_3O^+ 发生质子转移，生成 HAc，使达到新的平衡时，H_3O^+ 浓度改变不大，故 pH 几乎不变；当加入少量强碱（OH^-）时，H_3O^+ 立即与 OH^- 反应生成水，使 H_3O^+ 浓度减小，使平衡左移。弱酸 HAc 不断离解，形成 H_3O^+ 和 Ac^-，故 H_3O^+ 浓度改变不大，pH 几乎不变；对溶液稍加稀释时，H_3O^+ 浓度虽有降低，但共轭碱 Ac^- 的浓度也同时降低，共轭酸 HAc 的离解程度略有增加，故 H_3O^+ 浓度不发生明显改变，溶液的 pH 也不发生明显改变。

五、计算题

1. 解：根据题意设盐酸最低浓度为 $x\,mol\cdot kg^{-1}$，则

$$\begin{array}{ccccc} PbS + 2H^+ & \rightleftharpoons & Pb^{2+} & + & H_2S \\ x-0.01\times2 & & 0.01 & & 0.01 \end{array}$$

$$K^\ominus=\frac{b(Pb^{2+})b(H_2S)}{b^2(H^+)}=\frac{b(Pb^{2+})b(H_2S)b(S^{2-})}{b^2(H^+)b(S^{2-})}=\frac{K_{sp}^\ominus}{K_{a1}^\ominus K_{a2}^\ominus}=5.93\times10^{-8}$$

$$\frac{b(Pb^{2+})b(H_2S)}{b^2(H^+)}=\frac{(0.01)^2}{(x-0.01\times2)^2}=5.93\times10^{-8}$$

$$x=41.08$$

盐酸溶液的最低浓度是 $41.08mol\cdot kg^{-1}$。

2.解：由 $K_{sp}^{\ominus}(BaSO_4)\ll K_{sp}^{\ominus}(CaSO_4)$ 可知，Ba^{2+} 先生成沉淀。当 Ba^{2+} 沉淀完全时，溶液中的 $b(SO_4^{2-})$ 为

$$b(SO_4^{2-})/b^{\ominus}=\frac{K_{sp}^{\ominus}}{b(Ba^{2+})/b^{\ominus}}=\frac{1.1\times10^{-10}}{1\times10^{-5}}=1.1\times10^{-5}$$

$$\Pi_B=b(SO_4^{2-})b(Ca^{2+})(b^{\ominus})^{-2}=1.1\times10^{-5}\times0.1=1.1\times10^{-6}<K_{sp}^{\ominus}(CaSO_4)$$

所以 Ca^{2+} 不能生成沉淀，两种离子可以分离。

3.解：等质量混合后，$b(Mg^{2+})=0.05mol\cdot kg^{-1}$，$b(NH_3\cdot H_2O)=0.05mol\cdot kg^{-1}$

若 Mg^{2+} 不生成沉淀，则溶液中的 $b(OH^-)$

$$b(OH^-)/b^{\ominus}<\sqrt{\frac{K_{sp}^{\ominus}}{b(Mg^{2+})/b^{\ominus}}}=\sqrt{\frac{5.61\times10^{-12}}{0.05}}=1.06\times10^{-5}$$

$$b(NH_4^+)/b^{\ominus}=\frac{K_b^{\ominus}b(NH_3)}{b(OH^-)}=\frac{1.8\times10^{-5}\times0.05}{1.06\times10^{-5}}=0.085$$

$$b((NH_4)_2SO_4)=\frac{0.085}{2}mol\cdot kg^{-1}=0.0425mol\cdot kg^{-1}$$

则

$$m[(NH_4)_2SO_4]=(0.0425\times20\times10^{-3}\times132)g=0.1122g$$

4.解：由 $K_{sp}^{\ominus}(CuS)\ll K_{sp}^{\ominus}(FeS)$ 可知，Fe^{2+} 生成沉淀前，Cu^{2+} 已经沉淀完全。

$$Cu^{2+}+H_2S\rightleftharpoons PbS+2H^+$$

反应后，溶液中 $b(H^+)=0.2mol\cdot kg^{-1}$，而 $b(S^{2-})$ 为

$$b(S^{2-})/b^{\ominus}=\frac{K_{a1}^{\ominus}K_{a2}^{\ominus}b(H_2S)/b^{\ominus}}{[b(H^+)/b^{\ominus}]^2}=\frac{1.07\times10^{-7}\times1.26\times10^{-13}\times0.1}{(0.2)^2}=3.37\times10^{-20}$$

$$\Pi_B=b(S^{2-})b(Fe^{2+})(b^{\ominus})^{-2}=3.37\times10^{-19}\times0.1=3.37\times10^{-20}<K_{sp}^{\ominus}(FeS)=6.3\times10^{-18}$$

所以，没有 FeS 生成沉淀，所以 Fe^{2+} 浓度是 $0.1mol\cdot kg^{-1}$。

5.解：根据已知条件，Zn^{2+} 沉淀析出，则溶液中 $b(H^+)=0.2mol\cdot kg^{-1}$，同时溶液中存在下列平衡

$$\begin{array}{ccccc} H^+ & + & SO_4{}^{2-} & \rightleftharpoons & HSO_4^- \\ 0.2 & & 0.1 & & \\ 0.2-x & & 0.1-x & & x \end{array}$$

$$\frac{b(HSO_4^-)b^{\ominus}}{b(SO_4^{2-})b(H^+)}=\frac{x}{(0.2-x)(0.1-x)}=\frac{1}{K_a^{\ominus}(HSO_4^-)}=\frac{1}{1\times10^{-2}}$$

$x=0.09$，所以平衡时 $b(H^+)=(0.2-0.09)mol\cdot kg^{-1}=0.11mol\cdot kg^{-1}$

溶液中 $b(S^{2-})$ 为

$$b(S^{2-})/b^{\ominus}=\frac{K_{a1}^{\ominus}K_{a1}^{\ominus}b(H_2S)/b^{\ominus}}{[b(H^+)/b^{\ominus}]^2}=\frac{1.07\times10^{-7}\times1.26\times10^{-13}}{(0.11)^2}=1.11\times10^{-18}$$

$$b(Zn^{2+})=\frac{K_{sp}^{\ominus}(ZnS)(b^{\ominus})^2}{b(S^{2-})}=\frac{2.5\times10^{-22}}{1.11\times10^{-18}}=2.25\times10^{-4}mol\cdot kg^{-1}>1.0\times10^{-5}mol\cdot kg^{-1}$$

所以，Zn^{2+}没有完全沉淀。

6.解：根据题意两溶液混合后，$b(I^-)=b([Ag(CN)_2]^-)=1.0\text{mol}\cdot\text{kg}^{-1}$，发生如下反应

$$[Ag(CN)_2]^- + I^- \rightleftharpoons AgI + 2CN^-$$

	$[Ag(CN)_2]^-$	I^-	AgI	$2CN^-$
初始浓度/($\text{mol}\cdot\text{kg}^{-1}$)	1.0	1.0	0	0
平衡浓度/($\text{mol}\cdot\text{kg}^{-1}$)	$1.0-x$	$1.0-x$	x	$2x$

$$K^{\ominus}=\frac{b^2(CN^-)}{b(I^-)b([Ag(CN)_2]^-)}=\frac{1}{K_{sp}^{\ominus}K^{\ominus}}=\frac{1}{8.52\times10^{-17}\times1.3\times10^{21}}=9.04\times10^{-6}$$

$$K^{\ominus}=\frac{x(2x)^2}{(1.0-x)^2}\approx4x^3=9.04\times10^{-6}$$

$$x=1.5\times10^{-3}$$

所以，达平衡时CN^-的浓度为$2\times1.5\times10^{-3}\text{mol}\cdot\text{kg}^{-1}=3.0\times10^{-3}\text{mol}\cdot\text{kg}^{-1}$。

第三章

氧化还原反应　电化学

课堂笔记及典型例题

本章内容主要包括以下几个方面：氧化还原反应及氧化数；原电池的组成；电极电势的产生及其（标准态与非标准态下）数值的确定；原电池电动势与吉布斯函数变的关系；电极电势的应用；电解及电解产物；金属的腐蚀与防护。

第一节　氧化还原反应

一、氧化与还原

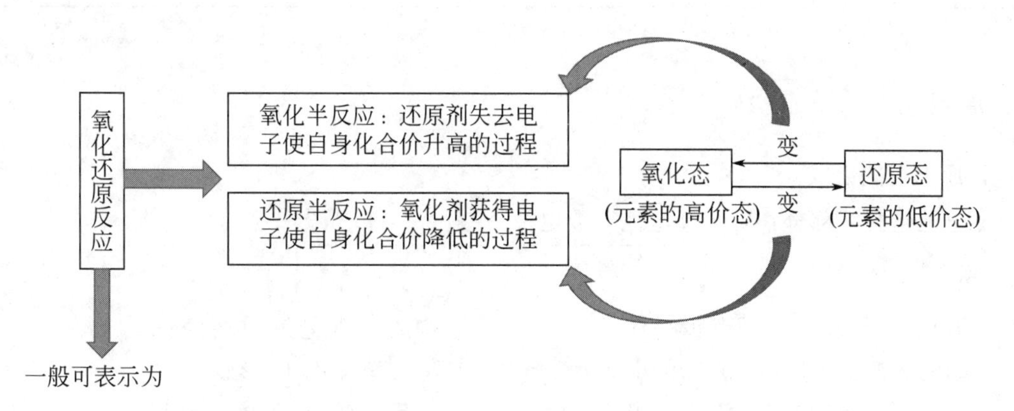

氧化态Ⅰ ＋ 还原态Ⅱ ⇌ 还原态Ⅰ ＋ 氧化态Ⅱ

在氧化还原反应中，**同一元素**的氧化态与还原态之间的转化，可以通过原子得到或失去电子来实现。为了描述原子的带电状态，提出了**氧化数**的概念。

二、氧化数

氧化数指化合物分子中某元素的形式荷电数。

如何确定

【假设把每个键中的电子指定给电负性较大的原子而求得】

【即氧化数取决于形成分子时一个原子得失电子数或偏移电子数，其符号取决于两个成键原子电负性的相对大小，小为正，大为负】

(1) 氧化数的确定规则

① 在单质中，元素的氧化数为零；在中性分子中，各元素氧化数的代数和为零。

② 在简单离子中，元素的氧化数等于该元素离子的电荷；在多原子离子中，各元素的氧化数的代数和等于该离子所带的电荷数。

③ 在化合物中，氧的氧化数一般为-2；在过氧化物中氧的氧化数为-1；在超氧化物中氧的氧化数为$-\frac{1}{2}$；在氟化物中氧的氧化数可以$+2$和$+1$；所有氟化物中，氟的氧化数为-1。

④ 氢的氧化数一般为$+1$，但在金属氢化物中，氢的氧化数为-1。

(2) 氧化数与化合价区别

	概念	取值	与族数关系
氧化数	化合物中元素的形式电荷数	整数,分数	可以高于族数
化合价	元素在化合时的原子个数比	只能取整数	最大取值为族数

第二节　原电池和电极电势

一、原电池

1. 原电池的组成

原电池包括三部分：两个半电池（或电极）；盐桥；外电路。

构成：电解质溶液和电极导体
正极：原电池中电子流入的电极
负极：原电池中电子流出的电极
电极反应：氧化态 $+ze^- \rightleftharpoons$ 还原态
（**氧化还原电对通式**：氧化态 / 还原态）

构成：含电解质溶液的琼胶填充的U形管
作用：连通原电池的两个半电池的内电路，使两个半电池保持电中性

电极类型

电极类型	氧化还原电对示例	电极符号	电极反应示例
金属-金属离子电极	Zn^{2+}/Zn	$Zn^{2+}\|Zn$	$Zn^{2+}+2e^- \rightleftharpoons Zn$
非金属-非金属离子电极	Cl_2/Cl^-	$Pt\|Cl_2Cl^-$	$Cl_2+2e^- \rightleftharpoons 2Cl^-$
氧化-还原电极	Fe^{3+}/Fe^{2+} MnO_4^-/Mn^{2+}	$Pt\|Fe^{3+},Fe^{2+}$ $Pt\|MnO_4^-,Mn^{2+},H^+$	$Fe^{3+}+e^- \rightleftharpoons Fe^{2+}$ $MnO_4^-+8H^++5e^- \rightleftharpoons Mn^{2+}+4H_2O$
金属-金属难溶盐电极	AgCl/Ag Hg_2Cl_2/Hg	$Ag\|AgCl(s)\|Cl^-$ $Pt\|Hg\|Hg_2Cl_2(s)\|Cl^-$	$AgCl+e^- \rightleftharpoons Ag+\|Cl^-$ $Hg_2Cl_2+2e^- \rightleftharpoons 2Hg+2Cl^-$

关于电极需要注意以下几点：

① 氧化还原电对　由同一元素的氧化态物质和还原态物质构成，通式为氧化态/还原态，即氧化态在左，还原态在右，中间用斜线“/”分开。氧化态与还原态位置不可互换。

② 电极符号写法　a. 电极导体可以出现在左边，也可以出现在右边。如 $Zn|Zn^{2+}$，可以左右互换位置写为 $Zn^{2+}|Zn$；$Pt|Hg|Hg_2Cl_2|Cl^-$ 可以写为 $Cl^-|Hg_2Cl_2|Hg|Pt$。**要注意的是**这里的“|”是表示界面，不可以用“/”替换。b. 电极符号中要体现参与电极反应的各个组分，不仅仅包含氧化态物质和还原态物质，还包含参与电极反应的组分，不包括参与反应的水。如：氧化还原电极 $Pt|MnO_4^-$，Mn^{2+}，H^+ 中的 H^+ 是参与电极反应的组分，MnO_4^- 与 Mn^{2+} 分别是氧化态物质和还原态物质。c. 溶液中不同组分之间用逗号隔开，前后顺序没有规定。如，氧化还原电极 $Pt|Fe^{3+}$，Fe^{2+}，也可以写成 $Pt|Fe^{2+}$，Fe^{3+}。

③ 电极导体可分为两类：一类是参与电极反应的电极导体，如 $Zn|Zn^{2+}$ 中的 Zn 和 $Ag|AgCl(s)|Cl^-$ 中的 Ag；另一类是能够导电而不参与反应的惰性导体，如石墨（C），铂（Pt）。在氧化-还原电极和非金属-非金属离子电极中都有惰性电极导体。

2. 原电池符号写法

① **负**（极）**在左，正**（极）**在右**，并用（+）、（−）分别表示正、负极。

② **离子**（电解质溶液）**在中间，导体在外侧**，即将两个电极的电解质溶液放中间，电解质溶液中参与电极反应的不同组分要用逗号隔开，并标出各组分浓度；电极导体置于电池符号的最外侧。

③ **液-液有盐桥（⋮⋮），相相有界面“|”**；液-液即两电极的电解质溶液间有盐桥，不同相之间有相界面，要用“|”分开。

④ **纯气体（标出分压 p）、纯液体和固体靠近惰性电极。**

如 $Pt|Cl_2(p)|Cl^-(b_1)$，　$Pt|Hg|Hg_2Cl_2|Cl^-$

如铜-锌原电池可以表示为

$$(-)Zn|Zn^{2+}(b_1) \vdots\vdots Cu^{2+}(b_2)|Cu(+)$$

例题 3-1　将下列氧化还原反应拆成两个半反应，并写出电极符号和电池符号

$$2MnO_4^- + 16H^+ + 10Cl^- \rightleftharpoons 2Mn^{2+} + 5Cl_2 + 8H_2O$$

解：(1) 将氧化还原反应拆成两个半反应为

正极　$MnO_4^- + 8H^+ + 5e^- \rightleftharpoons Mn^{2+} + 4H_2O$

负极　$Cl_2 + 2e^- \rightleftharpoons 2Cl^-$

(2) 电极符号

正极：$Pt|MnO_4^-$，Mn^{2+}，H^+　负极：$Pt | Cl_2 | Cl^-$

(3) 电池符号

$(-)Pt|Cl_2(p)|Cl^-(b_1) \vdots\vdots MnO_4^-(b_2),Mn^{2+}(b_3),H^+(b_4)|Pt(+)$

二、电极电势

1. 电极电势的产生

当金属浸入其盐溶液中，存在有两种趋势：一种是金属溶解的趋势；另一种趋势就是金属离子的沉积。当金属的溶解和金属离子的沉积这两种过程的速率相等时，在金属表面与附近溶液间将会建立下列动态平衡：$M(s) \underset{沉积}{\overset{溶解}{\rightleftharpoons}} M^{z+} + ze^-$

此时，在金属表面与靠近的薄层溶液之间便形成了双电层结构，产生电势差，这就是该**金属电极的电极电势**（或称**平衡电势**）。用符号 E 表示。它的大小不仅取决于金属的本性，还与盐溶液的浓度和温度有关。

在非标准状态下，原电池的电动势为 $E = E_+ - E_-$

在标准状态下，则有 $E^\ominus = E_+^\ominus - E_-^\ominus$

例题 3-2 将金属浸入其盐溶液中，为什么会产生双电层结构？

答：因为金属晶体由金属原子、金属离子和自由电子构成。金属表面的金属离子因热运动和受极性分子水的作用，有进入溶液成为水合离子倾向。金属越活泼，溶液中的金属离子浓度越低，金属溶解的倾向越大；同时，溶液中的金属离子也有与金属表面上的自由电子结合成中性原子并沉积到金属表面的倾向，金属越不活泼，溶液中金属离子浓度越大，金属离子沉积的趋势就越大；当溶解和沉积的速率相等时，有下列动态平衡：$M(s) \rightleftharpoons M^{z+} + ze^-$。若金属溶解的趋势大于沉积的趋势，平衡时金属表面带负电而靠近金属表面的薄层溶液带正电；若金属离子沉积的趋势大于溶解的趋势，平衡时金属表面带正电而靠近金属表面的薄层溶液带负电。无论哪种情况，都会在金属与其盐溶液之间形成双电层结构。

2. 标准电极电势

目前，双电层电势差的绝对值无法测得。通过参比电极（标准氢电极或甘汞电极）来衡量其他电极电势的相对大小。

(1) 标准氢电极

铂丝连接着镀有蓬松铂黑的铂片作为极板，插入到稀酸溶液中（$b(H^+) = 1.0mol \cdot kg^{-1}$），并向其中通入分压为 100.00kPa 的氢气，铂黑吸附氢气至饱和，即得到标准氢电极。规定其电极电势为零，记为 $E^\ominus(H^+/H_2) = 0.0000V$。上角标“$\ominus$”表示标准态，即指相应离子浓度为 $1.0mol \cdot kg^{-1}$、气体分压为 100.00kPa 的状态。反过来，若离子浓度为 $1.0mol \cdot kg^{-1}$、气体分压为 100.00kPa 的状态，即为标准态。

标准氢电极使用并不方便，因为铂黑容易吸附其他离子而降低对氢的吸附，氢气纯度、分压不易控制。因此，常用甘汞电极代替标准氢电极作参比电极。饱和甘汞电极以铂丝为导体，由 Hg、糊状 Hg_2Cl_2 和饱和 KCl 溶液构成。在 298.15K 时，其电极电势为 0.2412V。甘汞电极的特点：电势稳定，易于保管，使用方便。

(2) 标准电极电势

在标准状态下，用 $E^\ominus$（氧化态/还原态）或 $E^\ominus(Ox/Red)$表示标准电极电势，其中 Ox 为氧化态，Red 为还原态。

标准电极电势数值的确定方法：将电极与标准氢电极或饱和甘汞电极组成原电池，测出原电池的电动势，进而确定该电极的标准电极电势的数值。比如，测铜电极的标准电极电势，则将标准状态下的铜电极与标准氢电极组成原电池。在 298.15K 时，实验确定标准铜电极为正极，标准氢电极为负极，即

$(-)Pt|H_2(100.00kPa)|H^+(1.0mol \cdot kg^{-1}) \vdots\vdots Cu^{2+}(1.0mol \cdot kg^{-1})|Cu(+)$

原电池的电动势为 0.3419V，则有

$$E^{\ominus} = E^{\ominus}(Cu^{2+}/Cu) - E^{\ominus}(H^+/H_2) = 0.3419V$$

所以

$$E^{\ominus}(Cu^{2+}/Cu) = 0.3419V$$

对于标准电极电势表，需注意以下几点：

① 电极反应中各物质均为标准态（离子浓度为 $1.0mol \cdot kg^{-1}$，气体分压均为 100.00kPa)，温度一般为 298.15K。

② 在标准电极电势 $E^{\ominus}$ 表中，$E^{\ominus}$ 的代数值越大，电对中的氧化态物质越容易得到电子，氧化能力越强；其数值越小，电对中的还原态物质越容易失去电子，还原能力越强。

③ 标准电极电势的数值与电极本身有关，与电极反应的写法无关。

$$\left.\begin{array}{l} Zn^{2+} + 2e^- \rightleftharpoons Zn \\ Zn - 2e^- \rightleftharpoons Zn^{2+} \end{array}\right\} \quad E^{\ominus}(Zn^{2+}/Zn) = -0.7618V$$

④ 电极反应式中计量数的变化不影响电极电势的数值和符号，即标准电极电势由物质的本性决定，与物质的量无关。如

$$\left.\begin{array}{l} Zn^{2+} + 2e^- \rightleftharpoons Zn \\ 2Zn^{2+} + 4e^- \rightleftharpoons 2Zn \end{array}\right\} \quad E^{\ominus}(Zn^{2+}/Zn) = -0.7618V$$

其中，①和②在实际应用时要注意判断。

3. 非标准状态电极电势数值的确定

(1) 能斯特方程式

电极电势的大小不仅取决于电极本身的性质，还与浓度（或分压）、温度、溶液的 pH 有关。对应电极反应：

$$氧化态 + ze^- \rightleftharpoons 还原态$$

能斯特通过热力学理论推导出电极电势与浓度关系的公式：

$$E = E^{\ominus} + \frac{RT}{zF}\ln\frac{b(Ox)/b^{\ominus}}{b(Red)/b^{\ominus}}$$

式中，E 为电极的（非标准）电极电势，单位 V；$E^{\ominus}$ 为电极的标准电极电势，单位 V；z 为电极反应中转移的电子数；R 为摩尔气体常量，$8.314J \cdot mol^{-1} \cdot K^{-1}$；$T$ 为热力学温度，单位 K；F 为法拉第常量，$96485\ C \cdot mol^{-1}$；$b(Ox)$、$b(Red)$ 分别为电极反应中氧化态物质、还原态物质的质量摩尔浓度，单位为 $mol \cdot kg^{-1}$；$b^{\ominus}$ 为标准质量摩尔浓度，即 $1.0mol \cdot kg^{-1}$。

关于能斯特方程式说明：

① 能斯特方程式中，**各物质浓度的指数等于电极反应中各物质前的化学计量数。**

② 若电极反应中，有固体、纯液体参加反应，它们的浓度不列入方程式。

③ 若有气体参与电极反应，则以相对分压（气体物质的分压除以标准压力 100.00kPa）的形式代入计算。

④ 在能斯特方程式中，分子项（氧化态）是电极反应式左侧所有物质的相对浓度或相对分压的幂的乘积；分母项（还原态）是电极反应式右侧所有物质的相对浓度或相对分压的幂的乘积。

⑤ 能斯特方程式反映了**参加电极反应的所有物质浓度**变化对电极电势的影响，即不仅包含了氧化数发生变化的氧化态物质和还原态物质，还包括参加电极反应而氧化数不发生变化的物质。

在温度为 298.15K 时，将 F、R 值代入上式，能斯特方程式可化为

$$E=E^{\ominus}+\frac{0.0592\text{V}}{z}\lg\frac{b(\text{Ox})/b^{\ominus}}{b(\text{Red})/b^{\ominus}}$$

例题 3-3 计算 pH=7 时，电对 O_2/OH^- 的电极电势。在 $T=298.15\text{K}$ 时，$p(O_2)=100.00\text{kPa}$。

解：此电对 O_2/OH^- 的电极反应是

$$O_2+H_2O+4e^- \rightleftharpoons 4OH^-$$

当 pH=7 时，$b(OH^-)=1\times10^{-7}\text{mol}\cdot\text{kg}^{-1}$。根据能斯特方程式有

$$E=E^{\ominus}(O_2/OH^-)+\frac{0.0592\text{V}}{4}\lg\frac{p(O_2)/p^{\ominus}}{[b(OH^-)/b^{\ominus}]^4}$$

$$E=0.401\text{V}+\frac{0.0592\text{V}}{4}\lg\frac{100/100}{(1\times10^{-7})^4}=0.8154\text{V}$$

在这道例题中，体现了以下四点：有气体参与电极反应以相对分压的形式代入能斯特方程式（如 O_2）；电极反应中各个物质前的计量数为相对浓度或相对分压的指数（如 OH^- 前的计量数 4 为方程中 OH^- 浓度项的指数）；纯液体（参与电极反应的水）不列入能斯特方程式中；电极反应中物质浓度的改变会影响电对的电极电势。

例题 3-4 在酸性介质中用高锰酸钾（$KMnO_4$）作氧化剂，其电极反应为

$$MnO_4^-+8H^++5e^- \rightleftharpoons Mn^{2+}+4H_2O$$

当 $b(MnO_4^-)=b(Mn^{2+})=1.0\text{mol}\cdot\text{kg}^{-1}$，pH=5 时，$E(MnO_4^-/Mn^{2+})$为多少？

解：如果电极反应中的三个组分 MnO_4^-、H^+ 和 Mn^{2+} 的浓度均为 $1.0\text{mol}\cdot\text{kg}^{-1}$，则系统处于标准状态。而题中的 H^+ 浓度不等于 $1.0\text{mol}\cdot\text{kg}^{-1}$，所以系统处于非标准状态。根据能斯特方程式，有

$$E(MnO_4^-/Mn^{2+})=E^{\ominus}(MnO_4^-/Mn^{2+})+\frac{0.0592\text{V}}{5}\lg\frac{[b(MnO_4^-)/b^{\ominus}][b(H^+)/b^{\ominus}]^8}{b(Mn^{2+})/b^{\ominus}}$$

$$E(MnO_4^-/Mn^{2+})=1.507\text{V}+\frac{0.0592\text{V}}{5}\lg\frac{1\times(1\times10^{-5})^8}{1}=1.03\text{V}$$

答：当 $b(MnO_4^-)=b(Mn^{2+})=1.0\text{mol}\cdot\text{kg}^{-1}$、pH=5 时，$E(MnO_4^-/Mn^{2+})$为 1.03V。

这道例题体现了参与电极反应且氧化数不变的物质（如题中 H^+）浓度变化对电极电势大小的影响；参与电极反应的左侧所有物质的相对浓度或相对分压的幂的乘积为能斯特方程式的分子项。与上一例题共同诠释了上面提到的关于能斯特方程式的几点说明。

(2) 浓度对电极电势影响

从电极电势的能斯特方程

$$E=E^{\ominus}+\frac{0.0592\text{V}}{z}\lg\frac{b(\text{Ox})/b^{\ominus}}{b(\text{Red})/b^{\ominus}}$$

可以看出，$b(\text{Ox})$增大，则 E 增大；$b(\text{Red})$增大，则 E 减小。因此，凡是能改变氧化态物质或还原态物质浓度的因素，都将影响电极电势的大小。下面主要从溶液酸度、沉淀溶解平衡和配位平衡三个方面进行讨论。

① 溶液酸度影响　如果溶液中 H^+ 或 OH^- 参加电极反应，则溶液酸碱浓度的变化将会对电极电势的大小产生影响。主要有两种情况：一种是 H^+（或 OH^-）本身为氧化态（或还原态）物质；一种是 H^+（或 OH^-）属于参与电极反应的物质，但不是氧化态（或还原

态）物质。

例题 3-5 对于标准氢电极

$$2H^+ + 2e^- \rightleftharpoons H_2$$

若保持 H_2 的分压不变，将溶液改为 $1.0mol \cdot kg^{-1}$ 的醋酸溶液，求此情况下氢电极的电极电势是多少？

【题中保持 H_2 的分压不变，可知 $p(H_2)=100kPa$，H_2 处于标准态；而将溶液改为 $1.0mol \cdot kg^{-1}$ 的醋酸溶液可知溶液中的 $b(H^+) \neq 1.0mol \cdot kg^{-1}$，因此 H^+ 处于非标准状态。由此可以确定系统处于非标准状态，氢电极在此条件下的电极电势只能用能斯特方程式来求。此题既是电对中氧化态物质的浓度改变影响电极电势，也是溶液酸度的改变影响电极电势。】

解： 由题中已知条件可知，系统处于非标准状态。根据能斯特方程式有

$$E(H^+/H_2)=E^{\ominus}(H^+/H_2)+\frac{0.0592V}{2}\lg\frac{[b(H^+)/b^{\ominus}]^2}{p(H_2)/p^{\ominus}}$$

式中的 $b(H^+)$ 可以根据一元弱酸的解离平衡来确定。醋酸的起始浓度 $b_0(HAc)>400K_a^{\ominus}$，故可以使用最简计算公式来求 $b(H^+)$，即

$$b(H^+)/b^{\ominus}=\sqrt{K_a^{\ominus}b_0(HAc)/b^{\ominus}}=\sqrt{1.75\times10^{-5}\times1.0}=4.18\times10^{-3}$$

所以 $E(H^+/H_2)=0.0000V+\frac{0.0592V}{2}\lg\frac{(4.18\times10^{-3})^2}{100/100}=-0.1408V$

在这一例题中，氢离子为氧化态物质，其浓度减小，氢电极的电极电势变小。

若通过缓冲溶液或同离子效应改变溶液中的氢离子浓度，则氢电极的电极电势同样会发生变化。

例题 3-6 求重铬酸钾在 pH＝5 的介质中的电极电势，设其中的 $b(Cr_2O_7^{2-})=b(Cr^{3+})=1.00mol \cdot kg^{-1}$，$T=298.15K$。

解： 根据电对 $Cr_2O_7^{2-}/Cr^{3+}$ 写出电极反应式

$$Cr_2O_7^{2-}+14H^+ + 6e^- \rightleftharpoons 2Cr^{3+}+7H_2O$$

已知 $Cr_2O_7^{2-}$ 和 Cr^{3+} 的浓度均为 $1.0mol \cdot kg^{-1}$，H^+ 浓度等于 $1.0\times10^{-5}mol \cdot kg^{-1}$，可以确定系统处于非标准状态。根据能斯特方程式有

$$E(Cr_2O_7^{2-}/Cr^{3+})=E^{\ominus}(Cr_2O_7^{2-}/Cr^{3+})+\frac{0.0592V}{6}\lg\frac{[b(Cr_2O_7^{2-})/b^{\ominus}][b(H^+)/b^{\ominus}]^{14}}{[b(Cr^{3+})/b^{\ominus}]^2}$$

$$E(Cr_2O_7^{2-}/Cr^{3+})=1.232V+\frac{0.0592V}{6}\lg\frac{1\times(1\times10^{-5})^{14}}{1}=0.5413V$$

该例题不同于上一例题：其一，题中直接给出溶液中氢离子浓度的数值，确定溶液酸度对电极电势的影响（即 H^+ 浓度改变使电极电势由 1.232V 降低到 0.5413V）；其二，此题中的 **H^+ 只是参与反应，氧化数未发生变化**。因此，在做题时，如果确定系统处于非标准状态，则电极电势的数值就要由能斯特方程式来确定。

② 生成沉淀对电极电势的影响　当电极反应中氧化态物质或还原态物质生成沉淀，则其浓度会相应地降低，其电极电势数值就会改变。

例题 3-7 电极反应 $Ag^+ + e^- \rightleftharpoons Ag$　$E^{\ominus}(Ag^+/Ag)=0.7996V$，若在溶液中加入 NaCl 生成 AgCl 沉淀，溶液中反应达平衡时 Cl^- 浓度为 $1.0mol \cdot kg^{-1}$，求 298.15K 时此电极的电极电势。

【题中加入 NaCl，有 AgCl 沉淀生成，使 Ag^+ 浓度由 $1.0mol \cdot kg^{-1}$ 降低到某一数值，

该值根据溶度积公式可以求出，此时 Ag^+ 处于非标准态。用能斯特方程求 Ag^+/Ag 的电极电势。】

解：根据溶度积公式 $K_{sp}^\ominus=[b(Ag^+)/b^\ominus][b(Cl^-)/b^\ominus]=1.77\times10^{-10}$ 可得

$$b(Ag^+)/b^\ominus=K_{sp}^\ominus/[b(Cl^-)/b^\ominus]=1.77\times10^{-10}/1.0=1.77\times10^{-10}$$

根据能斯特方程式有

$$E(Ag^+/Ag)=E^\ominus(Ag^+/Ag)+\frac{0.0592V}{1}\lg\frac{b(Ag^+)/b^\ominus}{1}$$

$$E(Ag^+/Ag)=0.7996V+\frac{0.0592V}{1}\lg(1.77\times10^{-10})=0.2223V$$

由计算结果可知，生成沉淀使氧化态 Ag^+ 浓度降低，电对 Ag^+/Ag 的电极电势也降低。

根据已知条件，当反应达平衡时，溶液中有 AgCl，Ag 和 Cl^- 组分共存，而 Cl^- 浓度为 $1.0mol\cdot kg^{-1}$，则电极反应 $AgCl+e^-\rightleftharpoons Ag+Cl^-$ 处于标准态，电对 AgCl/Ag 的电极电势为标准电极电势 $E^\ominus(AgCl/Ag)$。在同一系统中，电对 AgCl/Ag 和电对 Ag^+/Ag 都是 Ag^+ 获得电子变为 Ag，本质是相同的，故有 $E^\ominus(AgCl/Ag)$就等于 $E(Ag^+/Ag)$，即

$$E^\ominus(AgCl/Ag)=E(Ag^+/Ag)=0.2223V$$

③ 生成配位化合物对电极电势的影响　当电极反应中氧化态物质或还原态物质生成配位化合物，则其浓度会发生相应的变化，电对的电极电势数值也会发生改变。

例题 3-8　电极反应 $Cu^++e^-\rightleftharpoons Cu$　$E^\ominus(Cu^+/Cu)=0.521V$，若在溶液中加入 CN^- 生成难解离的$[Cu(CN)_2]^-$。假定反应达平衡时 CN^- 和 $[Cu(CN)_2]^-$ 浓度均 $1.0mol\cdot kg^{-1}$，求 298.15K 时，此电极的电极电势。已知 $K_稳^\ominus([Cu(CN)_2]^-)=1.77\times10^{24}$

【题中加入 CN^-，生成难解离的 $[Cu(CN)_2]^-$，使 Cu^+ 浓度由 $1.0mol\cdot kg^{-1}$ 降低到某一数值，该值根据配离子的稳定常数公式可以求出，此时 Cu^+ 处于非标准态。用能斯特方程求 Cu^+/Cu 的电极电势。】

解：根据平衡常数公式 $K_稳^\ominus([Cu(CN)_2]^-)=\dfrac{b([Cu(CN)_2]^-)/b^\ominus}{[b(Cu^+)/b^\ominus][b(CN^-)/b^\ominus]^2}$可得

$$[b(Cu^+)/b^\ominus]=\frac{b([Cu(CN)_2]^-)/b^\ominus}{K_稳^\ominus([Cu(CN)_2]^-)[b(CN^-)/b^\ominus]^2}=\frac{1.0}{1.0\times10^{24}\times1.0}=1.0\times10^{-24}$$

根据能斯特方程有

$$E(Cu^+/Cu)=E^\ominus(Cu^+/Cu)+\frac{0.0592V}{1}\lg\frac{b(Cu^+)/b^\ominus}{1}$$

$$E(Cu^+/Cu)=0.521V+0.0592V\lg(1.0\times10^{-24})=-0.8998V$$

由计算结果可知，生成难解离的配位化合物使氧化态 Cu^+ 浓度降低，则电对 Cu^+/Cu 的电极电势也降低。

依据题中条件，当反应达平衡时，溶液中有 $[Cu(CN)_2]^-$，Cu 和 CN^- 组分共存，而 $[Cu(CN)_2]^-$ 和 CN^- 浓度均为 $1.0mol\cdot kg^{-1}$。由此可知，电极反应 $[Cu(CN)_2]^-+e^-\rightleftharpoons Cu+CN^-$ 处于标准态，此时，电对 $[Cu(CN)_2]^-/Cu$ 的电极电势为标准电极电势 $E^\ominus([Cu(CN)_2]^-/Cu)$。在同一系统中，电对 $[Cu(CN)_2]^-/Cu$ 和电对 Cu^+/Cu 都是 Cu^+ 获得电子变为 Cu，本质是相同的，故有 $E^\ominus([Cu(CN)_2]^-/Cu)$就等于 $E(Cu^+/Cu)$，即

$$E^\ominus([Cu(CN)_2]^-/Cu)=E(Cu^+/Cu)=-0.8998V$$

由此例题可知，当氧化态物质或还原态物质生成配位化合物，改变原有浓度，电对的电

极电势一定会发生变化，影响程度大小与生成的配位化合物的稳定常数大小有关。

三、原电池电动势与吉布斯函数变的关系

1. 公式确定

在定温定压下，电池反应吉布斯函数的减少等于对外所做的最大有用功——电功（电量 Q 与电动势 E 的乘积）。即 $\Delta_r G_m = W'_{max} = -QE$

对于可逆电池，$W'_{max} = -zFE$，　则　$\Delta_r G_m = -zFE$

式中，法拉第常量 F 是 1mol 电子所带的电量，$96485C \cdot mol^{-1}$；z 为电池反应转移的电子数。

当原电池处于标准态时，有 $\Delta_r G_m^{\ominus} = -zFE^{\ominus}$

由以上公式可知，已知原电池的标准电动势 $E^{\ominus}$ 可求出电池反应的 $\Delta_r G_m^{\ominus}$；已知原电池的非标准电动势 E 可求出电池反应的 $\Delta_r G_m$。

2. 反应方向的判断

吉布斯函数变 $\Delta_r G_m$ 的数值大于、等于和小于零，可以判断反应自发进行的方向。根据公式 $\Delta_r G_m = -zFE$，对于氧化还原反应可以用电动势判断反应自发进行的方向：

当 $\Delta_r G_m < 0$ 时，$E > 0$ 反应可自发进行；

当 $\Delta_r G_m = 0$ 时，$E = 0$ 反应处于平衡状态；

当 $\Delta_r G_m > 0$ 时，$E < 0$ 反应非自发或逆向自发。

例题 3-9　已知氧化还原反应 $Pb^{2+} + Sn \rightleftharpoons Sn^{2+} + Pb$。

（1）若 $b(Pb^{2+}) = 0.1mol \cdot kg^{-1}$，$b(Sn^{2+}) = 1.0mol \cdot kg^{-1}$，判断反应向哪个方向进行？

（2）在标准状态下该反应向哪个方向进行？

解：（1）根据已知条件 $b(Pb^{2+}) = 0.1mol \cdot kg^{-1}$，$b(Sn^{2+}) = 1.0mol \cdot kg^{-1}$，可知 Sn^{2+} 处于标准态，Pb^{2+} 处于非标准态；根据给定反应式得知，电对 Pb^{2+}/Pb 为正极，电对 Sn^{2+}/Sn 为负极，则有

$$E(Sn^{2+}/Sn) = E^{\ominus}(Sn^{2+}/Sn) = -0.138V$$

$$E(Pb^{2+}/Pb) = E^{\ominus}(Pb^{2+}/Pb) + \frac{0.0592V}{2}\lg 0.1$$

$$= -0.126V - \frac{0.0592V}{2} = -0.1556V$$

$$E = E_+ - E_-^{\ominus} = -0.1556V - (-0.138V) = -0.0176V < 0$$

反应不能正向自发进行。

（2）已知条件是反应处于标准状态，即 $b(Pb^{2+}) = 1.0mol \cdot kg^{-1}$，$b(Sn^{2+}) = 1.0mol \cdot kg^{-1}$，两电对的电极电势为标准电极电势，

$E^{\ominus}(Sn^{2+}/Sn) = -0.138V$　$E^{\ominus}(Pb^{2+}/Pb) = -0.126V$，则电动势为

$$E^{\ominus} = E_+^{\ominus} - E_-^{\ominus} = -0.126V - (-0.138V) = 0.012V > 0$$

反应可以正向自发进行。

四、电极电势的应用

1. 判断原电池的正、负极

在原电池中，电极电势代数值大的电极为正极，电极电势代数值小的电极为负极。原电

池的电动势等于正极电势与负极电势之差，即 $E=E_+-E_-$ 或 $E^\ominus=E^\ominus_+-E^\ominus_-$。

例题 3-10 判断下述两电极所组成的原电池的正、负极，并计算该电池在 298.15K 时的电动势。

(1) $Zn|Zn^{2+}$ ($0.001mol\cdot kg^{-1}$)

(2) $Zn|Zn^{2+}$ ($1.0mol\cdot kg^{-1}$)

【求电动势，首先确定原电池的正极和负极。如果电极电势的代数值已知，则大的为正极，小的为负极。如果电极电势的代数值是未知的，题中条件是非标准态的，要根据能斯特方程求出对应电极的电极电势，最后再根据数值的大小确定正、负极。】

解：对于 (1) $Zn|Zn^{2+}$ ($0.001mol\cdot kg^{-1}$)，$b(Zn^{2+})=0.001mol\cdot kg^{-1}$，$Zn^{2+}$ 处于非标准状态，该电极的电极电势利用能斯特方程确定，即

$$E_1(Zn^{2+}/Zn)=E^\ominus(Zn^{2+}/Zn)+\frac{0.0592V}{2}\lg[b(Zn^{2+})/b^\ominus]$$

$$=-0.7618V+\frac{0.0592V}{2}\lg(1\times10^{-3})=-0.8506V$$

对于 (2) $Zn|Zn^{2+}$ ($1.0mol\cdot kg^{-1}$)，$b(Zn^{2+})=1.0mol\cdot kg^{-1}$，处于标准状态，所以电极电势为标准电极电势，即 $E_2(Zn^{2+}/Zn)=E^\ominus(Zn^{2+}/Zn)=-0.7618V$

因为 $E_2(Zn^{2+}/Zn)>E_1(Zn^{2+}/Zn)$，所以电极 (1) 为负极，电极 (2) 为正极，其电动势为

$$E=E_+(Zn^{2+}/Zn)-E_-(Zn^{2+}/Zn)=(-0.7618V)-(-0.8506V)=0.089V$$

该例题中，正、负电极的组成相同，仅由于离子浓度不同而产生电流的电池称为浓差电池。类似的浓差电池很多，如 $Pt|H_2(p_1)|H^+(b_1)⋮⋮H^+(b_2)|H_2(p_2)|Pt$。

2. 比较氧化剂与还原剂的相对强弱

在标准状态下，利用标准电极电势的代数值的大小直接进行比较。因为标准电极电势的高低反映了电对中氧化态物质的氧化能力和还原态物质的还原能力的相对强弱。$E^\ominus(Ox/Red)$越高，氧化还原电对中氧化态物质的氧化能力越强，还原剂的还原能力越弱，反之亦然。

例如，已知三个电对的标准电极电势 $E^\ominus(Fe^{3+}/Fe^{2+})=0.771V$，$E^\ominus(Br_2/Br^-)=1.066V$，$E^\ominus(I_2/I^-)=0.5355V$，标准电极电势的高低顺序 $E^\ominus(Br_2/Br^-)>E^\ominus(Fe^{3+}/Fe^{2+})>E^\ominus(I_2/I^-)$，在标准状态下，各电对中氧化态物质的氧化能力的强弱顺序：$Br_2>Fe^{3+}>I_2$；各还原态物质的还原能力顺序：$I^->Fe^{2+}>Br^-$。

若电对处于非标准状态下，先用能斯特方程计算出其电极电势，然后再进行氧化性和还原性相对强弱的比较。

例题 3-11 已知 $E^\ominus(Sn^{2+}/Sn)=-0.138V$，$E^\ominus(Pb^{2+}/Pb)=-0.126V$。若 $b(Pb^{2+})=0.1mol\cdot kg^{-1}$，$b(Sn^{2+})=1.0mol\cdot kg^{-1}$，判断哪个物质氧化能力最强，哪个物质的还原性最强？

解：在标准状态，即 $b(Pb^{2+})=1.0mol\cdot kg^{-1}$，$b(Sn^{2+})=1.0mol\cdot kg^{-1}$，两个电对的电极电势为标准电极电势，

$$E^\ominus(Sn^{2+}/Sn)=-0.138V \qquad E^\ominus(Pb^{2+}/Pb)=-0.126V$$

$$E^\ominus(Pb^{2+}/Pb)=-0.126V>E^\ominus(Sn^{2+}/Sn)=-0.138V$$

此时，两电对中氧化能力最强的是 Pb^{2+}，还原能力最强的是 Sn。

而题中已知条件 $b(Pb^{2+})=0.1mol\cdot kg^{-1}$，$b(Sn^{2+})=1.0mol\cdot kg^{-1}$，可知 Sn^{2+} 处于标

准态，Pb^{2+}处于非标准态，所以有

$$E(Sn^{2+}/Sn)=E^{\ominus}(Sn^{2+}/Sn)=-0.138V$$

$$E(Pb^{2+}/Pb)=E^{\ominus}(Pb^{2+}/Pb)+\frac{0.0592V}{2}\lg 0.1$$

$$=-0.126V-\frac{0.0592V}{2}=-0.1556V$$

$$E(Pb^{2+}/Pb)=-0.1556V<E^{\ominus}(Sn^{2+}/Sn)=-0.138V$$

所以，在两电对中，Sn^{2+}氧化能力最强，Pb 还原能力最强。

3. 判断氧化还原反应的方向

判断氧化还原反应的进行方向，主要根据反应中两个电对的电极电势代数值的相对大小。**电极电势代数值较大的电对中的氧化态与电极电势代数值较小的电对中的还原态可以自发进行反应**，反之则不能自发进行。

例题 3-12 判断在 298.15K 时下列反应自发进行的方向。

$$Zn+Ni^{2+}(0.080mol\cdot kg^{-1}) \rightleftharpoons Zn^{2+}(0.020mol\cdot kg^{-1})+Ni$$

解：首先根据反应确定原电池的正极和负极：在反应中，Zn 失去电子变为Zn^{2+}，发生氧化半反应，为原电池的负极；Ni^{2+}获得电子变为 Ni 单质，发生还原半反应，为原电池的正极。由题中已知条件可知Zn^{2+}与Ni^{2+}均处于非标准状态，所以有

负极：$E(Zn^{2+}/Zn)=E^{\ominus}(Zn^{2+}/Zn)+\frac{0.0592V}{2}\lg[b(Zn^{2+})/b^{\ominus}]$

$$=-0.7618V+\frac{0.0592V}{2}\lg 0.020$$

$$=-0.8121V$$

正极：$E(Ni^{2+}/Ni)=E^{\ominus}(Ni^{2+}/Ni)+\frac{0.0592V}{2}\lg[b(Ni^{2+})/b^{\ominus}]$

$$=-0.257V+\frac{0.0592V}{2}\lg 0.080$$

$$=-0.2895V$$

$$E(Ni^{2+}/Ni)>E(Zn^{2+}/Zn)$$

在两个电对中，Ni^{2+}氧化能力最强，Zn 还原能力最强，Ni^{2+}可以氧化 Zn。由此判断该氧化还原反应可以正向自发进行。

另外，也可以通过电动势的数值大于、等于、小于零给出自发进行的方向。**具体思路为**：首先，根据给定反应确定正、负极，即发生氧化半反应的电极为负极，发生还原半反应的电极为正极；其次，通过能斯特方程计算正、负极的电极电势，并进一步通过正极的电极电势和负极的电极电势得到电动势的数值；最后，根据电动势的数值大于、等于、小于零给出反应进行的方向。

比如上面例题，$Zn+Ni^{2+}(0.080mol\cdot kg^{-1}) \rightleftharpoons Zn^{2+}(0.020mol\cdot kg^{-1})+Ni$，因为正、负极均处于非标准状态，通过能斯特方程式可以获得正、负极电极电势的数值，求原电池的电动势来判断反应方向。

负极的电极电势：$E(Zn^{2+}/Zn)=E^{\ominus}(Zn^{2+}/Zn)+\frac{0.0592V}{2}\lg[b(Zn^{2+})/b^{\ominus}]=-0.8121V$

正极的电极电势：$E(Ni^{2+}/Ni)=E^{\ominus}(Ni^{2+}/Ni)+\frac{0.0592V}{2}\lg[b(Ni^{2+})/b^{\ominus}]=-0.2895V$

原电池电动势：$E=E(Ni^{2+}/Ni)-E(Zn^{2+}/Zn)=(-0.2895V)-(-0.8121V)=0.5226V>0$

计算结果表明，电动势 $E>0$，氧化还原反应可以按给定方向正向进行。

4. 判断氧化还原反应进行的程度

根据公式 $\lg K^{\ominus}=-\frac{\Delta_r G_m^{\ominus}}{2.303RT}$ 和 $\Delta_r G_m^{\ominus}=-zFE^{\ominus}$ 可得 $\lg K^{\ominus}=\frac{zFE^{\ominus}}{2.303RT}$

在 298.15K 时，上式可以化为 $\lg K^{\ominus}=\frac{zE^{\ominus}}{0.0592V}$

由该公式可知，如果已知原电池的标准电动势 $E^{\ominus}$，就可计算此反应的平衡常数 $K^{\ominus}$，从而确定氧化还原反应进行的程度。

例题 3-13 判断反应 $Zn+Cu^{2+}(0.080mol\cdot kg^{-1}) \rightleftharpoons Zn^{2+}(0.020mol\cdot kg^{-1})+Cu$ 在 298.15K 时进行程度。(已知 $E^{\ominus}(Zn^{2+}/Zn)=-0.7618V$，$E^{\ominus}(Cu^{2+}/Cu)=0.3419V$)

【分析：根据已知条件 $b(Zn^{2+})=0.020mol\cdot kg^{-1}$，$b(Cu^{2+})=0.080mol\cdot kg^{-1}$，可以确定该反应处于非标准状态。但题目要求判断反应进行的程度，即计算反应的标准平衡常数 $K^{\ominus}$，只需确定原电池的标准电动势 $E^{\ominus}$ 即可，与电对的非标准电极电势及原电池的非标准电动势无关。】

解：已知 $E^{\ominus}(Cu^{2+}/Cu)=0.3419V$，$E^{\ominus}(Zn^{2+}/Zn)=-0.7618V$，则

$$E^{\ominus}=E_{+}^{\ominus}-E_{-}^{\ominus}=E^{\ominus}(Cu^{2+}/Cu)-E^{\ominus}(Zn^{2+}/Zn)$$
$$=0.3419V-(-0.7996V)=1.1037V$$

将标准电动势代入公式 $\lg K^{\ominus}=\frac{zE^{\ominus}}{0.0592V}$，有

$$\lg K^{\ominus}=\frac{2\times 1.1037V}{0.0592V}=37.29$$
$$K^{\ominus}=1.95\times 10^{37}$$

计算结果表明，标准平衡常数越大，反应进行得越完全。

例题 3-14 利用原电池的电动势求 $K_{sp}^{\ominus}(PbSO_4)$。已知 $E^{\ominus}(Pb^{2+}/Pb)=-0.1262V$ $E^{\ominus}(PbSO_4/Pb)=-0.3588V$。

解：$PbSO_4$ 的沉淀溶解平衡为

$$PbSO_4 \rightleftharpoons Pb^{2+}+SO_4^{-}$$

将其设计成在 298.15K，标准状态下的一个原电池。先将其分解为两个半反应：

正极　$Pb^{2+}+e^{-} \rightleftharpoons Pb$

负极　$Pb+SO_4^{-} \rightleftharpoons PbSO_4+2e^{-}$

电池符号(－)Pb(s)|$PbSO_4$(s)|$SO_4^{-}(b^{\ominus})$ ⋮⋮ $Pb^{2+}(b^{\ominus})$|Pb(s)(＋)，电池标准电动势为

$$E^{\ominus}=E^{\ominus}(Pb^{2+}/Pb)-E^{\ominus}(PbSO_4/Pb)$$
$$=(-0.1262V)-(-0.3588)V=0.2326V$$

$$\lg K^{\ominus}=\frac{zE^{\ominus}}{0.0592V}=\frac{2\times 0.2326V}{0.0592V}=7.858$$
$$K^{\ominus}=7.21\times 10^{7}$$
$$K_{sp}^{\ominus}(PbSO_4)=\frac{1}{K^{\ominus}}=\frac{1}{7.21\times 10^{7}}=1.39\times 10^{-8}$$

答：$PbSO_4$ 的 $K_{sp}^{\ominus}=1.39\times 10^{-8}$。

这是一个利用氧化还原反应的标准平衡常数求其他平衡常数的方法。

该题也可以通过电极电势的能斯特方程式来求，即

$$E^{\ominus}(PbSO_4/Pb)=E^{\ominus}(Pb^{2+}/Pb)+\frac{0.0592V}{2}\lg\frac{b(Pb^{2+})/b^{\ominus}}{1}$$

$$=E^{\ominus}(Pb^{2+}/Pb)+\frac{0.0592V}{2}\lg\left[\frac{K_{sp}^{\ominus}}{b(SO_4^{2-})}b^{\ominus}\right]$$

$$=-0.1262V+\frac{0.0592V}{2}\lg\frac{K_{sp}^{\ominus}}{1}=-0.3588V$$

解得　$K_{sp}^{\ominus}(PbSO_4)=1.39\times10^{-8}$

第三节　电解

1. 电解池

电解池是将电能转化为化学能的装置（针对非自发的氧化还原反应）。

电解池				原电池
发生氧化反应←—阳极←		电子流出的电极		→负极—→发生氧化反应
发生还原反应←—阴极←		电子流入的电极		→正极—→发生还原反应

阳极带正电，溶液中的**负离子移向阳极**，并在其上**给出电子**发生氧化反应。
阴极带负电，溶液中的**正离子移向阴极**，并在其上**获得电子**发生还原反应。｝离子放电

2. 电解产物

电解产物主要是电解质溶液中阴、阳两极离子放电的产物。

在电解质溶液中，除了电解质的正、负离子外，还有 H_2O 解离出来的 OH^- 和 H^+。因此，电解时，两极上一般至少有两种离子可能放电。

影响离子放电因素：标准电极电势、离子的浓度大小、电极材料、电极的表面状况、电流密度等。

盐类水溶液电解时，离子在两极放电的产物是有规律的：

① 在阴极，H^+ 只比电动序中 Al 以前的金属离子（K^+、Ca^{2+}、Na^+、Mg^{2+}、Al^{3+}）易放电。即电解这些金属的盐溶液时，阴极析出氢气；而电解其他金属的盐溶液时，阴极则析出相应的金属。

在阴极（还原）

氧化态	**K^+、Ca^{2+}、Na^+、Mg^{2+}、Al^{3+}**	Mn^{2+}、Zn^{2+}…(H^+)、Cu^{2+}、Hg^{2+}
电极反应	**$2H^++2e^-\longrightarrow H_2$**	$M^{n+}+ne^-\longrightarrow M$

② 在阳极，OH^- 只比含氧酸根易放电，析出氧气；电解卤化物或硫化物时，阳极分别析出卤素或硫；阳极导体是可溶性金属时，金属首先放电，阳极溶解。

在阳极（氧化）

还原态	金属电极	X^-　　S^{2-}	含氧酸根
电极反应	$M-ne^-\longrightarrow M^{n+}$	$2X^--2e^-\longrightarrow X_2$；$S^{2-}-2e^-\longrightarrow S$	$4OH^--4e^-\longrightarrow 2H_2O+O_2$

例如：用金属镍作电极电解 Ni_2SO_4 水溶液。在阳极有 OH^- 和 SO_4^{2-} 可能放电，同时还有可溶解的金属（镍）电极，此时是金属电极溶解（因为金属的电极电势一般比较低）；在阴极有 H^+ 和 Ni^{2+} 可能放电，但 Ni 在金属活动顺序表 Al 后，因此应该是 Ni^{2+} 放电，在阴极析出金属镍。电解池的两极反应：

阳极：　$Ni-2e^- \longrightarrow Ni^{2+}$

阴极：　$Ni^{2+}+2e^- \longrightarrow Ni$

电解总反应是：Ni(阳极)$+Ni^{2+} \longrightarrow$Ni(阴极)$+Ni^{2+}$ ⇒这是电镀的基本原理

3. 分解电压

分解电压是使电解能顺利进行的所需的最小电压。由电解产物在电极上形成某种原电池，产生的反向电动势（理论分解电压）而引起的。实验测得的使电解顺利进行的分解电压为实际分解电压，它高于理论分解电压

第四节　金属的腐蚀与防护

1. 金属腐蚀

金属腐蚀是当金属与周围介质接触时，由于发生化学作用或电化学作用而引起的金属材料性能的退化与破坏。金属腐蚀分为化学腐蚀和电化学腐蚀。

(1) 化学腐蚀

定义：**金属表面**直接与介质中的某些氧化性组分发生氧化还原反应而引起的腐蚀。

腐蚀发生的位置：**金属表面**。

特点：腐蚀介质为非电解质溶液或干燥气体，腐蚀过程无电流产生。

(2) 电化学腐蚀

定义：**金属表面**由于**局部电池**的形成而引起的腐蚀。

腐蚀发生的位置：**金属表面与金属内部**。

特点：腐蚀介质为电解质溶液，腐蚀过程有电流产生。

腐蚀电池为发生腐蚀的原电池。在腐蚀电池中，发生氧化反应的负极称为阳极；发生还原反应的正极称为阴极。阳极发生氧化反应，金属被腐蚀（溶解），即

$$M-ne^- \longrightarrow M^{n+}$$

而阴极反应则有两种情况：

在**酸性较强的介质**中，发生 H^+ 得电子的还原反应：

$$2H^+ +2e^- \longrightarrow H_2$$

由于有氢气析出，称为**析氢腐蚀**。

在**弱酸性或中性介质**中，发生 O_2 得电子的还原反应：

$$O_2+2H_2O+4e^- \longrightarrow 4OH^-$$

此种腐蚀称为**吸氧腐蚀**。

浓差腐蚀是金属吸氧腐蚀的一种形式，是因为金属表面的氧气分布不均匀而引起的。

例题 3-15　用所学知识解释下列现象：把含有一定酚酞指示剂的 NaCl 溶液滴在磨光的

锌片表面，经过一段时间后，就可以看到液滴边缘变成红色。擦去液滴后，发现液滴遮盖的部分发生腐蚀。

答：因为在液滴的边缘空气充足，氧气的浓度较大，而液滴遮盖的部位氧气的浓度小，由氧的电极反应 $O_2+2H_2O+4e^- \longrightarrow 4OH^-$，可知

$$E(O_2/OH^-)=E^{\ominus}(O_2/OH^-)+\frac{RT}{zF}\ln\frac{p(O_2)/p^{\ominus}}{[b(OH^-)/b^{\ominus}]^4}$$

在 $p(O_2)$大的地方，$E(O_2/OH^-)$也大；在 $p(O_2)$小的地方，$E(O_2/OH^-)$也小，于是组成了一个氧的浓差电池，使氧浓度小的地方的金属成为阳极，发生失去电子的反应而被腐蚀，氧浓度大的地方，即液滴周围，成为阴极而发生得电子的反应，产生 OH^-，使酚酞变红。

2. 金属腐蚀的防护

(1) 缓蚀剂法

缓蚀剂是用来阻止或降低金属腐蚀速率的添加剂。根据其化学组成，可分为无机缓蚀剂和有机缓蚀剂两类。

① 无机缓蚀剂　在**中性和碱性介质**中主要采用无机缓蚀剂（分为氧化性缓蚀剂和非氧化性缓蚀剂），在金属的表面形成氧化膜或难溶物。

例题 3-16　为什么氧化性无机缓蚀剂不足会加速腐蚀？

答：因为氧化性无机缓蚀剂加入量不足，不能使金属表面形成完整的钝化膜，有一部分金属以阳极的形式露出，形成大阴极小阳极的吸氧腐蚀电池，因此会加快腐蚀速度。

② 有机缓蚀剂　在**酸性介质**中主要采用有机缓蚀剂。**其缓蚀作用**是由于金属刚开始溶解时表面带负电，能将缓蚀剂的离子或分子吸附在表面上，形成一层难溶的而且腐蚀介质很难透过的保护膜，阻碍 H^+ 放电，从而起到保护金属的作用。

(2) 电化学保护法

① **阴极保护法**　将被保护金属作为腐蚀电池的阴极，可通过两种途径来实现：

一是**牺牲阳极保护法**，即将较活泼的金属或合金连接在被保护金属上，构成原电池，这时较活泼的金属作为腐蚀电池的阳极而被腐蚀，被保护的金属作为阴极而获得保护。此法适用于海轮外壳、海底设备的保护。

二是**外加电流保护法**，即将被保护金属件与另一不溶性辅助件组成宏观电池，被保护金属件连接直流电源负极，通以阴极电子流，以实现阴极保护。此法适用于土壤、海水及河水中的设备的腐蚀保护，尤其是对地下管道、电缆的保护。

② **阳极保护法**　利用外加电源，给被保护的金属通以阳极电流，使其表面生成耐蚀的钝化膜以达到保护目的。**此方法只适用于易钝化金属的保护，在强腐蚀的酸性介质中应用较多。**

知识思维导图

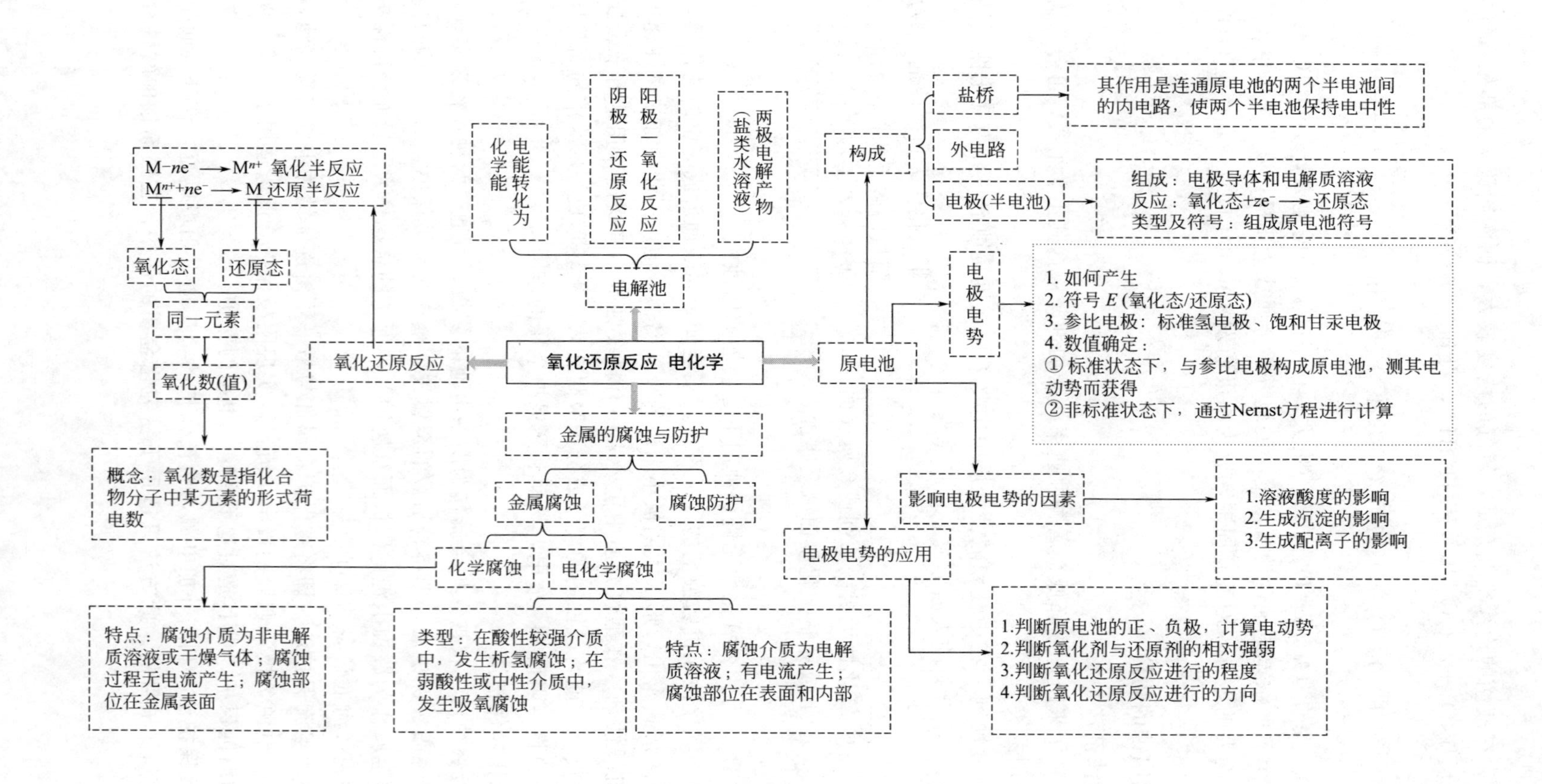

氧化还原反应 电化学
氧化还原反应
M−ne⁻ ⟶ Mⁿ⁺ 氧化半反应
Mⁿ⁺+ne⁻ ⟶ M 还原半反应
氧化态
还原态
同一元素
氧化数(值)
概念：氧化数是指化合物分子中某元素的形式荷电数
电解池
电能转化为化学能
阳极—氧化反应
阴极—还原反应
两极电解产物(盐类水溶液)
金属的腐蚀与防护
金属腐蚀
腐蚀防护
化学腐蚀
电化学腐蚀
特点：腐蚀介质为非电解质溶液或干燥气体；腐蚀过程无电流产生；腐蚀部位在金属表面
类型：在酸性较强介质中，发生析氢腐蚀；在弱酸性或中性介质中，发生吸氧腐蚀
特点：腐蚀介质为电解质溶液；有电流产生；腐蚀部位在表面和内部
原电池
构成
盐桥
其作用是连通原电池的两个半电池间的内电路，使两个半电池保持电中性
外电路
电极(半电池)
组成：电极导体和电解质溶液
反应：氧化态+ze⁻ ⟶ 还原态
类型及符号：组成原电池符号
电极电势
1. 如何产生
2. 符号 E (氧化态/还原态)
3. 参比电极：标准氢电极、饱和甘汞电极
4. 数值确定：
① 标准状态下，与参比电极构成原电池，测其电动势而获得
②非标准状态下，通过Nernst方程进行计算
影响电极电势的因素
1.溶液酸度的影响
2.生成沉淀的影响
3.生成配离子的影响
电极电势的应用
1.判断原电池的正、负极，计算电动势
2.判断氧化剂与还原剂的相对强弱
3.判断氧化还原反应进行的程度
4.判断氧化还原反应进行的方向

自测题及答案

自测题一

一、判断题

（　　）1. 标准电极电势和标准平衡常数一样，都与反应方程式的书写有关。

（　　）2. Cr 元素在 $K_2Cr_2O_7$ 中的氧化数为+6。

（　　）3. 在电池反应中，电动势越小的反应速率越小。

（　　）4. 氧化数均为整数，化合价可为正数也可为负数。

（　　）5. 某原电池的一个电极反应为 $2H_2O = O_2 + 4H^+ + 4e^-$，则这个反应一定发生在负极。

（　　）6. 由于 $E^{\ominus}(Zn^{2+}/Zn) < 0$，因此电解 $ZnCl_2$ 水溶液时，在阴极上得到的总是 H_2。

（　　）7. 为了保护地下的铁制管道，可以采用外加电流法将其与外电源的负极相连。

（　　）8. 在析氢腐蚀中，金属作阳极被腐蚀；而在吸氧腐蚀中，则是作阴极的金属被腐蚀。

（　　）9. 金属铁可置换溶液中的 Cu^{2+} 为金属铜，而金属铜也可与 Fe^{3+} 反应生成 Fe^{2+} 和 Cu^{2+}。

（　　）10. 电极反应：$Pb^{2+}(aq) + 2e^- = Pb(s)$ 和 $\frac{1}{2}Pb^{2+}(aq) + e^- \rightleftharpoons \frac{1}{2}Pb(s)$，当 Pb^{2+} 浓度均为 $1.0 mol \cdot kg^{-1}$ 时，若分别将其与标准氢电极组成原电池，则它们的电动势相同。

（　　）11. 同一金属的析氢腐蚀与吸氧腐蚀的阳极反应是不相同的。

（　　）12. 在原电池中，一定是标准电极电势 $E^{\ominus}$ 低者为负极，进行氧化反应；而 $E^{\ominus}$ 高者为正极，进行还原反应。

（　　）13. 在氧化还原反应中，一定有元素的氧化数发生变化。

（　　）14. 标准平衡常数越大的氧化还原反应，其反应速率越快。

（　　）15. 电对的 E 值越大，说明其氧化态物质的氧化能力越强，其还原态物质的还原能力越弱。

（　　）16. 非标准电极电势与电极反应式的写法有关。

（　　）17. 盐桥中的电解质可以保持两个半电池中的电荷平衡。

（　　）18. 由氧化还原反应组成的原电池的标准电动势大于零，一定可以确定该氧化还原反应的标准平衡常数大于 1。

（　　）19. H_2O_2 的还原性会随着溶液 pH 变小而增强。

（　　）20. 在 O_2 中，O 的氧化数和化合价均为 2。

二、选择题

1. 以惰性电极电解一段时间，pH 值增大的溶液是（　　）

A. HCl　　B. H_2SO_4　　C. $CuSO_4$　　D. Na_2SO_4

2. 以电对 IO_3^-/I_2 与 Fe^{3+}/Fe^{2+} 组成原电池，已知 $E(IO_3^-/I_2) > E(Fe^{3+}/Fe^{2+})$，则电池反应产物为（　　）

A. IO_3^- 和 Fe^{2+}　　B. I_2 和 Fe^{3+}　　C. I_2 和 Fe^{2+}　　D. IO_3^- 和 Fe^{3+}

3. 氧化还原电对中当还原性物质生成沉淀时，电极电势（　　）

A. 增大　　B. 减小　　C. 不变　　D. 不确定

4. 已知 $K_{sp}^{\ominus}(AgCl) > K_{sp}^{\ominus}(AgBr) > K_{sp}^{\ominus}(AgI)$，则以下电对标准电极电势最小的是（　　）

A. Ag^+/Ag　　B. $AgCl/Ag$　　C. $AgBr/Ag$　　D. AgI/Ag

5. 把氧化还原反应 $Zn + 2Ag^+ = 2Ag + Zn^{2+}$ 组成原电池，欲使原电池电动势增大，可采取的措施是（　　）

A. 增加 Ag^+ 浓度　　B. 减少 Ag^+ 浓度　　C. 增加 Zn^{2+} 浓度　　D. 增大银电极表面积

6. $E^{\ominus}(Cl_2/Cl^-) = 1.36V$，$E^{\ominus}(Cu^{2+}/Cu) = 0.34V$，则反应 $Cu^{2+}(aq) + 2Cl^-(aq) = Cu(s) + Cl_2(g)$ 的 $E^{\ominus}$ 值是（　　）

A. $-2.38V$　　B. $-1.70V$　　C. $-1.02V$　　D. $+1.70V$

7. 下列有关电对 Cl_2/Cl^- 的电极电势 E 的叙述中，正确的是（　　）

A. 减小 Cl_2 的分压，E 增大　　B. Cl^- 的浓度增大，E 减小

C. H^+ 的浓度增大，E 减小　　D. 温度升高，E 减少

8. 已知 $K_{sp}^{\ominus}(AgCl) = 1.77 \times 10^{-10}$，$K_{sp}^{\ominus}(AgBr) = 5.35 \times 10^{-13}$，$K_{稳}^{\ominus}([Ag(NH_3)_2]^+) = 1.12 \times 10^7$，在下列电对中，标准电极电势值最小的电对是（　　）

A. $AgCl/Ag$　　B. $AgBr/Ag$

C. $[Ag(NH_3)_2]^+/Ag$　　D. Ag^+/Ag

9. 将下列反应中的有关离子浓度均增加一倍，使对应的电极电势 E 值减少的是（　　）

A. $2H^+ + 2e^- \longrightarrow H_2$　　B. $Zn - 2e^- \longrightarrow Zn^{2+}$

C. $Br_2 + 2e^- \longrightarrow 2Br^-$　　D. $Sn^{4+} + 2e^- \longrightarrow Sn^{2+}$

10. 电极电势与 pH 无关的电对是（　　）

A. H_2O_2/H_2O　　B. IO_3^-/I^-　　C. MnO_2/Mn^{2+}　　D. MnO_4^-/MnO_4^{2-}

11. 电解 $ZnSO_4$ 溶液，若两极均用锌电极，则两极电解产物是（　　）

A. Zn^{2+} 和 H_2　　B. Zn^{2+} 和 Zn　　C. O_2 和 Zn　　D. O_2 和 H_2

12. 金属表面因氧气分布不均匀而被腐蚀，称为吸氧腐蚀，此时金属溶解处是（　　）

A. 氧气浓度较大的部位　　B. 凡是有氧气的部位

C. 氧气浓度较小的部位　　D. 以上均正确

13. 如果 $E(MnO_4^-/Mn^{2+}) > E(Fe^{3+}/Fe^{2+})$，在此条件下由电对 MnO_4^-/Mn^{2+} 与 Fe^{3+}/Fe^{2+} 组成原电池，则电池反应产物为（　　）

A. MnO_4^- 和 Fe^{2+}　B. MnO_4^- 和 Fe^{3+}　　C. Mn^{2+} 和 Fe^{2+}　　D. Mn^{2+} 和 Fe^{3+}

14. 对于电极反应 $O_2 + 4H^+ + 4e^- \rightleftharpoons 2H_2O$ 来说，当 $p(O_2) = 100kPa$ 时，酸度对电极电势影响的关系式是（　　）

A. $E = E^{\ominus} + 0.0592\ pH$　　B. $E = E^{\ominus} - 0.0592\ pH$

C. $E = E^{\ominus} + 0.0148\ pH$　　D. $E = E^{\ominus} - 0.0148\ pH$

15. 已知 $Fe^{3+} + e^- = Fe^{2+}$，$E^{\ominus} = 0.770V$，测定一个 Fe^{3+}/Fe^{2+} 电极电势 $E = 0.750V$，则溶液中必定是（　　）

A. $b(Fe^{3+}) < 1$　　B. $b(Fe^{2+}) < 1$

C. $b(Fe^{3+})/b(Fe^{2+}) < 1$　　D. $b(Fe^{2+})/b(Fe^{3+}) < 1$

16. 将氢电极 $[p(H_2) = p^{\ominus}]$ 插入 $0.1mol \cdot kg^{-1}$ 的 $HAc(K_a^{\ominus} = 1.75 \times 10^{-5})$ 溶液中，

则其电极电势 $E(H^+/H_2)$ 为（　　）

A. 0V　　B. −0.1704V　　C. 0.1704V　　D. −0.0852V

17. 反应 $4Al+3O_2+6H_2O=4Al(OH)_3$，$\Delta_r G_m^\ominus=-zFE^\ominus$ 中的 z 为（　　）

A. 2　　B. 3　　C. 4　　D. 12

18. 对于 Zn^{2+}/Zn 电对，增加 Zn^{2+} 浓度，则其标准电极电势将（　　）

A. 增大　　B. 减小　　C. 不变　　D. 不一定

19. 298.15K 时，反应 $3A^{2+}+2B(s)\rightleftharpoons 3A(s)+2B^{3+}$ 在标准状态时电动势为 1.8V，在某浓度时，反应的电动势为 $E=1.6V$，此时反应的 $\lg K^\ominus$ 为（　　）

A. $\frac{6\times1.6}{0.0592}$　　B. $\frac{6\times1.8}{0.0592}$　　C. $\frac{3\times1.6}{0.0592}$　　D. $\frac{3\times1.8}{0.0592}$

20. 下列关于电极电势的叙述正确的是（　　）

A. 电极电势代数值越大，其氧化态越易得电子，还原性越强（发生氧化反应）

B. 电极电势代数值越大，其氧化态越易得电子，氧化性越强（发生还原反应）

C. 电极电势代数值越小，其氧化态越易得电子，还原性越强（发生氧化反应）

D. 电极电势代数值越小，其还原态越易失电子，还原性越强（发生还原反应）

21. 下列有关金属腐蚀与防护的说法正确的是（　　）

A. 纯银器表面在空气中因电化学腐蚀渐渐变暗

B. 当镀锡铁制品的镀层破损时，镶层仍能对铁制品起保护作用

C. 在海轮外壳连接锌块保护外壳不受腐蚀是采用了牺牲阳极的阴极保护法

D. 可将地下输油钢管与外加直流电源的正极相连以保护它不受腐蚀

22. 下列叙述正确的是（　　）

A. 在原电池的负极和电解池的阴极上都发生失电子的氧化反应

B. 用惰性电极电解 Na_2SO_4 溶液，阴阳两极产物的物质的量之比为 1∶2

C. 用惰性电极电解饱和 NaCl 溶液，若 1mol 电子转移，则生成 1mol NaOH

D. 镀层破损后，镀锡铁板比镀锌铁板更耐腐蚀

23. 以惰性电极电解 $CuSO_4$ 溶液，若阳极析出气体 0.01mol，则阴极上析出 Cu 为（　　）

A. 0.64g　　B. 1.28g　　C. 2.56g　　D. 5.12g

24. 锌-锰碱性电池的电池总反应式为 $Zn(s)+2MnO_2(s)+H_2O(l)=Zn(OH)_2(s)+Mn_2O_3(s)$，下列说法错误的是（　　）

A. 电池工作时，锌失去电子

B. 电池正极的电极反应式为：$2MnO_2(s)+H_2O(l)+2e^-=Mn_2O_3(s)+2OH^-(aq)$

C. 电池工作时，电子由正极通过外电路流向负极

D. 外电路中每通过 0.2mol 电子，锌的质量理论上减小 6.5g

25. 通常配制 $FeSO_4$ 溶液时加入少量铁钉，其原因与下列无关的是（　　）

A. $O_2+4H^++4e^-\longrightarrow 2H_2O$　　B. $Fe^{3+}+e^-\longrightarrow Fe^{2+}$

C. $Fe+2Fe^{3+}\longrightarrow 3Fe^{2+}$　　D. $Fe^{3+}+3e^-\longrightarrow Fe$

三、填空题

1. 已知下列反应组成原电池的电动势：

(1) $A(s)+B^{2+}(aq)=A^{2+}(aq)+B(s)$，$E_1^\ominus>0$；

(2) $A(s)+C^{2+}(aq)=A^{2+}(aq)+C(s)$，$E_2^\ominus>0$；且 $E_2^\ominus>E_1^\ominus$。

在标准态下对于反应 $C(s)+B^{2+}(aq)=C^{2+}(aq)+B(s)$，反应方向是：＿＿＿＿＿＿。

2. 已知电极反应 $Sn^{2+}+2e^-\longrightarrow Sn$ 的标准电极电势为 −0.137V，则电极反应 2Sn−

$4e^- \longrightarrow 2Sn^{2+}$的标准电极电势应为：____________。

3. 已知$E(Cl_2/Cl^-)>E(Fe^{3+}/Fe^{2+})$，若组成原电池，正极反应____________，负极反应____________，原电池反应____________，电池符号____________。

4. 已知下列反应的$E^\ominus$都大于零，$Ni+2Cu^{2+} \rightleftharpoons Ni^{2+}+2Cu^+$，$Zn+Ni^{2+} \rightleftharpoons Zn^{2+}+Ni$，则可推断在标准条件下，其中最强还原剂是__________；最强氧化剂是__________；Zn^{2+}和Cu^+之间的反应是____________（自发的、非自发的或不可判断）。

5. 已知电极反应$NO_3^-+3e^-+4H^+ \rightleftharpoons NO+2H_2O$的$E^\ominus(NO_3^-/NO)=0.96V$，当$b(NO_3^-)=1.0mol \cdot kg^{-1}$，$p(NO)=100kPa$时的中性溶液中该电对的电极电势为________。

6. 电极电势主要取决于__________；主要影响因素有__________和__________；它们之间的关系可用______________表示。

7. 电池电动势是在________的条件下测定的，因此电池电动势是指电池正负极之间的平衡电势差。

8. 电解熔融$MgCl_2$，阳极用石墨，阴极用铁，则两极的电解产物分别是____________；电解$MgCl_2$水溶液，阳极用石墨，阴极用铁，则两极的电解产物分别是____________。

9. 对于下列反应：$3A+2B^{3+} \longrightarrow 3A^{2+}+2B$，达平衡时，$b(B^{3+})=2.0\times10^{-2}mol \cdot kg^{-1}$；$b(A^{2+})=5.00\times10^{-3}mol \cdot kg^{-1}$，计算反应的标准平衡常数为________________，标准电动势$E^\ominus$为______________；反应的$\Delta_r G_m^\ominus$______________$kJ \cdot mol^{-1}$。

10. 向红色$[Fe(SCN)]^{2+}$的溶液中加入Sn^{2+}后溶液变为无色，其原因____________________________。

四、简答题

1. 原电池由哪些部分组成？试分别说明每一部分作用。

2. 将下列反应组装成原电池。(1) 写出电池符号；(2) 写出正负极反应。

(1) $Al+3NiCl_2 = 2AlCl_3+3Ni$

(2) $CoCl_3+FeCl_2 = CoCl_2+FeCl_3$

(3) $PbCl_2+2KI = PbI_2+2KCl$

3. 制印刷电路底板，常用$FeCl_3$溶液刻蚀铜箔，写出反应方程式，判断Fe^{3+}和Cu^{2+}氧化能力强弱。

4. 通常大气腐蚀主要是析氢腐蚀还是吸氧腐蚀？写出腐蚀电池的电极反应。

五、计算题

1. 已知：$E^\ominus(I_2/I^-)=0.5355V$，$E^\ominus(Cr_2O_7^{2-}/Cr^{3+})=1.232V$。原电池符号为

$(-)Pt|Cr^{3+}(1.0mol \cdot kg^{-1}),Cr_2O_7^{2-}(0.1mol \cdot kg^{-1}),H^+(0.1mol \cdot kg^{-1}) \vdots\vdots I^-(0.1mol \cdot kg^{-1})|I_2|Pt(+)$。

写出原电池正负极反应，电池反应，并计算原电池的电动势。

2. 在298K时，$E^\ominus(Fe^{3+}/Fe^{2+})=0.771V$，$E^\ominus(I_2/I^-)=0.5355V$，当$b(Fe^{3+})=b(I^-)=1.0\times10^{-4}mol \cdot kg^{-1}$，$b(Fe^{2+})=1.0mol \cdot kg^{-1}$时，将以上两电极组成原电池，(1) 求$E(Fe^{3+}/Fe^{2+})$和$E(I_2/I^-)$；(2) 写出原电池符号和电池反应式；(3) 计算原电池的电动势E；(4) 计算电池反应$\lg K^\ominus$值；(5) 计算$\Delta_r G_m$。($F=96500C \cdot mol^{-1}$)

3. 在实验室可以采取MnO_2和盐酸反应的方法制取Cl_2，方程式如下

$$MnO_2+4HCl = MnCl_2+2Cl_2+2H_2O$$

计算：(1) 标准状态下，该反应能否进行？

(2) 若使用浓盐酸($12mol \cdot kg^{-1}$)，其他物质都处于标准状态，该反应能否进行？

已知：$E^{\ominus}(MnO_2/Mn^{2+})=1.224V$，$E^{\ominus}(Cl_2/Cl^-)=1.358V$

4.已知电池反应 $2H^+ + 2Fe^{2+} = H_2 + 2Fe^{3+}$，其中 H^+ 浓度为 $0.2mol \cdot kg^{-1}$，Fe^{2+} 为 $0.1mol \cdot kg^{-1}$，Fe^{3+} 为 $0.3mol \cdot kg^{-1}$，H_2 分压为 100kPa，$E^{\ominus}(Fe^{3+}/Fe^{2+})=0.771V$。(1) 写出原电池符号，电极反应；(2) 在 298K 下判断反应进行方向；(3) 在 298K 下判断反应进行程度。

5. 计算 $H_3AsO_4 + 2H^+ + 2I^- = H_3AsO_3 + I_2 + H_2O$ 自发进行的酸度条件，$E^{\ominus}(H_3AsO_4/H_3AsO_3)=0.559V$，$E^{\ominus}(I_2/I^-)=0.535V$。

6.根据下列反应：$H_2 + 2AgCl = 2H^+ + 2Cl^- + 2Ag$ 及其热力学常数，计算 $E^{\ominus}(Ag^+/Ag)$。已知该反应在 25℃时的 $\Delta_r H_m^{\ominus} = -80.80kJ \cdot mol^{-1}$，$\Delta_r S_m^{\ominus} = -127.20J \cdot K^{-1} \cdot mol^{-1}$，$F=96485C \cdot mol^{-1}$，$K_{sp}^{\ominus}(AgCl)=1.77 \times 10^{-10}$。

自测题一答案

一、判断题

1. ×；2. √；3. ×；4. ×；5. ×；6. ×；7. √；8. ×；9. √；10. √；11. ×；12. ×；13. √；14. ×；15. √；16. ×；17. √；18. √；19. ×；20. ×

二、选择题

1. A；2. B；3. A；4. D；5. A；6. C；7. B；8. B；9. C；10. D；11. B；12. C；13. D；14. B；15. C；16. B；17. D；18. C；19. B；20. B；21. C；22. C；23. B；24. C；25. D

三、填空题

1.逆向自发进行

2. $-0.137V$

3. $Cl_2 + 2e^- = 2Cl^-$；$Fe^{2+} - e^- = Fe^{3+}$；$Cl_2 + 2Fe^{2+} = 2Cl^- + 2Fe^{3+}$；

$(-)Pt|Fe^{3+}(b_1), Fe^{2+}(b_2) \vdots\vdots Cl^-(b_3)|Cl_2(p)|Pt(+)$

4. Zn；Cu^{2+}；非自发的

5. 0.41V

6.电极本性；温度；浓度；能斯特方程

7.电流强度趋近于零

8. Mg 和 Cl_2；H_2 和 Cl_2

9. 3.12×10^{-4}；$-0.0346V$；20.0

10. $[Fe(SCN)]^{2+}$ 中的 Fe^{3+} 被还原为 Fe^{2+}，Fe^{2+} 与 SCN^- 不显色

四、简答题

1.答：原电池由正极、负极、盐桥和导线组成。在原电池中，正极得电子，发生还原半反应；负极失电子，发生氧化半反应；盐桥是含有饱和氯化钾琼脂的 U 形管，通过离子扩散来保持电解质溶液的电中性，消除电极反应的过剩电荷的阻力，导通电流；导线连接正、负极，导通电流，确保反应持续进行。

2.答：(1) $(-)Al|Al^{3+}(b_1) \vdots\vdots Ni^{2+}(b_2)|Ni(+)$

$(+)Ni^{2+} + 2e^- \rightleftharpoons Ni$

$(-)Al - 3e^- \rightleftharpoons Al^{3+}$

(2) $(-)Pt|Fe^{3+}(b_1), Fe^{2+}(b_2) \vdots\vdots Co^{3+}(b_3), Co^{2+}(b_4)|Pt(+)$

$(+)Co^{3+} + e^- \rightleftharpoons Co^{2+}$

$(-)Fe^{2+} - e^- \rightleftharpoons Fe^{3+}$

(3) $(-)Pb|PbI_2|I^-(b_1)$ ⋮⋮ $Pb^{2+}(b_2)|Pb(+)$

$(+)Pb^{2+}+2e^- \rightleftharpoons Pb$

$(-)Pb+2I^- -2e^- \rightleftharpoons PbI_2$

3. 答：$2Fe^{3+}+Cu \rightleftharpoons 2Fe^{2+}+Cu^{2+}$

由于反应向右自发进行，因此 $E(Fe^{3+}/Fe^{2+})$ 大于 $E(Cu^{2+}/Cu)$，所以 Fe^{3+} 氧化性强于 Cu^{2+}。

4. 答：大气腐蚀主要是吸氧腐蚀，吸氧腐蚀电极反应：

阴极：$O_2+2H_2O+4e^- \rightleftharpoons 4OH^-$

阳极：$Fe-2e^- \rightleftharpoons Fe^{2+}$

五、计算题

1. 解：正极：$I_2+2e^- \rightleftharpoons 2I^-$

负极：$2Cr^{3+}+7H_2O-6e^- \rightleftharpoons Cr_2O_7^{2-}+14H^+$

电池反应：$3I_2+2Cr^{3+}+7H_2O \rightleftharpoons 6I^-+Cr_2O_7^{2-}+14H^+$

$$E=E^{\ominus}-\frac{0.0592V}{6}\lg\frac{b(I^-)^6 b(Cr_2O_7^{2-})b(H^+)^{14}}{b(Cr^{3+})^2(b^{\ominus})^{19}}$$

$$=(0.5355-1.232)V-\frac{0.0592V}{6}\lg(0.1^{21})=-0.4893V$$

2. 解：

(1) $E(Fe^{3+}/Fe^{2+})=E^{\ominus}(Fe^{3+}/Fe^{2+})+\frac{0.0592V}{1}\lg\frac{b(Fe^{3+})}{b(Fe^{2+})}=(0.771-0.0592\times4)V=0.5342V$

$$E(I_2/I^-)=E^{\ominus}(I_2/I^-)+\frac{0.0592V}{2}\lg\frac{b(I_2)}{b^2(I^-)}=(0.5355+0.0592\times4)V=0.7723V$$

(2) 因为 $E(I_2/I^-)$ 大于 $E(Fe^{3+}/Fe^{2+})$，所以此原电池 $E(I_2/I^-)$ 为正极，$E(Fe^{3+}/Fe^{2+})$ 为负极。

原电池符号：

$(-)Pt|Fe^{2+}(b^{\ominus}),Fe^{3+}(1.00\times10^{-4}mol\cdot kg^{-1})$ ⋮⋮ $I^-(1.0\times10^{-4}mol\cdot kg^{-1})|I_2|Pt(+)$

电池反应：$I_2+2Fe^{2+} \rightleftharpoons 2Fe^{3+}+2I$

(3) 原电池的电动势；$E_{池}=E_+-E_-=(0.7723-0.5342)\ V=0.2381V$

(4) 计算电池反应 $\lg K^{\ominus}$ 值：

$$\lg K^{\ominus}=\frac{z[E^{\ominus}(I_2/I)-E^{\ominus}(Fe^{3+}/Fe^{2+})]}{0.0592V}=\frac{2\times(0.5355-0.771)}{0.0592}=-7.96$$

(5) $\Delta_r G_m=-zFE=(-2\times96.5\times0.2381)kJ\cdot mol^{-1}=-45.95kJ\cdot mol^{-1}$

3. 解：(1) $E^{\ominus}=1.224V-1.358V=-0.134V$，小于零，标准状态下此反应不能自发进行。

(2) $$E=E^{\ominus}-\frac{0.0592V}{2}\lg\frac{(b^{\ominus})^6}{b^4(H^+)b^2(Cl^-)}$$

$$=-0.134V-\frac{0.0592V}{2}\lg\frac{1}{(12)^4(12)^2}$$

$$=0.058V$$

此条件下电动势大于零，反应自发进行。

4. 解：(1) $(-)Pt|Fe^{3+}(0.3mol\cdot kg^{-1}), Fe^{2+}(0.1mol\cdot kg^{-1}) \vdots\vdots H^{+}(0.2mol\cdot kg^{-1})|$ $H_2(100kPa)|Pt(+)$

$(+) 2H^{+} + 2e^{-} = H_2$

$(-) Fe^{2+} - e^{-} = Fe^{3+}$

(2) $$E = E^{\ominus} - \frac{0.0592V}{2}\lg\frac{[b(Fe^{3+})/b^{\ominus}]^2(p_{H_2}/p^{\ominus})}{[b(H^{+})/b^{\ominus}]^2[b(Fe^{+})/b^{\ominus}]^2}$$

$$= -0.771V - \frac{0.0592V}{2}\lg\frac{(0.3)^2}{(0.2)^2\times(0.1)^2}$$

$$= -0.84V$$

电动势小于零，反应正向非自发。

(3) $E^{\ominus} = E^{\ominus}(H^{+}/H_2) - E^{\ominus}(Fe^{3+}/Fe^{2+}) = -0.771V$

$\lg K^{\ominus} = 2\times(-0.771V)/0.0592V = -26.05$

$K^{\ominus} = 8.91\times10^{-27}$

5. 解：$E = E^{\ominus} - \frac{0.0592V}{2}\lg[1/b(H^{+})^2] = (0.559 - 0.535)V - \frac{0.0592V}{2}\lg[1/b(H^{+})^2] > 0$

求得 $b(H^{+}) > 0.393mol\cdot kg^{-1}$

6. 解：$\Delta_r G_m^{\ominus} = \Delta_r H_m^{\ominus} - T\Delta_r S_m^{\ominus} = -42.89kJ\cdot mol^{-1}$

$E^{\ominus} = -\Delta_r G_m^{\ominus}/zF = [-42.89\times10^3/(2\times96485)]V = 0.2223V$

$E_{+}^{\ominus}(AgCl/Ag) = E^{\ominus} + E_{-}^{\ominus} = (0.2223 + 0)V = 0.2223V$

$E_{+}^{\ominus}(AgCl/Ag) = E^{\ominus}(Ag^{+}/Ag) + 0.0592V\lg[b(Ag^{+})/b^{\ominus}]$

标准条件下 $\frac{b(Cl^{-})}{b^{\ominus}(Cl^{-})} = 1$，$K_{sp}^{\ominus}(AgCl) = \frac{b(Cl^{-})}{b^{\ominus}(Cl^{-})}\times\frac{b(Ag^{+})}{b^{\ominus}(Ag^{+})} = 1.77\times10^{-10}$

$b(Ag^{+}) = 1.77\times10^{-10} mol\cdot kg^{-1}$

$E^{\ominus}(Ag^{+}/Ag) = E_{+}^{\ominus}(AgCl/Ag) - 0.0592V\lg(1.77\times10^{-10}) = 0.7996V$

自测题二

一、判断题

(　　) 1. 元素的氧化数就是化合价，可以描述原子的带电状态。

(　　) 2. 原电池工作的过程中，电池的电动势不变。

(　　) 3. 对于原电池 $(-)Cu|Cu^{2+}(b_1) \vdots\vdots Cu^{2+}(b_2)|Cu(+)$，由于正极和负极氧化还原电对相同，不会产生电流。

(　　) 4. 钢铁制件在大气中的腐蚀主要是吸氧腐蚀而不是析氢腐蚀。

(　　) 5. 原电池中，电子由负极经导线流到正极，再由正极经溶液到负极，从而构成了回路。

(　　) 6. 在析氢腐蚀中，阳极有氢气析出，作为阴极的金属被腐蚀。

(　　) 7. 由 Hg、糊状 Hg_2Cl_2 及 KCl 饱和溶液所组成的饱和甘汞电极，其电极电势 $E = 0.2415V$，如果增加 $Hg_2Cl_2(s)$ 的量，则其电极电势增大。

(　　) 8. 因金属表面的氧气分布不均匀而引起的腐蚀称为浓差腐蚀，此时腐蚀的金属是在氧气浓度较小的部位。

(　　) 9. 电对的电极电势越大，电对中的氧化性物质得到电子的能力就越强。

(　　) 10. 已知某电池反应 $A+\frac{1}{2}B^{2+}=A^{+}+\frac{1}{2}B$，当该反应式改写为 $2A+B^{2+}=2A^{+}+B$ 时，反应的 $E^{\ominus}$ 值不变，$\Delta_r G_m^{\ominus}$ 值也不变。

(　　) 11. 在氧化还原反应中，两个电对的 E 相差越大，则反应速率越快。

(　　) 12. 能斯特方程式是确定非标准状态下，298.15K 时氧化数发生变化的物质的浓度对电极电势的影响。

(　　) 13. 根据已知自发进行方向的氧化还原方程式，算出的电池电动势一定为正值。

(　　) 14. 在一定温度下，电对 O_2/H_2O_2 的电极电势只与 O_2 相对分压有关。

(　　) 15. 氧化还原反应均可以组装成原电池。

(　　) 16. 电极电势产生的原因是在金属表面与靠近的溶液之间形成双电层结构。

(　　) 17. 在原电池中，标准电极电势代数值大的为正极，标准电极电势代数值小的为负极。

(　　) 18. 阴极保护法是将被保护的金属作为腐蚀电池的阴极，阳极保护法则是将被保护的金属与外加电源的阳极相连接。

(　　) 19. 无机缓蚀剂是通过在金属表面形成钝化膜，将金属与腐蚀介质分开来减缓腐蚀。

(　　) 20. 化学腐蚀与电化学腐蚀的共同特点是有电流产生。

二、选择题

1. 已知 $E^{\ominus}(Cu^{2+}/Cu)>E^{\ominus}(Zn^{2}/Zn)$，$Cu^{2+}+Zn \rightleftharpoons Cu+Zn^{2+}$ 下列说法正确的是（　　）

A. 此反应一定正向自发　　B. Cu^{2+} 氧化性强于 Zn^{2+}

C. 此反应一定逆向自发　　D. Cu^{2+} 氧化性不一定强于 Zn^{2+}

2. 下列关于电化学腐蚀与防护的说法中错误的是（　　）

A. 同一金属的析氢腐蚀与吸氧腐蚀的阳极反应是相同的

B. 海轮外壳可以采用与镁合金相接触的牺牲阳极保护法

C. 浓差腐蚀中，腐蚀发生在溶解氧浓度小的部位

D. 为防止地下金属管道的腐蚀，可以采用与直流电源正极相连接的办法

3. 某电池反应 $A+B^{2+} \rightleftharpoons A^{2+}+B$ 的平衡常数为 10^4，则该电池在 298K 时的标准电动势为（　　）

A. 0.118V　　B. −0.24V　　C. 0.108V　　D. 0.24V

4. 已知标准氯电极的电势为 1.358V。当氯离子浓度减少到 $0.1mol\cdot kg^{-1}$，氯气分压为 100kPa 时，该电极的电极电势应为（　　）

A. 1.358V　　B. 1.3284V　　C. 1.3876V　　D. 1.4172V

5. 将有关离子浓度增大为原来的 2 倍，电极电势值保持不变的电极反应是（　　）

A. $MnO_4^-+8H^++5e^- \rightleftharpoons Mn^{2+}+4H_2O$

B. $Fe^{3+}+e^- \rightleftharpoons Fe^{2+}$

C. $Cl_2+2e^- \rightleftharpoons 2Cl^-$

D. $Zn^{2+}+2e^- \rightleftharpoons Zn$

6. 某浓差电池由两个氢电极组成，两个氢电极中 H_2 的分压相同，但 H^+ 离子浓度不

同，则该浓差电池的电动势（　　）

A. $E^{\ominus}=0$，$E\neq 0$　　B. $E^{\ominus}=0$，$E=0$

C. $E^{\ominus}\neq 0$，$E=0$　　D. $E^{\ominus}\neq 0$，$E\neq 0$

7. 在标准状态下，下列不能被 $1.0mol\cdot kg^{-1}$ $K_2Cr_2O_7$ 氧化的物质是（　　）

已知：$E^{\ominus}(Fe^{3+}/Fe^{2+})=0.77V$；$E^{\ominus}(I_2/I^-)=0.54V$；$E^{\ominus}(Cl_2/Cl^-)=1.36V$；

$E^{\ominus}(Sn^{4+}/Sn^{2+})=0.15V$；$E^{\ominus}(Cr_2O_7^{2-}/Cr^{3+})=1.23V$

A. Fe^{2+}　　B. Sn^{2+}　　C. Cl^-　　D. I^-

8. 已知下列反应组成原电池的电动势：

(1) $A(s)+B^{2+}(aq)=A^{2+}(aq)+B(s)$，$E_1^{\ominus}>0$；

(2) $A(s)+C^{2+}(aq)=A^{2+}(aq)+C(s)$，$E_2^{\ominus}>0$；且 $E_2^{\ominus}>E_1^{\ominus}$。

在标准态下对于反应 $C(s)+B^{2+}(aq)=C^{2+}(aq)+B(s)$，下列说法正确的是（　　）

A. 正向自发进行　　B. 逆向自发进行　　C. 处于平衡状态　　D. 无法判断

9. 已知 $E^{\ominus}(I_2/I^-)=0.54V$，$E^{\ominus}(Fe^{3+}/Fe^{2+})=0.77V$，则不能共存于同一溶液的是（　　）

A. I_2 和 Fe^{2+}　　B. I^- 和 Fe^{3+}　　C. I_2 和 I^-　　D. Fe^{2+} 和 Fe^{3+}

10. 原电池符号为：$(-)Zn|ZnSO_4(b_1)\,\vdots\vdots\,Fe_2(SO_4)_3(b_2)$，$FeSO_4(b_3)|Pt(+)$，若加氨水于锌电极溶液中，使 Zn^{2+} 生成锌氨配离子 $[Zn(NH_3)_4]^{2+}$，这时电池电动势将（　　）

A. 增大　　B. 减小　　C. 不变　　D. 不能确定

11. 溶液中 $b(H^+)$ 增加时，电极电势不发生变化的是（　　）

A. NO_3^-/HNO_2　　B. SO_4^{2-}/H_2SO_3

C. $Fe(OH)_2/Fe(OH)_3$　　D. MnO_4^-/MnO_4^{2-}

12. 已知 $Ag^+ + e^- \rightleftharpoons Ag$，$E^{\ominus}(Ag^+/Ag)=0.7996V$，$K_{sp}^{\ominus}(AgBr)=5.35\times10^{-13}$，则电对 AgBr/Ag 的标准电极电势为（　　）

A. 0.7996V　　B. 0.2223V　　C. 0.0731V　　D. −0.1521V

13. 下列关于金属腐蚀的叙述不正确的是（　　）

A. 将白铁（镀锌）和马口铁（镀锡）的断面放入稀盐酸中，发生电化学腐蚀时阳极反应是不同的

B. 将 NaCl 溶液滴在抛光的金属锌表面，经过一定时间后，发生腐蚀的区域只是位于液滴的边缘

C. 将被保护金属与外加直流电源的负极相连的防腐方法属于阴极保护法

D. 铝合金、镁合金和锌合金常被用来做牺牲阳极材料

14. 将 KI、$NH_3\cdot H_2O$、$Na_2S_2O_3$ 和 Na_2S 溶液分别与 $AgNO_3$ 溶液混合，已知 $K_{sp}^{\ominus}(AgI)=8.52\times10^{-17}$，$K_{sp}^{\ominus}(Ag_2S)=6.3\times10^{-50}$，$K_{稳}^{\ominus}([Ag(NH_3)_2]^+)=1.1\times10^7$，$K_{稳}^{\ominus}([Ag(S_2O_3)_2]^{3-})=2.9\times10^{13}$，在标准状态下，当下列哪种物质存在时，$Ag^+$ 的氧化能力最强的是（　　）

A. KI　　B. $NH_3\cdot H_2O$　　C. $Na_2S_2O_3$　　D. Na_2S

15. 已知电极反应 $ClO_3^- + 6H^+ + 6e^- = Cl^- + 3H_2O$ 的 $\Delta_r G_m^{\ominus}=-839.6kJ\cdot mol^{-1}$，则 $E^{\ominus}(ClO_3^-/Cl^-)$ 值为（　　）

A. 1.45V　　B. 0.73V　　C. 2.90V　　D. −1.45V

16. 将下列反应设计成原电池时，不用惰性电极的是（　　）

A. $2Fe^{3+}+Cu = Fe^{2+}+Cu^{2+}$　　B. $2Hg^{2+}+Sn^{2+} = Hg_2{}^{2+}+Sn^{4+}$

C. $Ag^{+}+Cl^{-} = AgCl$　　D. $H_2+Cl_2 = 2HCl$

17. 有一原电池由两个氢电极组成，其中一个为标准氢电极，为了得到最大电动势，另外一个电极浸入的酸性溶液应为（　　）(已知 $p(H_2)=100kPa$)

A. $0.1mol \cdot kg^{-1}$ HCl

B. $0.1mol \cdot kg^{-1}$ HAc

C. $0.1mol \cdot kg^{-1}$ H_3PO_4

D. $0.1mol \cdot kg^{-1}$ HAc$+0.1mol \cdot kg^{-1}$ NaAc

18. 根据 $\lg K^{\ominus}=\frac{zE^{\ominus}}{0.0592V}$得知，溶液中氧化还原反应的平衡常数 $K^{\ominus}$（　　）

A. 与温度有关　　B. 与浓度无关

C. 与反应方程式的写法无关　　D. 与反应的本性无关

19. 在铜-锌原电池中，如果 Zn^{2+} 和 Cu^{2+} 的浓度分别为 $0.1mol \cdot kg^{-1}$ 和 $0.001mol \cdot kg^{-1}$，此时的电动势比标准电动势（　　）

A. 减少 0.1184V　B. 减少 0.0592V　C. 增加 0.1184V　D. 增加 0.0592V

20. 已知原电池(－)Pt|Hg|$[HgBr_4]^{2-}$(aq)Br^{-}(aq) ⋮⋮ Fe^{2+}(aq)，Fe^{3+}(aq)|Pt(＋)的标准电动势为 0.538V，$E^{\ominus}(Hg^{2+}/Hg)=0.851V$，$E^{\ominus}(Fe^{3+}/Fe^{2+})=0.771V$，则$[HgBr_4]^{2-}$的稳定常数为（　　）

A. 3.1×10^{10}　B. 2.0×10^{18}　C. 3.8×10^{36}　D. 7.56×10^{20}

三、填空题

1. 将 Ag-AgCl 电极和氢电极插入某 HA-A^{-} 的缓冲溶液中，Ag-AgCl 电极为正极，则此原电池的电池符号为__________。

2. 已知反应 $H_2(g)+Hg_2^{2+}(aq) \rightleftharpoons 2H^{+}(aq)+2Hg(l)$，$E^{\ominus}=0.797V$，则$E^{\ominus}[Hg^{2+}/Hg(l)]=$________V。

3. 已知 $PbSO_4+2e^{-} \rightleftharpoons Pb+SO_4^{2-}$ 的 $E^{\ominus}=-0.359V$，$Pb^{2+}+2e^{-} \rightleftharpoons Pb$ 的 $E^{\ominus}=-0.126V$，若将这两个电对组成原电池，其电池符号是__________________。

4. 请将下述化学反应方程式补充完全：

$2KMnO_4+Na_2SO_3+2KOH \rightleftharpoons$ ____________________。

5. 已知在标准条件下 $A(s)+B^{2+}(aq) = A^{2+}(aq)+B(s)$，$B(s)+C^{2+}(aq) = B^{2+}(aq)+C(s)$均正向自发，则相关电对的电极电势由大到小的顺序：__________________________。

6. 将反应 $Ag^{+}+NH_3 \longrightarrow [Ag(NH_3)_2]^{+}$ 设计成原电池，写出原电池的正极反应式__________；正极的电极符号__________________；负极反应式__________________；负极的电极符号________________。

7. 若溶液的 pH＝14，则 H_2O 作为氧化剂的半反应为____________。

8. 将 100kPa 氢气通入 $0.1mol \cdot kg^{-1}$ 的 HCl 溶液中，则 $E(H^{+}/H_2)$为______V；若向 1kg 上述溶液中加入 0.10mol 的 NaOH，则 $E(H^{+}/H_2)$为__________V；若向 1kg 上述溶液中加入 0.10mol 的 NaAc，则 $E(H^{+}/H_2)$为______V。($K_a^{\ominus}=1.75\times10^{-5}$)

9. 在 298K 时，原电池(－)Fe|Fe^{2+}($1.0mol \cdot kg^{-1}$) ⋮⋮ H^{+}($x mol \cdot kg^{-1}$)|H_2(100kPa)|Pt(＋)，测得电池的电动势为 0.35V，$E^{\ominus}(Fe^{2+}/Fe)=-0.447V$，则 $E_{+}=$______，$x=$

________ $mol \cdot kg^{-1}$。

10. 反应 $3A^{2+}+2B$ ══ $3A+2B^{3+}$ 在标准条件下电池的电动势 $E^{\ominus}$ 为 1.8V，某浓度时此电池电动势 E 为 1.6V，则此时该反应的 $\lg K^{\ominus}=$ ________。

四、简答题

1. 标准铜锌原电池(－)Zn | Zn^{2+}(1.0$mol \cdot kg^{-1}$) ⋮⋮ Cu^{2+}(1.0$mol \cdot kg^{-1}$) | Cu(＋)，改变下列条件，原电池电动势如何变化？

(1) 增加 $ZnSO_4$ 浓度；　　(2) 在 $ZnSO_4$ 溶液中加入过量氨水；

(3) 增加铜片的电极表面积；　　(4) 在 $CuSO_4$ 溶解中加入 Na_2S。

2. 根据能斯特方程说明影响电极电势的因素。

3. 试用电极电势说明铁能置换铜，而三氯化铁却能溶解铜的原因。

4. 用电极反应表示主要电解产物：

(1) 电解 Ni_2SO_4，阳极用镍，阴极用铁；

(2) 电解熔融 $MgCl_2$，阳极用石墨，阴极用铁；

(3) 电解 KOH 溶液，两极用石墨碳。

五、计算题

1. 在 298.15K 时，将银丝插入 $AgNO_3$ 溶液中，铂片插入 $FeSO_4$ 和 $Fe_2(SO_4)_3$ 混合溶液中组成原电池。其中 $b(Ag^+)=b(Fe^{2+})=0.01mol \cdot kg^{-1}$，$b(Fe^{3+})=1.0mol \cdot kg^{-1}$。计算原电池的电动势，并写出原电池符号、电极反应、电池反应。(已知 $E^{\ominus}(Ag^+/Ag)=0.7996V$　$E^{\ominus}(Fe^{3+}/Fe^{2+})=0.771V$)

2. 已知 $E^{\ominus}(MnO_4^-/Mn^{2+})=1.507V$，$E^{\ominus}(Fe^{3+}/Fe^{2+})=0.771V$，298K 时，若将反应 $MnO_4^-+5Fe^{2+}+8H^+$ ══ $Mn^{2+}+5Fe^{3+}+4H_2O$ 装配成原电池：(1) 写出原电池符号和电极反应式；(2) 当溶液 pH＝4.0，其余有关物质均为标准态时，通过计算判断上述反应进行的方向并计算 $K^{\ominus}$、$\Delta_r G_m$。(已知 $F=96485C \cdot mol^{-1}$)

3. 已知 $Cu^{2+}+Cl^-+e^-$ ══ $CuCl(s)$，$E^{\ominus}(Cu^{2+}/CuCl)=0.54V$，$E^{\ominus}(Cu^{2+}/Cu^+)=0.153V$，试计算 CuCl 的 $K_{sp}^{\ominus}$。

4. 已知 $H_3AsO_3+H_2O \rightleftharpoons H_3AsO_4+2H^++2e^-$　$E^{\ominus}=0.559V$

$$3I^- \rightleftharpoons I_3^-+2e^- \quad E^{\ominus}=0.535V$$

(1) 计算在 298.15K 时，下列反应的标准平衡常数。

$$H_3AsO_3+H_2O+I_3^- \rightleftharpoons H_3AsO_4+2H^++3I^-$$

(2) 若溶液的 pH＝5，其他物质仍为热力学标态值，则上述反应朝哪个方向进行？($F=96485C \cdot mol^{-1}$)

(3) 在标准状态下两电对组成原电池，请写出原电池组成符号。

5. 在 298.15K，以氢电极 [$p(H_2)=100kPa$] 为指示电极（负极），以饱和甘汞电极为参比电极（正极），$E^{\ominus}(Hg_2Cl_2/Hg)=0.2412V$。测定某缓冲溶液的 pH 时，测得电池电动势为 0.5512V。缓冲溶液中某弱酸 HA 的浓度为 $0.15mol \cdot kg^{-1}$，弱酸的共轭碱 A^- 的浓度为 $0.250mol \cdot kg^{-1}$。计算此缓冲溶液的 pH，并进一步计算弱酸的离解常数 $K_a^{\ominus}$。

自测题二答案

一、判断题

1. ×；2. ×；3. ×；4. √；5. ×；6. ×；7. ×；8. √；9. √；10. ×；11. ×；12. ×；13. √；14. ×；15. ×；16. √；17. ×；18. √；19. ×；20. ×

二、选择题

1. D；2. D；3. A；4. D；5. B；6. A；7. C；8. B；9. B；10. A；11. D；12. C；13. B；14. B；15. A；16. C；17. D；18. B；19. B；20. D

三、填空题

1. (−)Pt | $H_2(p)$ | $HA(b_1)$，$A^-(b_2)$ ⫶ $Cl^-(b_3)$ | AgCl(s) | Ag(+)

2. 0.797

3. (−)Pb | $PbSO_4(s)$ | $SO_4^{2-}(b_1)$ ⫶ $Pb^{2+}(b_2)$ | Pb(+)

4. $2K_2MnO_4 + Na_2SO_4 + H_2O$

5. C>B>A

6. $Ag^+ + e^- \longrightarrow Ag$；Ag | $Ag^+(b)$；$[Ag(NH_3)_2]^+ + e^- \longrightarrow Ag + 2NH_3$；Ag | $[Ag(NH_3)_2]^+(b_1)$，$NH_3(b_2)$

7. $H_2O + e^- \longrightarrow \frac{1}{2}H_2 + OH^-$

8. −0.0592；−0.41；−0.17

9. −0.097V；0.023

10. 182.43

四、简答题

1. 答：(1) 增加 Zn^{2+} 浓度，负极电极电势升高，原电池电动势降低。

(2) Zn^{2+} 和氨水会形成配离子，Zn^{2+} 浓度减小，负极电极电势减小，原电池电动势升高。

(3) 电动势不变。

(4) 产生 CuS 沉淀，Cu^{2+} 浓度减小，正极电极电势减小，原电池电动势减小。

2. 答：根据能斯特方程 $E = E^\ominus + \frac{RT}{zF}\ln\frac{b(Ox)/b^\ominus}{b(Red)/b^\ominus}$，因此影响电极电势的主要因素有：氧化态物质的浓度（或分压），还原态物质的浓度（或分压），以及反应温度。氧化态物质浓度越高，电极电势越大，还原态物质浓度越大，电极电势越低。若反应中有 H^+ 或 OH^- 出现，则电极电势还会受 pH 值的影响。

3. 答：因为 $E^\ominus(Fe^{2+}/Fe) = -0.447V$，$E^\ominus(Fe^{3+}/Fe^{2+}) = 0.771V$，$E^\ominus(Cu^{2+}/Cu) = 0.342V$
所以 $E^\ominus(Fe^{3+}/Fe^{2+}) > E^\ominus(Cu^{2+}/Cu) > E^\ominus(Fe^{2+}/Fe)$
即 Fe^{3+} 的氧化性>Cu^{2+} 的氧化性>Fe^{2+} 的氧化性。
所以金属铁能置换铜离子，而三氯化铁溶液却能腐蚀铜板。

4. 答：(1) 阴极：$Ni^{2+} + 2e^- \rightleftharpoons Ni$
阳极：$Ni - 2e^- \rightleftharpoons Ni^{2+}$

(2) 阴极：$Mg^{2+} + 2e^- \rightleftharpoons Mg$
阳极：$2Cl^- - 2e^- \rightleftharpoons Cl_2$

(3) 阴极：$2H^+ + 2e^- \rightleftharpoons H_2$
阳极：$4OH^- - 4e^- \rightleftharpoons 2H_2O + O_2$

五、计算题

1. 解：$b(Ag^+) = b(Fe^{2+}) = 0.01mol \cdot kg^{-1}$，$b(Fe^{3+}) = 1.0mol \cdot kg^{-1}$

$E(Ag^+/Ag)=E^\ominus(Ag^+/Ag)+0.0592V\lg0.01=0.7996V-0.1184V=0.6812V$

$E(Fe^{3+}/Fe^{2+})=E^\ominus(Fe^{3+}/Fe^{2+})+0.0592V\lg(1/0.01)=0.771V+0.1184V=0.8894V$

电动势：$E=E_{(+)}-E_{(-)}=E(Fe^{3+}/Fe^{2+})-E(Ag^+/Ag)=0.8894V-0.6812V=0.2082V$

电池符号：$(-)Ag|Ag^+(0.01mol\cdot kg^{-1})\ \vdots\vdots\ Fe^{3+}(b^\ominus)$，$Fe^{2+}(0.01mol\cdot kg^{-1})|Pt(+)$

电极反应：正极：$Fe^{3+}+e^-=Fe^{2+}$　负极：$Ag-e^-=Ag^+$

电池反应：$Ag+Fe^{3+}=Ag^++Fe^{2+}$

2. 解：(1) $(-)C|Fe^{3+}(b_1),Fe^{2+}(b_2)\ \vdots\vdots\ MnO_4^-(b_3)$，$Mn^{2+}(b_4)$，$H^+(b_5)|C(+)$

电极反应：$(-)MnO_4^-+8H^++5e^-=Mn^{2+}+4H_2O$

$(+)Fe^{2+}-e^-=Fe^{3+}$

(2) $E(MnO_4^-/Mn^{2+})=E^\ominus(MnO_4^-/Mn^{2+})+\frac{0.0592V}{5}\lg\frac{b(H^+)^8}{1}=1.507V-0.3789V=1.1281V$

$E=E(MnO_4^-/Mn^{2+})-E^\ominus(Fe^{3+}/Fe^{2+})=1.1281V-0.771V=0.3571V$　反应正向进行

$E^\ominus=E^\ominus(MnO_4^-/Mn^{2+})-E^\ominus(Fe^{3+}/Fe^{2+})=0.736V$

$\lg K^\ominus=\frac{zE^\ominus}{0.0592V}=\frac{5\times0.736V}{0.0592V}=62.16$

$K^\ominus=1.45\times10^{62}$

$\Delta_rG_m=-zFE=(-5\times96485\times0.3571)J\cdot mol^{-1}=-172.27kJ\cdot mol^{-1}$

3. 解：$E^\ominus(Cu^{2+}/CuCl)=E^\ominus(Cu^{2+}/Cu^+)+0.0592V\lg\{[b(Cu^{2+})/b^\ominus]/[b(Cu^+)/b^\ominus]\}$

已知 $b(Cu^{2+})=1.0mol\cdot kg^{-1}$，$b(Cl^-)=1.0mol\cdot kg^{-1}$，

$K_{sp}^\ominus(CuCl)=b(Cl^-)b(Cu^+)=b(Cu^+)$

所以 $E^\ominus(Cu^{2+}/CuCl)=E^\ominus(Cu^{2+}/Cu^+)+0.0592V\lg[1/K_{sp}^\ominus(CuCl)]$

$0.54V=0.153V+0.0592V\lg[1/K_{sp}^\ominus(CuCl)]$

$K_{sp}^\ominus(CuCl)=2.90\times10^{-7}$

4. 解：(1) 根据给定反应确定 H_3AsO_4/H_3AsO_3 为负极，I_3^-/I^- 为正极，则

$E^\ominus=E_+^\ominus-E_-^\ominus=0.535V-0.559V=-0.024V$

$\lg K^\ominus=\frac{zE^\ominus}{0.0592V}=\frac{2\times(-0.024V)}{0.0592V}=-0.8108V$

所以，$K^\ominus=0.1546$

(2) 当溶液 pH=5，其他物质仍为热力学标态值时，$b(H^+)=1\times10^{-7}mol\cdot kg^{-1}$

$$E(H_3AsO_4/H_3AsO_3)=E^\ominus(H_3AsO_4/H_3AsO_3)+\frac{0.0592V}{2}\lg[b(H^+)/b^\ominus]^2$$

$$=0.559V+0.0592V\times\lg[b(H^+)/b^\ominus]$$

$$=0.263V$$

$E=E^\ominus(I_3^-/I^-)-E(H_3AsO_4/H_3AsO_3)=0.535V-0.263V=0.272V$

因为 $E>0$，所以反应正向进行。

(3) $(-)Pt|I^-(b^\ominus),I_3^-(b^\ominus)\ \vdots\vdots\ H^+(b^\ominus)$，$H_3AsO_3(b^\ominus)$，$H_3AsO_4(b^\ominus)|Pt(+)$

5.解：(1) 根据 $E=E^{\ominus}(Hg_2Cl_2/Hg)-E(H^+/H_2)=0.2412V-E(H^+/H_2)=0.5512V$，有 $E(H^+/H_2)=0.2412V-0.5512V=-0.31V=0+\frac{0.0592V}{2}\lg[b(H^+)/b^{\ominus}]^2$

$b(H^+)=5.82\times10^{-6}$　pH=5.24

(2) $K_a^{\ominus}=\frac{b(H^+)b(A^-)}{b(HA)b^{\ominus}}=\frac{5.82\times10^{-6}\times0.250}{0.150}=9.70\times10^{-6}$

第四章

物质结构基础

课堂笔记及典型例题

本章主要内容包括原子结构、分子结构和晶体结构三个部分。原子结构实质上就是研究原子核外电子的运动状态，需要掌握电子运动的特殊性、描述电子运动的方法、核外电子的分布规律、元素性质的周期性与原子结构的关系。**分子结构**部分主要讨论离子键理论、价键理论、离子极化理论、价层电子对互斥理论杂化轨道理论以及分子轨道理论。**晶体结构**部分包括晶体与非晶体、晶体基本类型等内容。

第一节　原子结构与周期系

一、核外电子运动的特殊性

1. 量子化

质点的运动和运动中的能量变化都是不连续的，而是以某一距离或能量单元为基本单位做跳跃式变化。

氢原子光谱的谱线频率 $\nu=3.29\times10^{15}(1/n_1^2-1/n_2^2)$

氢原子轨道半径 $r=n^2a_0$

氢原子轨道能量 $E=-2.81\times10^{-18}/n^2$ J

式中，n_1、n_2、n 取正整数，且 $n_1<n_2$；a_0 为波尔半径。

量子化特征的实验基础是氢原子线状光谱。

波尔理论：

① **定态**是核外电子在某些符合一定量子化条件的圆形轨道上绕核运动，既不吸收能量，也不放出能量的状态。

② 核外不连续能量的定态称为**能级**，能量最低的定态称为**基态**，能量较高的定态称为**激发态**。

③ 电子从激发态跃迁到较低能级并以光子的形式放出能量，放出光子的频率大小取决于电子跃迁时两个轨道能量之差。

2. 波粒二象性

微观粒子（电子、质子、分子等）具有波粒二象性。

粒子性与波动性的关系体现在德布罗意关系式：$\lambda=\dfrac{h}{m\nu}$。

实验基础是电子的衍射实验，通过实验证实电子具有波动性。

薛定谔方程是描述微观粒子运动规律的波动方程。

3. 统计性

电子的波动性是电子无数次行为的统计结果。电子波是一种统计波。

【量子化，波粒二象性，统计性是核外电子运动的三大特征。】

二、核外电子运动状态的描述

1. 波函数（也称原子轨道）

求解薛定谔方程（$\dfrac{\partial^2\psi}{\partial x^2}+\dfrac{\partial^2\psi}{\partial y^2}+\dfrac{\partial^2\psi}{\partial z^2}+\dfrac{8\pi^2 m}{h^2}(E-V)\psi=0$）可得到波函数 $\Psi_{n,l,m}$ 和对应的能量 E。**波函数是描述原子核外电子运动状态的数学函数式，每一波函数都表示电子的一种运动状态。**通常将这种波函数称为**原子轨道**。它与经典力学中的**轨道**意义不同，不是物体在运动中走过的**轨迹**，而是代表核外电子的一种运动状态。

2. 四个量子数

（1）量子数的取值

① 主量子数 n 取值为正整数 1,2,3,4,5,6,7,…,n，对应符号为 K,L,M,N,O,…

② 角量子数 l 取值为 0,1,2,3,4,…,($n-1$)，共可取 n 个数值，对应符号为 s,p,d,f,g,…

③ 磁量子数 m 取值为 0,±1,±2,±3,±4,…,±l，共可取（$2l+1$）个数值；

④ 自旋量子数 m_s 取值为$+\dfrac{1}{2}$或$-\dfrac{1}{2}$。

可见，**l 取值受 n 的数值限制，m 取值与 l 有关**。

（2）量子数的物理意义

① 主量子数 n 确定电子能级的主要因素，n 值越大，电子能级越高；n 代表电子出现最大概率离核的平均距离，n 值越大，表示电子离核平均距离越远。把主量子数相同的各原子轨道称为**同一电子层**。

② 角量子数 l 确定波函数（原子轨道）或电子云的形状。数值不同，原子轨道形状也不同（如，$l=0$，对应球形的 s 轨道；$l=1$，对应双球形的 p 轨道）。l 值表示电子所在的电子亚层。对多电子原子来说，l 值对其能量有影响。n 相同（同一电子层），l 值越小，该电子亚层的能级越低。因此，多电子原子中的电子能级高低由 n、l 两个量子数共同决定。

【对于单电子原子或离子，电子的能量只取决于主量子数 n，与角量子数无关】

③ 磁量子数 m 确定原子轨道或电子云在空间的伸展方向。每一个 m 值代表一个具有某种空间取向的原子轨道。

④ 自旋量子数 m_s 的每一个数值表示电子的一种自旋方向。

当 n，m，l 三个量子数确定时，原子轨道就随之确定。当四个量子数确定时，电子在

核外空间的运动状态随之确定。

例题 4-1 下列各组量子数中，哪一组合是不合理的？并说明不合理的原因。

A. $n=2 \quad l=1 \quad m=0$ B. $n=3 \quad l=0 \quad m=-1$

C. $n=4 \quad l=0 \quad m=0$ D. $n=3 \quad l=2 \quad m=-2$

答：B。此题考查量子数的取值：主量子数 n 取正整数；角量子数 l 取 0 到（$n-1$）的正整数；磁量子数 m 取值为 $0,\pm1,\pm2,\cdots,\pm l$，共可取（$2l+1$）个数值。由此可见，l 取值受 n 的数值限制，m 取值受 l 限制。此题中，当 $l=0$ 时，m 值只能为 0，所以选项 B 是不合理的。

例题 4-2 在多电子原子中，与电子能级有关的量子数是（　　）

A. n，l，m B. n，l C. n D. n，l，m，m_s

答：B。该题主要考察影响电子能量的因素：在单电子体系（即核外只有一个电子的原子或离子）中，电子的能量由主量子数 n 决定，与角量子数无关，n 越大，电子能量越高；在多电子体系（即多电子原子或离子）中，电子的能量由主量子数 n 和角量子数 l 共同决定，n 相同时，l 越大，电子能量越高。

3. 图形描述

（1）电子云

$|\psi|^2$ 可以反映核外电子在空间某处附近单位体积内出现的概率（概率密度）。若以黑点的疏密程度来表示空间各处概率密度 $|\psi|^2$ 的大小，则 $|\psi|^2$ 大的地方，黑点较密；$|\psi|^2$ 小的地方，黑点较疏。将以黑点疏密形象化表示电子概率密度分布的图形称为**电子云**，它是从统计概念出发对电子在核外出现的概率密度 $|\psi|^2$ 的一个形象化描述的图形。

注意：黑点的数目不代表电子数，而是代表电子瞬间出现的那些可能位置的分布。

（2）界面图

将电子概率密度相等的各点连起来，所得的一个空间曲面为界面，使界面内电子出现的概率为 90%，所得到的图形称为电子云的界面图。它由三维空间坐标确定，表示电子在核外出现的空间范围。

（3）原子轨道和电子云的图像

将波函数 $\psi(x,y,z)$ 转换为 $\psi(r,\theta,\varphi)=R(r)Y(\theta,\varphi)$，$R(r)$ 只随距离 r 变化，称为波函数的径向部分，$Y(\theta,\varphi)$ 只随角度 θ、φ 变化，称为波函数的角度部分。

将 $Y(\theta,\varphi)$ 随着角度 θ、φ 变化作图，可以得到原子轨道的角度分布图；

将 $Y^2(\theta,\varphi)$ 随着角度 θ、φ 变化作图，可以得到电子云的角度分布图。

原子轨道角度分布图与电子云的角度分布图的区别：①原子轨道角度分布图有正、负之分，电子云的角度分布图均为正值（**由于 Y 经平方后不会出现负的**）；②除了 s 轨道的电子云以外，电子云的角度分布图比原子轨道的角度分布图要“瘦”一些（**由于 $Y(\theta,\varphi)$ 数值均小于 1，取平方后值更小**）。

三、核外电子分布与周期系

1. 核外电子的排布的三条原则

① 泡利不相容原理　在同一个原子中不可能有四个量子数完全相同的两个电子，即每个原子轨道（n,l,m）最多只能容纳自旋相反的两个电子。

② 能量最低原理　多电子原子处于基态时，核外电子的排布在不违背泡利不相容原理的前提下总是尽可能优先占据能量最低的轨道。只有当能量最低的轨道占满后，电子才依次

进入能量较高的轨道。这样，系统的能量最低，最稳定。

③ 洪德规则　电子在等价轨道上排布时，总是尽可能分占不同轨道，且自旋方向相同。这样的分布方式可使能量降低。等价轨道处于全空、半充满、全充满时，系统最稳定。

2. 原子轨道的能级与核外电子分布

(1) 近似能级图

鲍林根据光谱实验，提出了多电子原子轨道的近似能级图。对于鲍林的近似能级图，需要清楚以下几点：

① 每一个小圆圈代表一个原子轨道，小圆圈位置的高低表示原子轨道能级的高低。

② 当角量子数相同时，主量子数越大，轨道能级越高；当主量子数相同时，角量子数越大，轨道能级越高。

③ 当主量子数和角量子数不同时，有时出现能级交错现象，如 $E_{4s}<E_{3d}$，$E_{5s}<E_{4d}$，$E_{6s}<E_{4f}<E_{5d}$。

④ 能量相近的能级放在同一方框内，称为一个能级组，一共有七个能级组，对应周期表中的七个周期。不同能级组间能量差值较大。

多电子原子轨道能级高低顺序及对应的七个能级组：

	1s	2s2p	3s3p	4s3d4p	5s4d5p	6s4f5d6p	7s5f6d7p
能级组	1	2	3	4	5	6	7

(2) $(n+0.7l)$ 规则

轨道能级高低除了依据近似能级图进行判断外，还可以根据我国化学家徐光宪提出的 $(n+0.7l)$ 规则进行计算。$(n+0.7l)$ 的数值越大，电子所处的原子轨道能量越高；$(n+0.7l)$ 的整数部分相同的能级划为同一能级组，对应元素周期表中的周期。

(3) 屏蔽效应和钻穿效应

屏蔽效应和钻穿效应可以解释多电子原子能级的复杂性。

屏蔽效应　在多电子原子中，把其余电子对指定电子的排斥作用近似地看成是其余电子抵消了一部分核电荷对指定电子（屏蔽电子）的吸引作用。屏蔽效应越大，有效核电荷越小，被屏蔽电子受核引力越小，电子的能量越大。

钻穿效应　外层电子钻到内层空间而靠近原子核使自身**能量降低**的现象。轨道钻穿能力通常有如下顺序：$ns>np>nd>nf$，导致能级按 $E(ns)<E(np)<E(nd)<E(nf)$ 顺序分裂。

由于钻穿效应，其他电子对 ns 电子的屏蔽作用小，有效核电荷 $Z^*_{ns}>Z^*_{(n-1)d}$，也有 $Z^*_{ns}>Z^*_{(n-2)f}$，因此出现了 $E_{ns}<E_{(n-1)d}$，$E_{ns}<E_{(n-2)f}$ 的**能级交错**现象。

(4) 原子的电子分布式

原子的电子分布式是多电子原子核外电子分布的表达式。根据电子排布的三原则和鲍林近似能级图给出的能级高低顺序进行填充，最后进行同层归并（主量子数相同的轨道写在一起）。**注意 Cr、Mn、Cu** 等核外电子分布式的写法。

原子的外层电子构型　主族与零族元素的外层电子构型：$nsnp$；过渡元素的外层电子构型：$(n-1)dns$；镧系、锕系外层电子构型：$(n-2)fns$。

注意： 外层电子构型中的"外层电子"不只是最外层电子，而是对反应有重要意义的外层价电子，如过渡元素 $(n-1)d$ 上的电子，镧系和锕系的 $(n-2)f$ 上的电子均属于外层电子。

3. 核外电子分布与周期系

原子核外电子分布的周期性是元素周期系的基础。分以下几个方面掌握：

（1）每周期的元素数目

每周期元素数目等于对应能级组内所有轨道容纳的最多电子数。

如第三周期，对应第三能级组，对应 3s3p 轨道（共四个原子轨道），全部填满可容纳 8 个电子，即对应 8 种元素。

（2）元素在周期表中的位置（所在周期、所在族）

元素在周期表中所处周期的号数等于该元素原子的最外层电子层数（或最高能级组）。

元素在周期表中所处族的号数确定：

主族及Ⅰ、Ⅱ副族元素的族号数等于最外层电子数；

Ⅲ～Ⅶ副族元素的族号数等于最外层 s 电子数与次外层 d 电子数之和；

Ⅷ族元素原子的最外层 s 电子数与次外层 d 电子数之和为 8～10；

零族元素最外层电子数为 8 或 2。

（3）元素在周期表中的分区

根据元素的外层电子构型，元素周期表划分为五个区域，即 s 区（Ⅰ、Ⅱ主族元素）、p 区（Ⅲ～Ⅶ主族和零族元素）、d 区（Ⅲ～Ⅶ副族元素和Ⅷ族元素）、ds 区（Ⅰ、Ⅱ副族元素）和 f 区（镧系、锕系元素）。

四、元素性质的周期性

1. 原子半径

原子半径是元素的一项重要参数，对元素及化合物的性质有较大影响，但讨论单个原子的半径没有意义，因为电子云没有明显的边界。

共价半径是同种元素原子形成共价单键时相邻两原子核间距的一半。

金属半径是金属晶体中相邻两原子核间距的一半。

范德华半径是分子晶体中两个相邻分子间核间距的一半。

主族元素原子半径的递变规律十分明显。在同一短周期中，从左到右随原子序数的递增，原子半径逐渐减小；同一主族，从上而下各元素的原子半径逐渐增大。副族元素原子半径的变化规律不如主族明显。

2. 元素的金属性与非金属性

同一周期，主族元素从左到右，金属性逐渐减弱，非金属性逐渐增强；同族主族元素从上到下，金属性逐渐增强，非金属性逐渐减弱；长周期过渡元素从左到右金属性缓慢减弱；同族过渡元素，除钪副族外，自上而下金属性减弱。

3. 电离能、亲和能和电负性

电离能 基态的气态原子失去一个电子形成+1 价气态离子时所需要的最低能量，称为第一电离能。其变化规律：同周期从左到右逐渐增加，同一主族元素的第一电离能从上到下逐渐减小。

亲和能 基态的气态原子获得一个电子形成－1 价气态离子时所放出的最低能量，称为第一亲和能。

电负性 分子中原子吸引电子的能力。电负性越大原子在分子中吸引电子的能力越强。一般情况下，非金属元素（**除硅**）的电负性大于 2.0，金属元素（**除铂系元素和金**）的电负性小于 2.0。

例题 4-3 同一周期的第一电离能从左到右是逐渐增加的，为什么ⅡA 族和ⅤA 族的第一电离能却分别高于ⅢA族和ⅥA族的第一电离能?

分析：第一电离能的大小与原子的最外层电子结构有关，结构越稳定，失去一个电子所需的能量越高，第一电离能越大。

答：ⅡA族和ⅤA族的第一电离能分别高于ⅢA族和ⅥA族的第一电离能，其原因在于ⅡA族和ⅤA族的外层电子结构分别是 ns^2 和 ns^2np^3，电子排布处于半充满、全充满状态，结构稳定，不易失去电子。

第二节 化学键

化学键是分子或晶体中相邻原子（或离子）间的强烈作用力。

一、离子键

1916年柯塞尔根据稀有气体原子的电子层结构特别稳定的事实，提出了离子键理论。由正、负离子的静电作用而形成的化学键称为离子键。

(1) 离子键的特征

① 离子键的本质是静电引力。离子所带电荷越多，半径越小，所形成的离子键越强；

② 没有方向性。由于离子的电场分布是球形对称的，可以从任意方向上吸引异号电荷的离子，所以离子键没有方向性。

③ 没有饱和性。只要周围空间允许，每一个离子都能吸引尽量多的异号电荷的离子，所以离子键没有饱和性。

(2) 离子的电荷

离子的电荷数是形成离子键时原子的得、失电子数。

(3) 离子的电子层结构

简单负离子的电子层构型与稀有气体的电子层构型相同。正离子形成时，按（$n+0.4l$）确定电子能量高低。（$n+0.4l$）值越大，电子越容易失去。正离子根据外层电子结构中的电子总数可分为2电子型、8电子型、18电子型、18+2电子型和9～17（不饱和）电子型，正离子的电子构型如下表所示。

	2电子型	8电子型	18电子型	18+2电子型	9～17电子型
外层电子构型	$1s^2$	ns^2np^6	$ns^2np^6nd^{10}$	$(n-1)s^2(n-1)p^6(n-1)d^{10}ns^2$	$ns^2np^6nd^{1\sim9}$
所在区域	s区	s区 p区 d区	ds区	p区	d区
实例	Li^+, Be^{2+}	Na^+, Al^{3+}, Sc^{3+}	Zn^{2+}, Cd^{2+}	Sn^{2+}, Bi^{3+}, Pb^{2+}	Fe^{3+}, Ni^{2+}, Mn^{2+}

(4) 离子半径

离子在晶体中的接触半径。正离子的半径由于外层电子受有效核电荷的吸引增加而小于原子半径；负离子的半径由于外层电子的相互排斥增大而大于原子半径。

例题4-4 29号元素基态原子的核外电子分布式为________，外层电子构型为________，属于________区，此元素位于第________周期，第________族，未成对电子数为________个。该元素+2价离子的外层电子构型为__________________；所属类型__________________。

答：核外电子分布式 $1s^2 2s^2 2p^6 3s^2 3p^6 3d^{10} 4s^1$，（根据电子排布的三原则和近似能级图给出的填充顺序进行填充，应该是 $1s^2 2s^2 2p^6 3s^2 3p^6 3d^9 4s^2$，但 $3d^{10}$ 全充满，$4s^1$ 半充满时系统更稳定，因此核外电子排布为 $1s^2 2s^2 2p^6 3s^2 3p^6 3d^{10} 4s^1$）；外层电子构型 $3d^{10} 4s^1$；属于 ds 区；第四周期（因主量子数 $n=4$）；第ⅠB族；未成对电子数为1个。该元素+2价离子的外层电子构型为 $3s^2 3p^6 3d^9$；所属类型 9～17 电子型。

二、共价键

1916 年路易斯提出共价键理论。电负性相同或相近的原子间通过共用电子对结合起来的化学键称为共价键。

1. 路易斯理论

路易斯理论阐明了电负性相差较小或几乎相等的原子形成分子的化学键问题。

① 电负性相差较小或几乎相等的原子通过共用电子对形成稳定的分子，原子间的化学键称为共价键，所形成的分子为共价化合物。

② 路易斯理论从静止的电子对观念出发，无法说明共价键的形成本质。

2. 价键理论（VB 理论）

价键理论解释了共价键的本质，即两核对两核间负电区域的共同吸引。

(1) 基本理论要点

① 原子中自旋方向相反的未成对电子相互接近时，可相互配对形成化学键。一个原子有几个未成对电子，就可以和几个自旋相反的未成对电子配对成键。**——体现饱和性**

② 原子在形成分子时，两个原子轨道只有同号才能进行有效重叠。**——要求对称性匹配。**

③ 原子轨道重叠时总是沿着重叠最多的方向进行。重叠越多，形成的共价键越牢固。**——体现方向性**

(2) 共价键的特征

饱和性 自旋方向相反的电子配对后，就不能再与另一个原子中未成对的电子配对，这就是共价键的饱和性。

方向性 除 s 轨道外，原子轨道只有沿着轨道最大值方向重叠才能实现最大重叠，因而决定了共价键的方向性。

(3) 共价键的键型

① σ 键是原子轨道沿键轴（两核间连线）方向以“头碰头”方式进行重叠成键。如以 x 轴为键轴，则 s-s 重叠、s-p_x 重叠、p_x-p_x 重叠均可形成 σ 键；

② π 键是原子轨道沿键轴方向以“肩并肩”方式进行重叠成键，如，以 x 轴为键轴，则 p_z-p_z 重叠，p_y-p_y 重叠形成 π 键。

共价单键一般为 σ 键，在共价双键与三键中，除了一个 σ 键外，其余为 π 键。π 键的原子轨道重叠程度小于 σ 键的，因此较活泼。

配位键是成键的两个原子中一个提供共用电子对，另一个提供空轨道形成的共价键。

3. 离子极化理论

(1) 理论要点

① 先将化合物中的组成元素看作正、负离子，孤立的离子可以被看成是正、负电荷中

心重合的球体，不存在偶极；

② 离子在电场中会发生变形而产生诱导偶极，使离子具有了极性，这个过程称为离子极化；

③ 离子的极化程度取决于离子的极化力和变形性；

④ 离子极化的结果使键型、晶型发生变化。

(2) 离子的极化力

离子的极化力指某种离子使邻近的异号电荷离子极化（即形变）的能力。它与离子的电荷、半径和电子层构型有关：离子的电荷越多，半径越小，其极化力越强；当离子的电荷相同、半径相近时，离子的电子层构型起决定作用（18、18＋2 及 2 电子型的离子极化能力最强；9～17 电子型离子次之；8 电子型离子极化力最弱）。

(3) 离子的变形性

离子的变形性指某种离子在外电场作用下可以被极化的程度。它主要取决于离子半径。半径越大，形变越大；半径大小相仿时，离子的变形性取决于外层电子结构，9～17 以及 18 或 18＋2 电子型的离子比 8 电子型离子变形性大。

大多数情况下，**对于正离子而言考虑其极化力，对负离子而言考虑其变形性。**离子极化作用的存在使正、负离子外层轨道发生不同程度的重叠，从而使键型发生了从离子键到共价键的转变，晶体的类型也相应地由典型的离子晶体经过渡晶体转为分子晶体。

例题 4-5 解释下列各组物质的变化规律：

(1) 第三周期元素所形成的最高氧化值的氯化物熔点从左到右依次降低；

(2) AgF、AgCl、AgBr、AgI 在水中的溶解度依次减小；

(3) 钠的卤化物的熔点 NaF（993℃），NaCl（801℃），NaBr（747℃），NaI（661℃）。

答：(1) 第三周期元素所形成的最高氧化值的氯化物熔点从左到右依次降低，因为正离子的极化力按 Na^{+}、Mg^{2+}、Al^{3+}、Si^{4+}…的顺序依次增强，Cl^{-} 的变形性也依次增大，电子云的重叠程度逐渐增大，键的极性减弱，由 NaCl 的离子键过渡到 $SiCl_4$ 的共价键，晶体的类型由典型的离子晶体经过渡晶体转为分子晶体，所以有第三周期元素所形成的最高氧化值的氯化物熔点从左到右依次降低。

(2) AgF、AgCl、AgBr、AgI 在水中的溶解度依次减小的原因是 Ag^{+} 与卤素离子间的极化作用从左到右依次增强，化学键中的共价成分增大，水不能有效地减弱共价键的结合力，所以在水中的溶解度依次减小。

(3) 钠的卤化物的熔点从左到右依次降低原因是钠的卤化物是离子晶体，从 NaF 到 NaI 负离子半径依次增大，离子键的强度逐渐减弱，所以熔点逐渐下降。

三、分子的空间构型

1. 价层电子对互斥理论——预测 AX_n 型（A 和 X 一般为主族元素）多原子分子或离子的空间构型

(1) 理论要点

① AX_n 型多原子分子或离子的几何构型主要取决于中心原子价电子对的相互排斥作用，它总是采取电子对相互排斥最小的那种结构；中心原子的价层电子对的类型包括成键电子对和未成键的孤对电子。

② 价层电子对相互排斥作用的大小与电子对的成键情况及电子对的夹角有关，即孤对电子-孤对电子＞孤对电子-成键电子对＞成键电子对-成键电子对；叁键＞双键＞单键；电子

对夹角越小，排斥力越大。

(2) 判断 AX_n 型共价分子或离子结构的一般步骤

① 确定中心原子的价层电子对数（VP）

$$VP=\frac{Z+P\pm L\left(\substack{负离子\\正离子}\right)}{2}$$

式中，Z 为中心原子的价电子数；P 为配位原子提供的价电子数；L 为离子的电荷数。

计算 VP 时有如下规定：①氢与卤素作为配位原子时，每个原子各提供 1 个价电子，而卤素作为中心原子时，则提供 7 个价电子；②氧族元素作为配位原子时可认为不提供共用电子，而作为中心原子时则提供 6 个价电子；③若计算 VP 时剩余 1 个电子未能整除，也当作 1 对电子处理。

② 确定中心原子的孤对电子数（LP）与成键电子对数（BP）

如果价层电子对全是 σ 键（即 VP=BP），则电子对的空间分布就是该分子的空间构型；如果价层电子对中有孤对电子（即 VP≠BP），则分子的几何构型不同于电子对的空间分布。价层电子对与分子几何构型的关系如下表所示。

VP	价层电子对空间分布	BP	LP	分子几何构型
2	直线形	2	0	直线形
3	平面三角形	3	0	平面三角形
		2	1	V 形
4	四面体	4	0	四面体
		3	1	三角锥
		2	2	V 形
5	三角双锥	5	0	三角双锥
		4	1	变形四面体
		3	2	T 形
		2	3	直线形
6	八面体	6	0	八面体
		5	1	四方锥
		4	2	平面正方形

价层电子对互斥理论在预测前三周期元素组成的多原子分子的几何构型及键角变化规律方面是很成功的。

例题 4-6 应用价层电子对互斥理论推断的空间构型。

(1)ClO_3^- (2)IOF_2^- (3)SO_3 (4)XeF_4

分析：应用价层电子对互斥理论推断 AX_n 型的分子或离子的空间构型，首先清楚如何确定中心原子的价层电子对数（$VP=\frac{Z+P\pm L}{2}$），判断电子对的空间构型；其次清楚如何确定成键电子对数（BP，它等于分子或离子中 σ 键的个数）和孤对电子数（LP＝VP－BP）；最后根据 VP、BP 和 LP 确定分子或离子的空间构型。

解：(1) 在 ClO_3^- 中，价层电子对 VP=4（Cl 有 7 个价电子，O 作为配体不提供电子，再加上所带一个电荷，价层电子总数为 8 个）。Cl 的价层电子对的空间构型为四面体，四面体的 3 个顶角被 3 个 O 占据（BP=3），余下的一个顶角被孤对电子占据（LP=1），因此 ClO_3^- 为三角锥形。

（2）IOF_2^- 离子中，VP=5（I 有 7 个价电子，O 作为配体不提供电子，每个 F 提供 1 个电子，再加上所带一个电荷，价层电子总数为 10 个），价层电子对的构型是三角双锥，但 5 个价层电子对中有 3 个成键电子对，2 个孤对电子，故 IOF_2^- 构型为 T 形。

（3）在 SO_3 分子中 VP=3（S 有 6 个价电子，O 作为配体不提供电子，价层电子总数为 6 个），有 3 个成键电子对，没有孤对电子，故 SO_3 分子为平面正三角形。

（4）在 XeF_4 分子中，VP=6（Xe 有 8 个价电子，每个 F 提供 1 个电子，价层电子总数为 12 个），价层电子对的构型是正八面体，但 6 个价层电子对中有 4 个成键电子对，2 个孤对电子，故分子结构为平面正方形。

2. 杂化轨道理论——解释多原子分子的空间构型

（1）基本要点

① 杂化　在成键过程中，由于原子间的相互影响，同一原子中能量相近的某些原子轨道可以“混合”起来，重新组合成数目相等的成键能力更强的新的原子轨道。这一过程称为原子轨道的**杂化**，所组成的新的原子轨道称为**杂化轨道**。孤立的原子不可能发生杂化。常见的杂化方式有 ns-np 杂化、ns-np-nd 杂化和 $(n-1)d$-ns-np 杂化。

② 杂化轨道与杂化之前的原子轨道相比，其成键能力强，形成的共价键的键能大。**【杂化轨道在轨道成分（成分平均化）、轨道能量（能量平均化）、轨道形状（一头大一头小）、成键能力（变得更强）等方面发生了变化，以利于成键。】**

③ 中心原子的杂化轨道用于与配位原子形成配位键或排布孤对电子，而不能以空的杂化轨道形式存在。

④ 中心原子的杂化轨道构型决定了多原子分子的空间构型。

（2）杂化类型与空间构型

① sp 杂化　在同一个原子内，由 1 个 ns 轨道和 1 个 np 轨道进行的杂化称 sp 杂化，所形成的 2 个 sp 杂化轨道间的夹角为 180°，呈直线形。

② sp^2 杂化　在同一个原子内，由 1 个 ns 轨道和 2 个 np 轨道进行的杂化称 sp^2 杂化，所形成的 3 个 sp^2 杂化轨道间的夹角为 120°，呈平面三角形。

③ sp^3 杂化　在同一个原子内，由 1 个 ns 轨道和 3 个 np 轨道进行的杂化称 sp^3 杂化，所形成的 4 个 sp^3 杂化轨道间的夹角为 109.5°，呈四面体形。

等性杂化是指各杂化轨道所含成分一致的杂化，每个杂化轨道可以有一个单电子，也可以是全空轨道；而**不等性杂化**是指由于孤对电子的存在，各杂化轨道所含成分不同的杂化。

例题 4-7　用杂化理论解释 CO_2（直线形）的分子构型，并说明成键情况。

解：CO_2 中 C 的电子构型为 $2s^2 2p^2$，中心原子 C 与 2 个 O 成键时，C 的 1 个 2s 电子被激发到 2p 轨道上，产生含有 4 个未成对单电子的激发态（$2s^1 2p^3$），同时 C 原子的 1 个 2s 轨道和 1 个 2p 轨道杂化，形成 2 个完全相同的 sp 杂化轨道，在空间呈直线形。C 的 2 个 sp 杂化轨道分别与 O 的 2p 轨道形成 2 个 sp-p 的 σ 键，所以 CO_2 分子的空间构型为直线形。中心原子 C 还有 2 个未参与杂化的 2p 轨道，分别与两端的 O 的 2p 轨道形成 2 个相互垂直的三中心四电子 π 键。

例题 4-8　比较下列各组化合物中键角的大小并予以解释。

（1）NH_3，NF_3　（2）PH_3，NH_3

答：（1）键角 $NH_3>NF_3$。NH_3 和 NF_3 中心原子相同，配位原子不同，配位原子 F 的电负性比 H 强，使成键电子对的电子云远离中心原子 N，对其他电子对的排斥作用减弱，键角变小。

（2）键角 $PH_3<NH_3$。NH_3 和 PH_3 配体相同，中心原子不同。N 的电负性大而半径小，P 的电负性小而半径大。半径小电负性大的 N 原子周围的孤对电子和成键电子对之间应尽量保持最大角度才能斥力最小，因而 NH_3 的键角较大。

3. 配位化合物的价键理论——讨论 s-p-d 型杂化

（1）理论要点

① 中心原子 M 有空轨道，配体 L 有孤对电子，二者形成配位键 M←L。

② 中心原子有空轨道（如 $(n-1)$d、ns、np、nd 轨道），采用杂化轨道（s-p-d）与配体成键，杂化方式与空间构型有关。

③ 在配合物中，中心离子以 $(n-1)$d、ns、np 等轨道杂化形成的配合物称为内轨型配合物。

④ 在配合物中，中心离子以 ns、np 或 ns、np、nd 等轨道杂化形成的合物称为外轨型配合物。

配合物稳定性　由于 nd 轨道比 $(n-1)$d 轨道的能量高，所以同一中心原子，配位数相同的内轨型配合物比外轨型配合物稳定。

（2）内轨型配位化合物与外轨型配位化合物的判断方法

① 磁矩法　如果中心形成体 d 轨道上的电子有重排可能，则可以根据磁矩（$\mu=\sqrt{n(n+2)}$ B. M.）计算出配离子中的单电子数 n，并与自由的中心离子的单电子数进行比较，若两者相同，说明形成的是外轨型配合物；若未成对电子数减少，表明中心离子中 $(n-1)$d 电子两两配对重排，形成内轨型配合物。

② 配体强弱法　若配体为强场配体（如 CO、CN^-、NO_2^-），可使中心离子 $(n-1)$d 轨道上的单电子两两配对，腾出内层空的 d 轨道接受配体提供的孤对电子，形成内轨型配位化合物；若配体为弱场配体（如 F^-、S^{2-}、NO_3^- 等），配位作用不能改变中心离子的电子排布，则形成外轨型配位化合物。【**注意：若中心形成体 d 电子较少，有足够的内层空轨道，则配体无论强弱都形成内轨型配位化合物；若中心形成体 d 电子较多，即使重排也无法提供内层空轨道，则配体无论强弱都形成外轨型配位化合物。**】

（3）配合物的空间构型

中心形成体的杂化轨道类型及配合物的空间构型如下表所示。

配位数	杂化轨道	配合物的空间构型	实例
2	sp	直线形	$[Ag(NH_3)_2]^+$，$[CuCl_2]^-$
4	sp^3	四面体	$[Ni(CO)_4]$，$[Cd(CN)_4]^{2-}$
	dsp^3	三角双锥	$Fe(CO)_5$
6	sp^3d^2	八面体	$[FeF_6]^{3-}$，$[Co(NH_3)_6]^{2+}$
	d^2sp^3	八面体	$[Fe(CN)_6]^{3-}$，$[Co(NH_3)_6]^{3+}$

第三节　分子间作用力与氢键

一、分子的极性

① 根据分子内正负电荷分布情况把分子分为极性分子（正、负电荷中心不重合）和非

极性分子（正、负电荷中心重合）。

② 根据电偶极矩（$\mu=qd$）数值的大小确定分子的极性大小。μ 值越大，分子极性越大；μ 值越小，分子极性越小；$\mu=0$，分子为非极性分子。

③ 对于双原子分子，可根据键的极性确定分子的极性，即极性键对应极性分子，非极性键对应非极性分子。

④ 对于多原子分子，由键的极性和分子的空间结构来确定分子的极性。非极性键的多原子分子为非极性分子；极性键且结构对称的多原子分子为非极性分子，极性键而结构不对称的多原子分子为极性分子。

二、分子间力

1. 分子间力

分子间力包括色散力、诱导力和取向力。

色散力是瞬时偶极间产生的吸引力，色散力存在于一切分子之间。

诱导力是非极性分子的诱导偶极和极性分子的固有偶极之间的吸引力。

取向力是极性分子间固有偶极的取向而产生的分子间吸引力。

综上所述，**非极性分子间存在色散力；非极性分子与极性分子间存在色散力和诱导力；在极性分子间存在色散力、诱导力和取向力。**

2. 分子间力的特征

分子间力是普遍存在的一种作用力；没有方向性和饱和性；随分子间距离增大而迅速减小。

3. 分子轨道理论——可以说明分子的成键情况、键的强弱和分子的稳定性

(1) 基本要点

① 原子在形成分子时，所有电子都有贡献，分子中的电子不再从属于某个原子，而是在整个分子范围内运动。分子中电子的空间运动状态可以用相应的分子轨道波函数来描述。**【分子轨道与原子轨道的区别：a. 原子轨道是单核系统，电子的运动只受原子核的作用；分子轨道是多核系统，电子在所有原子核势场作用下运动。b. 原子轨道的名称用 s、p、d 等符号；分子轨道的名称用 σ、π、δ 等符号。】**

② 分子轨道是参于成键的原子轨道的线性组合，有几个原子轨道就可以组合成几个分子轨道。能量低于原来原子轨道能量者称为**成键轨道**，如 σ、π 轨道；能量高于原来原子轨道能量者称为**反键轨道**，如 σ^*、π^* 轨道；能量等于原来原子轨道者，称为**非键轨道**。分子轨道按照能量由低到高，组成分子轨道能级图。

③ 为了有效地组合成分子轨道，**原子轨道组合要满足对称性匹配、能量相近和轨道最大重叠三条原则**。三条原则中，对称性匹配原则是首要的，它决定原子轨道有无组合成分子轨道的可能性。在此基础上，能量相近原则和轨道最大重叠原则决定分子轨道的组合效率。

④ 在分子轨道中，**电子排布遵循能量最低原理、泡利不相容原理和洪德规则**。具体排布时，应先确定好分子轨道能级顺序。按照分子轨道的能级顺序从左到右依次排列，并在分子轨道符号右上角注明电子数，这样就得到分子轨道的电子排布式，即分子轨道式。如，O_2 的分子轨道式为：$[(\sigma_{1s})^2(\sigma_{1s}^*)^2(\sigma_{2s})^2(\sigma_{2s}^*)^2(\sigma_{2p_x})^2(\pi_{2p_y})^2(\pi_{2p_z})^2(\pi_{2p_y}^*)^1(\pi_{2p_z}^*)^1]$。在

分子轨道式中，内层电子用相应的电子层符号代替。因此，O_2 的分子轨道式也可表示为：$[KK(\sigma_{2s})^2(\sigma_{2s}^*)^2(\sigma_{2p_x})^2(\pi_{2p_y})^2(\pi_{2p_z})^2(\pi_{2p_y}^*)^1(\pi_{2p_z}^*)^1]$

⑤ 分子稳定性的表示方法——**键级**

在分子轨道理论中，用键级表示键的牢固程度。一般来说，键级越大，分子越稳定；键级为零，表明原子不可能结合成分子。

$$键级=\frac{成键轨道的电子数-反键轨道的电子数}{2}$$

(2) 同核双原子分子轨道能级顺序（第二周期）

同核双原子分子的轨道能级顺序有两种类型：一种是适合 O_2、F_2 分子或分子离子；另一种是适合 B_2、C_2、N_2 分子或分子离子。

① O_2、F_2 分子或分子离子轨道能级顺序：

$$(\sigma_{1s})<(\sigma_{1s}^*)<(\sigma_{2s})<(\sigma_{2s}^*)<(\sigma_{2p_x})<(\pi_{2p_y})=(\pi_{2p_z})<(\pi_{2p_y}^*)=(\pi_{2p_z}^*)<(\sigma_{2p_x}^*)$$

② B_2、C_2、N_2 分子或分子离子轨道能级顺序：

$$(\sigma_{1s})<(\sigma_{1s}^*)<(\sigma_{2s})<(\sigma_{2s}^*)<(\pi_{2p_y})=(\pi_{2p_z})<(\sigma_{2p_x})<(\pi_{2p_y}^*)=(\pi_{2p_z}^*)<(\sigma_{2p_x}^*)$$

例题 4-9 试用分子轨道理论说明 N_2 分子的结构，计算 N_2 的键级，并判断 N_2 是否具有顺磁性。

解： N_2 的分子轨道式为 $[(\sigma_{1s})^2(\sigma_{1s}^*)^2(\sigma_{2s})^2(\sigma_{2s}^*)^2(\pi_{2p_y})^2(\pi_{2p_z})^2(\sigma_{2p_x})^2]$，此分子轨道式中，$(\sigma_{2p_x})^2$ 构成 1 个 σ 键，$(\pi_{2p_y})^2$、$(\pi_{2p_z})^2$ 各构成 1 个 π 键。所以在 N_2 分子中有 1 个 σ 键和 2 个 π 键。由于电子都填入成键轨道，使系统能量降低，故 N_2 分子特别稳定。

$$键级=\frac{成键轨道的电子数-反键轨道的电子数}{2}=\frac{8-2}{2}=3$$

根据分子轨道理论，如果分子或离子的分子轨道上有单电子，则分子或离子具有顺磁性；如果没有单电子，则分子或离子具有反磁性（或抗磁性）。在 N_2 的分子轨道式中没有单电子存在，所以 N_2 具有反磁性。

三、氢键

只有当氢与电负性大、半径小且有孤对电子的元素的原子化合时才能形成。这样的元素有氮、氧、氟等。

氢键有分子内氢键和分子间氢键。分子间氢键使物质的熔点、沸点升高（如 H_2O、NH_3、HF 等）；分子内氢键使物质的熔沸点降低（如硝酸、邻羟基苯酚等）。

氢键的特征是具有方向性和饱和性。

四、分子间力对物质性质的影响

(1) 对物质的熔、沸点的影响

同类型的单质和化合物，其熔沸点一般随分子量的增加而升高。这是由于分子间的色散力随分子量的增加而增强。

(2) 物质的溶解性与分子间的作用力有关

分子间作用力（分子极性）相似的物质相互溶解。

第四节　晶体结构

一、晶体与非晶体

固态物质 {**晶体**　具有规则几何外形、固定熔点和各向异性的固体；
非晶体　无规则几何外形，无固定熔点且具有各向同性的固体。

各向异性　晶体的某些性质从不同方向测量时，常常得到不同数值的性质。

晶体可分为单晶和多晶。**单晶**是由一个晶核沿各个方向均匀生长形成的；**多晶**则是由很多个单晶颗粒杂乱聚结而成的，由于晶粒排列杂乱，各向异性相互抵消，整个晶体失去各向异性特征。

晶格（或点阵）　把晶体内部的微粒抽象成几何点，它们在空间有规则排列所形成的点群。晶格上排有微粒的点称为**晶格结点**。

同一物质，由于形成条件不同可以成为晶体也可以成为非晶体（如 SiO_2 的晶体石英和非晶体燧石）。

二、晶体的基本类型

按照晶格结点上粒子的种类及其作用力的不同，从结构上把晶体分为离子晶体、原子晶体、分子晶体和金属晶体。基本特征如下表所示。

① 离子晶体　正、负离子通过离子键形成的晶体。在离子晶体中，正、负离子电荷越多，半径越小，离子键就越强，该晶体的熔、沸点越高，硬度越大。

② 原子晶体　原子之间通过共价键结合而形成的晶体。由于共价键的键能较强，所以原子晶体一般具有很高的熔、沸点和很大的硬度。

③ 分子晶体　分子之间通过分子间力结合形成的晶体。在分子晶体中有独立的分子存在。由于分子间力较弱，分子晶体的硬度小，熔点低。

④ 金属晶体　在金属原子、金属离子和自由电子之间产生的结合力称为金属键。金属原子和金属离子通过金属键结合形成的晶体称为金属晶体。金属晶体具有良好的导电性、导热性和延展性，金属具有不透明性和金属光泽，这些特性与金属晶体中存在的自由电子以及紧密堆积的晶格有关。

基本特征	离子晶体	原子晶体	金属晶体	分子晶体
结点上的粒子	正、负离子	中性原子	金属原子、金属离子	分子
粒子间作用力	离子键	共价键	金属键	分子间力
有无独立分子	无	无	无	有
熔、沸点	较高	很高	较高	低
硬度	较大	大	较大	小
机械加工性	延展性差	延展性差	延展性好	延展性差
溶解性	溶于水	差	—	极性分子可溶
导电性	溶、熔可导电	固态、熔融态皆不导电	良好	（极性分子）溶、熔可导电
实例	NaF，MgO	C，Ge，GaAs	金属单质和合金	常温下液、气态物质和易升华固体

知识思维导图

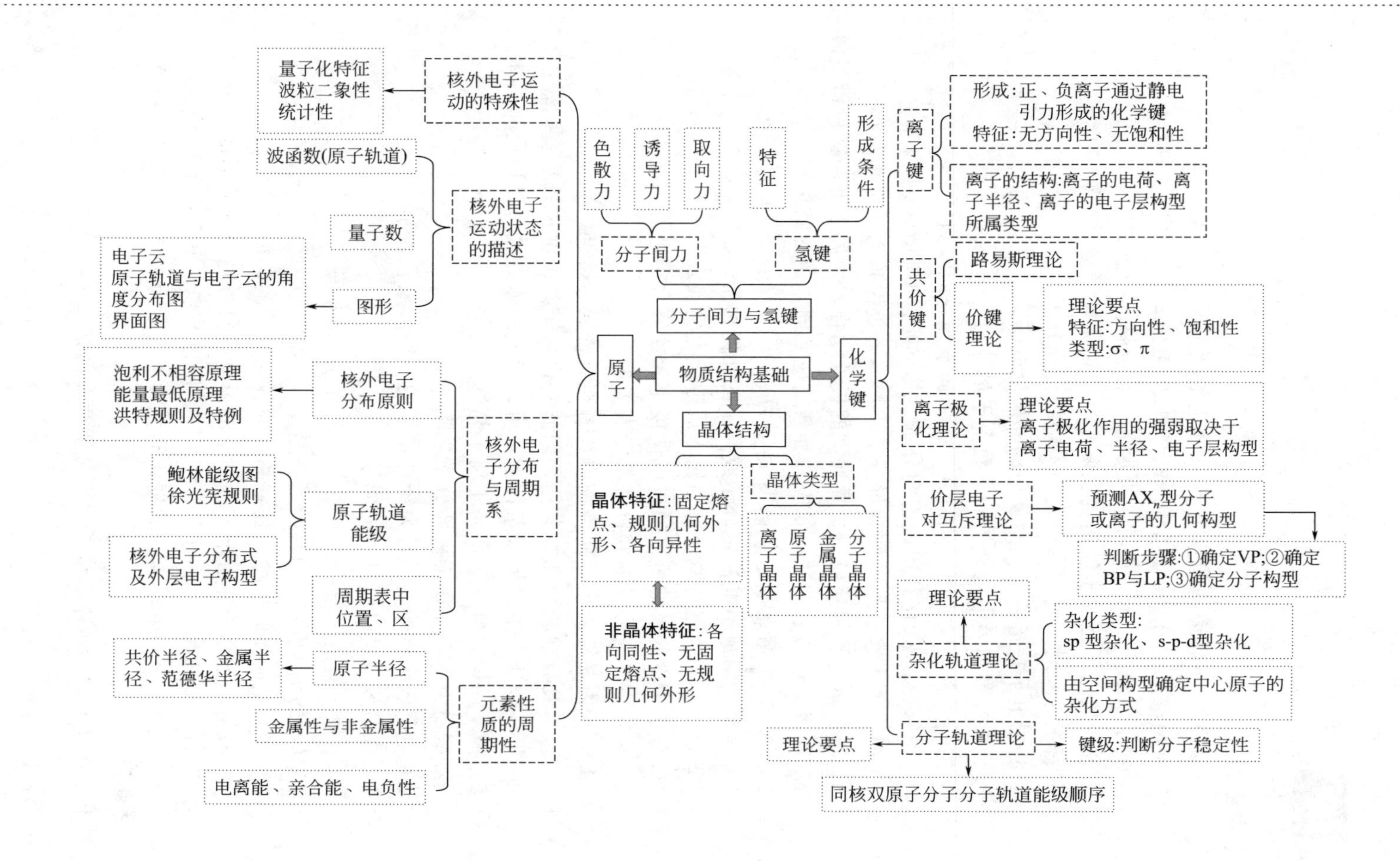

物质结构基础
原子
核外电子运动的特殊性
量子化特征
波粒二象性
统计性
核外电子运动状态的描述
波函数(原子轨道)
量子数
图形
电子云
原子轨道与电子云的角度分布图
界面图
核外电子分布与周期系
核外电子分布原则
泡利不相容原理
能量最低原理
洪特规则及特例
原子轨道能级
鲍林能级图
徐光宪规则
核外电子分布式及外层电子构型
周期表中位置、区
元素性质的周期性
原子半径
共价半径、金属半径、范德华半径
金属性与非金属性
电离能、亲合能、电负性
分子间力与氢键
分子间力
色散力
诱导力
取向力
氢键
特征
形成条件
晶体结构
晶体特征:固定熔点、规则几何外形、各向异性
非晶体特征:各向同性、无固定熔点、无规则几何外形
晶体类型
离子晶体
原子晶体
金属晶体
分子晶体
化学键
离子键
形成:正、负离子通过静电引力形成的化学键
特征:无方向性、无饱和性
离子的结构:离子的电荷、离子半径、离子的电子层构型所属类型
共价键
路易斯理论
价键理论
理论要点
特征:方向性、饱和性
类型:σ、π
离子极化理论
理论要点
离子极化作用的强弱取决于离子电荷、半径、电子层构型
价层电子对互斥理论
预测AX_n型分子或离子的几何构型
判断步骤:①确定VP;②确定BP与LP;③确定分子构型
杂化轨道理论
理论要点
杂化类型:
sp型杂化、s-p-d型杂化
由空间构型确定中心原子的杂化方式
分子轨道理论
理论要点
键级:判断分子稳定性
同核双原子分子分子轨道能级顺序

自测题及答案

自测题一

一、判断题

(　　) 1. 氢原子 4s 轨道的能量小于 4f 轨道的能量。
(　　) 2. 金属键是金属原子、金属离子和自由电子之间产生的一种作用力。
(　　) 3. 对于多电子原子，n 值是决定电子能量高低的主要因素。
(　　) 4. 原子轨道不是原子轨道的实际形状，而是电子运动的轨迹图。
(　　) 5. 键级为 0 时，表示原子之间不能结合成分子。
(　　) 6. 外层电子是指参与化学反应的外层价电子。
(　　) 7. 元素在周期表中所处族的号数等于最外层电子数。
(　　) 8. 主量子数相同的原子轨道并不一定属于同一能级组。
(　　) 9. 凡是以 sp^3 杂化轨道成键的分子，其空间构型必为正四面体。
(　　) 10. 对于中心原子相同的共价分子，配体电负性越大，键角越小。
(　　) 11. 正、负离子相互极化，导致键的极性增强，使离子键向共价键过渡。
(　　) 12. 能级交错现象是钻穿效应和屏蔽效应共同作用的结果。
(　　) 13. $AlCl_3$ 的熔点低于 $MgCl_2$ 是因为 Al^{3+} 比 Mg^{2+} 的极化力强。
(　　) 14. π 键的形成不能决定分子或离子的几何构型。
(　　) 15. 杂化原子轨道与原轨道相比，成键能力更强。
(　　) 16. 分子中键的极性可以通过电偶极矩的数值大小进行判断。
(　　) 17. s 轨道参与形成的共价键都没有方向性。
(　　) 18. 分子内氢键的形成使该物质具有相对较低的熔点。
(　　) 19. 氢键具有饱和性和方向性，因此它也属于共价键，只是键能较小。
(　　) 20. 同一物质在不同形成条件下，可以形成晶体，也可以形成非晶体。
(　　) 21. 原子晶体的熔点一定高于离子晶体。
(　　) 22. 取向力一定存在于极性分子之间。
(　　) 23. 电子云是核外电子行为统计结果的一种形象化表示。
(　　) 24. 屏蔽效应可以使电子的能量升高。
(　　) 25. p 原子轨道的角度分布图中的正负号代表电荷符号。
(　　) 26. O_2 的键级是 2，O_2^+ 的键级是 1.5，说明 O_2 比 O_2^+ 稳定。
(　　) 27. 多晶是晶体的一种，具备晶体的各向异性的特征。
(　　) 28. 根据基态原子外层电子构型中的单电子数可确定能够形成多少个共价键。
(　　) 29. 由于 Si 和 Cl 原子的电负性不同，所以 $SiCl_4$ 分子具有极性。
(　　) 30. 下列化合物中正离子的极化能力大小顺序为 $ZnCl_2>CuCl_2>KCl$。

二、选择题

1. 对于核外电子，下列各组量子数不可能存在的是（　　）

A. 3，1，1，$-\frac{1}{2}$　　　　B. 2，1，-1，$\frac{1}{2}$

C. 3，3，0，$\frac{1}{2}$　　　　D. 4，3，-3，$-\frac{1}{2}$

2. 下列说法正确的是（　　）

A. 原子中电子数越多，则分子间作用力越强

B. 色散力存在于各类分子之间

C. 非金属元素间的化合物为分子晶体

D. 金属键和共价键一样都是通过电子成键的

3. 在多电子原子中，具有下列各组量子数的电子中能量最高的是（　　）

A. 4，1，0，$-\frac{1}{2}$　　B. 4，0，0，$-\frac{1}{2}$

C. 3，2，+1，$+\frac{1}{2}$　　D. 3，1，−1，$-\frac{1}{2}$

4. 在同一原子中，量子数 $n=3$，$m_s=\frac{1}{2}$的电子最多有（　　）

A. 3 个　　B. 6 个　　C. 9 个　　D. 18 个

5. 下列分子或离子中最稳定的是（　　）

A. N_2^+　　B. N_2^-　　C. N_2　　D. N_2^{2-}

6. 下列分子中具有极性的是（　　）

A. PCl_5　　B. $CHCl_3$　　C. NH_4^+　　D. CO_2

7. 下列关于 σ 键和 π 键的特征说法正确的是（　　）

A. s 轨道和 p 轨道肩并肩重叠形成 π 键

B. σ 键比 π 键重叠程度大，较稳定，能够单独存在

C. π 键存在于共价单键、双键和三键中

D. p_y 轨道和 p_y 轨道头碰头重叠形成 σ 键

8. 下列化合物中具有氢键的是（　　）

A. CH_3F　　B. CH_3OH　　C. CH_3COOCH_3　　D. CH_3COCH_3

9. 下列化合物中键的极性最弱的是（　　）

A. $FeCl_3$　　B. $AlCl_3$　　C. $SiCl_4$　　D. PCl_5

10. 下列分子中属于极性分子的是（　　）

A. CCl_4　　B. SF_6　　C. NH_3　　D. PCl_5

11. 下列配合物中，根据磁矩判断属于外轨型配合物的是（　　）

A. $[Fe(CN)_6]^{3-}$(1.73B. M.)　　B. $K_2[MnCl_4]$(5.92B. M.)

C. $[Fe(EDTA)]^-$(1.8B. M.)　　D. $[Co(NH_3)_6]^{3+}$(0B. M.)

12. 熔融 SiC 晶体时需要克服的作用力主要是（　　）

A. 离子键　　B. 氢键　　C. 共价键　　D. 范德华力

13. 在下列离子的卤化物中，正离子极化力最强的是（　　）

A. Zn^{2+}　　B. Fe^{2+}　　C. Mg^{2+}　　D. K^+

14. ClO_3^- 的几何构型为（　　）

A. 平面正方形　　B. 三角锥形　　C. 四方锥　　D. 四面体

15. 下列杂化轨道中可能存在的是（　　）

A. $n=1$ 的 sp　　B. $n=2$ 的 sp^3　　C. $n=3$ 的 sd　　D. 2s 与 3p 形成的 sp

16. 下列波函数中不合理的是（　　）

A. $\Psi_{2,0,0}$　　B. $\Psi_{3,1,0}$　　C. $\Psi_{5,4,0}$　　D. $\Psi_{2,2,1}$

17. 下列物质熔点高低正确的是（　　）

A. $SnCl_4$<$SnCl_2$　　B. $MgCl_2$<$AlCl_3$

C. $CaCl_2$<$ZnCl_2$　　D. $CaCl_2$<$CaBr_2$

18. 下列分子的空间构型为平面三角形的是（　　）

A. NH_3　　B. BCl_3　　C. CH_3Cl　　D. PCl_5

19. 下列分子偶极矩最小的是（　　）

A. PH_3　　B. H_2S　　C. CH_3Cl　　D. CO_2

20. 下列分子间存在的力同时具有氢键、色散力、诱导力和取向力的是（　　）

A. 液态 O_2　　B. 氨水　　C. I_2 的 CCl_4 溶液　D. 液态 CO_2

21. 基态某原子的 4d 亚层上共有 1 个电子，则其核外的电子总数是（　　）

A. 29 个　　B. 27 个　　C. 39 个　　D. 37 个

22. 22 号元素的正四价离子电子层构型为（　　）

A. 18 电子型　　B. 18+2 电子型　　C. 9～17 电子型　　D. 8 电子型

23. 根据分子轨道理论，下列说法正确的是（　　）

A. O_2^+ 中存在双键，键级为 2.5　　B. N_2 分子中 $E(\sigma_{2p})<E(\pi_{2p})$

C. N_2^+ 有一个单电子 π 键　　D. B_2 分子中最高能量的电子处在 σ_{2p} 轨道

24. 某基态原子的最外层只有两个电子，其次外层的电子数（　　）

A. 一定为 8 个　　B. 一定为 18 个　　C. 一定为 2 个　　D. 不能确定

25. 量子力学的一个轨道是指（　　）

A. 波尔理论中的原子轨道　　B. n、l 和 m 值一定时的波函数

C. n 值一定时的波函数　　D. 电子的运动轨迹

26. 下列原子的核外电子排布属于激发态的是（　　）

A. $2s^2 2p^2$　　B. $3s^2 3p^6$　　C. $2s^2 2p^2 3s^1$　　D. $2s^2 2p^6 3s^1$

27. 下列哪个元素的外层电子构型中所有轨道均为半充满状态？（　　）

A. Cr　　B. Cu　　C. Mn　　D. Co

28. 根据价键理论，共价键的形成是由于（　　）

A. 电子云的叠加　　B. 波函数角度部分的叠加

C. 原子轨道的叠加　　D. 电子云角度部分的叠加

29. CH_3Cl 与 PCl_5 两分子之间的作用力有（　　）

A. 色散力　　B. 色散力、诱导力

C. 取向力、色散力　　D. 取向力、诱导力、色散力

30. 通过测定 AX_n 型分子的偶极矩，不能判断（　　）

A. 分子的极性　　B. 分子的几何形状

C. 元素的电负性差值　　D. 三种均不能判断

三、填空题

1. 核外电子运动的特殊性包括________、________、________。按波尔氢原子模型，电子运动的圆形轨道半径为________，体现了电子运动的________特征。德布罗意关系式________，它体现了微观粒子的________性和________性。

2. 核外电子的运动状态可用波函数来描述，通常它又被称为________，$|\psi|^2$ 表示________，能够形象化对它进行描述的图形称为________。

3. 4f 亚层轨道的主量子数为________，角量子数为________，该亚层的轨道共有________种空间取向，最多可容纳______个电子。

4. 基态价层电子构型满足只有 2 个 d 电子的是________族元素；有 1 个 $n=4$，$l=0$ 的电子和 10 个 $n=3$，$l=2$ 的电子的元素是________________。

5. 某元素在 Kr 前，其基态原子价层电子构型中的各轨道均为半充满状态，则该元素为______，其基态原子核外电子排布为________，该元素位于第______周期，第______族，在______区。其正三价离子的外层电子构型为________________，属于____________电子型。

6. 在 CuCl 和 KCl 中，Cu^+ 为____________电子型，K^+ 为__________电子型，极化力大小为______>______，____________中的电子云重叠程度大，共价键成分________（增大或减小），所以在水中溶解度________>__________。

7. N_2 的解离能大于 N_2^- 的解离能，原因是______________________。

8. 根据价层电子对互斥理论推测下列分子或离子的空间构型：

（1）I_3^- ______________；（2）NO_2^- ______________；（3）SO_3 ________________；

（4）SO_4^{2-} ____________；（5）XeF_4 ______________；（6）$[AlF_6]^{3-}$ ______________。

9. 判断下列分子或离子的几何构型并推测中心原子的杂化方式。

（1）ICl_2^+ ________________；（2）BrF_3 ____________；（3）PCl_5 ______________；

（4）NO_2^+ ________________；（5）ClO_3^- ____________；（6）HNO_3 ______________；

（7）SOF_2 __________________；（8）$[Co(NH_3)_6]^{2+}$（$\mu=3.88$）__________________；

（9）H_2S __________________；（10）CS_2 __________________；

（11）$[Ni(NH_3)_4]^{2+}$（$\mu=3.0$）__________；（12）$[Ni(CN)_4]^{2-}$（$\mu=0$）__________。

10. 配合物 $K_3[Fe(CN)_6]$ 中配离子的电荷数应为________，配位原子为______，中心离子的配位数为________；配离子的空间构型为____________，中心离子所采取的轨道杂化方式为________________，该配合物为__________（外轨或内轨）型化合物。

11. CCl_4 分子和 CO_2 分子之间存在的作用力为______________；BBr_3 和 NH_3 分子之间存在的作用力为____________；CH_3OH 和 H_2O 分子之间存在的作用力为______。对羟基苯酚存在__________________氢键；邻羟基苯酚存在________________氢键；HNO_3 存在______氢键（分子内或分子间）。

12. 下列过程需要克服哪种类型的力：

（1）NaCl 溶于水__________________；（2）液 NH_3 蒸发______________________；

（3）SiC 熔化______________________；（4）干冰升华______________________。

13. 在 NaCl，$MgCl_2$，$AlCl_3$，$SiCl_4$，PCl_5 中，正离子的极化力按 Na^+、Mg^{2+}、Al^{3+}、Si^{4+}…的顺序依次______（增强或减弱），Cl^- 的变形也依次________（增大或减小），电子云的重叠程度逐渐________（增强或减弱），键的极性________（增强或减弱），化学键的类型由________键过渡到________键，晶体的类型由________晶体经过__________晶体转变为____________晶体。

14. 在 SiF_4，$SiCl_4$，$SiBr_4$，SiI_4 中，键的极性最大的化合物是____________；分子间色散力最大的化合物是__________。

15. 将下列分子或离子 BCl_3、H_2O、NH_3、SO_4^{2-}、CO_2，按键角由大到小的顺序排列是__________________________。

16. 要使下面晶体熔融，分别需要克服的作用力为：（1）MgO ________________；（2）CO_2 __________；（3）Ag ____________；（4）Si __________；（5）NH_3 __________。

17. 将下列各组物质按沸点的高低进行排序：（1）BiH_3、AsH_3、NH_3、PH_3 ______________；（2）H_2、Ne、CO、HF____________；（3）$SnCl_4$、$SnCl_2$__________。

18. 元素基态原子的最外层仅有一个电子，该电子的四个量子数是 $n=4$，$l=0$，$m=0$，$m_s=+\frac{1}{2}$，则符合上述条件的元素为________。

19. 根据价键理论指出配离子的空间构型和中心离子的杂化轨道类型。

配离子	磁矩	空间构型	杂化轨道类型
$[Mn(CN)_6]^{3-}$	$\mu=2.8B.M.$		
$[Fe(CO)_5]$	$\mu=0B.M.$		
$[Co(NH_3)_6]^{2+}$	$\mu=3.88B.M.$		
$[Fe(EDTA)]^{2-}$	$\mu=0B.M.$		

20. 下列四种物质 SiO_2、CsCl、C_6H_5Cl、$[Cu(NH_3)_4]SO_4$ 中，只含有离子键的是________；只含有共价键的是________；含有配位键的是________。

四、简答题

1. 根据分子轨道理论说明 N_2 分子很稳定，而且具有反磁性。
2. 核外电子的能量与哪些因素有关？
3. 根据所学知识解释 $E_{4s}<E_{3d}$ 的原因。
4. 试用杂化轨道理论解释直线形 CO_2 的成键情况。
5. 石墨与金刚石分别属于哪种晶体？晶体中 C 原子以哪种杂化方式进行成键？
6. 有 A、B 两元素，A 基态原子的 M 层和 N 层的电子数比 B 基态原子的 M 层和 N 层的电子数均少 5 个。常温时 A 的单质为固体，B 的单质为液体。给出两元素的符号、基态原子的电子排布式及两元素在周期表中的位置（所属周期、族、区），并指明正二价 A 离子的外层电子构型及所属电子型。
7. 解释 $[Ni(CO)_4]$ 和 $[Ni(CN)_4]^{2-}$ 的几何构型及中心形成体的杂化方式。
8. BF_3 是平面三角形的几何构型，但 NF_3 是三角锥形的几何构型，试用杂化轨道理论加以说明。
9. 用分子轨道理论解释下列现象：O_2 除去 1 个电子变为 O_2^+，键长由 121pm 缩短到 112pm；而 N_2 除去 1 个电子变为 N_2^+，键长却从 109pm 增加到 112pm。

自测题一答案

一、判断题

1. ×；2. √；3. √；4. ×；5. √；6. √；7. ×；8. √；9. ×；10. √；11. ×；12. √；13. √；14. √；15. √；16. ×；17. ×；18. √；19. ×；20. √；21. ×；22. √；23. √；24. √；25. ×；26. ×；27. ×；28. ×；29. ×；30. √

二、选择题

1. C；2. B；3. A；4. C；5. C；6. B；7. B；8. B；9. D；10. C；11. B；12. C；13. A；14. B；15. B；16. D；17. A；18. B；19. D；20. B；21. C；22. D；23. A；24. D；25. B；26. C；27. A；28. C；29. B；30. C

三、填空题

1. 量子化；波粒二象性；统计性；$r=n^2a_0$；量子化；$\lambda=h/mv$；波动性；粒子性
2. 原子轨道；概率密度；电子云
3. 4；3；7；14

4. ⅣB；Cu

5. Cr；$1s^2 2s^2 2p^6 3s^2 3p^6 3d^5 4s^1$；四；ⅥB；d；$3s^2 3p^6 3d^3$；9～17

6. 18；8；Cu^+；K^+；CuCl；增加；KCl；CuCl

7. N_2 的键级为 3，N_2^- 的键级为 2.5，键级越大，键能越大，解离能越大，N_2 的解离能大于 N_2^- 的解离能。

8.（1）直线形；（2）V 形；（3）平面三角形；（4）正四面体；（5）平面正方形；（6）八面体

9.（1）V 形，不等性 sp^3 杂化；（2）T 形，不等性 sp^3d 杂化；（3）三角双锥，sp^3d 杂化；（4）直线形，sp 杂化；（5）三角锥形，不等性 sp^3 杂化；（6）平面三角形，sp^2 杂化；（7）三角锥形，不等性 sp^3 杂化；（8）八面体 sp^3d^2 杂化；（9）V 形，不等性 sp^3 杂化；（10）直线形，sp 杂化；（11）四面体，sp^3 杂化；（12）平面正方形，dsp^2 杂化

10. −3；C；6；八面体；d^2sp^3；内轨

11. 色散力；色散力、诱导力；色散力、诱导力、取向力、氢键；分子间；分子内；分子内

12.（1）离子键；（2）色散力、诱导力、取向力、氢键；（3）共价键；（4）色散力

13. 增强；增大；增强；减弱；离子；共价；离子；过渡；分子

14. SiF_4；SiI_4

15. $CO_2 > BCl_3 > SO_4^{2-} > NH_3 > H_2O$

16.（1）离子键；（2）色散力；（3）金属键；（4）共价键；（5）色散力、诱导力、取向力、氢键

17.（1）NH_3、BiH_3、AsH_3、PH_3；（2）HF、CO、Ne、H_2；（3）$SnCl_2$、$SnCl_4$

18. K、Cr 和 Cu

19.

配离子	磁矩	空间构型	杂化轨道类型
$[Mn(CN)_6]^{3-}$	μ=2.8B. M.	八面体	d^2sp^3
$[Fe(CO)_5]$	μ=0B. M.	三角双锥	dsp^3
$[Co(NH_3)_6]^{2+}$	μ=3.88B. M.	八面体	sp^3d^2
$[Fe(EDTA)]^{2-}$	μ=0B. M.	八面体	d^2sp^3

20. CsCl；C_6H_5Cl、SiO_2；$[Cu(NH_3)_4]SO_4$

四、简答题

1. 答：N_2的分子轨道式为 $[(\sigma_{1s})^2(\sigma_{1s}^*)^2(\sigma_{2s})^2(\sigma_{2s}^*)^2(\pi_{2p_y})^2(\pi_{2p_z})^2(\sigma_{2p_x})^2]$，形成 1 个 σ 键，2 个 π 键，所以分子很稳定，并且所有电子均已配对，因而具有反磁性。）

2. 答：单电子原子或离子，核外电子的能量只与主量子数有关；多电子原子，核外电子的能量与主量子数和角量子数有关。

3. 答：由于钻穿效应和屏蔽效应，其他电子对 4s 电子的屏蔽常数小，4s 电子使核电荷的减小程度要小于 3d 电子，即有 $Z_{4s}^* > Z_{3d}^*$，所以有 $E_{4s} < E_{3d}$。

4. 答：在 CO_2 分子中，中心原子 C 的一个 s 轨道与一个 p 杂化形成 2 个 sp 杂化轨道。每个 sp 杂化轨道中的单电子分别与两个 O 的 p 轨道的单电子配对成 σ 键，键角为 180°。而 C 的未参与杂化的两个 p 轨道分别与两端氧的 p 轨道侧面重叠形成两个相互垂直的三中心四电子 π。

5. 答：石墨属于过渡型晶体，同层内，C 以 sp^2 杂化成键，层间未杂化的 p 轨道侧面重叠形成离域 π 键；金刚石属于原子晶体，其中的 C 以 sp^3 杂化轨道与其他 C 原子成键。

6.答：A：Mn，电子排布式：$[Ar]3d^5 4s^2$；第四周期，第ⅦB族，d区；Mn^{2+}的外层电子构型为$3s^2 3p^6 3d^5$；属于9～17电子型。B：Br，电子排布式：$[Ar]3d^{10} 4s^2 4p^5$；第四周期，第ⅦA族，p区。

7.答：$[Ni(CO)_4]$的中心原子Ni的价层电子构型为$3d^8 4s^2$，CO是强场配体，能使电子发生重排，2个4s轨道的电子进入3d轨道，重排后10个价电子充满3d轨道，所以Ni的1个4s和3个4p轨道进行杂化，即sp^3杂化，形成4个空的sp^3杂化轨道，接受4个CO提供的电子对形成外轨型的配合物，所以$[Ni(CO)_4]$的几何构型为正四面体。

$[Ni(CN)_4]^{2-}$的中心离子Ni^{2+}的价层电子构型为$3d^8$，CN^-是强场配体，能够使3d轨道的8个价电子发生重排，重排后空出1个3d轨道，所以Ni^{2+}采用dsp^2杂化形成4个空的杂化轨道，接受4个CN^-提供的电子对，形成内轨型的配合物，所以$[Ni(CN)_4]^{2-}$的几何构型为平面正方形。

8.答：B的电子构型为$2s^2 2p^1$，B与F形成BF_3时，B采取sp^2杂化，形成三个等同的sp^2杂化轨道，分别与三个F结合成键，所以呈平面三角形。N的电子构型为$2s^2 2p^3$，N和F形成NF_3时，N采取不等性sp^3杂化，其中一个sp^3杂化轨道由孤对电子占据，另三个各占据一个电子的sp^3杂化轨道与三个F结合成键，由于孤对电子未被共用，更靠近N原子，所占体积更大，对N-F键产生排斥，使N-F键间夹角变小，因此，导致分子的几何构型为三角锥形结构。

9.根据分子轨道理论，键级越大，成键原子的结合力越强，键长越短。O_2分子的键级$(8-4)/2=2$。它失去1个电子变成O_2^+，其键级为$(8-3)/2=2.5$，键级增加，键长缩短。N_2分子的键级为$(8-2)/2=3$。N_2失去1个电子变成N_2^+，其键级为$(7-2)/2=2.5$，键级减小，键长增加。

自测题二

一、判断题

(　　) 1.原子在基态没有单电子，就一定不能形成共价键。

(　　) 2.中心原子的杂化轨道的空间取向决定了所形成化合物的空间构型。

(　　) 3.在CH_4、$CHCl_3$和CH_3Cl分子中，中心原子C均采用sp^3杂化，但分子的几何构型不同。

(　　) 4.色散力存在于一切分子之间。

(　　) 5.在非极性分子中只含非极性键。

(　　) 6. AX_4型分子的空间构型均为四面体构型。

(　　) 7. O_2为顺磁性物质，则O_2^{2-}也为顺磁性物质。

(　　) 8.配离子的几何构型取决于中心离子所采用的杂化轨道类型。

(　　) 9. PH_3分子间只存在色散力、诱导力和取向力。

(　　) 10.按照分子轨道理论，He_2中的成键电子数与反键电子数相等，所以键级为0。

(　　) 11. BCl_3分子中含有极性共价键，所以它是极性分子。

(　　) 12.主量子数为2时，有2s、2p两个轨道。

(　　) 13.电子云是波函数$|\psi|^2$在三维空间分布的图像。

(　　) 14.钻穿效应是l相同时，n越大，轨道能量越高的主要原因。

(　　) 15.原子轨道角度分布图中的正、负号表示电子在核外空间运动时具有的波动性。

(　　) 16.电子云的角度分布图能够反映电子在核外出现的概率密度。

(　　) 17. 全面描述核外电子的运动状态必须用四个量子数 n、l、m、m_s。
(　　) 18. 主量子数相同，角量子数不同的原子轨道的能量是不同的。
(　　) 19. p 电子是沿着哑铃型轨道绕核旋转。
(　　) 20. 离子键、共价键和分子间作用力的本质是相同的。
(　　) 21. 非金属元素间的化合物形成分子晶体。
(　　) 22. Ge^{2+} 的外层电子构型属于 18 电子型。
(　　) 23. 对于 sp 型等性杂化，轨道的成键能力与轨道中所含 s、p 成分有关。
(　　) 24. 分子中键的极性越强，分子的极性越大。
(　　) 25. 分子中键的极性可以根据电负性的差值来判断，电负性的差值越大，键的极性越强。
(　　) 26. 原子形成的共价键数目不能超过该基态原子的单电子数。
(　　) 27. 配位键具有方向性和饱和性。
(　　) 28. 配合物中心离子采取 d^2sp^3 杂化轨道成键时，其空间构型为正八面体。
(　　) 29. 金属元素的电负性都小于 2.0，非金属元素的电负性都大于 2.0。
(　　) 30. 元素周期系形成的内在原因是原子核外电子层结构变化的周期性。

二、选择题

1. 主量子数 $n=4$ 时，原子核外在该层的原子轨道数为(　　)
A. 16 个　　B. 9 个　　C. 32 个　　D. 18 个

2. 在下列四个量子数组合中，不可能存在的是(　　)
A. 4，2，2，$\frac{1}{2}$　　B. 3，1，−1，$\frac{1}{2}$　　C. 1，0，0，$\frac{1}{2}$　　D. 3，1，2，$\frac{1}{2}$

3. 某原子基态时核外电子分布式为 $[Xe]4f^{14}5d^{10}6s^1$，该元素属于(　　)
A. 第六周期，ⅠA 族，s 区　　B. 第六周期，ⅠB 族，d 区
C. 第六周期，ⅠB 族，ds 区　　D. 第六周期，ⅠB 族，f 区

4. 下列分子中，属于极性分子的是(　　)
A. $BeCl_2$　　B. NCl_3　　C. BF_3　　D. CO_2

5. 下列分子中，沸点最低的是(　　)
A. CH_2Cl_2　　B. $CHCl_3$　　C. CH_4　　D. NH_3

6. 实验测得 $[NiF_4]^{2-}$ 的空间构型为正四面体，中心离子 Ni^{2+} 中的单电子数为(　　)
A. 0　　B. 1　　C. 3　　D. 2

7. 下列分子中相邻共价键的夹角最小的是(　　)
A. H_2O　　B. NH_3　　C. CH_4　　D. BCl_3

8. 根据价层电子对互斥理论，分子几何构型为平面三角形的是(　　)
A. ClF_3　　B. BF_3　　C. SO_3^{2-}　　D. NF_3

9. Li^{2+} 的核外电子能量取决于下列哪组量子数(　　)
A. n　　B. l　　C. n，l　　D. l，m

10. OF_2 的杂化类型(　　)
A. sp^2　　B. sp　　C. 等性 sp^3　　D. 不等性 sp^3

11. 关于 N_2^+ 与 N_2 下列说法正确的是(　　)
A. N_2 分子具有顺磁性　　B. N_2^+ 键级为 2.5，具有顺磁性
C. N_2^+ 有一个 3 电子 π 键　　D. N_2 分子磁性强于 N_2^+

12. 基态原子的第五电子层只有 2 个电子，则原子的第四电子层中的电子数(　　)

A. 肯定为 8 个　　B. 肯定为 18 个

C. 肯定为 8～18 个　　D. 肯定为 8～32 个

13. 下列离子的外层电子构型属于 18 电子型的是（　）

A. Cr^{3+}　　B. Fe^{3+}　　C. Co^{3+}　　D. Cu^{+}

14. 对于基态 Fe 原子，下面哪组量子数对应的电子能量最高？（　）

A. 3，2，0，$\frac{1}{2}$　　B. 4，1，−1，$\frac{1}{2}$　　C. 4，0，0，$\frac{1}{2}$　　D. 3，1，0，$\frac{1}{2}$

15. 根据分子轨道理论，B_2 的分子轨道式及磁性情况为（　）

A. $[KK(\sigma_{2s})^2(\sigma_{2s}^*)^2(\pi_{2p_z})^2]$，反磁性物质

B. $[KK(\sigma_{2s})^2(\sigma_{2s}^*)^2(\sigma_{2p_x})^1(\pi_{2p_z})^1]$，顺磁性物质

C. $[KK(\sigma_{2s})^2(\sigma_{2s}^*)^2(\sigma_{2p_x})^2]$，反磁性物质

D. $[KK(\sigma_{2s})^2(\sigma_{2s}^*)^2(\pi_{2p_y})^1(\pi_{2p_z})^1]$，顺磁性物质

16. 下列各组元素第一电离能大小顺序不正确的是（　）

A. Mg＞Al　　B. Na＞K　　C. O＞N　　D. Be＞B

17. 下列各组原子轨道沿 x 轴可以形成 σ 键的是（　）

A. $2s\text{-}2p_y$　　B. $2p_x\text{-}2p_x$　　C. $2p_y\text{-}2p_y$　　D. $2p_z\text{-}2p_z$

18. 熔化下列晶体时只需克服色散力的是（　）

A. HF　　B. H_2O　　C. SiF_4　　D. NF_3

19. 下列分子或离子的空间构型不是直线的是（　）

A. XeF_2　　B. CS_2　　C. ClO_2^-　　D. I_3^-

20. 下列化合物中正离子极化作用最强的是（　）

A. NaCl　　B. $MgCl_2$　　C. $AlCl_3$　　D. $SiCl_4$

21. 某金属离子生成两种配合物的磁矩分别是 $\mu=4.90$B. M. 和 $\mu=0$B. M.，则该离子可能是（　）

A. Mn^{2+}　　B. Fe^{2+}　　C. Cr^{3+}　　D. Cu^{+}

22. 下列核外电子排布式中，属于激发态的是（　）

A. $1s^2 2s^1 2p^1$　　B. $1s^2 2s^2 2p^6 3s^2 3p^6 4s^1$

C. $1s^2 2s^2 2p^6 3s^1$　　D. $1s^2 2s^2 2p^5$

23. 下列叙述中错误的是（　）

A. 分子的极性可以根据电偶极矩数值进行判断

B. 主量子数为 2 时，只有 2s 和 2p 两种原子轨道

C. 轨道杂化发生在化学键的形成过程中

D. 只有正离子具有极化能力

24. 下列化合物中，共价键的极性最弱的是（　）

A. HCl　　B. HF　　C. HI　　D. HBr

25. 下列配合物中，磁矩最大的是（　）

A. $[Zn(NH_3)_4]^{2+}$　　B. $[FeF_6]^{3-}$

C. $[Fe(CN)_6]^{3-}$　　D. $[Ni(CN)_4]^{2-}$

26. 在乙醇与水混合的溶液中，乙醇分子与水分子之间有（　）

A. 取向力　　B. 取向力、诱导力、色散力、氢键

C. 取向力、诱导力　　D. 取向力、诱导力、色散力

27. 下列哪一元素原子的最外层 s 轨道是全充满状态（　　）

A. V　　B. Ag　　C. Cu　　D. Cr

28. 下列各对分子或离子中，哪一对具有相同的几何构型？（　　）

A. ClF_3 与 CCl_4　　B. ClO_2^- 与 H_2O　　C. I_3^- 与 SO_2　　D. PCl_5 与 SO_4^{2-}

29. 下列各组量子数中，能代表基态 Al 原子最易失去的电子的是（　　）

A. 3，0，0，$\frac{1}{2}$　　B. 2，1，0，$-\frac{1}{2}$　　C. 4，1，2，$\frac{1}{2}$　　D. 3，1，1，$-\frac{1}{2}$

30. 18 电子构型的正离子在周期表中的位置是（　　）

A. s 区和 p 区　　B. p 区和 d 区　　C. p 区和 ds 区　　D. p 区、d 区和 ds 区

三、填空题

1. 写出原子序数为 43 的原子的核外电子分布式________，属于______周期______族______区的元素。最外层电子用四个量子数表示为________。

2. 屏蔽效应使电子的能量________；钻穿效应使电子的能量________。能级交错是由________引起的。

3. $COCl_2$（$\angle ClCCl=120°$，$\angle OCCl=120°$）中心原子的杂化轨道类型________，该分子中 σ 键有______个，π 键______个，分子______极性（有或者无）；PCl_3（$\angle ClPCl=101°$）中心原子的杂化轨道类型是________，该分子中有______个 σ 键，孤电子对数为______，分子______极性（有或者无）；XeF_2 中心原子的杂化类型________，分子几何构型______，分子______极性（有或者无）。

4. 给出下列分子的价层电子对构型、分子的空间构型、中心原子杂化轨道类型及分子间作用力。

分子	电子对几何构型	分子或离子构型	中心体的杂化方式	分子间作用力
XeF_4				
$CHCl_3$				
CS_2				
BrF_3				
IF_5				
OF_2				
SF_4				
SF_6				

5. 由于 Fe^{3+} 的极化力比 Fe^{2+} 的______，Al^{3+} 的极化力比 Si^{4+} 的______（填强或弱），因而其氯化物的熔点：$FeCl_3$______$FeCl_2$；$AlCl_3$______$SiCl_4$（填高于或者低于）。

6. 给出下列离子的空间构型、中心原子杂化轨道类型。

离子	空间构型	杂化轨道类型
$[Ni(CN)_4]^{2-}$		
$[FeF_6]^{3-}$		
ICl_4^-		
I_3^-		
$[ZnCl_4]^{2-}$		
ClO_2^-		

7. 指出下列分子间存在的作用力：

（1）I_2 和 CCl_4__________ （2）O_2 和 H_2O __________

（3）NH_3 和 H_2O__________ （4）$CHCl_3$ 和 CH_3Cl__________

8. 晶体的特征有________、__________、__________。多晶体通常是由很多单颗粒杂乱聚结而成，因此整个晶体失去了______特征。

9. 石墨为______晶体，每一层中的碳原子采用_____杂化方式以_____键相连，未杂化的________轨道之间形成______键。层与层之间以_______而相互连接在一起。金刚石为______晶体，晶体中的 C 原子是采用_____杂化方式与其他 C 原子以_____键相结合在一起。

10. 填表

基本性质	NaF	SiC	CCl_4	Ag
晶体类型				
结点上的粒子				
粒子间作用力				

11. 对于价键理论，（1）自旋方向相反的未成对电子配对成键后，不能与再与另一原子的单电子进行配对，说明共价键具有______性；（2）原子轨道重叠时，只有同号才能实行有效重叠，这与电子运动具有______性有关；（3）轨道重叠时总是沿着重叠最多的方向进行，这决定了共价键具有______性。该理论对共价键的本质给出解释为________________。

12. 写原子的核外电子分布式时，根据电子分布三原则_____、_____、_____，利用__________给出的填充顺序写出电子分布式，再将同层的轨道写在一起。

13. 3d 和 4s 轨道均为半充满的元素是______；3d 轨道有两个单电子，4s 轨道为全充满的元素为____________。

14. 氮原子的第一电离能比氧原子的第一电离能_____，其原因为________。

15. 分子的电偶极矩数值越大，则该分子的_____；分子的电偶极矩为零，则该分子为______。

16. 1mol 八面体配合物 $CoCl_3 \cdot xNH_3$ 与过量 Ag^+ 作用生成 2molAgCl，则该配合物结构式______；其名称为______________。

17. 根据分子轨道理论，给出下列分子或离子的键级。

F_2_____；N_2^+_____；O_2^-_____；O_2^+_____；N_2^-_____；B_2_____。其中具有顺磁性的有________。

四、简答题

1. 指出下列离子外层电子构型所属的类型：

Br^-　Ba^{2+}　Zn^{2+}　Bi^{3+}　Ti^{2+}

2. 解释下列各组物质沸点差异的原因：

（1）HF（20℃）与 HCl（−85℃）　（2）NaCl（1465℃）与 CsCl（1290℃）

（3）CH_3OCH_3（−25℃）与 CH_3CH_2OH（79℃）

（4）对-羟基苯甲酸的熔点高于邻-羟基苯甲酸

3. 试用杂化轨道理论解释直线形乙炔（C_2H_2）的成键情况。

4. 为什么 NH_3 与 PH_3 的中心原子杂化类型相同，空间构型相同，而键角不同？

5. 某元素原子 X 的最外层只有一个电子，其 X^{3+} 中的最高能级的 3 个电子的主量子数 n 为 3，角量子数 l 为 2，写出该元素符号，并确定其属于第几周期、第几族。

6. 根据分子轨道理论解释 N_2^+、O_2 与 O_2^{2-} 的稳定性及成键类型。

7. 第四周期某金属的配离子，空间构型为八面体。在弱配体情况下，磁矩为 4.9B. M.，而在强配体情况下，其磁矩为零。试根据配合物的价键理论确定：

(1) 该中心离子可能是哪个离子？

(2) 在强、弱配体情况下，中心离子提供的空轨道分别是什么？所形成的配位化合物是内轨型还是外轨型？

8. 解释 $CoCl_2$ 的熔、沸点比 $ZnCl_2$ 高（已知：Co^{2+} 和 Zn^{2+} 的离子半径相近）。

9. 试用 VESEPR 法和杂化轨道理论说明 SO_2、$XeOF_2$ 的空间构型，中心原子的杂化类型及成键情况。

10. 试解释在多电子原子中 $E_{3s}<E_{3p}<E_{3d}$。

11. 用分子轨道理论说明为什么 H_2 能稳定存在，而 He_2 不能稳定存在。

自测题二答案

一、判断题

1. ×；2. √；3. √；4. √；5. ×；6. ×；7. ×；8. √；9. √；10. √；11. ×；12. ×；13. √；14×；15. √；16. ×；17. √；18. ×；19. ×；20. √；21. ×；22. ×；23. √；24. ×；25. √；26. ×；27. √；28. ×；29. ×；30. √

二、选择题

1. A；2. D；3. C；4. B；5. C；6. D；7. A；8. B；9. A；10. D；11. B；12. C；13. D；14. A；15. D；16. C；17. B；18. C；19. C；20. D；21. B；22. A；23. D；24. C；25. B；26. B；27. A；28. B；29. D；30. C

三、填空题

1. $1s^2 2s^2 2p^6 3s^2 3p^6 3d^{10} 4s^2 4p^6 4d^5 5s^2$；五；ⅦB；d；5，0，0，$\frac{1}{2}$与 5，0，0，$-\frac{1}{2}$

2. 升高；降低；屏蔽效应和钻穿效应

3. sp^2 杂化；3；1；有；不等性 sp^3 杂化；3；1；有；不等性 sp^3d 杂化；直线形；无

4.

分子	电子对几何构型	分子或离子构型	中心体的杂化方式	分子间作用力
XeF_4	八面体形	平面正方形	不等性 sp^3d^2	色散力
$CHCl_3$	四面体形	四面体形	等性 sp^3	色散力、诱导力、取向力
CS_2	直线形	直线形	等性 sp	色散力
BrF_3	三角双锥形	T 形	不等性 sp^3d	色散力、诱导力、取向力
IF_5	八面体形	四方锥形	不等性 sp^3d^2	色散力、诱导力、取向力
OF_2	四面体形	V 形	不等性 sp^3	色散力、诱导力、取向力
SF_4	三角双锥形	变形四面体	不等性 sp^3d	色散力、诱导力、取向力
SF_6	八面体形	八面体形	等性 sp^3d^2	色散力

5. 强；弱；低于；高于

6.

离子	空间构型	杂化轨道类型
$[Ni(CN)_4]^{2-}$	平面正方形	等性 dsp^2
$[FeF_6]^{3-}$	正八面体	等性 sp^3d^2
ICl_4^-	平面正方形	不等性 sp^3d^2
I_3^-	直线形	不等性 sp^3d
$[ZnCl_4]^{2-}$	四面体	等性 sp^3
ClO_2^-	V形	不等性 sp^3

7. (1) 色散力；(2) 色散力、诱导力；(3) 色散力、诱导力、取向力、氢键；(4) 色散力、诱导力、取向力

8. 规则的几何外形；固定的熔点；各向异性；各向异性

9. 层状；sp^2；共价（σ）；p；离域π；分子间力；原子；sp^3；共价（σ）

10.

基本性质	NaF	SiC	CCl_4	Ag
晶体类型	离子晶体	原子晶体	分子晶体	金属晶体
结点上的粒子	Na^+、F^-	Si、C	CCl_4	Ag、Ag^+
粒子间作用力	离子键	共价键	色散力	金属键

11. 饱和；波动；方向；两核对两核间共用电子对所形成的负电区域的共同吸引

12. 泡利不相容原理；能量最低原理；洪德规则；鲍林近似能级图

13. Cr；Ti、Ni

14. 高；氮原子的 2p 轨道为半充满状态，比较稳定

15. 极性越大；非极性分子

16. $[CoCl(NH_3)_5]Cl_2$；氯化一氯·五氨合钴(Ⅲ)

17. 1；2.5；1.5；2.5；2.5；1；O_2^+、O_2^-、N_2^+、B_2、N_2^-

四、简答题

1. 答：${}_{35}Br^-$:$[Ar]3d^{10}4s^24p^6$　8 电子型；

${}_{56}Ba^{2+}$:$[Xe]6s^0=[Kr]4d^{10}5s^25p^6$　8 电子型；

${}_{30}Zn^{2+}$:$[Ar]3d^{10}4s^0=[Ne]3s^23p^63d^{10}$　18 电子型；

${}_{83}Bi^{3+}$:$[Xe]4f^{14}5d^{10}6s^26p^0=[Kr]4d^{10}4f^{14}5s^25p^65d^{10}6s^2$　18+2 电子型；

${}_{22}Ti^{2+}$ $[Ar]3d^24s^0=[Ne]3s^23p^63d^2$　9～17 电子型。

2. 答：(1) HF 和 HCl 是同系列化合物，都是极性分子，各自的分子间都有色散力、诱导力和取向力，所不同的是 HF 分子间形成较强的氢键，使得 HF 的沸点高于 HCl 沸点。

(2) NaCl 与 CsCl 均是碱金属氯化物，负离子相同，$r(Na^+)<r(Cs^+)$，NaCl 中的离子键强于 CsCl 中的离子键，因此，NaCl 的沸点较高。

（3）CH_3OCH_3 与 CH_3CH_2OH 的分子量虽然相同，但是，CH_3OCH_3 分子为中心对称，是非极性分子，分子间仅有色散力；CH_3CH_2OH 为极性分子，分子间有色散力、诱导力、取向力。另外，乙醇分子间可形成氢键，因此 CH_3CH_2OH 的沸点较高。

（4）在邻羟基苯甲酸分子中，羟基与羧基相邻，羟基上的 H 和羧基上的 O 之间形成分子内氢键，不再形成分子间氢键。而在对羟基苯甲酸分子中，羟基与羧基相距远，不能形成分子内氢键，但可以形成分子间氢键，分子间氢键的形成，使分子间的作用力增大，因此，对羟基苯甲酸的熔点高于邻-羟基苯甲酸。

3. 答：在 C_2H_2（乙炔）分子中，两个 C 原子均采取 sp 杂化，形成 2 个 sp 杂化轨道。每个 C 以 2 个 sp 杂化轨道分别与一个 H 原子的 1s 轨道和另一个 C 的 sp 杂化轨道“头碰头”重叠形成两个 σ 键。另外，两个 C 原子中均有 2 个未参与杂化、含有单电子的相互垂直的 p 轨道，在垂直于 sp 杂化轨道平面，“肩并肩”重叠形成 2 个相互垂直的 π 键。

4. 答：NH_3 和 PH_3 同为不等性 sp^3 杂化，空间构型为三角锥形，但是，N 与 P 电负性不同。中心原子的电负性大，则键角一般相对大一些，N-H 键的成键电子对比 P-H 键更偏向中心原子，因而使中心原子成键电子对之间斥力增加，因而 NH_3 键角变大。

5. 答：由 X^{3+} 的最高能级的 3 个电子的 $n=3$，$l=2$，推知其外层电子构型为 $3d^3$，结合元素最外层只有一个电子，推断原子 X 的价层电子构型为 $3d^5 4s^1$。所以该元素为第四周期ⅥB 族的铬。

6. 答：N_2^+ 的分子轨道式为 $[(\sigma_{1s})^2(\sigma_{1s}^*)^2(\sigma_{2s})^2(\sigma_{2s}^*)^2(\pi_{2p_y})^2(\pi_{2p_z})^2(\sigma_{2p_x})^1]$

键级$=(5-0)/2=2.5$

O_2 的分子轨道式为：$[(\sigma_{1s})^2(\sigma_{1s}^*)^2(\sigma_{2s})^2(\sigma_{2s}^*)^2(\sigma_{2p_x})^2(\pi_{2p_y})^2(\pi_{2p_z})^2(\pi_{2p_y}^*)^1(\pi_{2p_z}^*)^1]$

键级$=(6-2)/2=2$

O_2^{2-} 的分子轨道式为：$[(\sigma_{1s})^2(\sigma_{1s}^*)^2(\sigma_{2s})^2(\sigma_{2s}^*)^2(\sigma_{2p_x})^2(\pi_{2p_y})^2(\pi_{2p_z})^2(\pi_{2p_y}^*)^2(\pi_{2p_z}^*)^2]$

键级$=(6-4)/2=1$

N_2^+、O_2、与 O_2^{2-} 键级依次减小，稳定性也逐渐降低。

由上面的分子轨道式可以确定：N_2^+ 有 1 个单电子 σ 键和 2 个两电子 π 键；O_2 有 1 个 σ 键和 2 个三电子 π 键；O_2^{2-} 有 1 个 σ 键。

7. 答：（1）由题意可知，在弱配体情况下，由 $\mu=4.9$B. M. 得单电子数 $n=4$；在强配体情况下，由 $\mu=0$ 得单电子数 $n=0$。所以，对于第四周期的金属离子，符合条件的金属离子可能是 $3d^6$ 构型，即可能是 Fe^{2+}、Co^{3+} 或 Ni^{4+}。

（2）在弱场中，中心离子提供的是 sp^3d^2 杂化轨道，所形成的配合物是外轨型。在强场中，单电子数 $n=0$，电子发生重排，空出 2 个的轨道参与杂化，所以中心离子提供的是 d^2sp^3 杂化轨道，所形成的配合物是内轨型。

8. 答：因为在电荷相同、半径相近时，离子的电子层构型对离子的极化力起决定作用，18 电子型、18＋2 电子型及 2 电子型的离子极化力最强；9～17 电子型的离子次之，8 电子型的离子极化力最弱。Co^{2+} 和 Zn^{2+} 的电荷数相同，离子半径相近，但电子构型不同，Co^{2+} 为 9～17 电子构型，Zn^{2+} 为 18 电子构型，所以极化力 $Zn^{2+}>Co^{2+}$，因此 $CoCl_2$ 的熔、沸点比 $ZnCl_2$ 高。

9. 答：在 SO_2 分子中，价层电子对 VP＝3，成键电子对 BP＝2，孤电子对 LP＝1，所以 SO_2 分子的几何构型 V 形，中心原子 S 采用 sp^2 杂化，形成 3 个 sp^2 杂化轨道，用 2 个 sp^2 杂化轨道分别与两个 O 的 p 轨道形成两个 σ 键，剩下的 sp^2 杂化轨道为孤对电子所占据。S 未参与杂化、含孤对电子数的 p 轨道与两个氧的含有单电子的 p 轨道侧面重叠形成一个三中心四电子的大 π 键。

在 $XeOF_4$ 中，价层电子对 VP＝6，成键电子对 BP＝5，孤电子对 LP＝1，所以 $XeOF_4$ 分子的几何构型为四方锥形。中心原子 Xe 采用 sp^3d^2 杂化，形成 6 个 sp^3d^2 杂化轨道，1 个杂化轨道被孤对电子占据，其他 5 个 sp^3d^2 杂化轨道分别与 4 个 F、1 个 O 形成 4 个 $\sigma_{Xe\text{-}F}$ 键和 1 个 $\sigma_{Xe\text{-}O}$ 键。另外，激发到 d 轨道上的单电子与 O 的 p 电子在 Xe-O 之间形成一个 π 键。

10. 答：多电子原子中的某一电子受内层或同层其他电子的排斥，抵消了一部分核电荷对它的吸引，称为其他电子对该电子的屏蔽作用。屏蔽效应越大，被屏蔽电子受核引力越小，电子能量越高。另外，还存在电子因靠近核而减弱了其他电子对它的屏蔽作用的钻穿效应，不同电子的钻穿能力不同，钻穿能力越强，其他电子对它的屏蔽作用越小。因此，第 3 电子层中 3s、3p、3d 电子的钻穿能力依次减弱，受到其他电子的屏蔽依次增强，能量逐渐升高。因此有能级顺序 $E_{3s}<E_{3p}<E_{3d}$。

11. 答：根据分子轨道理论，H_2 的分子轨道式为 $(\sigma_{1s})^2$，键级为 1，2 个 H 原子以共价单键结合生成 H_2。He_2 的分子轨道式为 $(\sigma_{1s})^2(\sigma_{1s}^*)^2$，键级为 0，2 个 He 原子不能形成共价，因此，He_2 不能稳定存在。

第五章

金属元素与金属材料

课堂笔记

本章包括金属元素概述、几种重要的金属元素及其重要化合物、金属材料的化学与电化学加工。主要学习金属元素概述和几种重要的金属元素及其重要化合物两大部分。

一、金属元素概述

1. 金属的分类

在工程技术上，金属分为黑色金属（包括铁、锰、铬及其合金）和有色金属（除黑色金属外的所有金属及其合金）。而有色金属又可分为五类：轻金属（密度小于 $5.0g \cdot cm^{-3}$）、重金属（密度大于 $5.0g \cdot cm^{-3}$）、贵金属（金、银和铂族元素）、稀有金属和放射性金属。

2. 金属元素的化学性质（还原性）

(1) 金属与氧气（空气）的作用

元素的金属性越强，与氧的反应越激烈。

① 一般情况　s 区金属很容易与氧化合。p 区较 s 区金属活泼性差。在 d 及 ds 区金属中，第四周期除 Sc 在空气中迅速被氧化成 Sc_2O_3 外，其他金属都能与氧作用，但在常温下作用不显著；第五、六周期的 d 及 ds 区金属与氧结合力有减弱趋势，常温下，这些金属都相当稳定。

② 钝化　金属在空气中形成致密氧化物薄膜，对金属具有保护作用，阻止金属进一步被氧化。如铝、铬、镍、铍等。

③ 氧化反应与温度的关系　以消耗 1mol O_2 生成氧化物过程的标准摩尔吉布斯函数变 $\Delta_r G_m^\ominus$ 为纵坐标、温度 T 为横坐标，可得到一些氧化反应的 $\Delta_r G_m^\ominus$-T 图。根据 $\Delta_r G_m^\ominus$-T 图可得以下结论：

a. 反应的 $\Delta_r G_m^\ominus$ 线位置越低，$\Delta_r G_m^\ominus$ 代数值越小，反应自发进行的可能性越大，单质与氧气的结合能力越强，氧化物的热稳定性也越大。

b. 处于图下方的单质可将其上方的氧化物还原。

c. 由于 $\Delta_r G_m^\ominus$-T 图中各反应的斜率不同，甚至有的相互交错，因此在不同温度范围内单质与氧气结合能力的强弱顺序会发生改变。

d. 在 $\Delta_r G_m^{\ominus}$-T 图中一般直线都向上倾斜，而 $2C+O_2 \longrightarrow 2CO$ 反应的直线向下倾斜，这说明温度越高，碳的还原能力越强。在高温下，碳可以将大多数金属的氧化物还原。

(2) 金属与水的作用

金属能否与水作用主要取决于与两个因素：一是金属的电极电势；二是反应产物的性质。常温下，纯水中，$b(H^+)=10^{-7}mol\cdot kg^{-1}$，$E(H^+/H_2)=-0.413V$。因此，凡是电极电势小于$-0.413V$的金属都可与水发生置换反应。但如果生成的氢氧化物不溶于水，反应难以顺利进行。

(3) 金属与碱作用

其难易程度与两个因素有关：一是金属的电极电势，如果小于$-0.83V$，则可能与水作用生成氢氧化物和氢气；二是反应产物是否可溶，如果不溶则会阻碍反应继续进行。

(4) 金属间的置换反应

在水溶液中，金属的置换反应依据金属活动顺序表（电极电势），高温无水条件下，依据 $\Delta_r G_m^{\ominus}$-T 图进行判断。

3. 过渡金属元素

周期系中 d 区和 ds 区元素（不包括镧以外的镧系和锕以外的锕系元素）统称为过渡元素，分别位于第四、五、六周期中部。外层电子构型（价电子结构）为 $(n-1)d^{1\sim10}ns^{1\sim2}$（Pd $4d^{10}5s^0$ 例外）。

过渡元素的单质都是高熔点、高沸点、高密度、导电性和导热性良好的金属。

过渡金属元素具有多种可变氧化数、其离子或原子易形成配离子、水合离子大多有颜色，这些特性与过渡元素的外层电子构型中含有未成对的 d 电子有关。

4. 稀土元素

ⅢB 族的钪、钇和镧系共 17 个元素统称为稀土元素，用 Ln 表示。

稀土元素室温下便可与空气反应生成稳定氧化物，但氧化物膜不致密，没有保护作用，所以稀土金属保护在煤油里。

稀土元素都是强还原剂，一般以$+3$氧化数较为稳定，这反映了ⅢB 族元素的特点。

镧系元素的原子半径和三价离子的半径随原子序数的增加而逐渐减小的现象称为镧系收缩。

镧系元素的三价离子 Ln^{3+} 在水溶液中大多是有颜色的，这是由于未充满的电子 f-f 跃迁引起的；当水合离子中没有未成对的 4f 电子或 4f 电子数接近全空、接近半充满、接近全充满时，水合离子是无色的或接近无色的，这是因为这些 4f 亚层比较稳定，其中的电子很难被可见光激发。但其他结构状态，4f 电子能被可见光激发而跃迁，吸收相应波长的光而呈现与所吸收光互补的颜色。具有 f^x 和 f^{14-x} 构型的离子中，未成对电子数相同，其水合离子颜色也相同或相近。

稀土元素有“冶金工业维生素”之称；因稀土金属及其合金对氢气的吸收能力强，可作为储氢材料；稀土也可以作为催化剂。

二、几种重要的金属元素及其重要化合物

1. 钛及其重要化合物

钛属于稀有金属，具有银白色光泽，密度小（$4.5g\cdot cm^{-3}$），熔点高（1675℃），机械强

度大（接近钢），可塑性良好。钛耐强酸、强碱、王水的腐蚀。“亲生物”是钛的另一特性。

钛的重要化合物有二氧化钛（TiO_2）和四氯化钛（$TiCl_4$）。纯净的 TiO_2 称为钛白粉，可作白色颜料、陶瓷添加剂；金红石是 TiO_2 的另一种形式。四氯化钛（$TiCl_4$）是无色挥发性液体，极易水解。

2. 铬及其重要化合物

铬是金属中**最硬**的银白色有光泽的金属，耐腐蚀。在空气或水中都很稳定。铬的化合物中，氧化数为+3 和+6 的化合物最重要。

氧化铬（Cr_2O_3）是绿色难溶物质，俗称铬绿，用作颜料。三氧化铬（CrO_3），也称铬酐，其固体遇乙醇等易燃有机物，立即着火燃烧，本身被还原为 Cr_2O_3。

铬酸钾（K_2CrO_4）呈黄色，在酸性介质中，溶液的颜色由黄色转变为橙红色，因为存在下列平衡：

$$2CrO_4^{2-}+2H^+ \longleftrightarrow 2HCrO_4^- \longleftrightarrow Cr_2O_7^{2-}+H_2O$$

重铬酸钾（$K_2Cr_2O_7$）是橙红色晶体，又称红矾钾，易溶于水。在酸性溶液中，其氧化性很强，是常用的氧化剂，还原产物为 Cr^{3+}

$$Cr_2O_7^{2-}+14H^++6e^- \xlongequal{} 2Cr^{3+}+7H_2O \qquad E^\ominus(Cr_2O_7^{2-}/Cr^{3+})=1.232V$$

在碱性介质中，CrO_4^{2-} 的氧化性很弱

$$CrO_4^{2-}+2H_2O+3e^- \xlongequal{} CrO_2^-+4OH^- \qquad E^\ominus(CrO_4^{2-}/CrO_2^-)=-0.12V$$

若要检验 Cr(Ⅵ) 的存在，只要在酸性介质中加入双氧水，有蓝色过氧化铬生成就表示 Cr(Ⅵ) 存在。国家规定排放的废水中 Cr(Ⅵ) 的最大允许浓度为 $0.5mg\cdot dm^{-3}$。

3. 锰及其重要化合物

锰是银白色金属。锰最重要的用途是制造合金——锰钢。

锰具有多种氧化态，应用最广泛的是高锰酸钾。高锰酸钾（$KMnO_4$）是易溶于水的暗紫色晶体，是强氧化剂，在不同介质中其还原产物不同。

酸性介质中

$$MnO_4^-+8H^++5e^- \longrightarrow Mn^{2+}+4H_2O \qquad E^\ominus(MnO_4^-/Mn^{2+})=1.507V$$

中性或弱碱性介质中

$$MnO_4^-+2H_2O+3e^- \longrightarrow MnO_2(s)+4OH^- \qquad E^\ominus(MnO_4^-/MnO_2)=0.595V$$

碱性介质中

$$MnO_4^-+e^- \longrightarrow MnO_4^{2-} \qquad E^\ominus(MnO_4^-/MnO_4^{2-})=0.558V$$

自测题及答案

自测题

一、判断题

（　）1. 在 $\Delta_r G_m^\ominus$-T 图中，直线位置越低，$\Delta_r G_m^\ominus$ 值越负，则反应速率越快。

（　）2. MnO_4^- 的还原产物只与还原剂有关。

（　）3. 铝、铬金属表面的氧化膜具有连续结构并有高度热稳定性。

（　）4. 判断溶液中反应能否进行可以用电极电势的数值来确定。

（　）5. 过渡元素的外层电子构型均为 $(n-1)d^{1\sim10}ns^{1\sim2}$。

(　　) 6. 三氧化铬由于呈绿色，常用于颜料。

(　　) 7. 轻金属是指密度小于 $0.5g \cdot cm^{-3}$ 的金属。

(　　) 8. s 区的金属的氧化膜是不连续的，对金属没有保护作用。

(　　) 9. 稀土元素被称为冶金工业的“维生素”。

(　　) 10. 镧系元素是指从镧到镥的 15 种元素，不包括钪、钇两种元素。

(　　) 11. 金属键是一种改性共价键，它没有方向性和饱和性。

二、选择题

1. 下列元素在常温下不能与氧气作用的是（　　）

A. Li　　B. Sn　　C. Sc　　D. Mn

2. 过渡元素的下列性质中错误的是（　　）

A. 过渡金属的水合离子都有颜色

B. 过渡元素的离子易形成配离子

C. 过渡元素有可变的氧化数

D. 过渡元素的价电子包括 ns 和 $(n-1)d$ 电子

3. 需要保存在煤油中的金属是（　　）

A. Ce　　B. Ca　　C. Al　　D. Hg

4. 易形成配离子的金属元素位于周期系中的（　　）

A. p 区　　B. s 区和 p 区　　C. s 区和 f 区　　D. d 区和 ds 区

5. 下列可以大量吸收氢气的金属是（　　）

A. s 区金属　　B. d 区金属　　C. ds 区金属　　D. 稀土金属

6. 下列叙述错误的是（　　）

A. $\Delta_r G_m^{\ominus}$-T 图是以生成 1mol 氧化物的标准摩尔吉布斯函数值为纵坐标

B. 第四周期过渡金属只有钪在常温下与氧反应非常明显

C. 有色金属包括除黑色金属以外的所有金属及其合金

D. 钛被称为“亲生物金属”

三、填空题

$\Delta_r G_m^{\ominus}$　Mg　C　Al　1273K　2273K　T

1. 根据右侧 $\Delta_r G_m^{\ominus}$-T 图，碳的还原性强弱随温度的关系是________；在 1273K 时，C、Mg、Al 的还原能力由强到弱的顺序是________；在 2273K 时，C、Mg、Al 的氧化物稳定性的大小顺序是________。

2. 金属与水作用的难易程度与金属的________和________有关。金属能否与强碱作用，主要取决于两个因素：一是________；二是________。

3. 在金属单质中，硬度最大的是________，其价层电子构型为________；熔点最高的是________；密度最大的是________；导电性最好的是________。

4. 稀土元素包括ⅢB 族的________、________和镧系元素共________种元素，一般以________氧化数比较稳定，这反映了________族元素的特点。镧系元素的原子半径随原子序数的增加而逐渐________的现象，称为________，其结果导致镧系各元素之间________。

5. $K_2Cr_2O_7$ 俗称__________，是__________色晶体。$Cr_2O_7^{2-}$ 在酸性溶液中氧化性很强，其还原产物为__________，呈__________色。$KMnO_4$ 也是强氧化剂，在酸性介质中，其还原产物为__________，呈__________色；在中性介质中，其还原产物为__________，呈__________色；在碱性介质中，其还原产物为__________，呈__________色。

6. 铬绿的化学式__________；铬酐的化学式__________；金红石的化学式__________。

四、简答题

1. 从 $\Delta_r G_m^\ominus$-T 图可以得到哪些结论？

2. 国家规定排放的废水中铬(Ⅵ)的最大允许浓度是多少？如何检验 Cr(Ⅵ)是否存在？

3. 过渡金属的离子和稀土元素的 Ln^{3+} 在水中均有颜色，产生颜色的原因分别是什么？

4. 为什么过渡金属元素的离子或原子容易形成配离子？

5. 对于金属的还原性，可以通过金属电极电势、$\Delta_r G_m^\ominus$-T 图、电离能三种方法给出强弱顺序，试说明三种排序方法的意义和适用范围。

自测题答案

一、判断题

1. ×；2. ×；3. √；4. √；5. ×；6×；7. ×；8. ×；9. √；10. √；11. √

二、选择题

1. B；2. A；3. A；4. D；5. D；6. A

三、填空题

1. 温度升高还原性增强；Mg＞Al＞C；Al＞C＞Mg

2. 电极电势是否小于−0.413V；反应产物的性质；金属的电极电势是否小于−0.83V；生成的氢氧化物的是否可溶

3. 铬(Cr)；$3d^5 4s^1$；钨(W)；锇(Os)；银(Ag)

4. 钪；钇；17；+3；ⅢB；缓慢减小；镧系收缩；原子半径非常相近，性质相似，难以分离

5. 红矾钾；橙红；Cr^{3+}；绿；Mn^{2+}；浅粉或无；MnO_2；棕；MnO_4^{2-}；绿

6. Cr_2O_3；CrO_3；TiO_2

四、简答题

1. (1) 氧化反应的 $\Delta_r G_m^\ominus$-T 线位置越低，表明此反应的 $\Delta_r G_m^\ominus$ 越负，金属与氧反的自发性越强，即单质与氧的结合力越大，这也表明氧化物的热稳定性越强。

(2) 位于埃林汉姆图下方的单质可以从上方属单质置换出来。

(3) 由于埃林汉姆图中，各反应的斜率不同，甚至有的相互交错，因此在不同温度范围内单质与氧结合力的大小次序是会发生变化的。

(4) 一般氧化反应的 $\Delta_r G_m^\ominus$-T 线都是向上倾斜的，只有 C 的是向下倾斜，说明温度越高，C 的还原能力越强。

2. 国家规定排放的废水中铬(Ⅵ)的最大允许浓度是 $0.5mg \cdot dm^{-3}$。检验 Cr(Ⅵ)：在酸性介质中加入双氧水，有蓝色过氧化铬生成就表明有 Cr(Ⅵ)存在。

3. (1) 过渡金属的水合离子有颜色与 d 轨道上存在着未成对电子有关；(2) 稀土元素的 Ln^{3+} 在水中有颜色与 f 轨道未成对的单电子有关。

4. (1) 过渡元素的离子都有未充满电子的 $(n-1)$d 轨道和 ns、np 轨道。这些轨道在同

能级组，能量相近，有利于轨道杂化，接受配体的电子对组成配位键。

（2）由于离子最外层结构的（$n-1$）d 轨道屏蔽作用小，过渡元素离子有较大的有效核电荷、较小的离子半径，因而有较强的极化力，这就使它们具有较强的吸引配位体形成稳定配合物的倾向，甚至多数过渡元素的原子也能形成配合物。

5.（1）金属电极电势适用于常温条件下、水溶液中金属的还原性强弱顺序的确定。因为由金属的标准电极势 $E^{\ominus}$（氧化态/还原态）值可以确定金属在常温时水溶液中的还原性。金属的 $E^{\ominus}$（氧化态/还原态）由小到大的顺序，就是金属的还原性由强到弱的顺序。在水溶液中，标准电极电势小的金属单质可以将标准电极电势大的金属单质从其盐溶液中置换出来。

（2）$\Delta_r G_m^{\ominus}$-T 图适用于在高温无水情况下，金属的还原性强弱顺序的确定。因为在高温无水条件下，金属的还原性可由其氧化反应的标准摩尔吉布斯函数变 $\Delta_r G_m^{\ominus}$ 确定。$\Delta_r G_m^{\ominus}$ 值越小，金属与氧的结合能力（还原性）越强。$\Delta_r G_m^{\ominus}$ 值小金属单质可以把 $\Delta_r G_m^{\ominus}$ 值大的金属单质从其氧化物中置换（还原）出来。

（3）电离能适用于气态金属的还原能力强弱顺序的确定。电离能越小的气态金属越易失去电子，金属活泼性越强。

第六章

非金属元素与无机非金属材料

课堂笔记

本章包括非金属元素概述，非金属元素的重要化合物，耐火、保温与陶瓷材料以及新型无机非金属材料四部分。主要学习非金属元素概述和新型无机非金属材料两部分。

一、非金属元素概述

1. 周期系中的非金属元素

非金属元素包含22种元素，集中在周期表p区，分别位于ⅢA～ⅦA及零族（H除外），其外电子构型为$ns^2np^{1\sim5}$（H为$1s^1$），其中零族（稀有气体）具有稳定的外层电子层构型ns^2np^6（He为$1s^2$）；非金属元素大多具有较强的获得电子或吸引电子的倾向；其具有可变氧化数，最高氧化数与元素所在族的族数n相等，元素的最低氧化数的绝对值等于$8-n$。

2. 非金属元素单质的物理性质

非金属元素单质大多数为分子晶体，B、C、Si为原子晶体。单质的熔、沸点与晶体类型有关。原子晶体的熔、沸点高，硬度大，其中金刚石的熔点（3350℃）和硬度（10）是所有单质中最高的。分子晶体的熔、沸点低，常温下可呈现液态或气态，其中He是所有物质中熔点（－272.2℃）和沸点（－246.4℃）最低的。非金属元素单质一般是非导体，也有一些单质具有半导体的性质，其中硅和锗是最好的单质半导体材料。

3. 非金属元素单质的化学性质

非金属元素单质的化学性质主要取决于其组成原子的性质，特别是原子的电子层结构和原子半径，同时也与分子结构或晶体结构有关。

(1) 非金属元素单质与金属作用

电负性大的非金属与活泼金属可形成离子型化合物。例如，氧和卤素（ⅦA族元素）与大多数活泼金属直接反应；氮在高温或高压放电条件下与许多活泼金属（Mg、Li等）生成相应的氮化物。在离子型氮化物中有N^{3-}，遇水迅速水解，结合水中的H^+生成NH_3；氢在加热时与活泼金属生成离子型氢化物，其中氢以H^-状态存在。氢又可以与非金属反应呈现还原性。

(2) 非金属元素单质与氧气(空气)作用

一般在常温下反应不明显(除白磷在空气中能自燃),加热条件下B、C、P、S可与O_2作用,生成相应的氧化物B_2O_3、CO_2、P_2O_5、SO_2等,而卤素在加热时也不与O_2直接反应。

(3) 非金属元素单质与水作用

在常温下,非金属单质中只有卤素与水作用。氟与H_2O发生激烈的氧化还原反应,产生O_2,即$2F_2+2H_2O \longrightarrow 4HF+O_2$;$Cl_2$在$H_2O$中发生歧化(自身氧化还原)反应,即$Cl_2+H_2O \longrightarrow HCl+HClO$。由于生成的次氯酸HClO有较强的氧化性,因此氯水是常用的漂白剂。Br_2、I_2与H_2O的反应程度依次减小。

高温下B、C、Si与水蒸气作用,如$C+H_2O(g) \longrightarrow CO+H_2$,用来制造水煤气。而氮、磷、氧、硫在高温不与水反应。

(4) 非金属元素单质与酸碱作用

与酸的反应情况: 非金属不与非氧化性酸反应;非金属与氧化性酸(如HNO_3、H_2SO_4)发生氧化还原反应,本身被氧化成氧化物或含氧酸。例如

$$S+2HNO_3(\text{浓}) \longrightarrow H_2SO_4+2NO$$

$$C+2H_2SO_4(\text{浓}) \longrightarrow CO_2+2SO_2+2H_2O$$

与碱的反应情况: 卤素与碱的反应类似与水的反应,但反应程度更大

$$Cl_2+2NaOH \longrightarrow NaCl+NaClO+H_2O$$

B、Si、P、S与较浓强碱反应。例如

$$2B+2KOH+2H_2O \longrightarrow 2KBO_2+3H_2$$

二、新型无机非金属材料

1. 半导体材料

半导体材料指禁带宽度窄、电子易激发的材料。按照金属的能带理论,良导体不存在禁带,绝缘体禁带宽度超过$480kJ \cdot mol^{-1}$,半导体禁带宽度为$9.6 \sim 290kJ \cdot mol^{-1}$。半导体在升高温度时,满带的电子获得能量可以越过禁带而导电。温度越高,导电性就越强。

半导体导电机理 在半导体中,当一个电子从满带激发到导带时,在满带中留下一个空穴,空穴带正电。在电场作用下,带负电荷的电子向正极移动,空穴向负极移动,通过电子和空穴的迁移来实现半导体导电。这就是半导体的导电机理。电子和空穴称为"载流子"。

半导体的种类 按照化学成分可分为单质半导体和化合物半导体;按其是否含有杂质可分为本征半导体和杂质半导体。

单质半导体导电时,如果电子和空穴的数目相同,则称为**本征半导体**。目前公认最优越的本征半导体是单质硅和锗。在极低的温度下,纯净的单质硅或锗是绝缘体,因为硅晶体和锗晶体是原子晶体,没有能够自由移动的载流子。如果导电时的电子和空穴的数目不同,则称为**杂质半导体**。如果将施主杂质(比硅、锗的价电子多的ⅤA元素的原子)掺入硅或锗晶体中,半导体以电子导电为主,称为n型半导体;如果将受主杂质(比硅、锗的价电子少的ⅢA元素的原子)掺入单质半导体中,半导体以空穴导电为主,称为p型半导体。

化合物半导体以ⅢA和ⅤA主族元素的化合物半导体较为常见,GaAs被认为是下一代最优秀的化合物半导体。

半导体材料的特性及用途

① 半导体电导率有随温度迅速变化的特点——用于制作热敏电阻。

② 光照能使半导体材料的电导率增大——用于制作光敏电阻。

③ 温差能使不同半导体材料间产生温差电动势——可制作热电偶。

④ p-n结　将一个p型半导体与一个n型半导体相接触，组成一个p-n结。利用p-n结形成的接触电势差可对交变电源电压起整流作用，对信号起放大作用。

⑤ 半导体材料又是制作太阳能电池所必需的材料。若在p型半导体表面沉积上极薄的n型杂质层，组成p-n结，这种半导体材料在光照射下，光线能完全透过这一薄层，满带中的电子吸收光子能量后跃迁到导带，并在半导体中同时产生电子和空穴。电子移到n区，空穴移到p区，使n区带负电荷，p区带正电荷，形成光生电势差。利用这种光生伏特效应，可制成光电池，使太阳能直接转变为电能。

2. 超导材料

随着温度降低，金属的导电性逐渐增加。当温度降到接近热力学温度0K时，某些金属及合金的电阻急剧下降变为零，这种现象称为“超导电现象”。具有超导电性的物质称为超导材料或超导体。

超导体的三大临界条件：临界温度T_c、临界磁场H_c和临界电流I_c。如果温度、电流、磁场超过临界值，超导体的超导性将被破坏。

3. 激光材料

激光是工作物质受光或电刺激，经过反复反射传播放大而形成的强度大、方向集中的光束。其特点：亮度高，方向性好，单色性好。激光的这些特性是由激光器发光的特殊方式所决定的。

激光产生原理　如果借助于某种人为的手段使多数粒子聚集在激发态而不在基态，即粒子数反转状态（造成粒子数反转状态的原子、离子或分子称为工作物质）。在反转状态下，当能量为$E_{h\nu}=E_2-E_1=h\nu_{21}$的光子入射后，处于激发态的粒子在入射光的激发下跃迁至基态，产生受激辐射。受激原子可发射出与诱发光子完全相同的光子。因此，在具有一定特征的光子入射后，可获得大量相同特征的光子，产生雪崩式的光放大作用。这种在受激过程中产生并被放大的光，就是激光。若采用适当的方法和装置，使这种放大过程以一定的方式持续下去就成为一种光的受激发射的振荡器，简称激光器。

激光器根据激光工作物质的性质划分，可分为固体、气体、半导体等类型激光器。由于激光具有优异的单色性、方向性和高亮度，在许多方面得到应用，被誉为“最快的刀——用于激光加工”“最准的尺——用于激光测距”“最亮的光”。

4. 光导材料

光导材料是指能够把电磁辐射转化为电流的物质，电磁辐射通常指紫外光、可见光及红外光。光通信得以实现的关键是有性能优异的光导纤维材料。

光纤由三部分构成，即芯料、皮料、吸收料。光纤是根据光从一种折射率大的介质射向另一种折射率小的介质时会发生全反射的原理制成。所以，要求芯料玻璃具有高折射率和透光度，皮料玻璃具有低折射率。由于光在芯料和皮料的界面上发生全反射，入射光几乎全部封闭在芯料内部，经过无数次全反射，光波呈锯齿状向前传播，使光由纤维一端曲折地传到另一端。

光通信原理就是把声音或图像由发光元件转换成光信号，经光导纤维传向另一端，再由接受元件恢复为电信号，使受话机发出声音或经接收机恢复到原来的图片。

从材料的组成来看，应用较普遍的有高纯石英（掺杂）光纤、多组分玻璃光纤和塑料光纤。光导纤维根据使用性能的不同可制成紫外光导纤维、激光光导纤维、荧光光导纤维等。

自测题及答案

自测题

一、判断题

（　）1. 王水能溶解金是因为王水对金有配位作用，又有氧化性。

（　）2. 碘单质不能与氢氧化钠发生歧化反应。

（　）3. 离子极化作用越强，所形成的化合物的离子键的极性就越弱。

（　）4. 半导体的导电能力随温度升高而增强。

（　）5. 单质半导体在导电时电子和空穴的数目相同。

（　）6. 杂质半导体能够实现对电量的控制和调节。

二、填空题

1. 在周期系中非金属元素有________种，它们分布在________区、________族。在非金属单质中，熔点最高的是________；沸点最低的是________；硬度最大的是________；密度最小的是________；非金属性最强的是________。

2. 非金属单质中，只有________能在常温下与水反应；除____、____、____三种单质为原子晶体，大都是分子晶体。

3. 金属能带理论是在________理论的基础上发展起来的，填满电子的能带称为________；没有电子的能带称为________。半导体导电是通过________来实现的。

4. 若将ⅤA元素的原子掺入 Si、Ge 晶体中得到的杂质半导体称为________或________半导体，杂质称为________杂质；如果将ⅢA元素的原子掺入 Si、Ge 晶体中得到的杂质半导体称为________半导体，该杂质称为________杂质。

5. p-n 结的作用是________。

6. 超导体的三大临界条件分别是________、________、________。

7. 激光的特点是________。

8. 光纤的组成包括________、________、________。其制作原理是________。

三、简答题

1. 简述激光的产生原理。

2. 解释光生电势差是如何产生的。

3. p-n 结如何构成？有何作用？

4. 本征半导体与杂质半导体的特征分别是什么？

自测题答案

一、判断题

1. √；2. ×；3. √；4. √；5. ×；6. √

二、填空题

1. 22；p（H 在 s 区）；ⅢA～ⅦA 及零；金刚石；氦；金刚石；H_2；F_2

2. 卤素；硼；碳；硅

3. 分子轨道；满带；导带（或空带）；电子和空穴的迁移

4. n 型半导体；电子；施主；p 型；受主

5. 对交变电源电压起整流作用，对信号起放大作用

6. 临界磁场；临界电流；临界温度

7. 极高的亮度、极高的方向性、单色性好

8. 皮料；芯料；吸收料；光从一种折射率大的介质射向折射率小的介质时会发生全反射

三、简答题

1. 产生原理：借助某种人为手段（光、电、热或化学）使工作物质产生粒子数反转。在反转状态下，用具有一定特征的光子入射，粒子由激发态跃迁至基态（受激辐射），获得大量相同特征的光子，产生雪崩式的光的放大作用。在此过程中产生并被放大的光就是激光。

2. 若在 p 型半导体表面上沉积极薄的 n 型杂质层，组成 p-n 结，这种半导体材料在光照射下，光线能完全透过这一薄层，满带中的电子吸收光子能量后跃迁到导带，并在半导体中同时产生电子和空穴。电子移到 n 区，空穴移到 p 区，使 n 区带负电荷，p 区带正电荷，形成光生电势差。

3. 若在 p 型半导体表面上沉积极薄的 n 型杂质层，组成 p-n 结。p-n 结形成的接触电势差可对交变电源电压起整流作用，对信号起放大作用。

4. 本征半导体：导电时，电子和空穴的数目相同。杂质半导体：导电时，电子与空穴的数目不同（n 型半导体是电子导电，p 型半导体是空穴导电）；不仅可以导电，还可以对电量进行控制和调节。

第七章

有机高分子化合物与高分子材料

课堂笔记

本章主要学习高分子化合物的基本概念、构型、特性、聚集状态，线性非静态高聚物的物理状态，高分子化合物的老化与降解。

一、高分子化合物的基本概念

1. 高分子化合物

高分子化合物（又称高聚物或聚合物） 由特定的结构单元多次重复形成的分子量很大的一类化合物。其中特定的结构单元称为**链节**，链节重复的次数称为**聚合度**。高分子化合物与低分子化合物的根本区别在于分子量的大小不同。

数均摩尔质量　高聚物的分子量等于其链节的化学式量与聚合度的乘积。但同一高聚物每个分子个体的聚合度并不完全相同，因而每个分子的分子量也不完全相同。由此可知，高聚物的分子量没有确定的数值，只有一个平均值，即“**数均摩尔质量**”。**高聚物在本质上是由许多链节相同而聚合度不同的化合物组成的混合物**。高聚物分子量的**多分散性**就是指由于聚合度 n 的不同而引起高聚物分子量不同的现象。

2. 高聚物分子的结构

高聚物一般呈链状结构。高分子链的形状有线型结构（包括有支链的）和体型结构（也称网状结构）。由于高聚物分子的内旋转可产生无数构象（每一种空间排列方式便是一种构象），因此其高分子链是非常柔软的，将这种特性称为高分子链的**柔顺性**。

3. 非晶态与晶态熔融的高聚物

高聚物按其聚集态结构可分为晶态和非晶态两种。晶态结构是分子的排列有规则的，即为有序结构；非晶态是分子的排列无规则，即无序排列。高聚物的聚集态除晶态和非晶态外，还有**取向态结构**，即高聚物在其熔点以下，玻璃化转变温度以上的温度区间，在外力作用下分子发生的有序排列。（取向态与结晶态的异同：取向与结晶都使高分子链排列有序，但有序程度不同，取向态是一维或二维有序，而结晶态是三维有序。）

“两相结构”模型认为：晶态高聚物中存在着链段排列整齐的“晶区”和链段卷曲而又

相互缠绕的“非晶区”两部分；一条高分子链在高聚物中可以穿越几个晶区和非晶区。这说明晶态高聚物内部并非是百分之百结晶，只是结晶度很高而已。

4. 高聚物的制备

由低分子化合物合成高分子化合物的反应称为聚合反应。根据单体和聚合物在组成和结构上发生的变化将聚合反应分为**加聚反应和缩聚反应**。

加聚反应 由不饱和低分子化合物相互加成，或由环状化合物相互作用而形成高聚物的反应。只由一种单体生成的聚合物称为均聚物；若两种或两种以上的单体反应则称共聚。

缩聚反应 由相同的或不同的低分子化合物相互作用形成高聚物，同时析出如水、卤化氢、氨、醇等低分子物质的反应。参加缩聚反应的低分子化合物至少应该有两个能够参加反应的官能团，才可能形成高聚物。当低分子化合物包含三个能反应的官能团，便能得到体型结构的高聚物。

二、高聚物的性能

1. 高聚物的物理状态

线型非晶态高聚物在恒定外力作用下，**形变和温度的关系**称为**热-机械曲线**，如图 7-1 所示。由图可知，线型非晶态高聚物在恒定外力作用下，以温度为尺度，可以划分三个性质不同的物理状态：**玻璃态、高弹态和黏流态**。在三种物理状态中的分子运动、形变情况及应用如下表所示。

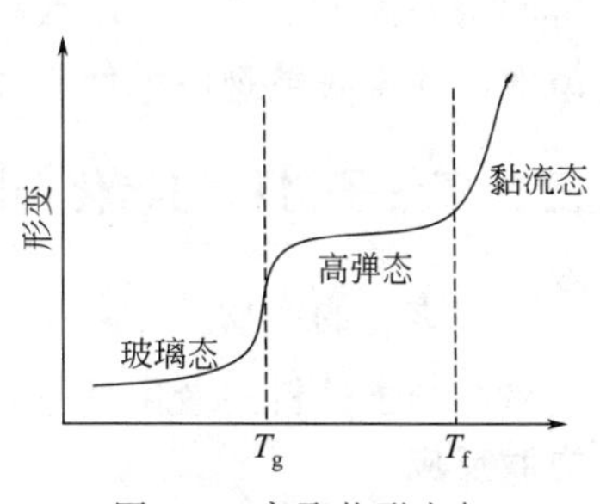

图 7-1　高聚物形变与温度的关系

物理状态	温度区间	分子动能	形变	应用
黏流态	$T>T_f$	较大（链段和整个大分子均可动）	塑性形变（外力消除后，不能恢复原状）	高聚物加工成型的工艺状态
高弹态	$T_g<T<T_f$	较小（只有链段可自由运动）	高弹形变（外力消除后，能够恢复原状）	橡胶的使用状态
玻璃态	$T<T_g$	更小（链段只能做微小振动）	普弹形变（受外力产生微小的形变）	塑料的使用状态

其中，T_g 为玻璃化温度，T_f 为黏流化温度。

研究高聚物的三种物理状态以及 T_g 与 T_f 的高低，对选择和使用高分子材料具有重要的意义。如：橡胶主要使用它的高弹性，为了提高橡胶的耐寒性和耐热性，要求作为橡胶材料的高聚物的 T_g 低一些，而 T_f 则要高一些，从而扩大橡胶的使用温度范围。T_g 与 T_f 差值越大，橡胶性能越优越。对于塑料，其使用状态为玻璃态，适当提高 T_g，即可扩大塑料的使用温度范围。但塑料的 T_f 不能太高，否则不但消耗能源，而且塑料在成型时会受到老化破坏，最终会缩短它的使用寿命。

2. 高聚物的基本性能

① 质轻　高聚物一般比金属轻，密度为 $1\sim2g\cdot cm^{-3}$。

② 机械强度良好　聚合物的机械强度主要取决于材料的聚集态、聚合度、分子间作用力等因素。聚合度越大，分子间作用力就越大，机械强度越好。

③ 可塑性　线性聚合物受热达到一定温度（T_f）后，会转变为黏流态，因而具有良好的可塑性。

④ 电性能　高聚物分子中绝大多数是共价键，不产生离子，没有电子，所以高聚物是良好的电绝缘体。但对交流电而言，极性高聚物中的极性基团或极性链节会随电场方向发生周期性的取向，形成位移电流而导电。这说明高聚物的电绝缘性是与其极性有关的。

如果将高聚物作为电绝缘材料，则非极性高聚物可用作高频率的绝缘材料；弱极性的高聚物用于中频率的绝缘材料；强极性的高聚物用于低频率的绝缘材料。

⑤ 耐腐蚀性　高聚物普遍可以用作耐腐蚀材料，其主要原因是共价键结合牢固，不易破裂。

⑥ 溶解性　一般情况下符合相似相溶规则：极性高聚物易溶于极性溶剂中，非极性或弱极性高聚物易溶于非极性或弱极性溶剂中。

线型高聚物的溶解经过两个阶段：首先是溶胀，即溶剂分子向高聚物中扩散，从表面渗透到内部，高分子链之间的距离增加、体积增大；其次是溶解，即随着溶胀的进行，高分子链间的距离不断增加，以致高分子链被大量的溶剂分子隔开而完全进入溶剂之中，形成均匀溶液。体型高聚物由于分子链间有化学键相连，因此只溶胀不溶解。

三、高分子材料的老化与防老化

1. 老化的实质

高分子材料的老化是一个复杂的物理、化学变化过程，**其实质是发生了大分子的降解与交联反应**。

降解是指聚合物在化学因素或物理因素的作用下出现聚合度降低的过程。交联反应则是指若干个线型高分子链通过链间化学键的建立而形成网状结构（体型结构）大分子的反应。

2. 防老化的方法（针对光氧老化和热氧氧化）

① 添加防老剂　是一种能够防护、抑制或延缓光、热、氧、臭氧等对高分子材料产生破坏作用的物质。防老剂可以在聚合反应时或聚合反应后处理时加入，也可以在制作半成品或成品时加入。

② 物理防护　在高分子材料表面附上一层防护层，起到阻缓甚至隔绝外界因素对高分子材料的破坏作用，延缓高聚物老化。

③ 改性　用各种方法改变高聚物的化学组成或结构，改善其性能，提高耐老化性，这一过程称为改性。

自测题及答案

自测题

一、判断题

(　　) 1. 高分子化合物与低分子化合物的根本区别在于分子量大小不同。

(　　) 2. 高聚物具有较宽的软化温度范围是因为其分子量具有多分散性。

(　　) 3. 只有线型高聚物加热时可以熔融，在适当的溶剂中可以溶解。

(　　) 4. 高聚物一定是混合物。

(　　) 5. 高聚物分子内含有 C-C 单键，通过旋转可以产生无数构象。

(　　) 6. 两相结构模型不仅适用于晶态高聚物，也适用于取向态高聚物。

(　　) 7. 线型晶态高聚物有三种性质不同的物理状态。

(　　) 8. 取向态是高聚物在玻璃化温度以下沿拉伸方向发生的有序排列。

(　　) 9. 合成高分子化合物的反应可以分为加聚反应和缩聚反应。

(　　) 10. 非极性高聚物可以用作低频率的绝缘材料。

(　　) 11. 高分子材料的老化是一个复杂的化学变化过程。

(　　) 12. 高聚物由于可以自然卷曲，因此都有一定的弹性。

(　　) 13. 聚合物强度高是由于聚合度大，分子间力大，甚至超过化学键的键能。

二、选择题

1. 下列哪一种形态不是聚合物碳链的结构形态？(　　)

A. 直线型　　B. 网状体　　C. 支链型　　D. 内旋转状态

2. 聚乙烯醇在下列哪种溶剂中溶解度最大？(　　)

A. 水　　B. 己烷　　C. 甲苯　　D. 石油醚

3. 长链大分子在自然条件下呈卷曲状，是因为 (　　)

A. 分子的内旋转　　B. 分子间有氢键　　C. 分子量较大　　D. 有外力作用

4. 大分子链具有柔顺性时，碳原子均采取 (　　)

A. sp 杂化　　B. sp^2 杂化　　C. sp^3 杂化　　D. 不等性 sp^3 杂化

5. 在晶态高聚物中，其内部结构为 (　　)

A. 不存在晶态　　B. 只存在晶态

C. 晶态与非晶态共存　　D. 取向态

6. 适宜作为橡胶的高聚物是 (　　)

A. T_g 较低、T_f 较高的非晶态高聚物　　B. T_g 较高、T_f 较高的非晶态高聚物

C. T_g 较低、T_f 较低的晶态高聚物　　D. T_g 较高、T_f 较低的晶态高聚物

7. 高聚物具有良好的电绝缘性的原因是 (　　)

A. 高聚物的聚合度大　　B. 高聚物的分子间作用力大

C. 高聚物的结晶度高　　D. 高聚物分子中化学键大多数为共价键

8. 体型高聚物具有很好力学性能的原因是 (　　)

A. 分子间作用力强　　B. 分子间有化学键

C. 分子内具有柔顺性　　D. 化学键与分子间力共存

9. 关于高聚物老化描述不正确是 (　　)

A. 高聚物性能下降，失去原有的力学强度

B. 线型高分子材料通过链间化学键形成网状结构

C. 高聚物聚合度降低

D. 高聚物性能失效后经再生处理可重复使用

三、填空题

1. 高聚物普遍具有耐腐蚀性，其主要原因是________________。

2. 线型高聚物的溶解过程要经历两个阶段：首先________，然后________。对于体型高聚物来说，由于__________，只有不同程度的溶胀而不溶解。

3. 高分子材料的老化实质是________________。

4. 线型非晶态高聚物在恒定外力作用下，以温度为标尺，可划分为 3 种性质不同的物理状态：________、________、__________。

5. 玻璃化温度是指________态和________态之间的转变温度；而黏流化温度是指________态和________态之间的转变温度。

6.对塑料来说，其________越高越好，__________越低越好；对于橡胶来说，T_f-T_g差值越________（大/小），性能越优越。

7.取向态和结晶态的有序程度不同：取向态是__________有序，结晶态是______维有序。

自测题答案

一、判断题

1.√；2.√；3.√；4.√；5.×；6×；7.×；8.×；9.√；10×；11.×；12.×；13.√

二、选择题

1.D；2.A；3.A；4.C；5.C；6.A；7.D；8.B；9.D

三、填空题

1.共价键结合牢固

2.溶胀；溶解；分子链间有化学键相连

3.发生了大分子的降解与交联反应

4.黏流态；高弹态；玻璃态

5.玻璃；高弹；高弹；黏流

6. T_g；T_f；大

7.一维或二维；三

第八章

化学与能源

课堂笔记

本章主要学习能源的概念与分类，燃料能源及燃料电池，氢能、核能和太阳能等新能源等。

一、能源概述

1. 能量的形态与能量的转换

能量 物质做功的本领。能量有各种不同的形式，如机械能、热能、化学能、光能、电能和原子核能等。

能量的转换 各种不同形态的能量可以相互转化，转化规律服从能量守恒定律。实际上，能量的转换并不十分彻底。

2. 能源的概念及分类

能源 可以从其中获得能量的资源。

能源的分类 “**一次能源**”为能直接利用其能量的能源；“**二次能源**”为通过其他能源制取的能源。在“一次能源”中，不随人类的利用显著减少的能源称为**再生能源**；随着人类的利用而减少的能源称为**非再生能源**。对能源的分类可归纳如下：

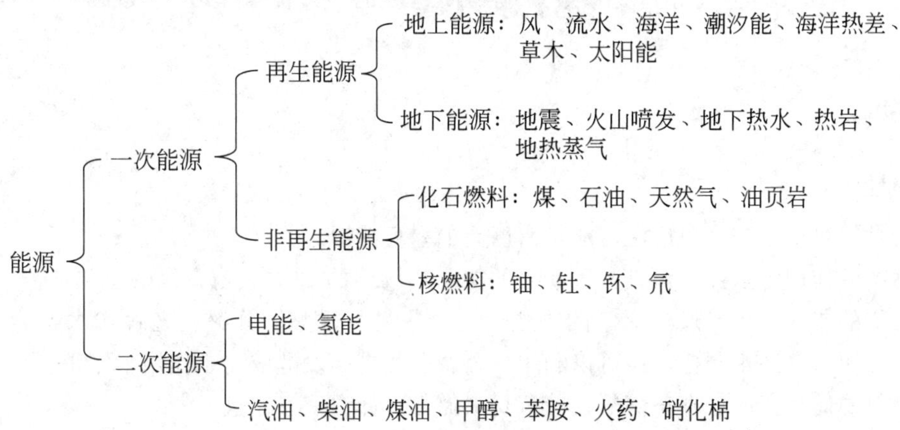

二、燃料能源及燃料电池

1. 燃料

燃料是指产生热能或动力的可燃性物质。工业上选作燃料的仅指在燃烧过程中以氧气（空气）作氧化剂的物质，主要是含碳物质或碳氢化合物。

2. 燃料的发热量

发热量或热值，用 Q_{DW} 表示，指单位质量或单位体积的燃料完全燃烧时所能释放的最大热量，单位 $kJ \cdot kg^{-1}$（对固体或液体燃料）或 $kJ \cdot m^{-3}$（对气体燃料），它是衡量燃料作为能源的一个重要指标。

燃料发热量的高低取决于燃料中含有可燃物质的多少。但固体和液体燃料的发热量并不等于各可燃物质组分发热量的代数和，因为其内部各元素存在复杂的化合关系。确定燃料发热量的最可靠的方法就是依靠实验测定。气体燃料的发热量可以按每种单一可燃气体组成的发热量计算后相加得到，即

$$Q_{DW}=(127CO\%+108H_2\%+360CH_4\%+\cdots+231H_2S\%)kJ \cdot m^{-3}$$

式中，“127”是指 1% m^3 的 CO 在标准条件下完全燃烧放出 127kJ 的热。

3. 传统燃料

① 天然气的主要成分是甲烷。当甲烷的体积分数＞0.5 时，称为“干天然气”；当甲烷的体积分数小于 0.5 时，称为“湿天然气”。“湿”的意思是表示这种天然气中含有较多高沸点的容易液化的烃类。

② 石油也称为原油，主要是烷烃、环烷烃和芳香烃的混合物。石油主要用于生产燃油和汽油，是许多化学工业产品的原材料。

③ 煤是当前的主要燃料。煤可以经过物理及化学加工转化为气体、液体和固体燃料以及各种精细化学品。煤的液化有直接液化法和间接液化法。直接液化法是将煤在高温、高压催化剂存在下进行加氢处理。间接液化法是先将煤气化，然后再合成液体燃料。

4. 燃料电池

燃料电池是根据原电池原理，以还原剂（如氢气、甲醇、烃等燃料）为负极反应物质，以氧化剂（如氧气、空气等）为正极反应物而组成的。其优点是发电效率高、环境污染少等。

三、新能源

1. 氢能

氢能是储量丰富、来源广泛、能量密度高的绿色能源。

氢燃料的使用特点：无污染（最清洁的能源）；资源丰富；具有最高燃烧热值。

氢燃料的制取：可以通过化学的方法对化合物进行重整、分解、光解或水解等方法获得，也可以通过电解水制氢，还可以利用产氢微生物进行发酵或光合作用来制得。

氢燃料的储存：高压气态储氢；储氢材料储氢；低温液态储氢。

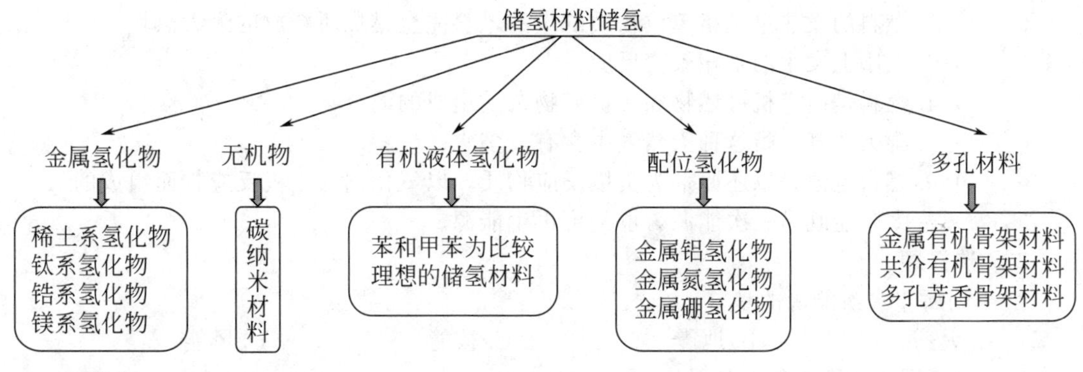

2. 核能

核能是原子核发生变化而释放的能量。

核裂变能就是重核分裂成两个中等质量的核时，原子释放出的巨大能量，这个过程称为核裂变。核裂变时，释放能量的原因是裂变前后的总质量不相等，裂变后亏损的质量转变成了能量。质能转换关系可由爱因斯坦定律 $E=mc^2$ 求得。

核聚变能是很轻的核在异常高的温度下合并成较重的原子核时所释放的能量。这个反应称为核聚变。该反应的发生需要异常高的温度条件。

核能的特征：核燃料体积小、能量大、不排放二氧化碳等温室气体；核能的储量丰富；核能比太阳能、风能易储存。

3. 太阳能

太阳能是由太阳中的氢气经过核聚变反应所产生的一种能源。太阳能既是一次能源也是可再生能源。

太阳能的特点：储量丰富、没有地域限制，分布广泛；环境友好能源。

太阳能的利用形式主要有三种：太阳能的光热转换、光电转换及光化学能转换。

太阳能热利用的本质在于将太阳辐射能转化为热能。

在光照条件下，半导体 p-n 结的两端产生电位差的现象称为光生伏特效应，光生伏特效应的实际应用导致太阳能电池的出现。太阳能电池是把太阳能转变为电能的装置。将光能转变为电能可以分三个主要过程：①吸收一定能量的光子后，产生光生载流子（即电子-空穴对）；②光生载流子被半导体中 p-n 结所产生的静电场分开；③光生载流子被太阳能电池的两极所收集，并在外电路中产生电流，从而获得电能。

太阳能电池的材料要求：①半导体材料的禁带宽度不能太宽；②具有较高的光电转换效率；③材料本身对环境无污染；④材料性能稳定且便于工业化生产。

光化学能转换就是将太阳能转换为化学能，它主要有两种方法：光合作用和光分解水制氢。

此外，光化学能转换还可以利用氢氧化钙或金属氢化物等热分解储能。

自测题及答案

自测题

一、判断题

（　　）1. 化石燃料是不可再生的二次能源。

（　　）2. 燃料的发热量是指单位物质的量的燃料完全燃烧所释放的最大热量。

（　　）3. 太阳上发生的是核聚变反应。

（　　）4. 燃料是由有机可燃物和无机矿物杂质组成的混合物。

（　　）5. 湿天然气是指这种天然气中含有较多水。

（　　）6. 燃料电池是以还原剂为负极反应物质，以氧化剂为正极反应物而组成的。

（　　）7. 太阳能既是一次能源，也是可再生能源。

二、选择题

1. 下列属于二次能源的是（　　）

A. 火药　　B. 地震　　C. 核能　　D. 风能

2. 下列不属于非再生能源的是（　　）

A. 煤　　B. 石油　　C. 柴油　　D. 铀

3. 将氧化还原反应设计成原电池，对该反应的要求是（　　）

A. $\Delta G>0$　　B. $\Delta G<0$　　C. $\Delta S>0$　　D. $\Delta H<0$

三、填空题

1. 氢能是指用__________而获得的能量。

2. 燃料是一种________________物质。工业上的燃料主要是含________的物质或________化合物。作为氧化剂的物质主要是__________。

3. 核能是______________________________。其中，核聚变是把_______聚合成________；核裂变是把________分裂为__________。核裂变时，释放出能量的原因是____。

4. 能量是______________________________，包括__________、__________、_____________、___________、__________、___________。

5. 核能的特征包括_____________；_______________；______________。

6. 太阳能的主要利用形式有______________________________________三种。

7. 太阳能电池将光能转换为电能分三个主要过程，分别是____________________；____________________________；____________________________。

8. 储氢材料包括_______________、_______________、_________________、_____________________、______________________。

9. 气态可燃物的发热量可通过下面计算公式进行计算：

$$Q_{DW}=(127CO\%+108H_2\%+360CH_4\%+\cdots+231H_2S\%)\mathrm{kJ\cdot m^{-3}}$$

式中“127”是指____。

自测题答案

一、判断题

1. ×；2. ×；3. √；4. √；5. ×；6 √；7. √

二、选择题

1. A；2. C；3. B

三、填空题

1. 氢气作为燃料

2. 产生热能或动能的可燃性；碳；碳氢；氧（O_2）或空气

3. 核聚变和核裂变放出的巨大能量；较轻的原子核；较重的原子核；较重的原子核；较轻的原子核；裂变前后的总质量不等，核裂变后亏损的质量转变成了能量

4. 物质做功的本领；机械能；热能；化学能；光能；电能；原子核能

5. 体积小，能量大，不排放二氧化碳等温室气体；储量丰富；容易储存

6. 太阳能的光热转换、光电转换、光化学能转换

7. 吸收一定能量的光子后，产生光生载流子；光生载流子被半导体中 p-n 结所产生的静电场分离；光生载流子被太阳能电池的两极所收集，并在外电路中产生电流，从而获得电能

8. 金属氢化物；无机物；有机液体氢化物；配位氢化物；多孔材料

9. 1% m^3 的 CO 在标准条件下完全燃烧放出 127kJ 的热

第九章

化学与环境保护

课堂笔记

本章主要内容包括人类与环境、大气污染、水污染和土壤污染。

一、人类与环境

环境是指围绕着某一事物并对该事物会产生某些影响的所有外界事物。通常所说的环境是指人类的生活环境。人类生活环境按要素可分为自然环境和社会环境。

自然环境是环绕人们周围的各种自然因素的总和。它可分为大气圈、水圈、土石圈和生物圈，四个圈层之间存在着复杂的物质交换和能量交换，它们之间相互制约相互影响，处于一个动态平衡中。

生态系统是由生物群落与其周围的自然环境构成的整体。在生态系统中，生物与环境相互依存，相互影响，相互制约。它们之间存在着一种内部调节能力，在长期共存与复杂演变过程中形成一定的平衡状态，这种平衡状态称为生态平衡。

环境的自净能力是指自然界的各个生态系统对某些外来的化学物质有一定的抵抗和净化能力。环境的自净能力有一定限度，如果外来污染物超出环境的自净能力，生态平衡就会受到不可逆转的严重破坏，称为环境污染。

二、环境污染

1. 大气污染

大气污染通常指人类活动或自然过程引起某些物质进入大气中，呈现出足够浓度，达到足够时间，并因此危害了人类的舒适、健康和福利或环境的现象。人类活动是引起大气污染的主要原因。

(1) 大气中主要污染物

大气中的**主要污染物**有总悬浮颗粒物、可吸入颗粒物（飘尘）、氮氧化物、二氧化硫、一氧化碳、臭氧、挥发性有机化合物。中国大气污染以煤烟型污染为主，主要污染物为总悬浮颗粒物和二氧化硫。

① 总悬浮颗粒物与可吸入颗粒物　总悬浮颗粒物是指能长时间悬浮在空气中，粒子直径≤100μm 的颗粒物。总悬浮颗粒物中粒径小于 10μm 的称为 PM_{10}。PM_{10} 会随气流进入人的气管或肺部，因此称其为可吸入颗粒物；如果粒子直径小于 2.5μm 的称为 $PM_{2.5}$，为细颗粒物。

颗粒物的直径越小，进入呼吸道的部位越深，它不仅会在肺部沉积下来，还可以直接进入血液到达身体的各个部位。由于颗粒物表面往往附着各种有害物质，一旦进入人体就会引发各种疾病。

② 氮氧化物　氮氧化物种类很多，造成大气污染的主要是 NO 和 NO_2。环境学中的氮氧化物就是二者的总称。NO 是无色、无刺激气味的不活泼气体，可被氧化成 NO_2。NO_2 是一种红棕色有刺激性臭味的气体，具有腐蚀性和生理刺激作用，长期吸入会导致肺部结构变化。

③ 二氧化硫　二氧化硫是无色中等刺激性气体，主要来自含硫燃料的燃烧。它主要影响呼吸道。另外，二氧化硫也是酸雨形成的主要原因之一。

④ 一氧化碳　CO 为无色无味气体，它来源于自然界天然产生和燃料燃烧。燃料燃烧产生 CO 是造成空气污染的主要原因。CO 一旦被吸入肺部，就会进入血液循环，与血红蛋白形成碳氧血红蛋白，削弱血红蛋白向人体各组织输送氧的能力。

⑤ 臭氧　能吸收太阳释放出来的绝大部分紫外线，保护动植物免遭紫外线的危害。对人类来说，地面附近大气中的 O_3 浓度过高也会危害人类的健康。因为 O_3 作为强氧化剂几乎能与任何生物组织反应。

⑥ 挥发性有机化合物　指碳的任何挥发性化合物。在阳光下，挥发性有机化合物与氮氧化物产生化学作用，形成 O_3，继而导致微粒的形成，最终形成烟雾。长时间处于烟雾环境中，可能对肺部组织造成永久性伤害，并损及免疫系统。

(2) 四种大气污染现象

① 温室效应　大气保温效应的俗称。它是由于大气能使太阳的短波辐射到达地面，地表升温后向外反射出的长波辐射却被大气吸收，这样使得地表与底层大气温度增高而形成的。其危害主要是使大气环境温度上升，导致两极冰川融化，海平面上升及引起自然气象异常等。

大气中起温室作用的气体称为温室气体，主要有 CO_2、CH_4、O_3、N_2O、氟利昂和水汽等。

② 臭氧层的破坏　臭氧层集中了地球大气层中约 90% 的 O_3。臭氧层可以吸收 99% 来自太阳的紫外线辐射，为地球提供了一个防御紫外线的天然屏障，是人类赖以生存的保护伞。臭氧层破坏意味着大量紫外线将直接辐射到地面，进而影响人类和动植物的生存。

破坏臭氧层的物质主要是氯氟烃（氟利昂）。通常情况下，氟利昂很稳定，但进入臭氧层后，受紫外线辐射会分解产生氯原子，进而引发破坏臭氧循环的反应。

③ 光化学烟雾　参与光化学反应过程的一次污染物（碳氢化合物和氮氧化物）和二次污染物（一次污染物发生光化学反应后的产物）的混合物所形成烟雾污染。其危害主要是强氧化性、强刺激性、强致癌性，严重时可致人死亡。

④ 酸雨　pH 值小于 5.6 的降雨。酸雨形成的主要原因是大气中含 SO_2 和 NO_2。其危害主要是引发呼吸系统疾病，引起建筑物及金属腐蚀、土壤贫瘠化、水生生物群体减

少等。

酸雨、臭氧层的破坏和温室效应并称当今世界三大全球环境问题。

2. 水污染

水污染指排入水体的污染物含量超过**水体的自净能力**，造成水质的恶化，使水的用途受影响现象。**水体的自净能力**是指水体对污染有一定的自净能力，这是因为水体中溶解氧在起作用。溶解氧参与水体中氧化还原的化学反应与好氧的生物过程，把水中的污染物转化、降解，甚至转变为无害物质。

水体污染　有自然因素和人为因素，后者是主要的。根据污染的性质可将水污染分为生物污染和化学污染，化学污染物包括无机污染物和有机污染物。无机污染物主要指酸、碱、盐、重金属及无机悬浮物。有机污染物包括耗氧有机物和难降解有机物。耗氧有机物是指在分解过程中消耗水中的溶解氧的有机物。一般用溶解氧（DO）、生化需氧量（BOD）、化学耗氧量（COD）和总需氧量（TOD）来表示耗氧有机物的含量或表示水体被污染的程度。

水体富营养化　水中总氮、总磷量超标——总氮含量大于 $1.5mg \cdot dm^{-3}$，总磷含量大于 $0.1mg \cdot dm^{-3}$。它是水体污染的一种形式，会导致水体中藻类和浮游生物迅速繁殖、生长，从而使水体严重缺氧、水质恶化。

3. 土壤污染

土壤污染指进入土壤的污染物超过土壤的自净能力，导致土壤的物理、化学及生物性质发生改变的现象。

土壤污染物　分无机和有机两大类：无机污染物包括重金属汞、镉、铅、铬等和非金属砷、氟、氮、磷、硫等；有机污染物有酚、氰及农药等。这些污染物大多是由受污染的水、受污染的空气及某些农业措施带进土壤的。

土壤污染的判断标准　土壤中有害物质的含量超过了土壤背景值的含量；土壤中有害物质的累计量达到了抑制作物正常发育或使作物发生变异的量；土壤中有害物质的累计量使作物体或果实中存在残留，达到了危害人类健康的程度。

三、环境污染的防治

（1）大气污染的防治

对大气污染的防治措施很多，如工业布局合理、改进燃烧方法、发展低碳经济及绿化造林等。

（2）水污染的防治

加强水体管理，严禁排放未经处理的有毒、有害废水。污水处理按照处理深度分为三级：一级处理除去水中的悬浮物、胶体、浮油等，一级处理后的废水通常达不到排放标准；二级处理主要除去可以分解和氧化的有机物及部分悬浮固体，二级处理后的废水一般可以达到农业灌溉用水标准和废水排放标准；三级处理属深度处理，处理后的废水可以重新用于生产和生活。

（3）土壤污染的防治

控制和消除土壤污染关键是控制和消除工业“三废”的排放，推广闭路循环，无毒排放。其次是合理使用化肥和农药。

自测题及答案

自测题

一、判断题

(　　) 1. 酸雨是指雨水的 pH 值小于 6.5。

(　　) 2. 土壤污染物来源于污染的水、空气和某些农业措施。

(　　) 3. 中国的大气污染物主要是总悬浮颗粒物和 SO_3。

(　　) 4. 大气中起温室效应的气体是 CO_2。

(　　) 5. 光化学烟雾的主要原始成分是 NO_x 和烃类。

(　　) 6. 可吸入颗粒物的粒子直径≤100μm。

(　　) 7. 水体富营养化是指水中总氮含量大于 $1.5mg\cdot dm^{-3}$，总磷含量大于 $0.1\ mg\cdot dm^{-3}$。

(　　) 8. 氟利昂受紫外线辐射会引发破坏臭氧的循环反应。

二、填空题

1. 中国的大气污染以＿＿＿＿＿为主，主要污染物为＿＿＿＿＿和＿＿＿＿＿。

2. 自 2016 年 1 月 1 日起，城市空气质量用＿＿＿＿＿＿＿＿＿＿评价，空气质量分为＿＿＿＿＿级。

3. 总悬浮颗粒物是指＿＿＿＿＿＿＿＿＿＿。其中，粒径小于 10μm 的颗粒物称为＿＿＿＿＿或＿＿＿＿＿颗粒物；粒径小于 2.5μm 的颗粒物称为＿＿＿＿＿或＿＿＿＿＿颗粒物。

4. 造成空气污染的氮氧化物主要是＿＿＿＿＿和＿＿＿＿＿。其中，＿＿＿＿＿为红棕色有刺激性臭味的气体。

5. 酸雨形成的主要原因是大气中含有＿＿＿＿＿和＿＿＿＿＿。

6. 光化学烟雾是由废气中的＿＿＿＿＿＿＿和＿＿＿＿＿＿＿产生的。其具有＿＿＿＿＿性、＿＿＿＿＿性、＿＿＿＿＿性。

7. 大气中臭氧层的作用是＿＿＿＿＿＿＿＿＿＿＿＿＿。但对人类来说，如果地面附近的大气中臭氧浓度过高反而是有害的，其原因是＿＿＿＿＿＿＿＿＿＿。

8. 温室气体主要有＿＿＿＿＿、＿＿＿＿＿、＿＿＿＿＿、＿＿＿＿＿、＿＿＿＿＿、＿＿＿＿＿。

9. 水体对污染有＿＿＿＿＿＿＿能力，这是因为水体中＿＿＿＿＿的作用。

10. 有机物在分解过程中要消耗水中的溶解氧，这类有机物称为＿＿＿＿＿。目前，一般用＿＿＿＿＿、＿＿＿＿＿、＿＿＿＿＿、＿＿＿＿＿等表示耗氧有机物的含量或表示水体被污染的程度。

自测题答案

一、判断题

1. ×；2. √；3. ×；4. ×；5. √；6. ×；7. √；8. √

二、填空题

1. 煤烟型污染；总悬浮颗粒物；SO_2

2. 空气质量指数；六

3. 能长时间悬浮在空气中，粒子直径≤100μm 的颗粒物；PM_{10}；可吸入；$PM_{2.5}$；细

4. NO；NO_2；NO_2

5. SO_2；NO_2

6. 氮氧化物（NO_x）；烃类；强氧化；强腐蚀；强致癌

7. 臭氧层可以吸收 99%来自太阳的紫外线辐射，为地球提供了一个防御紫外线的天然屏障；臭氧作为强氧化剂可以与任何生物组织发生反应

8. CO_2；CH_4；N_2O；O_3；氟利昂；水汽

9. 一定的自净；溶解氧

10. 耗氧有机物；溶解氧（DO）；生化需氧量（BOD）；化学耗氧量（COD）；总需氧量（TOD）

综合测试题及答案

综合测试题一

一、判断题（每题 1 分，共 20 分）

(　　) 1. 电对的电极电势值一定随 pH 值的增大而增大。

(　　) 2. 某系统从状态 A 经一过程又回到状态 A，则此过程 Q、W 的值为零。

(　　) 3. 凡含氢和氧的化合物分子间都有氢键。

(　　) 4. 配离子的电荷数等于中心离子的电荷数。

(　　) 5. 卤素单质 F_2、Cl_2、Br_2、I_2 熔、沸点逐渐升高，是由于取向力逐渐增大。

(　　) 6. 汽油属于二次能源。

(　　) 7. 波函数 Ψ 可描述微观粒子的运动，其值可大于零，也可小于零。

(　　) 8. 若反应的 $\Delta_r H$ 和 $\Delta_r S$ 均为正值，则随温度的升高，反应自发进行的可能性增加。

(　　) 9. 体型高聚物分子内由于内旋转可以产生无数构象。

(　　) 10. 金属键没有方向性和饱和性。

(　　) 11. 要加热才能进行的反应一定是吸热反应。

(　　) 12. 水体富营养化是指氮、磷总量大于 $1.5mg \cdot dm^{-3}$。

(　　) 13. 对任何原子核外某一电子来说，只有四个量子数完全确定后，其能量才有一定值。

(　　) 14. 由于燃料电池的反应物质是储存于电池之外的，所以可以随反应物质的不断输入而连续发电。

(　　) 15. s 轨道的磁量子数一定为零。

(　　) 16. 化合物的沸点随着分子量增加而增加。

(　　) 17. 稀溶液依数性的本质是蒸气压降低。

(　　) 18. 极性分子之间只存在取向力。

(　　) 19. 催化剂使反应物分子之间的碰撞次数增加，从而提高了反应速率。

(　　) 20. O_2^+ 的键长比 O_2 的长。

二、选择题（每题 1 分，共 20 分）

1. 下列各族元素中，金属的化学活泼性随原子序数增加而减弱的是（　　）

A. ⅠA　　B. ⅡA　　C. ⅢA　　D. ⅠB

2. 下列离子属于8电子构型的是（　　）

A. Sc^{3+}　　B. Co^{2+}　　C. Zn^{2+}　　D. Fe^{3+}

3. 下列电对中，标准电极电势值最小的是（　　）

A. H_2O/H_2　　B. H^+/H_2　　C. HF/H_2　　D. HCN/H_2

4. 某气体 A_3 按下式分解 $2A_3(g)═══3A_2(g)$。在298K、1.0L容器中，1.0molA_3 完全分解后系统的压力为（　　）

A. 101.3kPa　　B. 1.7×10^3kPa　　C. 2.5×10^3kPa　　D. 3.7×10^3kPa

5. 下列纯态单质中标准摩尔生成焓不等于零的是（　　）

A. $I_2(s)$　　B. $Br_2(l)$　　C. Hg(g)　　D. Sn（白）

6. 某难溶电解质 M_2A 的溶解度 $S=1.0\times10^{-3}\,mol\cdot kg^{-1}$，其 $K_{sp}^{\ominus}$ 为（　　）

A. 1.0×10^{-5}　　B. 1.0×10^{-9}　　C. 4.0×10^{-6}　　D. 4.0×10^{-9}

7. 下列是共轭酸碱对的是（　　）

A. H_2CO_3-CO_3^{2-}　　B. HCN-H^+　　C. H_3PO_4-HPO_4^{2-}　　D. $Zn(OH)_2$-$HZnO_2^-$

8. 根据平衡移动原理，讨论下列反应，$2Cl_2(g)+2H_2O(g)═══4HCl(g)+O_2(g)$，将 Cl_2、H_2O、HCl、O_2 四种气体混合，反应达到平衡时，若增大容器体积，那么水的物质的量（　　）

A. 增加　　B. 减少　　C. 不变　　D. 无法确定

9. 下列反应中 $\Delta_r S_m^{\ominus}>0$ 的是（　　）

A. $NH_4Cl(s)═══NH_3(g)+HCl(g)$

B. $2H_2(g)+O_2(g)═══2H_2O(g)$

C. $N_2(g)+3H_2(g)═══2NH_3(g)$

D. $CO_2(g)+2NaOH(aq)═══Na_2CO_3(aq)+H_2O(l)$

10. 下列各电子亚层不可能存在的是（　　）

A. 8s　　B. 4d　　C. 6p　　D. 3f

11. 下列溶液混合，不能组成缓冲溶液的（　　）

A. 氨水和过量的HCl　　B. HCl和过量的氨水

C. $H_2PO_4^-$ 和 HPO_4^{2-}　　D. NH_3 和 NH_4Cl

12. 下列双原子分子中有顺磁性的是（　　）

A. Be_2　　B. B_2　　C. C_2　　D. N_2

13. 以下分子是极性分子的是（　　）

A. 氯仿　　B. 二氧化碳　　C. 甲烷　　D. 六氟化硫

14. 下列各组离子中极化力由大到小的顺序正确的是（　　）

A. $Si^{4+}>Mg^{2+}>Al^{3+}>Na^+$　　B. $Si^{4+}>Al^{3+}>Mg^{2+}>Na^+$

C. $Si^{4+}>Na^+>Mg^{2+}>Al^{3+}$　　D. $Na^+>Mg^{2+}>Al^{3+}>Si^{4+}$

15. 不属于高分子材料老化的现象是（　　）

A. 高度分子材料经过一段时期使用后失效，经再生处理可重复使用

B. 高分子材料性能下降，变软，失去原有力学强度等现象

C. 高度分子材料经过一段时期使用后失去弹性而变硬、变脆甚至龟裂

D. 线型高分子材料通过链间化学键形成网状大分子

16. 对于反应 $NH_4HS(s)\longrightarrow NH_3(g)+H_2S(g)$，360℃测得该反应的 $K^{\ominus}=4.41\times10^{-4}$，当温度不变时，压力增加到原来的2倍，则 $K^{\ominus}$ 的值为（　　）

A. 2.21×10^{-4}　　B. 1.1×10^{-4}　　C. 4.41×10^{-4}　　D. 17.64×10^{-4}

17. 在25℃时，某氧化还原反应的标准电动势 $E^{\ominus}>0$，下列关于此反应的 $\Delta_r G_m^{\ominus}$ 及 $K^{\ominus}$ 叙述正确的是（　　）

A. $\Delta_r G_m^{\ominus}>0$，$K^{\ominus}>1$　　B. $\Delta_r G_m^{\ominus}>0$，$K^{\ominus}<1$

C. $\Delta_r G_m^{\ominus}<0$，$K^{\ominus}>1$　　D. $\Delta_r G_m^{\ominus}<0$，$K^{\ominus}<1$

18. 25℃时，$K_{sp}^{\ominus}(Mg(OH)_2)=5.6\times10^{-12}$，$K_b^{\ominus}(NH_3\cdot H_2O)=1.8\times10^{-5}$ 则 $Mg(OH)_2$ 在 $0.1mol\cdot kg^{-1}$ 的氨水溶液中的溶解度为（　　）

A. $4.17\times10^{-9}mol\cdot kg^{-1}$　　B. $3.11\times10^{-6}mol\cdot kg^{-1}$

C. $1.32\times10^{-8}mol\cdot kg^{-1}$　　D. $1.32\times10^{-10}mol\cdot kg^{-1}$

19. 下列物质中，摩尔熵最大的是（　　）

A. MgF_2　　B. MgO　　C. $MgSO_4$　　D. $MgCO_3$

20. 下列叙述不正确的是（　　）

A. 镧系收缩的结果导致镧系各元素之间原子半径非常接近，性质相似

B. 稀土元素被称为冶金工业的“维生素”

C. 过渡元素许多特性都与未充满的d轨道电子有关

D. 稀土元素具有不活泼的化学性质，很难与氧气反应

三、填空题（每空1分，共20分）

1. 分子 PH_3 采取________，成键分子空间构型为________。

2. 下列氧化剂 $KClO_3$、$FeCl_3$、H_2O_2、$KMnO_4$、Br_2，当其溶液中 H^+ 浓度增大时，氧化能力增强的是________，氧化能力不变的是________。

3. 氧化还原反应 $Fe^{3+}+2I^- = Fe^{2+}+I_2$，组成原电池，其原电池符号为：________________。

4. 系统放出了60kJ热，并对环境做了40kJ功，计算得 $\Delta_r U=$________。

5. 已知 $2NO+Cl_2 = 2NOCl$ 是基元反应，则该反应的速率方程为________，总反应级数为________。

6. 判断各组物质熔点高低（用>或<）：(1) $MgCl_2$________NaCl；(2) Ne________H_2；(3) H_2S________H_2O；(4) $FeCl_2$________$FeCl_3$。

7. 基态电子构型如下的原子中：

(1)$1s^22s^2$　(2)$1s^22s^22p^5$　(3)$1s^22s^22p^1$　(4)$1s^22s^22p^63s^1$　(5)$1s^22s^22p^63s^2$

________的半径最大，________的电离能最小，电负性最大的是________。

8. 过渡金属中，单质密度最大的是________。

9. 恒温恒压下________，可以作为过程自发性的判据。

10. 已知18℃时 $K_{sp}^{\ominus}(PbSO_4)=1.82\times10^{-8}$，那么在此温度下 $PbSO_4$ 在 $0.1mol\cdot kg^{-1}$ K_2SO_4 溶液中的溶解度是________。

11. 根据分子轨道理论，F_2 的分子轨道式________，具有________磁性。

四、简答题（每题5分，共10分）

1. 某元素基态原子最外层 $5s^2$，最高氧化态为+4，它位于周期表哪个区？是第几周期第几族的元素？写出它的+4氧化态离子的电子构型。若用M代替它的元素符号，写出相应氧化物的化学式。

2. 为什么 Na_2S 易溶于水而ZnS难溶于水？

五、计算题（共30分）

1.（本题8分）$CaCO_3$ 分解反应：$CaCO_3(s) = CaO(s) + CO_2(g)$，求：

（1）在标准状态、500K时碳酸钙能否自发分解？

（2）在标准状态下，若使反应碳酸钙分解，最低温度多少？

（3）计算在500K上述系统达到平衡时的平衡分压 $p^{eq}(CO_2)$。

	$\Delta_f G_m^{\ominus}/(kJ \cdot mol^{-1})$	$\Delta_f H_m^{\ominus}/(kJ \cdot mol^{-1})$
$CaCO_3(s)$	−1128.8	−1206.92
$CaO(s)$	−604.04	−635.09
$CO_2(g)$	−394.36	−393.51

2.（本题6分）已知反应 $2O_3 = 3O_2$ 的反应机理为：$O_3 = O_2 + O$（慢）；$O + O_3 = 2O_2$（快），反应的活化能 E_a 为 $117kJ \cdot mol^{-1}$，O_3 的标准生成焓 $\Delta_f H_m$ 为 $142kJ \cdot mol^{-1}$。（1）写出此反应的速率方程，反应级数；（2）计算该反应的反应热 $\Delta_r H_m$；（3）反应温度从300℃升高至500℃，反应速率增加为原来的多少倍？

3.（本题8分）（1）在 $0.10mol \cdot kg^{-1}$ $FeCl_2$ 中通入 H_2S 至饱和时，欲使FeS不沉淀，溶液的pH最高值为多少？

（2）在含有 $FeCl_2$ 和 $CuCl_2$ 的混合溶液中，两者的浓度均为 $0.10mol \cdot kg^{-1}$，往其中通 H_2S 至饱和，是否会生成FeS沉淀？

已知：$K_{sp}^{\ominus}(FeS) = 6.3 \times 10^{-18}$；$K_{sp}^{\ominus}(CuS) = 6.3 \times 10^{-36}$；$H_2S$：$K_{a1}^{\ominus} = 1.07 \times 10^{-7}$，$K_{a2}^{\ominus} = 1.26 \times 10^{-13}$；$b(H_2S) = 0.1mol \cdot kg^{-1}$

4.（本题8分）用氰化法提炼银发生下述反应：$2[Ag(CN)_2]^- + Zn \rightleftharpoons 2Ag + Zn^{2+} + 4CN^-$，在25℃时利用该反应设计原电池，

（1）写出原电池符号及电极反应式。

（2）当 $b(Zn^{2+}) = 1.00mol \cdot kg^{-1}$，$b(CN^-) = 1.20mol \cdot kg^{-1}$，$b([Ag(CN)_2]^-) = 1.00mol \cdot kg^{-1}$，计算该原电池的电动势，并判断反应进行方向。

（3）当 $b(Zn^{2+}) = b(CN^-) = b([Ag(CN)_2]^-) = 1.00mol \cdot kg^{-1}$ 时，计算该反应的标准平衡常数。

已知：$E^{\ominus}(Ag^+/Ag) = 0.7996V$；$E^{\ominus}(Zn^{2+}/Zn) = -0.7618V$；$K_{稳}^{\ominus}([Ag(CN)_2]^-) = 4.0 \times 10^{20}$

综合测试题一答案

一、判断题

1. ×；2. ×；3. ×；4. ×；5. ×；6. √；7. √；8. √；9. ×；10. √；11. ×；12. ×；13. ×；14. √；15. √；16. ×；17. √；18. ×；19. ×；20. ×

二、选择题

1. D；2. A；3. A；4. D；5. C；6. D；7. D；8. B；9. A；10. D；11. A；12. B；13. A；14. B；15. A；16. C；17. C；18. B；19. C；20. D

三、填空题

1. sp^3 不等性杂化；三角锥形

2. $KClO_3$、H_2O_2、$KMnO_4$；$FeCl_3$、Br_2

3. $(-)Pt|I_2|I^-(b_1)\vdots\vdots Fe^{3+}(b_2), Fe^{2+}(b_3)|Pt(+)$

4. $-100kJ$

5. $v=kc^2(NO)c(Cl_2)$；三级

6. <；>；<；>

7. (4)；(4)；(2)

8. 锇（Os）

9. $\Delta_r G_m<0$

10. $1.82\times10^{-7}mol\cdot kg^{-1}$

11. $[(\sigma_{1s})^2(\sigma_{1s}^*)^2(\sigma_{2s})^2(\sigma_{2s}^*)^2(\sigma_{2p_x})^2(\pi_{2p_y})^2(\pi_{2p_z})^2(\pi_{2p}^*)^2(\pi_{2p}^*)^2]$；反

四、简答题

1. 答：d 区，第五周期，ⅣB；M^{4+}：$[Ar]3d^{10}4s^24p^6$，氧化物化学式：MO_2。

2. 答：Na^+ 为 8 电子构型，极化力和变形性比较小，与 S^{2-} 形成离子型化合物，易溶于水；而 Zn^{2+} 为 18 电子构型，极化力和变形性都比较大，与易变形的 S^{2-} 之间极化作用比较强，使键型转化为共价键，所以 ZnS 在极性溶剂水中的溶解度降低。

五、计算题

1. 解：(1) $\Delta_r H_m^\ominus=\Sigma\nu_B\Delta_f H_m^\ominus$

$=(-393.51-635.09+1206.92)kJ\cdot mol^{-1}$

$=178.32kJ\cdot mol^{-1}$

$\Delta_r G_m^\ominus=\Sigma\nu_B\Delta_f G_m^\ominus$

$=(-394.36-604.04+1128.8)J\cdot mol^{-1}\cdot K^{-1}$

$=130.4kJ\cdot mol^{-1}$

$\Delta_r G_m^\ominus=\Delta_r H_m^\ominus-T\Delta_r S_m^\ominus$

$\Delta_r S_m^\ominus=[(178.32-130.4)/298]kJ\cdot mol^{-1}\cdot K^{-1}=0.161kJ\cdot mol^{-1}\cdot K^{-1}$

$\Delta_r G_m^\ominus(500K)=\Delta_r H_m^\ominus-T\Delta_r S_m^\ominus=(178.32-500\times0.161)kJ\cdot mol^{-1}$

$=97.82kJ\cdot mol^{-1}>0$

正向非自发

(2) $T=\Delta_r H_m^\ominus(298K)/\Delta_r S_m^\ominus(298K)=1107.6K$

(3) $\ln K^\ominus=-\dfrac{\Delta_r G_m^\ominus(500K)}{RT}=-\dfrac{-97.82\times1000}{8.314\times500}=-23.53$

$K^\ominus=6.04\times10^{-11}=p(CO_2)/p^\ominus$，

$p(CO_2)=6.04\times10^{-6}Pa$

2. 解：(1) $v=kc(O_3)$，反应级数为一级；

(2) $-284kJ\cdot mol^{-1}$；

(3) 575 倍。

3. 解：(1) $b(S^{2-})/b^\ominus=K_{sp}^\ominus(FeS)b^\ominus/b(Fe^{2+})=6.3\times10^{-18}/0.10=6.3\times10^{-17}mol\cdot kg^{-1}$

$$b(H^+)/b^\ominus=\sqrt{\frac{K_{a1}^\ominus K_{a2}^\ominus\times b(H_2S)/b^\ominus}{6.3\times10^{-17}}}=\sqrt{\frac{1.07\times10^{-7}\times1.26\times10^{-13}\times0.10}{6.3\times10^{-17}}}$$

$=4.63\times10^{-3}$

pH=2.33

(2) CuS 先生成沉淀，溶液中 $b(H^+)=0.20mol\cdot kg^{-1}$

$$b(S^{2-})/b^{\ominus}=\frac{K_{a1}^{\ominus}K_{a2}^{\ominus}\times b(H_2S)/b^{\ominus}}{(0.2)^2}=3.37\times10^{-20}$$

$\Pi_B=b(Fe^{2+})b(S^{2-})(b^{\ominus})^{-2}=0.10\times3.37\times10^{-20}=3.37\times10^{-21}>6.3\times10^{-18}$

所以能够生成 FeS 沉淀。

4.解：(1) 原电池符号为：$(-)Zn|Zn^{2+}(b_1)⋮⋮[Ag(CN)_2]^-(b_2)$，$CN^-(b_3)|Ag(+)$

正极：$[Ag(CN)_2]^-+e^-\rightleftharpoons Ag+2CN^-$

负极：$Zn-2e^-\rightleftharpoons Zn^{2+}$

(2) 设达配位平衡时 $b(Ag^+)=x\,mol\cdot kg^{-1}$，则

$$[Ag(CN)_2]^-\rightleftharpoons Ag^+ + 2CN^-$$

平衡浓度/$(mol\cdot kg^{-1})$　　$1.0-x$　　x　　$1.2+2x$

$$\frac{1.0-x}{x(1.2+2x)^2}=K_{稳}^{\ominus}([Ag(CN)_2]^-)=4.0\times10^{20}$$

即 $x=b(Ag^+)=1.74\times10^{-21}$

$E_-=E^{\ominus}(Zn^{2+}/Zn)=-0.7618V$

$$E_+=E^{\ominus}(Ag^+/Ag)+\frac{0.0592V}{1}\lg b(Ag^+)=-0.4294V$$

$E=E_+-E_-=-0.4294V+0.7618V=0.3324V$

所以反应正向进行。

(3) 当 $b(CN^-)=1.0mol\cdot kg^{-1}$，$b([Ag(CN)_2]^-)=1.00mol\cdot kg^{-1}$ 时，电极 $[Ag(CN)_2]^-/Ag$ 处于标准状态。同 (2)，可计算出此时 $b(Ag^+)=2.5\times10^{-21}mol\cdot kg^{-1}$

$$E^{\ominus}([Ag(CN)_2]^-/Ag)=E^{\ominus}(Ag^+/Ag)+\frac{0.0592V}{1}\lg b(Ag^+)=-0.42V$$

$E^{\ominus}=-0.42V+0.7618V=0.3418V$

$$\lg K^{\ominus}=\frac{zE^{\ominus}}{0.0592V}=11.55$$

$K^{\ominus}=3.55\times10^{11}$

（吕学举）

综合测试题二

一、判断题（每题 1 分，共 20 分）

(　　) 1.氧在化合物中的氧化数皆为负值。

(　　) 2.根据分子轨道理论，O_2 的两个单电子所占据轨道是 π_{2p} 分子轨道。

(　　) 3.过渡元素中，最硬的金属是Ⅵ族的铬 (Cr)，在空气和水中都相当稳定。

(　　) 4.由于反应焓变的单位为 $kJ\cdot mol^{-1}$，所以热化学方程式的系数不影响反应的焓变值。

(　　) 5.反应速率常数取决于反应温度，与反应物的浓度无关。

(　　) 6. 冰在室温下自动融化成水，是熵增起了主要作用。

(　　) 7. 一般分子中键的极性越大，则分子的极性越大。

(　　) 8. 质量作用定律适用于任何化学反应。

(　　) 9. 过渡元素一般有可变的氧化数，是因为最外层 s 电子可部分或全部参加成键。

(　　) 10. 分子 CS_2 偶极矩不为零。

(　　) 11. 在酸碱质子理论中，酸碱强弱取决于酸给出质子的能力和碱接受质子的能力。

(　　) 12. 在一定温度下，改变稀溶液的 pH，水的离子积不变。

(　　) 13. 配合物由内界和外界两部分组成。

(　　) 14. 长链大分子在自然条件下呈卷曲状，这是因为分子量太大。

(　　) 15. 对橡胶来说，应选 T_g 低 T_f 高的高聚物，而塑料和纤维的 T_g 则越高越好。

(　　) 16. 分子只要具备足够大的能量就可以发生有效碰撞，发生化学反应。

(　　) 17. 氯化氢分子溶于水后产生 H^+ 和 Cl^-，所以氯化氢是离子键构成的。

(　　) 18. 系统经历一个循环，无论多少步骤，只要回到初始状态，其热力学能和焓的变化量均为零。

(　　) 19. 由于臭氧能够吸收紫外线保护地球上的生命，因此大气中的臭氧不属于污染物质。

(　　) 20. 非极性分子一定含有非极性键。

二、选择题（每题 1 分，共 20 分）

1. 在化合物 $ZnCl_2$、$FeCl_2$、$BeCl_2$、KCl 中，阳离子极化能力最强的是（　　）

A. Zn^{2+}　　B. Fe^{2+}　　C. Be^{2+}　　D. K^+

2. 化学反应的 $\Delta_r H_m$、$\Delta_r S_m$、$\Delta_r G_m$ 和电池电动势及电极电势值的大小，与化学反应的方程式无关的是（　　）

A. $\Delta_r H_m$、$\Delta_r S_m$、$\Delta_r G_m$　　B. 电池电动势及电极电势值

C. $\Delta_r S_m$ 及电极电势值　　D. $\Delta_r G_m$ 及电极电势值

3. 已知下列反应的标准平衡常数如下，其关系错误的是（　　）

$C(s)+H_2O(g)═CO(g)+H_2(g)$，$K_1^{\ominus}$

$CO(g)+H_2O(g)═CO_2(g)+H_2(g)$，$K_2^{\ominus}$

$C(s)+2H_2O(g)═CO_2(g)+2H_2(g)$，$K_3^{\ominus}$

$C(s)+CO_2(g)═2CO(g)$，$K_4^{\ominus}$

A. $K_2^{\ominus}=K_3^{\ominus}/K_4^{\ominus}$　　B. $K_4^{\ominus}=K_1^{\ominus}/K_2^{\ominus}$

C. $K_3^{\ominus}=K_1^{\ominus}K_2^{\ominus}$　　D. $K_1^{\ominus}=K_3^{\ominus}/K_2^{\ominus}$

4. 如果系统经过一系列变化，最后又变到初始状态，则这一变化过程的（　　）

A. $Q\neq W$，$\Delta H=0$　　B. $Q=W=0$，$\Delta U=0$

C. $Q\neq 0$，$W=0$，$\Delta U=0$　　D. $Q=W\neq 0$，$\Delta H=0$

5. 有关分步沉淀下列叙述正确的是（　　）

A. 被沉淀离子浓度大者先沉淀出来　　B. 所需沉淀剂浓度最小者先沉淀出来

C. 溶解度小的先沉淀出来　　D. 溶度积小的先沉淀出来

6. 某弱酸 HA 的酸常数 $K_a^{\ominus}=1\times10^{-5}$，则其共轭碱 A^- 的碱常数 $K_b^{\ominus}$ 为（　　）

A. 1×10^{-5}　　B. 1×10^{-9}　　C. 1×10^{-14}　　D. 1×10^{-2}

7. 单电子原子的能量取决于量子数（　　）

A. n　　B. n，l　　C. n，l，m　　D. n，l，m，m_s

8. 下列分子或离子中，键长最短的是（　　）

A. O_2^+　　B. O_2　　C. O_2^-　　D. O_2^{2-}

9. 元素周期表中第五、六周期的ⅣB、ⅤB、ⅥB族中的各元素性质非常相似，这是由于（　　）

A. s区元素的影响　B. p区元素的影响　C. d区元素的影响　D. 镧系收缩的影响

10. HCl和水分子之间存在（　　）

A. 取向力、诱导力、色散力、氢键　　B. 取向力、诱导力、色散力

C. 诱导力、色散力　　D. 色散力

11. 将As原子中掺入Ge晶体，关于所形成的半导体下列叙述正确的是（　　）

A. 半导体的载流子是电子　　B. 这类杂质称为受主杂质

C. 这种半导体称为本征半导体　　D. 这种半导体称为p型半导体

12. 下列分子中几何构型为平面三角形的是（　　）

A. AsH_3　　B. AlF_3　　C. PCl_3　　D. $CHCl_3$

13. 下列情况能引起化学反应速率常数改变的是（　　）

A. 反应物浓度的改变　　B. 催化剂的加入

C. 反应容器体积的改变　　D. 反应物分压的改变

14. 下列分子中存在分子间氢键的是（　　）

A. C_6H_5OH　　B. CH_3COCH_3　　C. HCHO　　D. $N(CH_3)_3$

15. 下属于太阳能直接利用的方法是（　　）

A. 风能　　B. 光合作用　　C. 波浪能　　D. 太阳能电池

16. 相同浓度的下列水溶液中，凝固点最低的是（　　）

A. 葡萄糖　　B. NaCl　　C. $CaSO_4$　　D. $[Cu(NH_3)_4]SO_4$

17. 下列分子中采用sp^3不等性杂化成键，分子的空间构型为三角锥形的是（　　）

A. BCl_3　　B. H_2S　　C. SiH_4　　D. PH_3

18. 下列说法错误的是（　　）

A. 离子电荷高、半径小极化能力强

B. 离子极化作用越强，所形成的化合物的离子键的极性就越强

C. Be^{2+}离子的极化能力比Mg^{2+}强

D. 一般离子的极化能力越强，形成的化合物溶解度越小

19. 下列关于过渡金属通性的叙述中，错误的是（　　）

A. 它们都是金属元素　　B. 它们都能作配位化合物的中心原子

C. 它们大多具有可变氧化态　　D. 它们的水合离子都有颜色

20. 在水体富营养化状态下，水中总磷含量大于（　　）

A. $0.1mg\cdot dm^{-3}$　　B. $0.15mg\cdot dm^{-3}$　　C. $1.5mg\cdot dm^{-3}$　　D. $0.5mg\cdot dm^{-3}$

三、填空题（每空1分，共20分）

1. 下列反应$N_2(g)+3H_2(g)\!=\!=\!=2NH_3(g)$达到平衡时，保持温度、压力不变，加入稀有气体He，使总体积增加一倍，则平衡________（填“向左移动”“向右移动”“不移动”“无法判断”）。

2. 根据分子轨道理论推测，在H_2^+、Be_2、He_2^+、B_2、C_2中，不能存在的物质是__________；能够存在的物质中，不具有顺磁性的是__________。

3. 定温定压下，某反应达到化学平衡，该反应$K^{\ominus}=1$，则$\Delta_r G_m^{\ominus}=$________。

4. 24号元素的外层电子构型为__________。该元素属于第______周期第______族，位

于______区，其三价阳离子属于____电子构型，该离子在水溶液中______颜色（填有或无），是由于____________________________。

5. 在20℃时，饱和 H_2S 溶液中，$b(S^{2-})=$__________。（20℃：$K_{a1}^{\ominus}=1.07\times10^{-7}$，$K_{a2}^{\ominus}=1.26\times10^{-13}$）

6. 1.0kg 水中含 0.20mol 某一元弱酸（其 $K_a^{\ominus}=10^{-4.8}$）和 0.020mol 该弱酸的钠盐，则该溶液的 pH 值为________。

7. 估计下列分子及离子的几何构型：

XeF_2__________，SO_4^{2-}____________，ClF_3______________。

8. 超导体的三大临界条件为____。

9. 常利用____________________来测定高分子溶质的相对分子质量。

10. 不同于低分子化合物，高分子化合物的溶解过程必须先__________，再________。

四、简答题（每题 5 分，共 10 分）

1. NH_3 的键角为什么比 CH_4 的键角小？

2. 说出下列各物质之间存在的作用力。

（1）HBr 和 HCl （2）H_2O 和 I_2 （3）H_2O 和 NH_3

五、计算题（本题共 30 分）

1.（本题 5 分）在 300℃时反应 $CH_3CHO \longrightarrow CH_4+CO$ 的活化能为 $190kJ\cdot mol^{-1}$。当加入催化剂后，反应的活化能降低为 $136.0kJ\cdot mol^{-1}$。试计算加入催化剂后的反应速率是原来的几倍？

2.（本题 8 分）有人提出利用反应 $2CO(g)+2NO(g) = N_2(g)+2CO_2(g)$ 净化汽车尾气中 CO 和 NO 气体。

（1）试计算该反应的 $K^{\ominus}$(298.15K)。

（2）在大气中，一般 $p(NO)=5.07\times10^{-2}Pa$，$p(CO)=5.07Pa$，$p(N_2)=7.91\times10^4Pa$，$p(CO_2)=31.4Pa$，问此条件下该反应自发进行方向。

热力学函数	CO(g)	CO_2(g)	NO(g)
$\Delta_f G_m^{\ominus}/(kJ\cdot mol^{-1})$	−137.2	−394.36	86.57

3.（本题 10 分）已知 298.15K，$b(Sn^{2+})=1.0\times10^{-4}mol\cdot kg^{-1}$，$b(Sn^{4+})=b(I^-)=1.0\times10^{-2}mol\cdot kg^{-1}$，$E^{\ominus}(Sn^{4+}/Sn^{2+})=0.151V$，$E^{\ominus}(I_2/I^-)=0.535V$。将 $E(Sn^{4+}/Sn^{2+})$ 和 $E(I_2/I^-)$ 组成原电池，（1）求 $E(Sn^{4+}/Sn^{2+})$ 和 $E(I_2/I^-)$；（2）写出原电池符号和电池反应式；（3）计算原电池的电动势 E；（4）计算电池反应的 $K^{\ominus}$(298.15K) 及 $\Delta_r G_m$(298.15K)。（$F=96500C\cdot mol^{-1}$）

4.（本题 7 分）现有 100g 溶液，其中含有 0.001mol 的 NaCl 和 0.0001mol 的 K_2CrO_4，逐滴加入 $AgNO_3$ 溶液时，何种离子先沉淀？用此方法两种离子能否分离？（已知 $K_{sp}^{\ominus}(AgCl)=2\times10^{-10}$，$K_{sp}^{\ominus}(Ag_2CrO_4)=1\times10^{-12}$）。

综合测试题二答案

一、判断题

1. ×；2. ×；3. √；4. ×；5. √；6. √；7. ×；8. ×；9. ×；10. ×；11. ×；12. √；13. ×；14. ×；15. √；16. ×；17. ×；18. √；19. ×；20. ×

二、选择题

1. C；2. B；3. A；4. A；5. B；6. B；7. A；8. A；9. D；10. B；11. A；12. B；13. B；14. A；15. D；16. D；17. D；18. B；19. D；20. A

三、填空题

1. 向左移动

2. Be_2；C_2

3. 0

4. $3d^5 4s^1$；四；ⅥB；d；9～17；有；d轨道上存在未成对的电子

5. 1.26×10^{-13}

6. 3.8

7. 直线形；四面体；T形

8. 临界温度、临界电流、临界磁场

9. 稀溶液的渗透压

10. 溶胀；溶解

四、简答题

1. 答：CH_4 中的C原子为 sp^3 杂化，四条 sp^3 杂化轨道均为成键轨道，键角 $109°28'$。NH_3 的N原子为不等性 sp^3 杂化，其中一条杂化轨道被孤电子对占据，其他三条 sp^3 杂化轨道分别成键，由于孤电子对的排斥使两个成键电子对的夹角变小，小于键角 $109°28'$。

2. 答：(1) 取向力、诱导力和色散力

(2) 诱导力和色散力

(3) 取向力、诱导力、色散力和氢键

五、计算题

1. 解：$\ln k=-\dfrac{E_a}{RT}+\ln A$

$$\ln k_1=-\frac{190\text{kJ}\cdot\text{mol}^{-1}}{8.314\times10^{-3}\text{kJ}\cdot\text{mol}^{-1}\cdot\text{K}^{-1}\times573\text{K}}+\ln A$$

$$\ln k_2=-\frac{136\text{kJ}\cdot\text{mol}^{-1}}{8.314\times10^{-3}\text{kJ}\cdot\text{mol}^{-1}\cdot\text{K}^{-1}\times573\text{K}}+\ln A$$

$$\ln\frac{k_2}{k_1}=11.34,\quad \frac{k_2}{k_1}=83717$$

2. 解：(1) $\Delta_r G_m^{\ominus}=-687.46\text{kJ}\cdot\text{mol}^{-1}$，

$\Delta_r G_m^{\ominus}(298.15\text{K})=-RT\ln K^{\ominus}$

$K^{\ominus}(298.15\text{K})=2.78\times10^{120}$。

(2) $\Pi(p_B/p^{\ominus})^{\nu_B}=1.18\times10^{14}$，$\Delta_r G_m(298.15\text{K})=-607.14\text{kJ}\cdot\text{mol}^{-1}<0$，反应正向自发。

3. 解：$Sn^{2+}\rightleftharpoons Sn^{4+}+2e^-$　$I_2+2e^-\rightleftharpoons 2I^-$

(1) $$E(Sn^{4+}/Sn^{2+})=E^{\ominus}(Sn^{4+}/Sn^{2+})+\frac{0.0592\text{V}}{2}\lg\frac{b(Sn^{4+})}{b(Sn^{2+})}=0.2102\text{V}$$

$$E(I_2/I^-)=E^{\ominus}(I_2/I^-)+\frac{0.0592\text{V}}{2}\lg\frac{(b^{\ominus})^2}{b^2(I^-)}=0.6534\text{V}$$

(2) (−)Pt|Sn^{4+}(1.0×10^{-2} mol·kg^{-1}), Sn^{2+}(1.0×10^{-4} mol·kg^{-1}) ⋮⋮ I^-(1.0×10^{-2} mol·kg^{-1})|I_2(s)|Pt(+)

(3) 原电池的电动势：$E_池=E_+-E_-=0.4432V$

(4) $\lg K^\ominus=\frac{z[E^\ominus(I_2/I^-)-E^\ominus(Sn^{4+}/Sn^{2+})]}{0.0592V}=\frac{2\times0.384}{0.0592}=12.97$

$K^\ominus(298.15K)=9.4\times10^{12}$

$\Delta_r G_m=-zFE=(-2\times96.5\times0.4432)kJ\cdot mol^{-1}=-85.54kJ\cdot mol^{-1}$

4. 解：① Cl^- 开始沉淀时所需 $b(Ag^+)$ 为：

$$b(Ag^+)=\frac{K_{sp}^\ominus b^\ominus}{b(Cl^-)/b^\ominus}=\frac{2\times10^{-10}mol\cdot kg^{-1}}{0.01}=2\times10^{-8}mol\cdot kg^{-1}$$

CrO_4^{2-} 开始沉淀时所需 $b(Ag^+)$ 为：

$$b^2(Ag^+)=\frac{K_{sp}^\ominus b^\ominus}{b(CrO_4^{2-})/b^\ominus}\quad b(Ag^+)=\left(\frac{1\times10^{-12}}{0.001}\right)^{\frac{1}{2}}mol\cdot kg^{-1}=3.16\times10^{-5}mol\cdot kg^{-1}$$

AgCl 先沉淀，而 Ag_2CrO_4 后沉淀。

② Ag_2CrO_4 开始沉淀时溶液中 $b(Ag^+)=3.16\times10^{-5}mol\cdot kg^{-1}$，此时溶液中剩余 $b(Cl^-)$ 为：

$$b(Cl^-)=\frac{K_{sp}^\ominus b^\ominus}{b(Ag^+)/b^\ominus}=\frac{2\times10^{-10}mol\cdot kg^{-1}}{3.16\times10^{-5}}$$
$$=6.33\times10^{-6}mol\cdot kg^{-1}<1\times10^{-5}mol\cdot kg^{-1}$$

可以将两种离子分离。

（吕学举）

综合测试题三

一、判断题（每题 1 分，共 15 分）

(　　) 1. 在 C_2 的分子轨道中没有单电子存在，故 C_2 具有反磁性。

(　　) 2. 从 Ca 到 Ga 原子半径的改变值比从 Mg 到 Al 的改变值要大一些。

(　　) 3. 对化学反应来说，反应速率常数与温度有关，而与浓度无关。

(　　) 4. 质量作用定律只适用于基元反应。

(　　) 5. 超导体的三大临界条件是临界温度、临界磁场、临界电压。

(　　) 6. 在碰撞理论中，活化能是指活化分子具有的最低能量。

(　　) 7. 常温下，$K_{sp}^\ominus(Ag_2CrO_4)=1.12\times10^{-12}$，$K_{sp}^\ominus(AgCl)=1.77\times10^{-10}$，由此可知 AgCl 的溶解度要大于 Ag_2CrO_4 的溶解度。

(　　) 8. 橡胶材料的 T_g 越低、T_f 越高，则其耐寒性和耐热性越差。

(　　) 9. 粒径小于 2.5μm 的颗粒物称为 $PM_{2.5}$，也称为可吸入颗粒物。

(　　) 10. 电对的电极电势值越大，相对应的氧化态物质的氧化性越强，还原态物质的还原性也越强。

(　　) 11. 汽油、柴油、天然气都属于“二次能源”。

(　　) 12. n、l 两个量子数可以确定原子轨道的能量，n、l、m 三个量子数可以确定一个原子轨道，n、l、m、m_s 四个量子数可以确定一个电子的运动状态。

(　　) 13. σ 键是指原子轨道以“肩并肩”方式进行重叠，重叠程度大；而 π 键是原子轨道以“头碰头”方式进行重叠，重叠程度小。

(　　) 14. 室温下，单质 Ce 可与空气发生反应在表面生成稳定的氧化物，因此不需要保存在煤油中。

(　　) 15. 玻璃钢实质上是一种性能优异的特种玻璃。

二、选择题（每题 1 分，共 20 分）

1. 若下列反应达到平衡，增加总压，平衡不受影响的是（　　）

A. $N_2(g)+3H_2(g)=\!=\!=2NH_3(g)$

B. $2C(s)+O_2(g)=\!=\!=2CO(g)$

C. $CO(g)+H_2O(g)=\!=\!=CO_2(g)+H_2(g)$

D. $O_2(g)+2H_2(g)=\!=\!=2H_2O(g)$

2. 已知石墨和金刚石标准摩尔燃烧焓为 $-393.7kJ \cdot mol^{-1}$ 和 $-395.6kJ \cdot mol^{-1}$，则金刚石的 $\Delta_f H_m^{\ominus}$ 等于（　　）

A. $1.9kJ \cdot mol^{-1}$　　B. $789.3kJ \cdot mol^{-1}$

C. $-1.9kJ \cdot mol^{-1}$　　D. $-789.3kJ \cdot mol^{-1}$

3. 升高温度，化学反应速率增大的原因是（　　）

A. 反应的活化能升高了　　B. 反应的活化能降低了

C. 该反应是吸热反应　　D. 活化分子百分数增加了

4. 根据酸碱质子理论，$H_2PO_4^-$ 的共轭碱是（　　）

A. H_3PO_4　　B. HPO_4^{2-}　　C. PO_4^{3-}　　D. OH^-

5. 在 NaCl 饱和溶液中通入 HCl 气体，会出现下列哪种现象且解释最合理的是（　　）

A. 无任何现象出现，因为不能发生复分解反应

B. 有固体 NaCl 生成，因为通入 HCl 气体能降低 NaCl 的溶度积

C. 有固体 NaCl 生成，因为增加 $b(Cl^-)$ 会使 NaCl 溶解平衡向生成固体 NaCl 的方向移动

D. 有固体 NaCl 生成，因为根据溶度积规则，增加 $b(Cl^-)$ 会使 $b(Na^+)b(Cl^-)>K_{sp}^{\ominus}(NaCl)$

6. 升高相同程度的温度，化学反应速率增大倍数较多的是（　　）

A. E_a 较大的反应　　B. E_a 较小的反应

C. 吸热反应　　D. 放热反应

7. 在 373.15K、100kPa 时，水蒸发为水蒸气的过程中，系统的热力学函数改变量等于 0 的是（　　）

A. $\Delta_r H$　　B. $\Delta_r S$　　C. $\Delta_r G$　　D. $\Delta_r U$

8. 凝固点降低常数 K_f 的数值与下列哪项有关？（　　）

A. 溶质的性质　　B. 溶剂的性质　　C. 溶液的浓度　　D. 溶液的温度

9. 已知某二元弱酸 H_2A 的 $K_{a1}^{\ominus}=4.0\times10^{-7}$，$K_{a2}^{\ominus}=8.0\times10^{-10}$，在 $0.1mol \cdot kg^{-1}$ 的该弱酸与 $0.1mol \cdot kg^{-1}$ HCl 的混合溶液中 A^{2-} 的浓度约为（　　）

A. 1.0×10^{-4}　　B. 3.2×10^{-15}　　C. 4.0×10^{-7}　　D. 8.0×10^{-10}

10. 已知 A ══B+C 为零级反应，从化学动力学来看，其反应速率（　　）

A. 与反应物浓度成正比　　B. 与生成物浓度成正比

C. 与反应物浓度成反比　　D. 与反应物浓度无关

11. $KMnO_4$ 在中性介质中与还原剂发生反应，其还原产物是（　　）

A. MnO_2　　B. MnO_4^{2-}　　C. Mn^{2+}　　D. 以上三种均有可能

12. 将 As 掺入到 Si 晶体中，所得到半导体和参与导电的主要载流子分别是（　　）

A. n 型半导体，空穴　　B. p 型半导体，空穴

C. n 型半导体，电子　　D. p 型半导体，电子

13. 在下列元素中，第一电离能最大的元素是（　　）

A. Mg　　B. Al　　C. Si　　D. Cl

14. 用量子数可以表示核外电子的运动状态，下列各组量子数中，可能存在的是（　　）

A. 1，0，0，0　　B. 3，2，2，$-\frac{1}{2}$

C. 2，−1，0，$\frac{1}{2}$　　D. 3，0，−1，$\frac{1}{2}$

15. 已知某一元弱酸的浓度为 $0.01 mol \cdot kg^{-1}$，pH 为 4.55，则该弱酸的 $K_a^{\ominus}$ 为（　　）

A. 5.8×10^{-3}　　B. 9.8×10^{-3}　　C. 8.6×10^{-7}　　D. 7.9×10^{-8}

16. 下列分子或离子中，具有反磁性的是（　　）

A. B_2^+　　B. N_2　　C. N_2^-　　D. O_2^-

17. 下列说法正确的是（　　）

A. $\Delta_r G_m^{\ominus}$-T 线位置越低，表明单质与氧的结合力越大，单质的还原性越强

B. $\Delta_r G_m^{\ominus}$-T 线都是向上倾斜的，表明温度越高，单质的还原能力越强

C. 电极电势值小于−0.413V 的金属都能与水发生反应，因此不能用来制作盛水容器

D. 容易钝化的金属是因为其化学性质稳定，不会与空气发生化学反应

18. 在 H_2O 分子和 CO_2 分子之间存在的分子间作用力是（　　）

A. 色散力　　B. 色散力、取向力

C. 色散力、诱导力　　D. 色散力、诱导力、取向力

19. 下列物质熔点高低顺序应为（　　）

A. $NH_3<PH_3<SiO_2<CaO$　　B. $PH_3<NH_3<SiO_2<CaO$

C. $NH_3<PH_3<CaO<SiO_2$　　D. $PH_3<NH_3<CaO<SiO_2$

20. 在化学反应 A+B ══C+D 中，已知当 A 的浓度增加到原来的两倍，B 的浓度保持不变时，反应速率增加到原来的两倍；当 A 的浓度保持不变，B 的浓度增加到两倍时，反应速率增加到原来的四倍，则该化学反应的级数为（　　）

A. 1 级　　B. 2 级　　C. 3 级　　D. 4 级

三、填空题（每空 1 分，共 20 分）

1. 请写出下列化合物分子的杂化类型和几何构型：

	CO_2	H_2S	SF_6
杂化类型			
几何构型			

2. 用 Cu 电极电解 $CuCl_2$ 水溶液时，阳极产物是__________，阴极产物是__________。

3. 已知在某温度时，反应 $2SO_2(g)+O_2(g)$═══$2SO_3(g)$ 的 $K^{\ominus}=0.01$，则在相同温度条件下，反应 $SO_3(g)=SO_2(g)+\frac{1}{2}O_2(g)$ 的 $K^{\ominus}=$____________。

4. 配合物 $K_2[Zn(OH)_4]$ 的名称是____________________，配位原子是________，配位数是________，中心离子的电子分布式为________________________，该元素位于周期表中______周期，______族，属于______区，该离子的电子层构型属于______电子构型。

5. 已知 300K 时，有 100mL 体积中含有 1.0g 过氧化氢酶（肝脏中的一种酶）的水溶液，测得它的渗透压为 0.0993kPa，则过氧化氢酶的摩尔质量是________________g/mol。

6. 太阳上发生的是________________反应。

7. N_2^+ 的分子轨道式为________________，键级为____________。

四、简答题（每题 5 分，共 15 分）

1. 为什么常温下 F_2、Cl_2 是气体，Br_2 是液体，I_2 是固体？

2. 为什么在卤化银中，AgF 可溶于水，其余卤化银难溶于水，且从 AgCl 到 AgI 溶解度逐渐减小？

3. 若某元素的最外层只有一个电子，该电子的四个量子数为 $n=4$，$l=0$，$m=0$，$m_s=\frac{1}{2}$。问符号上述条件的元素有几个，给出它们的元素符号、原子序数及在周期表中的位置。

五、计算题（每题 10 分，共 30 分）

1. 已知化学反应：　　$Ag_2CO_3(s)$═══$Ag_2O(s)+CO_2(g)$

	$Ag_2CO_3(s)$	$Ag_2O(s)$	$CO_2(g)$
$\Delta_f H_m^{\ominus}/(kJ\cdot mol^{-1})$	-505.8	-31.05	-393.5
$S_m^{\ominus}/(J\cdot mol^{-1}\cdot K^{-1})$	167.4	121.3	213.7

试计算：(1) 383K 时，此化学反应的标准平衡常数 $K^{\ominus}$；

(2) 在 383K 时烘干 Ag_2CO_3，为防止其受热分解，空气中 CO_2 的分压应如何控制？

2. 在 $0.10mol\cdot kg^{-1}$ 的 $ZnCl_2$ 溶液中通入 H_2S 气体至饱和，若通过加入 HCl 溶液控制条件，试计算开始析出 ZnS 沉淀和沉淀完全时溶液的 pH 值各为多少？（已知 $K_{sp}^{\ominus}(ZnS)=2.5\times10^{-22}$，$H_2S$:$K_{a1}^{\ominus}=1.07\times10^{-7}$，$K_{a2}^{\ominus}=1.26\times10^{-13}$，$b(H_2S)=0.1mol\cdot kg^{-1}$）

3. 已知 $E^{\ominus}(Pb^{2+}/Pb)=-0.126V$，$E^{\ominus}(Sn^{2+}/Sn)=-0.136V$，化学反应：$Sn+Pb^{2+} \rightleftharpoons Sn^{2+}+Pb$

(1) 298.15K 时，计算该反应的标准平衡常数；

(2) 若初始时 Sn^{2+} 浓度为 $0mol\cdot kg^{-1}$，Pb^{2+} 浓度为 $2.0mol\cdot kg^{-1}$，则平衡时两种离子的浓度各为多少？

综合测试题三答案

一、判断题

1. √；2. √；3. √；4. √；5. ×；6. ×；7. ×；8. ×；9. ×；10. ×；11. ×；12. √；13. ×；14. ×；15. ×

二、选择题

1. C；2. A；3. D；4. B；5. C；6. A；7. C；8. B；9. B；10. D；11. A；12. C；13. D；14. B；15. D；16. B；17. A；18. C；19. D；20. C

三、填空题

1.

	CO_2	H_2S	SF_6
杂化类型	sp	不等性 sp^3	sp^3d^2
几何构型	直线形	V 型	八面体

2. Cu^{2+}；Cu

3. 10

4. 四羟基合锌(Ⅱ)酸钾；O；5；$1s^2 2s^2 2p^6 3s^2 3p^6 3d^{10}$；4；ⅡB；ds；18

5. 2.51×10^5

6. 核聚变

7. $[(\sigma_{1s})^2(\sigma_{1s}^*)^2(\sigma_{2s})^2(\sigma_{2s}^*)^2(\pi_{2p_y})^2(\pi_{2p_z})^2(\sigma_{2p_x})^1]$；2.5

四、简答题

1. 答：因为 F_2、Cl_2、Br_2、I_2 均是非极性分子，分子间力是色散力，随着分子量的增加，分子变形性增大，色散力增强。

2. 答：从 AgF 到 AgI，随着负离子半径的逐渐增大，负离子的变形性逐渐增大，离子间的极化不断增强，由离子键逐步过渡到共价键，所以溶解度减小。

3. 答：最外层仅 1 个电子，根据四个量子数可知该电子为 $4s^1$，符合该条件的元素共有 3 个。(1) 19 号元素 K，价层电子组态为 $4s^1$，周期表中在第四周期ⅠA 族，s 区。(2) 24 号元素 Cr，价层电子组态为 $3d^5 4s^1$，在第四周期ⅥB 族，d 区。(3) 29 号元素 Cu，价层电子组态为 $3d^{10} 4s^1$，在第四周期ⅠB 族，ds 区。

五、计算题

1. 解：(1) $\Delta_r H_m^\ominus = (-31.05-393.5+505.8)\text{kJ}\cdot\text{mol}^{-1} = 81.25\text{kJ}\cdot\text{mol}^{-1}$

$\Delta_r S_m^\ominus = (121.3+213.7-167.4)\text{J}\cdot\text{mol}^{-1}\cdot\text{K}^{-1} = 167.6\ \text{J}\cdot\text{mol}^{-1}\cdot\text{K}^{-1}$

383K 时，$\Delta_r G_m^\ominus = (81.25-383\times167.6\times10^{-3})\text{kJ}\cdot\text{mol}^{-1} = 17.06\text{kJ}\cdot\text{mol}^{-1}$

由 $\Delta_r G_m^\ominus = -RT\ln K^\ominus$ 可得，$K^\ominus(383\text{K}) = 4.68\times10^{-3}$

(2) 要防止其受热分解，应满足　$\Delta_r G_m > 0$

$$\Delta_r G_m = \Delta_r G_m^\ominus + RT\ln[p(CO_2)/p^\ominus]$$

代入数据得：　$p(CO_2) > 0.47\text{kPa}$

2. 解：开始析出 ZnS 沉淀时

$b(S^{2-})/b^\ominus = K_{sp}^\ominus(ZnS)b^\ominus/b(Zn^{2+}) = 2.5\times10^{-22}/0.10 = 2.2\times10^{-21}$

$$b(H^+)/b^\ominus = \sqrt{\frac{K_{a1}^\ominus K_{a2}^\ominus b(H_2S)/b^\ominus}{2.5\times10^{-21}}} = \sqrt{\frac{1.07\times10^{-7}\times1.26\times10^{-13}\times0.10}{2.5\times10^{-21}}} = 0.734$$

pH = 0.13

ZnS 沉淀完全时有

$b(S^{2-})/b^\ominus = K_{sp}^\ominus(ZnS)b^\ominus/b(Zn^{2+}) = 2.5\times10^{-22}/(1.0\times10^{-5}) = 2.5\times10^{-17}\,\text{mol}\cdot\text{kg}^{-1}$

$$b(H^+)/b^\ominus = \sqrt{\frac{K_{a1}^\ominus K_{a2}^\ominus b(H_2S)/b^\ominus}{2.5\times10^{-17}}} = \sqrt{\frac{1.07\times10^{-7}\times1.26\times10^{-13}\times0.10}{2.5\times10^{-17}}} = 7.34\times10^{-3}$$

pH = 2.13

3. 解：(1) 原电池的标准电动势

$E^{\ominus}=E^{\ominus}(Pb^{2+}/Pb)-E^{\ominus}(Sn^{2+}/Sn)=0.01V$

由 $\lg K^{\ominus}=zE^{\ominus}/0.0592V$ 得

$K^{\ominus}=2.18$

(2) 假设平衡时，$b(Sn^{2+})=x\,mol\cdot kg^{-1}$，则 $b(Pb^{2+})=(2-x)mol\cdot kg^{-1}$

由 $K^{\ominus}=b(Sn^{2+})/b(Pb^{2+})=2.18$

$$x/(2-x)=2.18 \qquad x=1.37$$

所以 $b(Sn^{2+})=1.37mol\cdot kg^{-1}$，$b(Pb^{2+})=0.63mol\cdot kg^{-1}$

(詹从红)

综合测试题四

一、判断题（每题1分，共20分）

( ) 1. 若化学反应的 $\Delta_r H_m^{\ominus}$ 和 $\Delta_r S_m^{\ominus}$ 均为正值，则随温度的升高，反应正向自发进行的可能性增加。

( ) 2. $K^{\ominus}$ 与 $K_{sp}^{\ominus}$ 均是温度的函数。

( ) 3. 对于不同类型的难溶电解质来说，$K_{sp}^{\ominus}$ 值越大，其溶解度也越大。

( ) 4. 从函数式 $\Delta_r G_m=\Delta_r G_m^{\ominus}+RT\ln\Pi_B$ 来看，如果反应商大于标准平衡常数 $K^{\ominus}$，则反应可正向进行。

( ) 5. 稀溶液的依数性是由溶液中溶质的粒子数决定的，而与溶质的性质无关。

( ) 6. 稀溶液的蒸气压下降与该溶液的溶质的摩尔分数成正比。

( ) 7. 温度升高，反应速率加快，是由于该反应体系（系统）内活化分子的百分率增大。

( ) 8. 反应的级数取决于反应方程式中反应物的化学计量数。

( ) 9. 在原电池内，电极电势代数值大的电极为正极。

( ) 10. 在电解池内，电极电势代数值大的正离子首先在阳极放电。

( ) 11. 在析氢腐蚀中，金属腐蚀总是发生在阳极材料上。

( ) 12. 在多电子原子核外电子的运动状态的表征（描述）中，量子数 n，l，m 被用于确定原子轨道。

( ) 13. 根据分子轨道理论，Be_2 分子具有顺磁性。

( ) 14. 对于多原子分子来说，即使化学键有极性，若分子本身结构对称，则该分子仍为非极性分子。

( ) 15. CO_2（干冰）和 SiO_2（方石英）的熔点差别很大，原因在于前者为分子晶体，而后者为原子晶体。

( ) 16. 土壤污染物来源于污染的水、空气和某些农业措施。

( ) 17. 中国的大气污染物主要是总悬浮颗粒物和 SO_3。

( ) 18. 三氧化铬由于呈绿色，常用于颜料。

( ) 19. 轻金属是指密度小于 $0.5g\cdot cm^{-3}$ 的金属。

( ) 20. s区的金属的氧化膜是不连续的，对金属没有保护作用。

二、选择题（每题1分，共20分）

1. 下列叙述中，不是状态函数的特征的是（ ）

A. 系统（体系）状态一定时，状态函数有一定的值

B. 系统发生变化时，状态函数的变化量只取决于系统的始态与终态

C. 有些状态函数具有加和性

D. 系统一旦恢复到原来状态，状态函数却未必恢复到原来的数值

2. 下列说法正确的是（　　）

A. 聚集状态相同的几种物质混合在一起，一定组成单相系统

B. 若干个 NaCl 小晶体与饱和 NaCl 溶液组成的系统是单相系统

C. 同一种物质组成的系统，应为单相系统

D. 对于气体混合物来说，只要物质（组分）间不发生反应，一定是单相系统

3. 在下列反应中，化学反应的焓变等于 AgBr(s)的 $\Delta_f H_m^\ominus$ 的反应是（　　）

A. $Ag^+(aq)+Br^-(aq) \longrightarrow AgBr(s)$　　B. $2Ag(s)+Br_2(g) \longrightarrow 2AgBr(s)$

C. $Ag(s)+\frac{1}{2}Br_2(l) \longrightarrow AgBr(s)$　　D. $Ag(s)+\frac{1}{2}Br_2(g) \longrightarrow AgBr(s)$

4. 在标准状态条件下，反应自发进行的条件是（　　）

A. $\Delta_r H_m^\ominus<0$　　B. $\Delta_r S_m^\ominus>0$　　C. $\Delta_r H_m^\ominus<T\Delta_r S_m^\ominus$　D. $\Delta_r H_m^\ominus>T\Delta_r S_m^\ominus$

5. 若反应 $aA+bB = gG+dD$ 为基元反应，则（　　）

A. 反应速率 $v=kb^x(A)b^y(B)$，$x\neq a$，$y\neq b$

B. 反应级数为 $g+d$

C. 反应级数为 $a+b$

D. 速率常数 k 在任何条件下都不改变

6. 按分子轨道理论，下列分子或离子中最不稳定的是（　　）

A. N_2^+　　B. N_2　　C. N_2^{2-}　　D. N_2^-

7. 催化剂能显著增加反应速率，这是由于催化剂（　　）

A. 改变了反应产物　　B. 降低了反应的活化能

C. 升高了反应的活化能　　D. 使反应物分子的接触面减小

8. 在一定温度下，若溶剂的摩尔分数增大，则难挥发性的非电解质稀溶液的蒸气压（　　）

A. 减小　　B. 升高　　C. 基本不变　　D. 不变

9. 能够造成难挥发的非电解质稀溶液的沸点升高、凝固点降低的原因是（　　）

A. 该溶液的蒸气压下降　　B. 该溶液的蒸气压升高

C. 该溶液的蒸气压不变　　D. 该溶液的温度升高

10. 根据酸碱质子理论，HS^- 是（　　）

A. 酸　　B. 碱　　C. 两性物质（组分）D. 只显碱性

11. 电解所进行的反应（　　）

A. 肯定是自发性的氧化还原反应　　B. 是自发性的非氧化还原反应

C. 是非自发性的氧化还原反应　　D. 一定是有溶解过程出现的化学反应

12. 对于下列两个电极反应：$Cu^{2+}+2e^- \longrightarrow Cu(s)$ (1)，$2Cu^{2+}+4e^- \longrightarrow 2Cu(s)$ (2)（　　）

A. $E^\ominus(Cu^{2+}/Cu)$的数值不同

B. $E^\ominus(Cu^{2+}/Cu)$的数值相同

C. Cu^{2+} 浓度对 $E^\ominus(Cu^{2+}/Cu)$的影响很大

D. Cu^{2+} 浓度对 $E^\ominus(Cu^{2+}/Cu)$的影响很小

13. 在多电子原子中，电子的能量取决于（　　）

A. 主量子数 n

B. 主量子数 n 和角量子数 l

C. 主量子数 n，角量子数 l 和磁量子数 m

D. 角量子数 l 及自旋量子数 m_s

14. 在用量子数表示核外电子的运动状态时，下列各组量子数中，不正确的是（　　）

A. $n=3$，$l=1$，$m=0$　　B. $n=3$，$l=3$，$m=-1$

C. $n=2$，$l=0$，$m=0$　　D. $n=3$，$l=2$，$m=1$

15. 含有极性键的非极性分子是（　　）

A. NaF　　B. SiH_4　　C. H_2S　　D. MgO

16. 在 A+B══C+D 的反应中，已知 $\Delta_r H_m^{\ominus}<0$，升高温度会（　　）

A. 只使逆反应速率增大　　B. 正、逆反应速率均增大

C. 只增大正反应速率　　D. 对正、逆反应速率均无影响

17. 反应 A+B══C+D，$\Delta_r H_m^{\ominus}=25kJ\cdot mol^{-1}$，则正反应的活化能 E_a（　　）

A. 为 $-25kJ\cdot mol^{-1}$　　B. $>25kJ\cdot mol^{-1}$

C. $<25kJ\cdot mol^{-1}$　　D. 为 $25kJ\cdot mol^{-1}$

18. 下列化合物中，中心原子采取 sp^3 不等性杂化的是（　　）

A. $BaCl_2$　　B. BF_3　　C. H_2S　　D. $SiCl_4$

19. 典型离子晶体的熔点高低取决于（　　）

A. 电荷　　B. 半径　　C. 电荷和半径　　D. 键角

20. 下列物质熔点高低顺序应为（　　）

A. $PF_3>PCl_3>PBr_3>PI_3$　　B. $PF_3<PCl_3<PBr_3<PI_3$

C. $PCl_3<PF_3<PBr_3<PI_3$　　D. $PBr_3>PCl_3>PI_3>PF_3$

三、填空题（每空 1 分，共 30 分）

1. 稀溶液的依数性是指溶液的______、______、______和______，且只与______成正比。

2. 已知反应：A(g)+B(g)⟶AB(g)，根据下列每一种情况的反应速率数据，写出速率方程表达式：当 A 浓度为原来的 2 倍时，反应速率也为原来的 2 倍；B 浓度为原来的 2 倍时，反应速率为原来的 4 倍，则 $v=$______；当 A 浓度为原来的 2 倍时，反应速率也为原来的 2 倍；B 浓度为原来的 2 倍时，反应速率为原来的 $\frac{1}{2}$ 倍，则 $v=$______；反应速率与 A 的浓度成正比，而与 B 浓度无关，则 $v=$______。

3. 在稀 HAc 溶液中滴入 2 滴甲基橙指示剂，溶液显______色，若再往其中加入少量 NaAc 固体颗粒，溶液由______色变为______色，其原因是______。

4. 配合物 $[Pt(NH_3)_4(NO_2)Cl]SO_4$ 的名称是______，配位体是______；配位原子是______，配位数为______。

5. 已知水的凝固点是 273.15K，水的凝固点下降常数是 $1.86K\cdot kg\cdot mol^{-1}$，则 $0.1mol\cdot kg^{-1}$ 的葡萄糖水溶液的凝固点是______。

6. 若某原电池的一个电极发生的反应是：$Cl_2+2e^-\longrightarrow 2Cl^-$，而另一个电极发生的反应为：$Fe^{2+}-e^-\longrightarrow Fe^{3+}$。现已测得 $E(Cl_2/Cl^-)>E(Fe^{3+}/Fe^{2+})$，则该原电池的电池符号应为______。

7. 水体富营养化状态是指水中的______。

8. 根据分子轨道理论，确定 O_2、O_2^+ 和 O_2^{2-} 的磁性强弱顺序为__________。

9. $K_2Cr_2O_7$ 俗称__________，是________色晶体。$Cr_2O_7^{2-}$ 在酸性溶液中氧化性很强，其还原产物为__________，呈______色。$KMnO_4$ 也是强氧化剂，在酸性介质中，其还原产物为____________，呈______色；在中性介质中，其还原产物为__________，呈______色；在碱性介质中，其还原产物为____________，呈______色。

四、计算题（共 30 分）

1.（本题 12 分）已知化学反应：

$$2SO_2(g) + O_2(g) \longequal 2SO_3(g)$$

	$2SO_2(g)$	$O_2(g)$	$2SO_3(g)$
$\Delta_f H_m^{\ominus}/(kJ\cdot mol^{-1})$	−296.83		−395.72
$S_m^{\ominus}/(J\cdot mol^{-1}\cdot K^{-1})$	248.11	205.03	256.65

计算：(1) 298.15K 时，此化学反应的 $\Delta_r H_m^{\ominus}$、$\Delta_r S_m^{\ominus}$、$\Delta_r G_m^{\ominus}$；

(2) 800℃时，此化学反应的标准平衡常数 $K^{\ominus}$。

2.（本题 8 分）已知醋酸水溶液的浓度为 $c(HAc)=0.10mol\cdot L^{-1}$，往 100mL 该溶液中加入 1.0mL 浓度为 $1.0mol\cdot L^{-1}$ 氢氧化钠溶液后，溶液的 pH 值为多少？（已知 $K_a^{\ominus}(HAc)=1.75\times10^{-5}$ 或 $pK_a^{\ominus}(HAc)=4.76$）

3.（本题 10 分）已知 $E^{\ominus}(Sn^{2+}/Sn)=-0.1375V$，$E^{\ominus}(Pb^{2+}/Pb)=-0.1262V$。

请判断下列氧化还原反应进行的方向：

(1) $Sn+Pb^{2+}(1.0mol\cdot kg^{-1}) \rightleftharpoons Sn^{2+}(1.0mol\cdot kg^{-1})+Pb$

(2) $Sn+Pb^{2+}(0.1mol\cdot kg^{-1}) \rightleftharpoons Sn^{2+}(1.0mol\cdot kg^{-1})+Pb$

综合测试题四答案

一、判断题

1. √；2. √；3. ×；4. ×；5. √；6. √；7. √；8. ×；9. √；10. ×；11. √；12. √；13. ×；14. √；15. √；16. √；17. ×；18. ×；19. ×；20. ×

二、选择题

1. D；2. D；3. C；4. C；5. C；6. C；7. B；8. B；9. A；10. C；11. C；12. B；13. B；14. B；15. B；16. B；17. B；18. C；19. C；20. B

三、填空题

1. 蒸气压下降；沸点上升；凝固点下降；渗透压；一定量溶剂中溶质的物质的量

2. $kc_A c_B^2$；$kc_A c_B^{-1}$；kc_A

3. 红；红；黄；同离子效应

4. 硫酸一氯·一硝基·四氨合铂(Ⅳ)；NH_3、NO_2^-、Cl^-；N、N、Cl；6

5. −0.186℃

6. $(-)Pt|Fe^{3+}(b_1),Fe^{2+}(b_2) \vdots\vdots Cl^-(b_3)|Cl_2(p)|Pt(+)$

7. 总 N、总 P 量超标

8. $O_2>O_2^+>O_2^{2-}$

9. 红矾钾；橙红；Cr^{3+}；绿；Mn^{2+}；浅粉或无；MnO_2；棕；MnO_4^{2-}；绿

四、计算题

1. 解：(1)
$$\begin{aligned}\Delta_r H_m^{\ominus} &= 2\Delta_f H_m^{\ominus}(SO_3,g)-2\Delta_f H_m^{\ominus}(SO_2,g)\\ &=[2\times(-395.72)-2\times(-296.83)]kJ\cdot mol^{-1}\\ &=-197.78kJ\cdot mol^{-1}\end{aligned}$$

$\Delta_r S_m^\ominus = 2S_m^\ominus(SO_3,g) - 2S_m^\ominus(SO_2,g) - S_m^\ominus(O_2,g)$

$= [2\times256.65 - 2\times248.11 - 205.03]kJ\cdot mol^{-1}\cdot K^{-1} = -187.95kJ\cdot mol^{-1}\cdot K^{-1}$

$\Delta_r G_m^\ominus = \Delta_r H_m^\ominus - T\Delta_r S_m^\ominus$

$= [-197.780 - 298\times(-0.18795)]kJ\cdot mol^{-1} = -141.7kJ\cdot mol^{-1}$

（2）$\Delta_r G_m^\ominus(273K+800K) = \Delta_r H_m^\ominus - (273K+800K)\Delta_r S_m^\ominus$

$= [-197.780 - 1073\times(-0.18795)]kJ\cdot mol^{-1}$

$= 3.89kJ\cdot mol^{-1}$

$\lg K^\ominus = -\Delta_r G_m^\ominus(1073K)/(2.303RT) = -3890.4/(2.303\times8.314\times1073)$

$K^\ominus = 0.646$

2.解：$OH^- + HAc = Ac^- + H_2O$

$$c(HAc) = \frac{0.1mol\cdot L^{-1}\times100mL - 1.0mol\cdot L^{-1}\times1.0mL}{101mL}$$

$$c(Ac^-) = \frac{1.0mol\cdot L^{-1}\times1.0mL}{101mL} = 0.010mol\cdot L^{-1}$$

$$pH = pK_a^\ominus(HAc) - \lg\frac{c(HAc)}{c(Ac^-)}$$

$$pH = 4.76 - \lg\frac{0.089}{0.010} = 3.81$$

3.解：（1）当 $b(Sn^{2+}) = b(Pb^{2+}) = 1.0mol\cdot kg^{-1}$，

$E = E^\ominus(Pb^{2+}/Pb) - E^\ominus(Sn^{2+}/Sn) = 0.0113V > 0$

故反应正向自发。

（2）当 $b(Sn^{2+}) = 1.0mol\cdot kg^{-1}$，$b(Pb^{2+}) = 0.1mol\cdot kg^{-1}$

$$E(Pb^{2+}/Pb) = E^\ominus(Pb^{2+}/Pb) + \frac{0.0592V}{2}\lg0.1 = -0.1558V$$

$E = E(Pb^{2+}/Pb) - E^\ominus(Sn^{2+}/Sn) = -0.0183V < 0$，

故反应逆向进行。

（詹从红）

综合测试题五

一、判断题（每小题1分，共20分）

（　）1.同一系统的不同状态，有可能具有相同的热力学函数。

（　）2.在吸热反应中，升高温度，正反应速率增大，逆反应速率减小，使平衡向正反应方向移动。

（　）3.在量子力学中，需要用4个量子数来描述一个原子轨道。

（　）4.取向力只存在于极性分子间，色散力只存在于非极性分子间。

（　）5.氧化还原电对中，如果还原性物质生成沉淀，则电极电势值将增大。

（　）6.B_2 分子的键级是1，具有反磁性。

（　）7.弱电解质的解离度随弱电解质的浓度增大而增大。

（　）8.在氧化还原反应中，若两个电对的 $E^\ominus$ 值相差越大，则反应越快。

(　　) 9. 水的生成焓就是氢气的燃烧热。

(　　) 10. 杂化轨道的几何构型决定了分子的几何构型。

(　　) 11. 只有金属离子或金属原子才能作为配合物的形成体。

(　　) 12. 同一金属组成不同氧化数的卤化物，高氧化数的卤化物比低氧化数的卤化物熔、沸点要高。

(　　) 13. 同离子效应可以使溶液的 pH 增大，也可以使 pH 减小。

(　　) 14. 过渡元素一般有可变的氧化数，是因为最外层 p 电子可以部分参加成键。

(　　) 15. 配离子的几何构型取决于中心离子所采用的杂化轨道类型。

(　　) 16. 光化学烟雾的主要原始成分是 NO_x。

(　　) 17. 国家规定排放废水中 Cr(Ⅵ) 的最大允许浓度为 $0.5g \cdot dm^{-3}$。

(　　) 18. 只有 CO_2 的浓度较高时会造成温室效应。

(　　) 19. 太阳上发生的是复杂的核聚变反应。

(　　) 20. 晶态高聚物具有固定的熔点。

二、选择题（每题 1 分，共 20 分）

1. 根据分子轨道理论，O_2 中电子最高占有轨道是（　　）

A. σ_{2p}　　B. π_{2p}^*　　C. π_{2p}　　D. σ_{2p}^*

2. 储氢合金是两种特定的金属合金，其中一种可以大量吸进氢气的金属是（　　）

A. s 区金属　　B. d 区金属　　C. ds 区金属　　D. 稀土金属

3. 下列能源中属于“二次能源”的是（　　）

A. 火药　　B. 核燃料　　C. 风能　　D. 地震

4. 下列物质中，$\Delta_f H_m^\ominus$ 大于零的是（　　）

A. P（白）　　B. C（石墨）　　C. $Br_2(g)$　　D. $Cl_2(g)$

5. 下列溶液中渗透压最大的是（　　）

A. $0.10mol \cdot kg^{-1}$ NaCl 溶液　　B. $0.10mol \cdot kg^{-1}$ $CaCl_2$ 溶液

C. $0.12mol \cdot kg^{-1}$ 葡萄糖溶液　　D. $0.10mol \cdot kg^{-1}$ 蔗糖溶液

6. 下列四个量子数的组合中，合理的是（　　）

A. 4，2，2，$\frac{1}{2}$　　B. 3，0，1，$\frac{1}{2}$　　C. 2，2，2，$-\frac{1}{2}$　　D. 2，3，2，$\frac{1}{2}$

7. 某化学反应的速率常数的单位是 $mol \cdot L^{-1} \cdot h^{-1}$，该反应是（　　）

A. 二级反应　　B. 三级反应　　C. 一级反应　　D. 零级反应

8. 已知在 298.15K 时 Ag_2CrO_4 饱和溶液中 CrO_4^{2-} 浓度为 $6.0 \times 10^{-5} mol \cdot kg^{-1}$，则 Ag_2CrO_4 的 $K_{sp}^\ominus$ 为（　　）

A. 6.6×10^{-9}　　B. 8.6×10^{-13}　　C. 6.0×10^{-5}　　D. 5.4×10^{-13}

9. 用 HAc-Ac^-（$pK_a^\ominus = 4.75$）缓冲对组成下列 pH 不同的缓冲溶液，如果总浓度相同，则缓冲能力最强的缓冲溶液是（　　）

A. pH=5.75 缓冲溶液　　B. pH=6.75 缓冲溶液

C. pH=4.75 缓冲溶液　　D. pH=3.75 缓冲溶液

10. 反应速率随反应物浓度的增加而增大，其原因是（　　）

A. 活化能降低

B. 活化分子百分数增加，有效碰撞次数增加

C. 活化分子数增加，有效碰撞次数增加

D. 反应速率常数增大

11. 下列不属于共轭酸碱对的是（　　）

A. HAc 和 Ac^-

B. H_3PO_4 和 $H_2PO_4^-$

C. $[Cr(H_2O)_6]^{3+}$ 和 $[Cr(H_2O)_5(OH)]^{2+}$

D. H_3O^+ 和 OH^-

12. 用铂做电极电解硫酸镁溶液时，下列叙述中正确的是（　　）

A. 阴极析出单质镁　　B. 阴极析出氢气

C. 阴极析出氧气　　D. 阳极析出二氧化硫

13. 对于一个化学反应，下列说法正确的是（　　）

A. $\Delta G^\ominus$越大，反应速率越快　　B. $\Delta H^\ominus$越大，反应速率越快

C. 活化能越小，反应速率越快　　D. $\Delta H^\ominus$越负，反应速率越快

14. 已知 $NO(g)+CO(g) \longrightarrow \frac{1}{2}N_2(g)+CO_2(g)$的标准摩尔焓变为$-373.4kJ\cdot mol^{-1}$，要使 NO 和 CO 的转化率最大，最适宜的条件是（　　）

A. 低温高压　　B. 高温高压　　C. 低温低压　　D. 高温低压

15. 已知下列反应$2Fe^{2+}+Br_2 \rightleftharpoons 2Fe^{3+}+2Br^-$

$2Fe^{3+}+2I^- \rightleftharpoons 2Fe^{2+}+I_2$

在标准状态下都正向自发进行。关于 $E^\ominus$ 的大小顺序正确的是（　　）

A. $E^\ominus(Fe^{3+}/Fe^{2+})>E^\ominus(I_2/I^-)>E^\ominus(Br_2/Br^-)$

B. $E^\ominus(I_2/I^-)>E^\ominus(Fe^{3+}/Fe^{2+})>E^\ominus(Br_2/Br^-)$

C. $E^\ominus(Br_2/Br^-)>E^\ominus(I_2/I^-)>E^\ominus(Fe^{3+}/Fe^{2+})$

D. $E^\ominus(Br_2/Br^-)>E^\ominus(Fe^{3+}/Fe^{2+})>E^\ominus(I_2/I^-)$

16. 下列电对中，标准电极电势最低的是（　　）

A. Ag^+/Ag　　B. AgI/Ag　　C. AgCl/Ag　　D. AgBr/Ag

17. 下列分子中，既是非极性分子又含 π 键的是（　　）

A. Cl_2　　B. CCl_4　　C. C_2Cl_4　　D. CH_2Cl_2

18. 下列分子键角最大的是（　　）

A. BCl_3　　B. CCl_4　　C. NH_3　　D. H_2S

19. 在有半透膜存在的情况下，为阻止稀溶液向浓溶液一侧渗透而在浓溶液液面上所施加的最小外力是（　　）

A. 浓溶液的渗透压　　B. 稀溶液的渗透压

C. 两溶液的渗透压之差　　D. 纯溶剂的渗透压

20. 在 298.15K、标准状态下的反应 $2Ag^++Cu \rightleftharpoons Cu^{2+}+2Ag$，$E^\ominus(Ag^+/Ag)=0.7996V$，$E^\ominus(Cu^{2+}/Cu)=0.3419V$，则此反应的标准平衡常数为（　　）

A. $\lg K^\ominus=21.23$　　B. $\lg K^\ominus=15.46$　　C. $\lg K^\ominus=7.75$　　D. $\lg K^\ominus=13.18$

三、填空题（每空 0.5 分，共 15 分）

1. 把氧化还原反应 $2MnO_4^-+10Cl^-+16H^+ \rightleftharpoons 5Cl_2+2Mn^{2+}+8H_2O$ 设计为原电池，正极反应为______；负极反应为______________；标准状态下的原电池符号为______________。

2. 实验测得 $[Fe(CN)_6]^{3-}$ 配离子的磁矩是 1.7B.M.，推测 Fe^{3+} 的杂化方式为______________；它是______轨型配位化合物。该配离子的名称______________；配位原子________；配位数______________。

3. 原子序数为29的元素其核外电子分布为________；外层电子构型为________；该元素为第______周期，第______族________区元素，其二价离子的外层电子构型所属类型为________型。

4. 产生渗透现象的必备条件为__________和__________。

5. 已知298.15K时Ca_2F的$K_{sp}^{\ominus}=5.3\times10^{-9}$，此时$Ca_2F$在水中的溶解度为________$mol\cdot kg^{-1}$。

6. 下列物质按摩尔熵值由小到大排列，其顺序为______________。

$LiCl(s)$、$Li(s)$、$Cl_2(g)$、$I_2(g)$、$Ne(g)$

7. 某温度下反应$2NO(g)+O_2(g)\longrightarrow 2NO_2(g)$的速率常数$k=8.8\times10^{-2}L^2\cdot mol^{-2}\cdot s^{-1}$，已知反应对$O_2$来说是一级反应，则对NO为______级反应，其速率方程为____________；当反应物浓度都是$0.05mol\cdot L^{-1}$时，反应速率是__________。

8. 加入催化剂可以改变反应速率，原因是____________________。

9. 向含有固体AgI的饱和溶液中，加入固体$AgNO_3$，则$b(I^-)$将______；若改加固体AgI，则$b(Ag^+)$将______；若改加AgBr固体，则$b(I^-)$将______，$b(Ag^+)$将______。(填“变小”“变大”或“不变”)

10. 已知一元弱酸的$K_a^{\ominus}=1.76\times10^{-5}$，则起始浓度为$0.4mol\cdot kg^{-1}$的该酸溶液中的$b(H^+)$是浓度为$0.1mol\cdot kg^{-1}$的该酸溶液中的$b(H^+)$的________倍。

11. 将20g $0.4mol\cdot kg^{-1}$HAc和60g $0.8mol\cdot kg^{-1}$HCN混合，溶液中的$b(H^+)$为________；$b(Ac^-)$为__________；$b(CN^-)$为________。$K_a^{\ominus}(H_2S)=1.75\times10^{-5}$，$K_a^{\ominus}(HCN)=3.98\times10^{-10}$

四、简答题（共15分）

1. 用活化能和活化分子的概念解释浓度、温度对化学反应速率的影响。(共4分)

2. 写出O_2^+的分子轨道式，并指出成键类型。(共3分)

3. 根据杂化轨道理论说明乙烯分子的成键情况（键角为120°）。(共4分)

4. 为什么高锰酸钾的氧化能力会随溶液酸度的增大而增强？(共4分)

五、计算题（共30分）

1. (本题7分）反应$C(s,石墨)+H_2O(g)\rightleftharpoons H_2(g)+CO(g)$为制备水煤气的方法之一。试通过计算说明：

(1) 在298.15K和标准条件下，反应能否自发进行；

(2) 在标准条件下，反应自发进行的温度范围。

已知

热力学函数	$H_2O(g)$	$CO(g)$
$\Delta_f G_m^{\ominus}(298.15K)/(kJ\cdot mol^{-1})$	−228.6	−137.2
$\Delta_f H_m^{\ominus}(298.15K)/(kJ\cdot mol^{-1})$	−241.8	−110.5

2. (本题9分）将$0.2mol\cdot kg^{-1}$的Ag^+溶液和$0.6mol\cdot kg^{-1}$的CN^-溶液等质量混合后，加入KI固体，使$b(I^-)=0.1mol\cdot kg^{-1}$，能否产生AgI沉淀？溶液中$CN^-$浓度低于多少时才可出现AgI沉淀？(已知$K_{sp}^{\ominus}(AgI)=8.52\times10^{-17}$，$K_{稳}^{\ominus}([Ag(CN)_2]^-)=1.3\times10^{21}$)

3. (本题9分）已知：$E^{\ominus}(AO_4^-/AO_2)=0.6V$，$E^{\ominus}(Cu^{2+}/Cu)=0.34V$。

(1) 当溶液的pH=8，AO_4^-的浓度为$0.1mol\cdot kg^{-1}$时，计算：$E(AO_4^-/AO_2)$的数值

是多少？

(2) 上述电极与 Cu^{2+}/Cu 构成原电池，当 $b(Cu^{2+})=0.1mol\cdot kg^{-1}$ 时，写出原电池符号，并计算该电池反应的 $\Delta_r G_m^\ominus$ 和 $K^\ominus$。

4.（本题 5 分）实验测得某反应在 373K 时速率常数为 $2.15\times10^{-6}s^{-1}$，在 473K 时速率常数为 $8.8\times10^{-2}s^{-1}$，求该反应的活化能和指前因子 A。

综合测试题五答案

一、判断题

1. √；2. ×；3. ×；4. ×；5. √；6. ×；7. ×；8. ×；9. √；10. ×；11. ×；12. ×；13. √；14. ×；15. √；16. ×；17. ×；18. ×；19. √；20. ×

二、选择题

1. B；2. D；3. A；4. C；5. B；6. A；7. D；8. B；9. C；10. C；11. D；12. B；13. C；14. A；15. D；16. B；17. C；18. A；19. C；20. B

三、填空题

1. $MnO_4^- + 8H^+ + 5e^- \longrightarrow Mn^{2+} + 4H_2O$；$2Cl^- - 2e^- \longrightarrow Cl_2$；

$(-)Pt|Cl_2(p)|Cl^-(b^\ominus)\parallel MnO_4^-(b^\ominus),H^+(b^\ominus),Mn^{2+}(b^\ominus)|Pt(+)$

2. d^2sp^3；内；六氰合铁(Ⅲ)配离子；C；6

3. $1s^22s^22p^63s^23p^63d^{10}4s^1$；$3d^{10}4s^1$；四；Ⅰ；B；ds

4. 半透膜；膜两侧单位体积内的溶剂分子数不同

5. 1.098×10^{-3}

6. $Li(s)<LiCl(s)<Ne(g)<Cl_2(g)<I_2(g)$

7. 二；$v=kc(O_2)c^2(NO)$；$1.1\times10^{-5}mol\cdot L^{-1}\cdot s^{-1}$

8. 改变了反应机理，降低了活化能

9. 变小；不变；变小；变大

10. 2

11. $1.3\times10^{-3}mol\cdot kg^{-1}$；$1.3\times10^{-3}mol\cdot kg^{-1}$；$2.3\times10^{-7}mol\cdot kg^{-1}$

四、简答题

1. 答：在一定温度下，活化分子百分数是一定的。增加反应物浓度，单位体积内的分子总数增加，活化分子的总数也相应增加，从而单位时间内的有效碰撞次数增多，导致反应速度加快；在浓度一定时，升高温度能使更多的分子获得能量而成为活化分子，增大了活化分子的百分数，有效碰撞次数增加，反应速率加快。

2. 答：O_2^+ 的分子轨道式为：$[(\sigma_{1s})^2(\sigma_{1s}^*)^2(\sigma_{2s})^2(\sigma_{2s}^*)^2(\sigma_{2p_x})^2(\pi_{2p_y})^2(\pi_{2p_z})^2(\pi_{2p_y}^*)^1]$

O_2^+ 有 1 个 σ 键，1 个两电子 π 键和 1 个三电子 π 键。

3. 答：在 C_2H_4 分子中，C 原子的 1 个 s 轨道与 2 个 p 轨道杂化形成 3 个等性的 sp^2 杂化轨道。这三个杂化轨道处于同一平面上，它们之间的键角是 120°。每个 C 原子用两个 sp^2 杂化轨道上的单电子分别与 2 个 H 的 s 轨道上的单电子配对形成 σ 键（sp^2-s），两个 C 所剩下一个 sp^2 杂化轨道上的单电子相互配对形成 σ 键（sp^2-sp^2）。与平面垂直的未参与杂化的两个 p 轨道侧面重叠形成 1 个 π 键。

4. 答：根据 $KMnO_4$ 做氧化剂时的电极反应式：$MnO_4^- + 8H^+ + 5e^- \longrightarrow Mn^{2+} + 4H_2O$ 可以得到 $KMnO_4$ 做氧化剂与 H^+ 浓度有关。其电极电势的 Nernst 方程表达式为：$E(MnO_4^-/Mn^{2+})=E^\ominus(MnO_4^-/Mn^{2+})+\frac{0.0592V}{5}\lg\frac{b(MnO_4^-)b^8(H^+)}{b(Mn^{2+})(b^\ominus)^8}$，可见 H^+ 浓度越

高，其电极电势的值越大，则 MnO_4^- 的氧化能力越强，因此高锰酸钾的氧化能力会随溶液酸度的增大而增强。

五、计算题

1. 解：(1) $\Delta_r G_m^\ominus(298.15K)=91.4kJ\cdot mol^{-1}>0$，所以在 298.15K 和标准条件下，反应不能自发。

(2) $\Delta_r H_m^\ominus(298.15K)=131.3kJ\cdot mol^{-1}$，

$\Delta_r S_m^\ominus(298.15K)=[\Delta_r H_m^\ominus(298.15K)-\Delta_r G_m^\ominus(298.15K)]/T=0.1338kJ\cdot mol^{-1}\cdot K^{-1}$

因为属“正正”型、低温非自发、高温自发反应，所以自发进行的温度范围为：

$T>\Delta_r H_m^\ominus(298.15K)/\Delta_r S_m^\ominus(298.15K)=981.3K$

2. 解：Ag^+ 溶液和 CN^- 溶液等质量混合后，起始浓度分别为

$b(Ag^+)=0.1mol\cdot kg^{-1}$，$b(CN^-)=0.3mol\cdot kg^{-1}$

实际上，两种离子在溶液中按下式进行反应：

	$2CN^-$	$+Ag^+ \rightleftharpoons$	$[Ag(CN)_2]^+$
初始浓度/($mol\cdot kg^{-1}$)	0.3	0.1	0
平衡浓度/($mol\cdot kg^{-1}$)	$0.3-0.2+2x$	x	$0.1-x$

$$b(Ag^+)/b^\ominus=\frac{b([Ag(CN)_2]^+)b^\ominus}{K_{稳}^\ominus b^2(CN^-)}$$

$$x=\frac{0.1-x}{(0.3-0.2+2x)^2\times 1.30\times 10^{21}}\approx\frac{0.1}{0.1^2\times 1.30\times 10^{21}}=7.69\times 10^{-21}$$

$b(Ag^+)=7.69\times 10^{-21}mol\cdot kg^{-1}$

$\Pi_B=b(I^-)b(Ag^+)(b^\ominus)^{-2}=7.69\times 10^{-21}\times 0.1=7.69\times 10^{-22}<K_{sp}^\ominus(AgI)=8.52\times 10^{-17}$

所以无 AgI 沉淀生成。

若要 $b(I^-)=0.1mol\cdot kg^{-1}$ 的条件下形成 AgI 沉淀，则溶液中的 Ag^+ 浓度至少为

$$b(Ag^+)=\frac{K_{sp}^\ominus(AgI)}{b(I^-)/b^\ominus}b^\ominus=\frac{8.52\times 10^{-17}}{0.1}mol\cdot kg^{-1}=8.52\times 10^{-16}mol\cdot kg^{-1}$$

根据稳定常数求出 $b(CN^-)$：

$$b(CN^-)=\sqrt{\frac{b([Ag(CN)_2]^-)}{K_{稳}^\ominus\ b(Ag^+)/b^\ominus}}b^\ominus$$

$$=\left(\sqrt{\frac{0.1}{8.52\times 10^{-16}\times 1.30\times 10^{21}}}\right)mol\cdot kg^{-1}=3.0\times 10^{-4}mol\cdot kg^{-1}$$

即要生成 AgI 沉淀，必须使 $b(CN^-)$ 小于 $3.0\times 10^{-4}mol\cdot kg^{-1}$。

3. 解：(1) 电极反应为 $AO_4^-(aq)+2H_2O(l)+3e^-\longrightarrow AO_2(s)+4OH^-(aq)$

根据电极反应，电对 AO_4^-/AO_2 的 Nernst 方程为

$$E(AO_4^-/AO_2)=E^\ominus(AO_4^-/AO_2)+\frac{0.0592V}{3}\lg\frac{b(AO_4^-)/b^\ominus}{[b(OH^-)/b^\ominus]^4}$$

$$=0.6V+\frac{0.0592V}{3}\lg\frac{0.1}{(1\times 10^{-6})^4}$$

$$=1.05V$$

(2) 电极反应　$Cu^{2+}+2e^-\longrightarrow Cu$

根据电极反应，电对 Cu^{2+}/Cu 的 Nernst 方程为

$$E(Cu^{2+}/Cu)=E^{\ominus}(Cu^{2+}/Cu)+\frac{0.0592V}{2}\lg[b(Cu^{2+})/b^{\ominus}]$$

$$=0.34V+\frac{0.0592V}{2}\lg 0.1=0.31V$$

由计算结果得出，在题中条件下电对 Cu^{2+}/Cu 为负极，电对 AO_4^-/AO_2 为正极。

电池电动势为　$E=E_+-E_-=E(AO_4^-/AO_2)-E(Cu^{2+}/Cu)=1.05V-0.31V=0.74V$

两个电极组成的原电池符号为：

$(-)Cu|Cu^{2+}(0.1mol\cdot kg^{-1})\parallel AO_4^-(0.1mol\cdot kg^{-1}),\ OH^-(1.0\times10^{-6}mol\cdot kg^{-1})|AO_2(s)|Pt(+)$

电池反应为：$2AO_4^-(aq)+3Cu(s)+4H_2O(l)\longrightarrow 2AO_2(s)+3Cu^{2+}+8OH^-(aq)$

在标准状态下，两电对组成的原电池的标准电动势为

$E^{\ominus}=E^{\ominus}(AO_4^-/AO_2)-E^{\ominus}(Cu^{2+}/Cu)=0.6V-0.34=0.26V$

$\lg K^{\ominus}=\frac{zE^{\ominus}}{0.0592V}=\frac{6\times0.26V}{0.0592V}=26.35$

$K^{\ominus}=2.24\times10^{26}$

$\Delta_r G_m^{\ominus}=-zFE^{\ominus}=-6\times96485J\cdot mol^{-1}\cdot V^{-1}\times0.26V=-150.52kJ\cdot mol^{-1}$

4. 解：由 $\lg\frac{k_2}{k_1}=\frac{E_a}{2.303R}\left(\frac{T_2-T_1}{T_1T_2}\right)$得

$E_a=\frac{2.303RT_1T_2}{T_2-T_1}\lg\frac{k_2}{k_1}=\left(\frac{2.303\times8.314\times373\times473}{473-373}\lg\frac{8.8\times10^{-2}}{2.15\times10^{-6}}\right)kJ\cdot mol^{-1}=155.8kJ\cdot mol^{-1}$

将 298.15K 时的各个数值代入公式 $k=Ae^{-\frac{E_a}{RT}}$得

$8.8\times10^{-2}s^{-1}=Ae^{-\frac{155.8\times1000}{8.314\times473}}$

解得 $A=1.41\times10^{16}s^{-1}$

（菅文平）

综合测试题六

一、判断题（每题 1 分，共 20 分）

(　　) 1. 如果一个反应的 $\Delta_r G_m^{\ominus}>0$，则反应在标准状态下不能自发进行。

(　　) 2. 在氧化还原反应中，如果两个电对的 E 值相差越大，则反应进行的越快。

(　　) 3. 中心离子的配位数不一定等于配体的个数。

(　　) 4. 电子云是波函数的角度分布图，与径向部分无关。

(　　) 5. 对双原子分子而言，键能越大，分子越稳定，其分子的极性由键的极性决定。

(　　) 6. 含氧酸根的电极电势值均与 pH 有关。

(　　) 7. 温度升高，反应速率加快，使反应的平衡常数也增大。

(　　) 8. 金属氧化反应的 $\Delta_r G_m^{\ominus}$-T 图中线位越高，表明金属单质与氧的结合力越强。

(　　) 9. 若基态原子的 3d 和 4s 的每条轨道上都只有一个电子填充，则该元素一定

是Cr。

（　　）10. 在一定温度下，溶液蒸气产生的压力称为饱和蒸气压。

（　　）11. 在一定温度下，AgCl溶液中的Ag^+浓度和Cl^-浓度的乘积为一常数。

（　　）12. 热-机械曲线是高聚物在恒定外力作用下，形变和温度的关系。

（　　）13. PM10是指粒径小于10μm可吸入颗粒。

（　　）14. 弱酸或弱碱的浓度越小，其解离度越小，酸性或碱性就越弱。

（　　）15. 在腐蚀电池中，金属总是作为阳极被腐蚀；在弱酸性或中性介质中，阴极总是发生$O_2+2H_2O+4e^- \rightleftharpoons 4OH^-$。

（　　）16. 水体富营养化是指水中氮、磷总量大于$1.5mg \cdot dm^{-3}$。

（　　）17. 难挥发非电解质稀溶液的凝固点和沸点不是恒定的。

（　　）18. 沉淀转化的条件是新沉淀的$K_{sp}^{\ominus}$要大于原沉淀的$K_{sp}^{\ominus}$。

（　　）19. 根据分子轨道理论，O_2的稳定性大于O_2^+。

（　　）20. 溶液的凝固点降低、沸点上升、渗透压都与蒸气压无关。

二、选择题（每题1分，共20分）

1. 下列关于氧化数的叙述正确的是（　　）

A. 氧化数在数值上与化合价相同

B. 氧化数是指某元素的一个原子的表观电荷数

C. 氧化数均为整数

D. 氧化数最大取值只能等于其所在族数

2. 下列不属于聚合物碳链的结构形态的是（　　）

A. 直线型　　B. 网状结构　　C. 支链型　　D. 内旋转状态

3. 在CH_3Cl与CCl_4分子间存在（　　）

A. 色散力和诱导力　　B. 色散力

C. 色散力、诱导力和取向力　　D. 不确定

4. 下列物质中，硬度最大的是（　　）

A. $AlCl_3$　　B. $AlBr_3$　　C. AlF_3　　D. AlI_3

5. 测得人体血液的冰点降低值$\Delta T_f=0.56$℃。已知$K_f=1.86K \cdot kg \cdot mol^{-1}$，则在体温37℃时血液的渗透压是（　　）

A. 1776kPa　　B. 776kPa　　C. 388kPa　　D. 194kPa

6. 在多电子原子中，具有下列各组量子数的电子中能量最高的是（　　）

A. 3，2，1，$\frac{1}{2}$　　B. 3，1，0，$\frac{1}{2}$　　C. 2，1，1，$-\frac{1}{2}$　　D. 3，3，-2，$\frac{1}{2}$

7. 当反应$A_2+B_2 \longrightarrow 2AB$的速率方程为$v=kc(A_2)c(B_2)$时，则此反应（　　）

A. 一定是基元反应　　B. 一定是非基元反应

C. 不能确定是否是基元反应　　D. 为一级反应

8. 在298.15K时，在$Mg(OH)_2$的$K_{sp}^{\ominus}=1.8\times10^{-11}$，则饱和溶液的pH为（　　）

A. 3.48　　B. 10.52　　C. 3.78　　D. 10.22

9. 下列等浓度混合的溶液中，不是缓冲溶液是（　　）

A. NaH_2PO_4-Na_2HPO_4　　B. Na_2HPO_4-Na_3PO_4

C. NaH_2PO_4-Na_3PO_4　　D. H_3PO_4-NaH_2PO_4

10. 适合制成橡胶的高聚物应当是（　　）

A. T_f 低于室温的高聚物　　B. T_f 高于室温的高聚物

C. T_g 低于室温的高聚物　　D. T_g 高于室温的高聚物

11. 下列分子中，几何构型为平面三角形的是（　　）

A. ClF_3　　B. NCl_3　　C. AsH_3　　D. BCl_3

12. 在 $K[Co(C_2O_4)_2(en)]$的配位数是（　　）

A. 3　　B. 6　　C. 5　　D. 4

13. 根据分子轨道理论，N_2^{2-} 的单电子占有轨道是（　　）

A. σ_{2p}　　B. σ_{2p}^*　　C. π_{2p}^*　　D. π_{2p}

14. 在某温度时，若电池反应 $\frac{1}{2}A+\frac{1}{2}B_2 \rightleftharpoons \frac{1}{2}A^{2+}+B^-$ 的标准电动势为 $E_1^\ominus$，$A^{2+}+2B^- \longrightarrow A+B_2$ 的标准电动势 $E_2^\ominus$，则 $E_1^\ominus$ 与 $E_2^\ominus$ 的关系是（　　）

A. $E_1^\ominus=-E_2^\ominus$　　B. $E_1^\ominus=\frac{1}{2}E_2^\ominus$　　C. $E_1^\ominus=-\frac{1}{2}E_2^\ominus$　　D. $E_1^\ominus=E_2^\ominus$

15. 反应 $A(g)+B(g) \rightleftharpoons C(g)+D(g)$ 的标准平衡常数 $K^\ominus=6.37\times10^{-3}$，若反应物和生成物均处于标准态，下面叙述中不正确的是（　　）

A. $\Delta_r G_m^\ominus=0$　　B. 反应能自发进行

C. $\Delta_r G_m^\ominus$ 与 $K^\ominus$ 无关　　D. 反应逆向进行

16. 电极电势与 pH 无关的是（　　）

A. H_2O_2/H_2O　　B. MnO_4^-/MnO_4^{2-}　　C. MnO_2/Mn^{2+}　　D. IO_3^-/I^-

17. 基态原子的第五电子层只有二个电子，则该原子的第四电子层中的电子数肯定为（　　）

A. 8　　B. 8～32　　C. 8～18　　D. 18

18. 已知在 298K 时反应 $2N_2(g)+O_2(g) \longrightarrow 2N_2O(g)$ 的 $\Delta_r U_m^\ominus$ 为 $166.5kJ\cdot mol^{-1}$，该反应的 $\Delta_r H_m^\ominus$ 为（　　）

A. $164kJ\cdot mol^{-1}$　　B. $328kJ\cdot mol^{-1}$　　C. $146kJ\cdot mol^{-1}$　　D. $82kJ\cdot mol^{-1}$

19. 下列物质中熔点最高的是（　　）

A. NaCl　　B. $AlCl_3$　　C. SiC　　D. NH_3

20. 在 298.15K、标准氯电极的电势为 1.358V，当氯离子浓度减少到 $0.1mol\cdot kg^{-1}$，氯气的分压减少到 $0.1\times100kPa$ 时，该电极的电极电势应为（　　）

A. 1.358V　　B. 1.3876V　　C. 1.3284V　　D. 1.4172V

三、填空题（每空 1 分，共 35 分）

1. 已知 $E^\ominus(MnO_4^-/MnO_2)>E^\ominus(BrO_3^-/Br^-)$，在两电对的四种物质中，氧化能力最强的是______；还原能力最强的是____________。

2. 位于 Kr 前某元素，当该元素失去 3 个电子后，在它的角量子数为 2 的轨道内电子为半充满状态，该元素是______，原子外层电子构型是________，+2 价离子的电子层构型属于__________电子构型，与 30 号元素的+2 价离子相比，该离子的极化力要__________于 30 号元素的+2 价离子（填强或弱）。

3. NH_3、PH_3、AsH_3 三种物质，分子间色散力由小到大的顺序是____________；沸点由高到低的顺序是__________________。

4. 依据 VSEPR 理论推断下列分子或离子的几何构型，并指出中心原子的杂化方式：

（1）I_3^- 的空间构型____________；中心原子的杂化方式____________。

（2）SiF_5^- 的空间构型__________；中心原子的杂化方式____________。

(3) SO_2 的空间构型________；中心原子的杂化方式________。

(4) XeF_4 的空间构型________；中心原子的杂化方式________。

5. 已知 298.15K 时，$Mg(OH)_2$ 的 $K_{sp}^{\ominus}=5.61\times10^{-12}$，计算 $Mg(OH)_2$ 在 0.5mol·kg^{-1} 的 $NH_3\cdot H_2O$($K_b^{\ominus}=1.8\times10^{-5}$)溶液中的溶解度为________mol·$kg^{-1}$。

6. 超导体的三大临界条件________、________、________。

7. 已知反应 $CO(g)+2H_2(g)\longrightarrow CH_3OH(g)$在 523K 时的平衡常数 $K^{\ominus}=2.33\times10^{-3}$，548K 时的平衡常数 $K^{\ominus}=5.42\times10^{-4}$。则反应为______热反应；平衡后，通过压缩系统的容积来增大压力时，则平衡向______反应方向移动；当加入催化剂后时，平衡将________。

8. p 型半导体主要是________参与导电；n 型半导体主要是________参与导电；p-n 结的作用是________________。

9. 反应 $A(g)+2B(g)\longrightarrow C(g)$的速率方程式为 $v=kc(A)c(B)$。该反应为______级反应，k 的单位是________。当 A、B 的浓度均增加为原浓度的 2 倍时，反应速率将增大________倍；若反应容器的体积增大到原来的 2 倍，则反应速率将________倍。

10. 在 298.15K 时，将纯铁屑放入 0.050mol·kg^{-1} 的 Cd^{2+} 离子的溶液中，振荡至平衡。已知 $E^{\ominus}(Fe^{2+}/Fe)=-0.44V$，$E^{\ominus}(Cd^{2+}/Cd)=-0.403V$，计算反应平衡时$b(Fe^{2+})/b(Cd^{2+})=$________。

11. 在过渡金属元素中，熔点最高的是________，硬度最大的是________，密度最大的是________，具有亲生物性的金属是________。

四、简答题（每题 3 分，共 12 分）

1. 用分子轨道理论判断 O_2 和 O_2^- 的相对稳定性，并指出成键类型。

2. 实验室用 MnO_2 与浓 HCl 反应制备氯气，反应方程式为 $MnO_2(s)+4HCl(浓)\longrightarrow MnCl_2(aq)+Cl_2(g)+2H_2O(l)$。试通过分析说明 HCl 浓度的改变如何影响反应的方向。

已知 $E^{\ominus}(MnO_2/Mn^{2+})=1.22V$，$E^{\ominus}(Cl_2/Cl^-)=1.36V$。

3. 在氢原子中 $E(ns)=E(np)=E(nd)$，而在多电子原子中却是 $E(ns)<E(np)<E(nd)$，解释原因。

4. 埋藏于地下的金属管道，沙土部分易腐蚀还是黏土部分易腐蚀？解释原因。

五、计算题（共 13 分）

1. 合成 Si_3N_4 的反应及有关热力学数据如下：$3SiCl_4(g)+4NH_3(g)=\!=\!=Si_3N_4(s)+12HCl(g)$

热力学函数	$SiCl_4(g)$	$NH_3(g)$	$Si_3N_4(s)$	$HCl(g)$
$\Delta_f G_m^{\ominus}(298.15K)/(kJ\cdot mol^{-1})$	−569.9	−16.64	−642.7	−95.27
$S_m^{\ominus}(298.15K)/(J\cdot mol^{-1}\cdot K^{-1})$	331	192.5	101.3	186.7

(1) 通过计算说明此反应在 298.15K 标准条件下，能否自发进行？

(2) 标准条件下，反应自发进行的最低温度是多少？

(3) 计算 298.15K 时下列反应的 $\Delta_r G_m$ 并判断反应方向。

$3SiCl_4(g,80kPa)+4NH_3(g,30kPa)=\!=\!=Si_3N_4(s)+12HCl(g,20kPa)$

2. $BaCO_3$ 的饱和溶液中含有 0.01mol·kg^{-1} $BaSO_4$，1kg 该饱和溶液需加入多少摩尔 $NaCO_3$ 才能使 $BaSO_4$ 完全转化为 $BaCO_3$？（已知 $K_{sp}^{\ominus}(BaSO_4)=1.1\times10^{-10}$，$K_{sp}^{\ominus}(BaCO_3)=5.1\times10^{-9}$）

3. 已知原电池(－)$Zn|Zn^{2+}(0.01mol\cdot kg^{-1})\vdots\vdots Cu^{2+}(0.01mol\cdot kg^{-1})|Cu(+)$，向铜离子溶液中通入过量 NH_3，使溶液中游离得 NH_3 的浓度为 $1.0mol\cdot kg^{-1}$，测得电池电动势为 0.714V，求配离子 $[Cu(NH_3)_4]^{2+}$ 的不稳定常数为多少？

4. 已知反应$\frac{1}{2}Cl_2(g)+\frac{1}{2}F_2(g) \rightleftharpoons ClF(g)$在 298K 和 398K 时，测得其平衡常数分别为 9.3×10^9 和 3.3×10^7，求 $\Delta_r G_m^{\ominus}(298K)$和 $\Delta_r H_m^{\ominus}(298K)$。(可忽略温度对反应标准摩尔焓变的影响)

综合测试题六答案

一、判断题

1. √；2. ×；3. √；4. ×；5. √；6. ×；7. ×；8. ×；9. √；10. ×；11. ×；12. ×；13. √；14. ×；15. √；16. ×；17. √；18. ×；19. ×；20. ×

二、选择题

1. B；2. D；3. A；4. C；5. B；6. A；7. C；8. D；9. C；10. C；11. D；12. B；13. C；14. A；15. D；16. B；17. C；18. A；19. C；20. B

三、填空题

1. MnO_4^-；Br^-

2. Fe；$3d^64s^2$；9～17；弱

3. $NH_3<PH_3<AsH_3$；$NH_3>AsH_3>PH_3$

4. (1) 直线形；不等性 sp^3d (2) 三角双锥；等性 sp^3d (3) V 形；不等性 sp^2 (4) 平面正方形；不等性 sp^3d^2

5. 6.2×10^{-7}

6. 超导临界温度；超导临界磁场；超导临界电流

7. 放；正；不移动

8. 空穴；电子；p-n 结形成的接触电势差对交变电源电压起整流作用，对信号起放大作用

9. 2；$kg\cdot mol^{-1}\cdot s^{-1}$；4；降低为原来的 4

10. 17.8

11. 钨；铬；锇；钛

四、简答题

1. 答：O_2 的分子轨道式为：$[(\sigma_{1s})^2(\sigma_{1s}^*)^2(\sigma_{2s})^2(\sigma_{2s}^*)^2(\sigma_{2p_x})^2(\pi_{2p_y})^2(\pi_{2p_z})^2(\pi_{2p_y}^*)^1(\pi_{2p_z}^*)^1]$

键级＝(6－2)/2＝2

O_2^- 的分子轨道式为：$[(\sigma_{1s})^2(\sigma_{1s}^*)^2(\sigma_{2s})^2(\sigma_{2s}^*)^2(\sigma_{2p_x})^2(\pi_{2p_y})^2(\pi_{2p_z})^2(\pi_{2p_y}^*)^2(\pi_{2p_z}^*)^1]$

键级＝(6－3)/2＝1.5

键级 $O_2>O_2^-$，稳定性 $O_2>O_2^-$。

由 O_2 和 O_2^- 的分子轨道式可以确定：O_2 有 1 个 σ 键和 2 个三电子 π 键；O_2^- 有 1 个 σ 键和 1 个三电子 π 键。

2. 答：在标准状态下，HCl 浓度为 $1.0mol\cdot kg^{-1}$，此时 $E_+=E(MnO_2/Mn^{2+})=1.22V$，$E_-=E^{\ominus}(Cl_2/Cl^-)=1.36V$，$E_+<E_-$，反应不能正向进行制取氯气。

在非标准状态下，由电对 MnO_2/Mn^{2+} 的电极反应：$MnO_2+4H^++2e^-\longrightarrow Mn^{2+}+2H_2O$，得其电极电势的 Nernst 方程为

$$E(MnO_2/Mn^{2+})=E^{\ominus}(MnO_2/Mn^{2+})+\frac{0.0592V}{2}\lg\frac{[b(H^+)/b^{\ominus}]^4}{b(Mn^{2+})/b^{\ominus}}$$

电对 Cl_2/Cl^- 对应得电极反应：$Cl_2+2e^- \longrightarrow 2Cl^-$，对应的电极电势的 Nernst 方程为

$$E(Cl_2/Cl^-)=E^{\ominus}(Cl_2/Cl^-)+\frac{0.0592V}{2}\lg\frac{[p(Cl_2)/p^{\ominus}]}{[b(Cl^-)/b^{\ominus}]^2}$$

根据两个电对的电极电势的 Nernst 方程，当 HCl 浓度增加时，$b(H^+)$ 增大，有 $E(MnO_2/Mn^{2+})$ 增大，则 MnO_2 的氧化能力增强；对于电对 Cl_2/Cl^-，在 HCl 浓度增加时，$b(Cl^-)$ 增大，有 $E(Cl_2/Cl^-)$ 降低，Cl^- 的还原能力增强。当 HCl 浓度增大到某一浓度时，$E(MnO_2/Mn^{2+})>E(Cl_2/Cl^-)$，原电池的电池电动势 $E>0$，则反应能够正向自发进行，制得 $Cl_2(g)$；如果 HCl 浓度较低，则 $E(MnO_2/Mn^{2+})<E(Cl_2/Cl^-)$，原电池的电池电动势 $E<0$，上述反应不能正向自发进行。

3. 答：差别原因在于：在氢原子中，原子轨道的能量可以通过 $E=-13.6\frac{Z^2}{n^2}eV$ 来确定，$Z=1$ 为氢原子的核电荷数。对于氢原子中主量子数 n 相同的原子轨道，原子轨道的能量只与 n 有关，所以有 $E(ns)=E(np)=E(nd)$。在多电子原子中，由于屏蔽效应，原子轨道的能量要用 $E=-13.6\frac{Z^{*2}}{n^2}eV$ 近似计算，Z^* 为多电子原子的有效核电荷数。对于主量子数 n 相同而角量子数不同的原子轨道，角量子数越小，电子在离核较近区域出现的概率越大，受到屏蔽效应越小，有效核电荷越大，其能量越低，因此有 $E(ns)<E(np)<E(nd)$。

4. 答：埋藏于地下的金属管道黏土部分易腐蚀。因为沙土部分含氧的浓度大，黏土部分含氧的浓度小，形成浓差电池引起腐蚀。黏土部分金属失去电子，为腐蚀电池的阳极，沙土部分氧获得电子形成氢氧根，$O_2+H_2O+4e^- \longrightarrow 4OH^-$，为腐蚀电池的阴极。

五、计算题

1. 解：(1)

$$\begin{aligned}\Delta_r G_m^{\ominus} &=\Sigma\nu_B\Delta_f G_m^{\ominus}\\ &=\Delta_f G_m^{\ominus}(Si_3N_4,s)+12\Delta_f G_m^{\ominus}(HCl,g)-4\Delta_f G_m^{\ominus}(NH_3,g)-3\Delta_f G_m^{\ominus}(SiCl_4,g)\\ &=[(-642.7)+12\times(-95.27)-4\times(-16.64)-3\times(-569.9)]kJ\cdot mol^{-1}\\ &=-9.68kJ\cdot mol^{-1}\end{aligned}$$

在标准状态下 $\Delta_r G_m^{\ominus}<0$，反应正向进行。

(2) $$\begin{aligned}\Delta_r S_m^{\ominus}(298.15K)&=\Sigma\nu_B S_m^{\ominus}\\ &=S_m^{\ominus}(Si_3N_4,s)+12S_m^{\ominus}(HCl,g)-4S_m^{\ominus}(NH_3,g)-3S_m^{\ominus}(SiCl_4,g)\\ &=[101.3+12\times186.7-4\times(192.5)-3\times331]\ J\cdot mol^{-1}\cdot K^{-1}\\ &=578.7J\cdot mol^{-1}\cdot K^{-1}\end{aligned}$$

$$\begin{aligned}\Delta_r H_m^{\ominus}(298.15K)&=\Delta_r G_m^{\ominus}(298.15K)+T\Delta_r S_m^{\ominus}(298.15K)\\ &=-9.68kJ\cdot mol^{-1}+298.15K\times578.7\times10^{-3}kJ\cdot mol^{-1}\cdot K^{-1}\\ &=162.86kJ\cdot mol^{-1}\end{aligned}$$

在标准状态下，反应自发进行，则有 $\Delta_r G_m^{\ominus}(298.15K)<0$，即

$$\Delta_r G_m^{\ominus}(298.15K)=\Delta_r H_m^{\ominus}(298.15K)-T\Delta_r S_m^{\ominus}(298.15K)<0$$

$$T>\frac{\Delta_r H_m^{\ominus}}{\Delta_r S_m^{\ominus}}=\left(\frac{162.86}{578.7\times10^{-3}}\right)K=281.42K$$

答：在标准状态下反应自发进行的温度范围是大于 281.42K。

(3) $3SiCl_4(g,80kPa)+4NH_3(g,30kPa) = Si_3N_4(s)+12HCl(g,20kPa)$

由已知条件知，各物质的分压不等于标准压强，系统处于非标准状态，因此

$\Delta_r G_m = \Delta_r G_m^{\ominus} + RT \ln \Pi_B$

$= -9.68\text{kJ}\cdot\text{mol}^{-1} + \left[8.314\times10^{-3}\times298.15\times\ln\frac{(20/100)^{12}}{(80/100)^3\times(30/100)^4}\right]\text{kJ}\cdot\text{mol}^{-1}$

$= -9.68\text{kJ}\cdot\text{mol}^{-1} - 34.28\text{kJ}\cdot\text{mol}^{-1}$

$= -43.96\text{kJ}\cdot\text{mol}^{-1}$

答：因 $\Delta_r G_m<0$，故反应仍逆向进行。

2.解：转化反应为 $BaSO_4 + CO_3^{2-} = BaCO_3 + SO_4^{2-}$

平衡浓度/$(\text{mol}\cdot\text{kg}^{-1})$　　$x-0.01$　　0.01

$$K^{\ominus}=\frac{b(SO_4^{2-})}{b(CO_3^{2-})}=\frac{b(SO_4^{2-})}{b(CO_3^{2-})}\times\frac{b(Ba^{2+})}{b(Ba^{2+})}=\frac{K_{sp}(BaSO_4)}{K_{sp}(BaCO_3)}=\frac{1.1\times10^{-10}}{5.1\times10^{-9}}=2.16\times10^{-2}$$

$$K^{\ominus}=\frac{0.01}{x-0.01}=2.16\times10^{-2}$$

$x=0.47$

所以，加入 0.47mol $NaCO_3$ 可以使 $BaSO_4$ 完全转化为 $BaCO_3$。

3.解：根据题中已知条件，负极的电极电势为

$$E_-=E(Zn^{2+}/Zn)=E^{\ominus}(Zn^{2+}/Zn)+\frac{0.0592\text{V}}{2}\lg[b(Zn^{2+})/b^{\ominus}]$$

$$=-0.762\text{V}+\frac{0.0592\text{V}}{2}\lg0.01=-0.821\text{V}$$

已知电池电动势为 0.714V，$E_+=E[Cu(NH_3)_4]^{2+}/Cu]=E_{池}+E_-=0.714\text{V}+(-0.821\text{V})=-0.107\text{V}$

$$E_+=E([Cu(NH_3)_4]^{2+}/Cu)$$

$$=E^{\ominus}([Cu(NH_3)_4]^{2+}/Cu)+\frac{0.0592\text{V}}{2}\lg\frac{b([Cu(NH_3)_4]^{2+})/b^{\ominus}}{[b(NH_3)/b^{\ominus}]^4}$$

$$E_+=E^{\ominus}(Cu^{2+}/Cu)+\frac{0.0592\text{V}}{2}\lg K^{\ominus}_{不稳}([Cu(NH_3)_4]^{2+})+\frac{0.0592\text{V}}{2}\lg\frac{b([Cu(NH_3)_4]^{2+})/b^{\ominus}}{[b(NH_3)/b^{\ominus}]^4}$$

$$-0.107\text{V}=0.342\text{V}+\frac{0.0592\text{V}}{2}\lg K^{\ominus}_{不稳}([Cu(NH_3)_4]^{2+})+\frac{0.0592\text{V}}{2}\lg\frac{0.01}{1.0^4}$$

$\lg K^{\ominus}_{不稳}([Cu(NH_3)_4]^{2+})=-13.18$　　$K^{\ominus}_{不稳}([Cu(NH_3)_4]^{2+})=6.61\times10^{-14}$

4.解：$\Delta_r G_m^{\ominus}(298\text{K})=-RT\ln K^{\ominus}(298\text{K})$

$=[-8.314\times10^{-3}\times298\times\ln(9.3\times10^9)]\text{kJ}\cdot\text{mol}^{-1}$

$=-56.9\text{kJ}\cdot\text{mol}^{-1}$

由公式 $\lg\frac{K_2^{\ominus}}{K_1^{\ominus}}=\frac{\Delta_r H_m^{\ominus}}{2.303R}\left(\frac{T_2-T_1}{T_1T_2}\right)$，将已知数据代入有

$$\lg\frac{3.3\times10^7}{9.3\times10^9}=\frac{\Delta_r H_m^{\ominus}}{2.303\times8.314\times10^{-3}\text{kJ}\cdot\text{mol}^{-1}}\times\left(\frac{398-298}{398\times298}\right)$$

解得　$\Delta_r H_m^{\ominus}=-55.6\text{kJ}\cdot\text{mol}^{-1}$

由于温度对 $\Delta_r H_m^{\ominus}$ 影响在给定温度范围可以忽略，所以

$\Delta_r H_m^{\ominus}(298\text{K})=-55.6\text{kJ}\cdot\text{mol}^{-1}$

（菅文平）

综合测试题七

一、判断题（每题 1 分，共 20 分）

(　　) 1. 一个反应的 $\Delta_r G_m$ 代数值越小，其自发进行的倾向越大，反应速率越快。

(　　) 2. 在一定温度下，AgCl 溶液中 Ag^+ 浓度与 Cl^- 浓度的乘积是一个常数。

(　　) 3. 298K 时参考态元素的标准摩尔熵为零。

(　　) 4. 由反应式 $H_2S \rightleftharpoons S^{2-} + 2H^+$ 可知，在 H_2S 的饱和溶液中，$b(H^+) = 2b(S^{2-})$。

(　　) 5. 氧化还原电对的电极电势值越大，其氧化态物质的氧能力越强。

(　　) 6. 对于难溶强电解质，溶度积常数越大，在纯水中溶解度就越大。

(　　) 7. 热只有在盖斯定律规定的条件下才是状态函数。

(　　) 8. 在氧化还原反应中，如果标准电动势 $E^\ominus$ 值大于零，则反应就可以正向进行。

(　　) 9. 凝固点降低法可以用于测定大分子溶质的分子量。

(　　) 10. MnO_4^- 的氧化性随 pH 的减小而增强。

(　　) 11. 原子轨道的能量是由主量子数和角量子数决定的。

(　　) 12. 根据分子轨道理论，C_2 具有顺磁性，键级为 1。

(　　) 13. 氢键与配位键都是由一方提供孤对电子，另一方提供空轨道形成的，因此二者均为共价键。

(　　) 14. 依据酸碱质子理论，酸的强弱不仅取决于酸给出质子的能力，还与溶剂接受质子的能力有关。

(　　) 15. sp^3 杂化轨道是由 1 个 s 原子轨道和 3 个 p 轨道通过杂化而形成的。

(　　) 16. 水体富营养化是指水中氮、磷总量超标。

(　　) 17. 配合物中心原子的配位数不大于配体数。

(　　) 18. 离子的极化力和变形性均取决于离子的电荷和半径。

(　　) 19. 由于核裂变前后质量不等，亏损的质量转变成的能量就是核裂变能。

(　　) 20. 高分子链具有柔顺性是由于碳原子可以绕 C-C 键自由旋转。

二、选择题（每题 1 分，共 20 分）

1. 适宜作为橡胶的高聚物是（　　）

A. T_g 较高、T_f 较低的非晶态高聚物　　B. T_g 较低、T_f 较高的非晶态高聚物

C. T_g 较低、T_f 较低的非晶态高聚物　　D. T_g 较高、T_f 较高的非晶态高聚物

2. 关于过渡元素的下列性质中错误的是（　　）

A. 过渡元素的离子易形成配离子

B. 过渡元素的价电子包括 ns 和 $(n-1)$d 电子

C. 过渡元素有可变氧化数

D. 过渡元素的水合离子都有颜色

3. 温室效应是指（　　）

A. 温室气体能吸收地面的长波辐射　　B. 温室气体能吸收地面的短波辐射

C. 温室气体允许太阳长波辐射透过　　D. 温室气体允许太阳短波辐射透过

4. 某反应物在一定条件下的平衡转化率为 35%，当加入催化剂时，若反应条件不变，此时它的平衡转化率（　　）

A. 大于 35%　　B. 小于 35%　　C. 等于 35%　　D. 不确定

5. 在 0.1kg 的 0.10mol·kg^{-1} HAc 溶液中加入 0.1molNaCl 晶体，溶液的 pH 将会（　　）

A. 升高　　B. 降低　　C. 不变　　D. 不确定

6. 下列溶液中，凝固点最低的是（　　）

A. 0.10mol·kg^{-1} Na_2SO_4　　B. 0.10mol·kg^{-1} NaAc

C. 0.10mol·kg^{-1} HAc　　D. 0.10mol·kg^{-1} 蔗糖溶液

7. 电解 $MgCl_2$ 水溶液，阳极用石墨，阴极用铁，则电解产物是（　　）

A. Mg 和 Cl_2　　B. Fe^{2+} 和 Cl_2　　C. H_2 和 O_2　　D. H_2 和 Cl_2

8. 在 298.15K 时，在 $Ca_3(PO_4)_2$ 饱和溶液中，PO_4^{3-} 浓度为 1.58×10^{-6} mol·kg^{-1}，Ca^{2+} 浓度为 2.0×10^{-6} mol·kg^{-1}，则 $Ca_3(PO_4)_2$ 的 $K_{sp}^{\ominus}$ 为（　　）

A. 3.2×10^{-12}　　B. 2.0×10^{-29}　　C. 6.3×10^{-18}　　D. 5.1×10^{-27}

9. 下列四个量子数的组合中，能量最高的是（　　）

A. 3，1，0，$\frac{1}{2}$　　B. 3，0，1，$\frac{1}{2}$　　C. 3，2，1，$-\frac{1}{2}$　　D. 2，1，1，$\frac{1}{2}$

10. 下列的叙述中，正确的是（　　）

A. 溶度积大的化合物溶解度肯定大

B. 因为 AgCl 水溶液的导电性很弱，所以 AgCl 为弱电解质

C. 向含有 AgCl 固体的溶液中加入适量的水使 AgCl 溶解又达平衡时，AgCl 溶度积不变，其溶解度也不变

D. 将难溶电解质放入纯水中，溶解达平衡时，电解质离子浓度的乘积就是该物质的溶度积

11. 下列能构成缓冲系的是（　　）

A. H_2SO_4 和 $NaHSO_4$　　B. HAc 和 HCl

C. HAc 和 NaCl　　D. H_3PO_4 和 $NaH_2PO_4^-$

12. 已知 $E^{\ominus}(I_2/I^-)=0.536V$，$E^{\ominus}(Fe^{3+}/Fe^{2+})=0.771V$，在标准状态下，最强的氧化剂和最强还原剂分别是（　　）

A. Fe^{3+}，I_2　　B. Fe^{3+}，I^-　　C. Fe^{3+}，Fe^{2+}　　D. Fe^{2+}，Fe^{3+}

13. 下列哪种情况最有利于配位平衡转化为沉淀平衡？（　　）

A. $K_{稳}^{\ominus}$ 越大，$K_{sp}^{\ominus}$ 越小　　B. $K_{稳}^{\ominus}$ 越小，$K_{sp}^{\ominus}$ 越大

C. $K_{稳}^{\ominus}$ 越小，$K_{sp}^{\ominus}$ 越小　　D. $K_{稳}^{\ominus}$ 越大，$K_{sp}^{\ominus}$ 越大

14. 实验测得 $[NiF_4]^{2-}$ 的空间构型为正四面体，中心离子 Ni^{2+} 中的单电子数为（　　）

A. 2　　B. 0　　C. 1　　D. 3

15. 已知 $E^{\ominus}(A/B)>E^{\ominus}(C/D)$，在标准状态下能正向自发进行的反应是（　　）

A. $A+B \rightleftharpoons C+D$　　B. $B+C \rightleftharpoons A+D$

C. $D+B \rightleftharpoons C+A$　　D. $A+D \rightleftharpoons C+B$

16. 下列说法正确的是（　　）

A. O_2^- 中存在双键，键级为 2.5　　B. B_2 分子中最高能量的电子处在 π_{2p}

C. C_2 具有顺磁性　　D. N_2 分子中 $E(\sigma_{2p})<E(\pi_{2p})$

17. 下列叙述中正确的是（　　）

A. 增大系统的压力，反应速率增大

B. 加入催化剂，正、逆反应的活化能减小的倍数是相同的

C. 活化能越小，反应速率越大

D. 凡是溶度积大的沉淀一定会转化成溶度积小的沉淀

18. 下列分子中，偶极矩不为零的是（　　）

A. $SnCl_2$　　B. $SiCl_4$　　C. PCl_5　　D. BCl_3

19. 下列各途径中，熵变可以作为反应方向的判据的是（　　）

A. 系统温度不变　　B. 系统未从环境吸收热量

C. 系统与环境无热量交换　　D. 系统的热力学能保持不变

20. 在 298.15K，将反应 $Zn+Cu^{2+} \rightleftharpoons Cu+Zn^{2+}$ 设计成原电池，电对 Cu^{2+}/Cu 为正极。欲增加电池电动势，应采取的方法是（　　）

A. 正极加入 Na_2S　　B. 正极加入固体 $CuSO_4$

C. 正极加入氨水　　D. 负极加大 Zn^{2+} 的浓度

三、填空题（每空 0.5 分，共 15 分）

1. 若将氧化还原反应 $2Cu^{2+}(aq)+2I^-(aq) \longrightarrow CuI(s)+I_2(s)$ 设计成原电池，正极的电极反应为________，原电池符号为________。

2. 在 $1.0mol \cdot kg^{-1}$ HCl 与饱和 H_2S 溶液的混合溶液中，$b(S^{2-})$ 为________ $mol \cdot kg^{-1}$。（已知 $K^{\ominus}_{a1}(H_2S)=1.07\times10^{-7}$，$K^{\ominus}_{a2}(H_2S)=1.26\times10^{-13}$）

3. 已知 $E^{\ominus}(Ag^+/Ag)=0.7996V$，$E^{\ominus}(AgBr/Ag)=0.0713V$。计算 $K^{\ominus}_{sp}(AgBr)$ 为________。

4. 已知 $K^{\ominus}_b(NH_3 \cdot H_2O)=1.8\times10^{-5}$。等质量的 $0.1mol \cdot kg^{-1}$ HCl 和 $0.1mol \cdot kg^{-1}$ 氨水混合，溶液的 pH 为________；2kg 的 $0.1mol \cdot kg^{-1}$ 氨水和 1kg 的 $0.1mol \cdot kg^{-1}$ HCl 混合，溶液的 pH 为________。

5. 原子序数为 42 的元素的外层电子构型为______，它是位于______族，______区元素。

6. B_2、C_2、N_2 分子轨道能级顺序________。

7. 对于原电池$(-)Cu|Cu^{2+}(1.0mol \cdot kg^{-1}) \vdots\vdots Ag^+(1.0mol \cdot kg^{-1})|Ag(+)$，在正极溶液中加入 KCl 固体，则正极的电极电势________，电池电动势________；向负极溶液加入氨水，则电池电动势会________（填升高或降低）。

8. $NH_4[Cr(SCN)_4(NH_3)_2]$系统命名为________；中心离子为______；配体为______，配位原子为________。

9. 实验测得下列离子的磁矩均为 0B.M.，配离子 $[Fe(CN)_6]^{4-}$ 的空间构型为______，则中心离子 Fe^{2+} 的杂化类型是________；而 $[Ni(CN)_4]^{2-}$ 的空间构型________，则中心离子 Ni^{2+} 的杂化类型是________。

10. 在 100g $0.1mol \cdot kg^{-1}$ H_3PO_4 和 150g $0.1mol \cdot kg^{-1}$ NaOH 的混合溶液中，抗酸成分是______；抗碱成分是________。

11. 用价层电子对互斥理论判断 BF_3 分子的空间构型________；NF_3 分子的空间构型________；BrF_5 的空间构型________。

12. 已知 298K 时 AgCl 的 $K^{\ominus}_{sp}(AgCl)=1.77\times10^{-10}$，AgCl 在 $0.01mol \cdot kg^{-1}$ NaCl 溶液中的溶解度是________ $mol \cdot kg^{-1}$。

13. 高分子材料老化的实质是________。

14. 金属与水作用的难易程度与金属的________和________有关。

四、简答题（共 15 分）

1. 北方吃冻梨前，先将冻梨放入凉水中浸泡一段时间，发现冻梨表面结一层薄冰，而梨

里面也解冻了。请用稀溶液依数性对其进行解释说明。(4 分)

2. 按沸点从高到低的顺序排列 CO、Ne、HF、H_2，并说明原因。(3 分)

3. 用 Na_2CO_3 和 Na_2S 溶液分别处理 AgI 固体，试说明 AgI 固体是否能够转化为 Ag_2CO_3 和 Ag_2S。(已知 $K_{sp}^{\ominus}(AgI)=8.52\times10^{-17}$，$K_{sp}^{\ominus}(Ag_2S)=6.3\times10^{-50}$，$K_{sp}^{\ominus}(Ag_2CO_3)=8.46\times10^{-12}$)(4 分)

4. 如何判断电解盐类水溶液时两极的产物？(4 分)

五、计算题 (共 30 分)

1. (本题 8 分) 已知 $Na_2SO_4\cdot10H_2O$ 的风化反应为

$$Na_2SO_4\cdot10H_2O(s)\rightleftharpoons Na_2SO_4(s)+10H_2O(g),$$

$\Delta_f G_m^{\ominus}/(kJ\cdot mol^{-1})$　　　−3644　　　　−1267　　　−228.6

计算：(1) 298.15K 时，该反应的 $\Delta_r G_m^{\ominus}$ 和标准平衡常数 $K^{\ominus}$；

(2) 在 298.15K 和空气相对湿度为 60% 时，$Na_2SO_4\cdot10H_2O$ 能否风化？(298.15K 时，水的饱和蒸气压为 3.17kPa)

2. (本题 7 分) 在 $0.1mol\cdot kg^{-1}$ 的 $MgCl_2$ 溶液中含有少量 ($1.0\times10^{-5}mol\cdot kg^{-1}$) Fe^{3+} 杂质，欲使 Fe^{3+} 以 $Fe(OH)_3$ 沉淀形式除去，控制溶液的 pH 为 3～5，能否除尽 Fe^{3+}？

(已知 $K_{sp}^{\ominus}(Fe(OH)_3)=2.79\times10^{-39}$，$K_{sp}^{\ominus}(Mg(OH)_2)=5.61\times10^{-12}$)

3. (本题 8 分) 已知反应 $2Ag^{+}+Zn\rightleftharpoons 2Ag+Zn^{2+}$

$E^{\ominus}(Ag^{+}/Ag)=0.7996V$，$E^{\ominus}(Zn^{2+}/Zn)=-0.7618V$

(1) 计算在 Ag^{+} 和 Zn^{2+} 浓度分别为 $0.10mol\cdot kg^{-1}$ 和 $0.30mol\cdot kg^{-1}$ 时该反应的 $\Delta_r G_m$；

(2) 计算反应的 $K^{\ominus}$；

(3) 求反应达平衡时溶液中剩余的 Ag^{+} 浓度。

4. (本题 7 分) 计算说明 1kg $6.0mol\cdot kg^{-1}$ 的氨水中可溶解多少克 AgCl？

(已知 $K_{稳}^{\ominus}([Ag(NH_3)_2]^{+})=1.12\times10^{7}$，$K_{sp}^{\ominus}(AgCl)=1.77\times10^{-10}$)

综合测试题七答案

一、判断题

1. ×；2. ×；3. ×；4. ×；5. √；6. ×；7. ×；8. ×；9. ×；10. √；11. ×；12. ×；13. ×；14. √；15. √；16. ×；17. ×；18. ×；19. √；20. √

二、选择题

1. B；2. D；3. A；4. C；5. B；6. A；7. D；8. B；9. C；10. C；11. D；12. B；13. C；14. A；15. D；16. B；17. C；18. A；19. D；20. B

三、填空题

1. $Cu^{2+}+I^{-}+e^{-}\longrightarrow CuI(s)$；$(-)Pt|I_2(s)|I^{-}(b_1)⋮⋮I^{-}(b_2),Cu^{2+}(b_3)|CuI(s)|Cu(+)$

2. 1.35×10^{-21}

3. 4.98×10^{-13}

4. 5.28；9.26

5. $4d^5 5s^1$；ⅥB；d

6. $(\sigma_{1s})<(\sigma_{1s}^{*})<(\sigma_{2s})<(\sigma_{2s}^{*})<(\pi_{2p_y})=(\pi_{2p_z})<(\sigma_{2p_x})<(\pi_{2p_y}^{*})=(\pi_{2p_z}^{*})<(\sigma_{2p_x}^{*})$

7. 降低；降低；升高

8. 四硫氰酸根·二氨合铬(Ⅲ)酸铵；Cr^{3+}；SCN^-，NH_3；S，N；6

9. 正八面体；d^2sp^3；平面四边形；dsp^2

10. Na_2HPO_4；NaH_2PO_4

11. 平面三角形；三角锥；四方锥

12. 1.77×10^{-8}

13. 发生了大分子的降解和交联反应

14. 电极电势；反应产物的性质

四、简答题

1. 答：因冻梨内有大量的糖水溶液，溶液的凝固点要低于纯溶剂的凝固点，所以冻梨内的解冻温度要低于零度。当把冻梨放入凉水中浸泡时，冻梨会从凉水中吸收热量，使得梨表面的水因放热而结冰，梨内部因吸收了热量而解冻。这利用了凝固点降低规律。

2. 答：HF>CO>Ne>H_2。原因：Ne、H_2 为非极性分子，分子间只存在色散力，色散力通常随着分子量的增大而增大，因此，Ne 的分子间作用力大于 H_2 分子间作用力，Ne 的沸点比 H_2 的沸点高；CO 分子的极性小，分子间力主要是色散力。CO 分子的变形性比 Ne 原子的变形性大，CO 分子间的色散力大些，其沸点相应地较高；HF 分子间除了存在取向力、诱导力、色散力，还存在分子间氢键，因此 HF 的沸点最高。

3. 答：用 Na_2CO_3 溶液处理 AgI 固体时，有

$$CO_3^{2-}(aq)+2AgI(s) \rightleftharpoons Ag_2CO_3(s)+2I^-$$

$$K_1^\ominus=\frac{[b(I^-)/b^\ominus]^2}{b(CO_3^{2-})/b^\ominus}=\frac{[b(I^-)/b^\ominus]^2}{b(CO_3^{2-})/b^\ominus}\times\frac{[b(Ag^+)/b^\ominus]^2}{[b(Ag^+)/b^\ominus]^2}=\frac{[K_{sp}^\ominus(AgI)]^2}{K_{sp}^\ominus(Ag_2CO_3)}$$

$$=\frac{(8.52\times10^{-17})^2}{8.46\times10^{-12}}=8.58\times10^{-22}$$

$K_1^\ominus$ 非常小，不能发生 AgI 固体到 Ag_2CO_3 固体的转化。

用 Na_2S 溶液处理 AgI 固体时，有

$$S^{2-}(aq)+2AgI(s) \rightleftharpoons Ag_2S(s)+2I^-$$

$$K_2^\ominus=\frac{[b(I^-)/b^\ominus]^2}{b(S^{2-})/b^\ominus}=\frac{[b(I^-)/b^\ominus]^2}{b(S^{2-})/b^\ominus}\times\frac{[b(Ag^+)/b^\ominus]^2}{[b(Ag^+)/b^\ominus]^2}=\frac{[K_{sp}^\ominus(AgI)]^2}{K_{sp}^\ominus(Ag_2S)}$$

$$=\frac{(8.52\times10^{-17})^2}{6.3\times10^{-50}}=1.15\times10^{17}$$

$K_2^\ominus$ 非常大，能够发生 AgI 固体到 Ag_2CO_3 固体的转化。

4. 答：盐类水溶液电解时，离子在两极放电的产物是有规律的：(1) 在阴极，H^+ 只比电动序中 Al 以前的金属离子（K^+、Ca^{2+}、Na^+、Mg^{2+}、Al^{3+}）更易放电，即电解这些金属的盐溶液时，阴极析出氢气；而电解其他金属的盐溶液时，阴极则析出相应的金属。(2) 在阳极，OH^- 只比含氧酸根易放电，析出氧气；电解卤化物或硫化物时，阳极分别析出卤素或硫；阳极导体是可溶性金属时，金属首先放电——阳极溶解。

五、计算题

1. 解：(1) $\Delta_r G_m^\ominus=\Sigma\nu_B\Delta_f G_m^\ominus$

$$=\Delta_f G_m^\ominus(Na_2SO_4,s)+10\Delta_f G_m^\ominus(H_2O,g)-\Delta_f G_m^\ominus(Na_2SO_4\cdot10H_2O,s)$$

$$=[(-1267)+10\times(-228.6)-(-3644)]kJ\cdot mol^{-1}=91kJ\cdot mol^{-1}$$

$$\ln K^\ominus=-\frac{\Delta_r G_m^\ominus}{RT}=-\frac{91\times10^3 J\cdot mol^{-1}}{8.314J\cdot mol^{-1}\cdot K^{-1}\times298.15K}=36.71$$

$K^{\ominus}=1.14\times10^{-16}$

(2) 在 298.15K 时，水的饱和蒸气压为 3.17kPa。空气相对湿度为 60%时，水的蒸气压为 $p(H_2O)=3.17\text{kPa}\times60\%=1.902\text{kPa}$

$$\Delta_r G_m^{\ominus}=\Delta_r G_m^{\ominus}+RT\ln\Pi_B$$

$$=91\text{kJ·mol}^{-1}+8.314\times10^{-3}\text{kJ·mol}^{-1}\text{·K}^{-1}\times298.15\text{K}\times\ln\left(\frac{1.902\text{kPa}}{100\text{kPa}}\right)^{10}$$

$$=-7.22\text{kJ·mol}^{-1}<0$$

所以，反应正向进行，$Na_2SO_4·10H_2O$ 会风化。

也可以求出反应商 $\Pi_B=[p(H_2O)/p^{\ominus}]^{10}=6.13\times10^{-18}$，与平衡常数比较，确定反应正向进行，$Na_2SO_4·10H_2O$ 会风化。

2. 解：Fe^{3+} 沉淀完全时 $b(OH^-)$ 的最小值为

$$b(OH^-)=\sqrt[3]{\frac{K_{sp}^{\ominus}(Fe(OH)_3)}{b(Fe^{3+})/b^{\ominus}}}b^{\ominus}=\sqrt[3]{\frac{2.79\times10^{-39}}{1.0\times10^{-5}}}\text{mol·kg}^{-1}=6.5\times10^{-12}\text{mol·kg}^{-1}$$

$$pH=14-pOH=14-[-\lg(b(OH^-)/b^{\ominus})]=14-[-\lg(6.5\times10^{-12})]=2.81$$

若使 0.1mol·kg^{-1} 的 $MgCl_2$ 溶液不生成 $Mg(OH)_2$ 沉淀，则溶液中 $b(OH^-)$ 的最大值为

$$b(OH^-)=\sqrt{\frac{K_{sp}^{\ominus}(Mg(OH)_2)}{b(Mg^{2+})/b^{\ominus}}}b^{\ominus}=\sqrt{\frac{5.61\times10^{-12}}{0.1}}\text{mol·kg}^{-1}=7.5\times10^{-6}\text{mol·kg}^{-1}$$

$$pH=14-pOH=14-[-\lg(b(OH^-)/b^{\ominus})]=14-[-\lg(7.5\times10^{-6})]=8.88$$

溶液的 pH 应控制在 2.81～8.88 之间，除去 Fe^{3+} 而 Mg^{2+} 不沉淀。

所以，控制溶液的 pH=3～5，能够除尽 Fe^{3+}。

3. 解：(1) 根据题中已知条件，两电对 Ag^+/Ag 与 Zn^{2+}/Zn 的电极电势分别为

$$E(Ag^+/Ag)=E^{\ominus}(Ag^+/Ag)+0.0592\text{V}\lg[b(Ag^+)/b^{\ominus}]$$

$$=0.7996\text{V}+0.0592\text{V}\lg0.1$$

$$=0.7404\text{V}$$

$$E(Zn^{2+}/Zn)=E^{\ominus}(Zn^{2+}/Zn)+\frac{0.0592\text{V}}{2}\times\lg[b(Zn^{2+})/b^{\ominus}]$$

$$=-0.7618\text{V}+\frac{0.0592\text{V}}{2}\times\lg0.3$$

$$=-0.7773\text{V}$$

电池电动势为 $E=E(Ag^+/Ag)-E(Zn^{2+}/Zn)=0.7404\text{V}-(-0.7773\text{V})=1.5177\text{V}$

$$\Delta_r G_m=-zFE=-2\times96.485\text{kJ·mol}^{-1}\text{·V}^{-1}\times1.5177\text{V}=292.871\text{kJ·mol}^{-1}$$

(2) $E^{\ominus}=E^{\ominus}(Ag^+/Ag)-E^{\ominus}(Zn^{2+}/Zn)=0.7996\text{V}-(-0.7618\text{V})=1.5614\text{V}$

$$\lg K^{\ominus}=\frac{zE^{\ominus}}{0.0592\text{V}}=\frac{2\times1.5614\text{V}}{0.0592\text{V}}=52.75$$

$K^{\ominus}=5.62\times10^{52}$

(3) 达平衡时，$b(Ag^+)$ 为 $x\,\text{mol·kg}^{-1}$

$$2Ag^+ + Zn \rightleftharpoons 2Ag + Zn^{2+}$$

平衡时浓度/(mol·kg^{-1})　　x　　　　$0.3+(0.1-x)/2$

$$K^{\ominus}=\frac{b(Zn^{2+})/b^{\ominus}}{[b(Ag^+)/b^{\ominus}]^2}=\frac{0.3+(0.1-x)/2}{x^2}=5.62\times10^{52}$$

$x=2.5\times10^{-27}$

即 $b(Ag^+)$ 为 2.5×10^{-27} mol·kg^{-1}。

4. 解：设能溶解 x mol 的 AgCl，则溶液中 $[Ag(NH_3)_2]^+$ 浓度近似为 x mol·kg^{-1}

$$AgCl+2NH_3\cdot H_2O \rightleftharpoons [Ag(NH_3)_2]^+ + Cl^- + 2H_2O$$

平衡时浓度/(mol·kg^{-1})　　　6.0−2x　　　　x　　　x

反应的平衡常数为

$$K^{\ominus}=\frac{[b([Ag(NH_3)_2]^+)/b^{\ominus}][b(Cl^-)/b^{\ominus}]}{[b(NH_3\cdot H_2O)/b^{\ominus}]^2}$$

$$=\frac{[b([Ag(NH_3)_2]^+)/b^{\ominus}][b(Cl^-)/b^{\ominus}]}{[b(NH_3\cdot H_2O)/b^{\ominus}]^2}\times\frac{[b(Ag^+)/b^{\ominus}]}{[b(Ag^+)/b^{\ominus}]}$$

$$=K^{\ominus}_{稳}\times K^{\ominus}_{sp}=1.12\times10^{7}\times1.77\times10^{-10}=1.98\times10^{-3}$$

$$\frac{x^2}{(6.0-2x)^2}=1.98\times10^{-3}\qquad x=0.245$$

所溶解的 AgCl 的质量为 0.245mol×143.4g·mol^{-1}=35.1g

（管文平）

综合测试题八

一、判断题（每题 1 分，共 20 分）

（　　）1. 乙酸浓度越小，解离度越大，其 pH 越小。

（　　）2. 在缓冲比固定的情况下，缓冲溶液的总浓度越大，其缓冲容量越大。

（　　）3. 标准电极电势和标准平衡常数一样，都与反应方程式的系数有关。

（　　）4. 沉淀转化的条件是新沉淀的溶度积常数要大于原沉淀的溶度积常数。

（　　）5. 根据分子轨道理论，O_2 分子的电子并不都是配对的，即存在单电子，故它是顺磁性的。

（　　）6. 在多电子原子中，n 相同，l 越小的电子钻穿能力越强。

（　　）7. 酸性缓冲溶液能抵抗外来少量碱的影响，但不能抵抗外来少量酸的影响。

（　　）8. 凡是浓度相同的溶液都是等渗溶液。

（　　）9. 反应分子数与反应级数概念是相同的。

（　　）10. 某二元弱碱 Na_2A，当 $K^{\ominus}_{b1}\gg K^{\ominus}_{b2}$ 时，其 $b(H_2A)$ 近似等于它的 $K^{\ominus}_{b2}$。

（　　）11. 可逆反应达到平衡，反应物和生成物的浓度均为常数。

（　　）12. 加压总是使反应从分子数多的一方向分子数少的一方移动。

（　　）13. 反应的 $\Delta_r G^{\ominus}_m>0$，表明反应不能自发进行。

（　　）14. 稀土元素被称为冶金工业的“维生素”。

（　　）15. 缓冲溶液稀释时，溶液的 pH 基本不变，其缓冲容量也保持不变。

（　　）16. 活化能越大，反应速率越快，反应越容易进行。

（　　）17. 浓差腐蚀中，氧气较充足的部分的金属发生腐蚀。

（　　）18. 一般情况下，不管是放热反应还是吸热反应，温度升高，反应速率都会增大。

(　　) 19. 反应 A+B ⟶ C，则此反应的速率方程为 $v=kc(\mathrm{A})c(\mathrm{B})$。

(　　) 20. 光化学烟雾的主要原始成分是 NO_x 和烃类。

二、选择题（每题 1 分，共 20 分）

1. 需要保存在煤油中的金属是（　　）

A. Ca　　B. Ce　　C. Cr　　D. Ni

2. 大分子链具有柔顺性时，碳原子均采取（　　）

A. 不等性 sp^3 杂化　B. sp 杂化　C. sp^2 杂化　D. sp^3 杂化

3. 水体富营养化指植物营养元素大量排入水体，破坏了水体生态平衡，使水体（　　）

A. 夜间水中溶解氧减少，化学耗氧量增加

B. 日间水中溶解氧减少，化学耗氧量增加

C. 昼夜水中溶解氧减少，化学耗氧量增加

D. 夜间水中溶解氧增加，化学耗氧量减少

4. 反应 $2NO(g)+O_2(g) \longrightarrow 2NO_2(g)$ 的 $\Delta_r H_m^\ominus = -114\mathrm{kJ \cdot mol^{-1}}$，$\Delta_r S_m^\ominus = -146\ \mathrm{J \cdot mol^{-1} \cdot K^{-1}}$。反应达平衡时各物质的分压均为 100kPa，则反应温度为（　　）

A. 1053K　　B. 755K　　C. 781K　　D. 1326K

5. 下列溶液中沸点最高的的是（　　）

A. $0.10\mathrm{mol \cdot kg^{-1}}$ NaCl 溶液　　B. $0.10\mathrm{mol \cdot kg^{-1}}$ $CaCl_2$ 溶液

C. $0.12\mathrm{mol \cdot kg^{-1}}$ 葡萄糖溶液　　D. $0.10\mathrm{mol \cdot kg^{-1}}$ 蔗糖溶液

6. 下列四个量子数的组合中，不合理的是（　　）

A. 4，2，3，$\frac{1}{2}$　B. 3，0，0，$\frac{1}{2}$　C. 3，2，1，$-\frac{1}{2}$　D. 4，3，2，$\frac{1}{2}$

7. 升高同样的温度，一般化学反应速率增大倍数较多的是（　　）

A. 活化能较小的反应　　B. 放热反应

C. 吸热反应　　D. 活化能较大的反应

8. 在 CaF_2（$K_{sp}^\ominus=5.3\times10^{-9}$）和 $CaSO_4$（$K_{sp}^\ominus=9.1\times10^{-6}$）混合饱和溶液中，测得 $b(\mathrm{F^-})=1.8\times10^{-3}\mathrm{mol \cdot kg^{-1}}$，则溶液中 SO_4^{2-} 浓度为（　　）

A. 3.0×10^{-3}　　B. 5.6×10^{-3}　　C. 1.6×10^{-3}　　D. 9.0×10^{-4}

9. 欲配制 pH=9 的缓冲溶液，下列缓冲对哪一个最合适？（　　）

A. HAC-NaAc　　B. HCN-NaCN

C. NH_3-NH_4Cl　　D. NaH_2PO_4-Na_2HPO_4

10. 反应速率随温度升高而增大，其主要原因是（　　）

A. 活化能降低

B. 单位时间内分子间的碰撞次数增加

C. 活化分子百分数增加，有效碰撞次数增加

D. 压力增加

11. 下列分子中，具有顺磁性的是（　　）

A. F_2　　B. N_2　　C. C_2　　D. B_2

12. 用石墨电解 $1.0\mathrm{mol \cdot kg^{-1}}$ 的 $ZnSO_4$ 溶液，在石墨阳极析出的电解产物是（　　）

A. H_2　　B. O_2　　C. SO_2^-　　D. S

13. 下列方程式中，能正确表示 AgCl(s)的 $\Delta_f H_m^\ominus$ 的是（　　）

A. $Ag(s)+\frac{1}{2}Cl_2(l) \longrightarrow AgCl(s)$　　B. $2Ag(s)+Cl_2(g) \longrightarrow 2AgCl(s)$

C. $Ag(s)+\frac{1}{2}Cl_2(g) \longrightarrow AgCl(s)$　　D. $Ag^+(aq)+Cl^-(aq) \longrightarrow AgCl(s)$

14. AgCl在下列哪种溶液中溶解度中最大？（　　）

A. NaCN　　B. NH_3　　C. KI　　D. KNO_3

15. 饱和甘汞电极为正极，玻璃电极为负极，测得下列溶液电动势最大的是（　　）

A. $0.1mol \cdot kg^{-1}$ 的 HCl　　B. $0.1mol \cdot kg^{-1}$ 的 Na_2SO_4

C. $0.1mol \cdot kg^{-1}$ 的 H_2S　　D. $0.1mol \cdot kg^{-1}$ 的 Na_2S

16. 下列分子或离子的几何构型不正确的是（　　）

A. SiF_5^-，三角双锥形　　B. SF_4，平面四边形

C. I_3，直线形　　D. CO_3^{2-}，平面三角形

17. 下列分子中相邻共价键的夹角最小的是（　　）

A. BF_3　　B. CCl_4　　C. H_2O　　D. NH_3

18. 下列叙述错误的是（　　）

A. 电子所受屏蔽效应越强，电子能量越低

B. 任何分子之间均存在色散力

C. 屏蔽效应和钻穿效应的结果引起能级交错

D. 多电子原子中，电子能量由主量子数和角量子数共同决定

19. 下列分子中，几何构型为平面三角形的是（　　）

A. ClF_3　　B. NF_3　　C. SO_3　　D. CF_3

20. 下列物质熔点高低正确的是（　　）

A. $CaCl_2 < ZnCl_2$　B. $NaCl > BeCl_2$　C. $CaCl_2 < CaBr_2$　D. $FeCl_3 > FeCl_2$

三、填空题（每空0.5分，共15分）

1. 在298K时，将锌电极（$E^\ominus = -0.7626V$）与标准甘汞电极（$E^\ominus = 0.2678V$）组成原电池，该电池的电池反应为________；在标准态时电池符号为________；电池反应的标准平衡常数为________。

2. 热-机械曲线是________高聚物在恒定外力作用下形变与温度的关系。玻璃化转变温度高于室温的高聚物称为________，低于室温的高聚物称为________。

3. 由于燃料电池可直接将________能转换成________能，转换过程中没有经过________转换，因此它是一种理想、高效的能源装置。

4. H_2O、H_2S、H_2Se、H_2Te 的沸点高低顺序是________，沸点最高的的氢化物分子间存在的作用力为________。

5. 推断下列分子的几何构型及中心原子的杂化方式：

$SiCl_4$ 的几何构型________，Si的杂化方式________；PF_3 的几何构型________，P的杂化方式________；SO_2 的几何构型________，S的杂化方式________；NH_4^+ 的几何构型________，N的杂化方式________。

6. $[CoCl(NH_3)_5]Cl_2$ 的系统命名为________，配位原子为________。

7. $0.1mol \cdot kg^{-1}$ 的 Na_2HPO_4 溶液的pH值为________；$0.1mol \cdot kg^{-1}$ 的 NaH_2PO_4 溶液的pH值为________；将二者等质量混合后，溶液的pH值为________。（H_3PO_4：$pK_{a1}^\ominus = 2.12$，$pK_{a2}^\ominus = 7.21$，$pK_{a3}^\ominus = 12.67$）

8. 分子轨道是由原子轨道线性组合而成的，这种组合必须符合的三个原则是________。

9. 第四周期中具有单电子数最多的元素是________，其核外电子排布________，正三价离子的颜色为________。

10. 配离子 $[Ni(H_2O)_5(OH)]^+$ 的共轭酸____________，其共轭碱是____________。

四、简答题（共 15 分）

1. 以 O_2 为例，比较价键理论和分子轨道理论的优缺点。

2. 利用价层电子对互斥理论和杂化轨道理论分别说明 SO_2、PF_3 分子的空间构型、中心原子的杂化方式及键的类型。

3. 在 298.15K 时，Ag 与 $1.0mol\cdot kg^{-1}$ HI 溶液反应生成 H_2 而不能与 $1.0mol\cdot kg^{-1}$ HCl 溶液反应生成 H_2，简述其原因。（$K_{sp}^{\ominus}(AgI)=8.52\times10^{-17}$，$K_{sp}^{\ominus}(AgCl)=1.8\times10^{-10}$，$E^{\ominus}(Ag^+/Ag)=0.7996V$）

4. 在低温下，水自发地结成冰是否违背了熵增加原理？

五、计算题（共 30 分）

1.（本题 8 分）已知：

	CuO	+ H_2	══ $H_2O(g)$	+ Cu(s)
$\Delta_f H_m^{\ominus}/(kJ\cdot mol^{-1})$	−157.3	0	−241.82	0
$S_m^{\ominus}/(J\cdot mol^{-1}\cdot K^{-1})$	42.63	130.68	188.83	33.15

试计算在 200℃时反应的 $\Delta_r G_m^{\ominus}$ 和 $K^{\ominus}$。

2.（本题 7 分）在含有 $0.01mol\cdot kg^{-1}$ 的 Ag^+ 和 $1.0mol\cdot kg^{-1}$ 的 Cu^{2+} 的溶液中加入铁粉，问哪一种离子先被还原？当第二种离子被还原时，第一种金属离子在溶液中的浓度是多少？（已知 $E^{\ominus}(Ag^+/Ag)=0.7996V$，$E^{\ominus}(Cu^{2+}/Cu)=0.3419V$）

3.（本题 7 分）在 $0.1mol\cdot kg^{-1}$ 的 $CuSO_4$ 溶液与 $1.0mol\cdot kg^{-1}$ 的 HCl 溶液中，不断通入 $0.1mol\cdot kg^{-1}$ 的 H_2S 气体，计算平衡时，溶液中 Cu^{2+} 浓度是多少？（已知 $K_{a1}^{\ominus}(H_2S)=1.07\times10^{-7}$，$K_{a2}^{\ominus}(H_2S)=1.26\times10^{-13}$，$K_{sp}^{\ominus}(CuS)=6.3\times10^{-36}$，溶液中 $b(H_2S)=0.1mol\cdot kg^{-1}$）

4.（本题 8 分）已知 $E^{\ominus}(Cu^{2+}/Cu)=0.3419V$，计算电对 $[Cu(NH_3)_4]^{2+}/Cu$ 的 $E^{\ominus}$ 值，并根据有关数据计算说明，在空气中能否用铜制容器储存 $1.0mol\cdot kg^{-1}$ 的氨水？

（已知 $p(O_2)=21kPa$，$E^{\ominus}(O_2/OH^-)=0.401V$，$K_{稳}^{\ominus}([Cu(NH_3)_4]^{2+})=2.09\times10^{13}$）

综合测试题八答案

一、判断题

1. ×；2. √；3. ×；4. ×；5. √；6. √；7. ×；8. ×；9. ×；10. √；11. ×；12. ×；13. ×；14. √；15. ×；16. ×；17. ×；18. √；19. ×；20. √

二、选择题

1. B；2. D；3. A；4. C；5. B；6. A；7. D；8. B；9. C；10. C；11. D；12. B；13. C；14. A；15. D；16. B；17. C；18. A；19. C；20. B

三、填空题

1. $Hg_2Cl_2(s)+Zn(s)\longrightarrow Hg(s)+Zn^{2+}+2Cl^-$；$(-)Zn|Zn^{2+}(b^{\ominus})$ ⫶⫶ $Cl^-(b^{\ominus})|Hg_2Cl_2(s)|Hg(l)|Pt(+)$；$6.46\times10^{34}$

2. 线型非晶态；塑料；橡胶

3. 化学；电；热能

4. $H_2O>H_2Te>H_2Se>H_2S$；色散力、诱导力、取向力、氢键

5. 正四面体；等性 sp^3 杂化；三角锥形；不等性 sp^3 杂化；V 形；不等性 sp^3 杂化；正四面体形；等性 sp^3 杂化

6. 二氯化一氯·五氨合钴(Ⅲ)；Cl，N

7. 9.94；4.67；7.21

8. 对称性匹配、能量相近、最大重叠

9. Cr；$1s^2 2s^2 2p^6 3s^2 3p^6 3d^5 4s^1$；绿色

10. $[Ni(H_2O)_6]^{2+}$；$[Ni(H_2O)_5(OH)_2]$

四、简答题

1. 答：(1) 价键理论 O 原子的价电子构型为 $2s^2 2p^4$，有两个不成对的电子，所以可以两两配对形成共价双键。

(2) 分子轨道理论 O_2 共有 16 个电子填入分子轨道，$[(\sigma_{1s})^2(\sigma_{1s}^*)^2(\sigma_{2s})^2(\sigma_{2s}^*)^2(\sigma_{2p_x})^2(\pi_{2p_y})^2(\pi_{2p_z})^2(\pi_{2p_y}^*)^1(\pi_{2p_z}^*)^1]$，键级=(6−2)/2=2，其强度相当于两个共价键，但 O_2 分子是由 1 个 σ 键和 2 个三电子 π 键组成，在 $\pi_{2p_y}^*$ 和 $\pi_{2p_z}^*$ 上各有一个未成对电子，所以 O_2 是顺磁性的，这是价键理论无法解释的。

2. 答：SO_2：中心原子 S 的价层电子对数为 3，电子对的空间排布方式为平面三角形，有一对孤对电子，分子的空间构型为 V 形，中心原子 S 采用不等性 sp^2 杂化，以 sp^2 轨道分别与两个氧的 p 轨道形成两个 sp^2-p 的 σ 键，中心原子 S 未参与杂化的 p 轨道上的两个电子与两个氧 p 轨道上的单电子形成一个三中心四电子 π 键。

PF_3：中心原子 P 的价层电子对数为 4，电子对的空间排布方式为四面体，有一对孤对电子，分子的空间构型为三角锥；中心原子 O 采用不等性 sp^3 杂化，以三个不等性 sp^3 轨道分别与三个氟的 p 轨道形成三个 sp^3-p 的 σ 键。

3. 答：在 $1.0mol \cdot kg^{-1}$ HI 溶液中，由于有

$$
\begin{aligned}
E^{\ominus}(AgI/Ag) &= E^{\ominus}(Ag^+/Ag) + 0.0592V\lg K_{sp}^{\ominus} \\
&= 0.7996V + 0.0592V\lg(8.52\times10^{-17}) \\
&= -0.1517V < E^{\ominus}(H^+/H_2)
\end{aligned}
$$

所以，反应 $2Ag(s)+2HI(g) \rightleftharpoons 2AgI+H_2(g)$ 能够进行；而在 $1.0mol \cdot kg^{-1}$ HCl 溶液中，由于有

$$
\begin{aligned}
E^{\ominus}(AgCl/Ag) &= E^{\ominus}(Ag^+/Ag) + 0.0592V\lg K_{sp}^{\ominus}(AgCl) \\
&= 0.7996V + 0.0592V\lg(1.8\times10^{-10}) \\
&= 0.2227V > E^{\ominus}(H^+/H_2)
\end{aligned}
$$

所以反应 $2Ag(s)+2HCl(g) \rightleftharpoons AgCl+H_2(g)$ 不能够进行。

4. 答：熵增加原理其适用范围是孤立系统，当 $\Delta S_{孤}>0$ 时，系统自发进行。水结成冰，对冰水系统而言是熵减的过程。但该系统不是孤立系统，因为水结成冰的过程中要放热，这份热量传递给环境。如果要把它当作孤立系统来处理，必须包括冰水系统和周围环境，这时孤立系统的熵变是冰水系统熵变和环境熵变之和，即 $\Delta S_{孤}=\Delta S_{系}+\Delta S_{环}$。在低温下，冰凝结成水，$\Delta S_{系}<0$，环境吸热，$\Delta S_{环}>0$，且 $|\Delta S_{环}|>|\Delta S_{系}|$，有 $\Delta S_{孤}=\Delta S_{系}+\Delta S_{环}>0$，系统能够自发进行，因此水在低温下自发结冰并不违背熵增加原理。

五、计算题

1. 解：根据已知条件有

$\Delta_r H_m^{\ominus}(298K)=\Sigma\nu_B \Delta_f H_{mB}^{\ominus}=-84.52kJ \cdot mol^{-1}$

$\Delta_r S_m^{\ominus}(298K)=\Sigma\nu_B S_{mB}^{\ominus}=48.67J \cdot mol^{-1}K^{-1}$

由吉-亥方程可求 110℃（383K）的 $\Delta_r G_m$ 为

$$
\begin{aligned}
\Delta_r G_m^{\ominus} &= \Delta_r H_m^{\ominus} - T\Delta_r S_m^{\ominus} \\
&= -84.52kJ \cdot mol^{-1} - 473K\times48.67\times10^{-3}kJ \cdot mol^{-1} \cdot K^{-1} = 107.54kJ \cdot mol^{-1}
\end{aligned}
$$

$$\lg K^{\ominus}=-\frac{\Delta_r G_m^{\ominus}}{2.303RT}=-\frac{107.54\times1000}{2.303\times8.314\times473}=11.87$$

求得　$K^{\ominus}=7.41\times10^{11}$

2.解：加入铁粉时，溶液中两电对 Ag^+/Ag 与 Cu^{2+}/Cu 的电极电势分别为

$$E(Ag^+/Ag)=E^{\ominus}(Ag^+/Ag)+0.0592V\lg[b(Ag^+)/b^{\ominus}]$$
$$=0.7996V+0.0592V\lg(0.01)$$
$$=0.6812V$$

$$E(Cu^{2+}/Cu)=E^{\ominus}(Cu^{2+}/Cu)=0.3419V$$

由于 $E(Ag^+/Ag)>E(Cu^{2+}/Cu)$，所以 Ag^+ 是较强氧化剂，首先被还原剂还原成 Ag。当 $E(Ag^+/Ag)$ 下降到与 $E(Cu^{2+}/Cu)$ 相等时，Cu^{2+} 才能被还原。此时

$$E(Ag^+/Ag)=E^{\ominus}(Ag^+/Ag)+0.0592V\lg[b(Ag^+)/b^{\ominus}]$$

$$0.3419V=0.7996V+0.0592V\lg[b(Ag^+)/b^{\ominus}]$$

$$\lg[b(Ag^+)/b^{\ominus}]=\frac{0.7996V-0.3419V}{0.0592V}=-7.73$$

$$b(Ag^+)=1.86\times10^{-8}mol\cdot kg^{-1}$$

3.解：在饱和 H_2S 溶液中，$b(S^{2-})/b\approx K_{a2}^{\ominus}(H_2S)=1.20\times10^{-13}$，根据溶度积规则有 $[b(Cu^{2+})/b^{\ominus}][b(S^{2-})/b^{\ominus}]=0.1\times1.20\times10^{-13}=1.20\times10^{-14}\gg K_{sp}^{\ominus}(CuS)=6.3\times10^{-36}$

所以 Cu^{2+} 可沉淀完全。由反应方程式

$$Cu^{2+}+H_2S \rightleftharpoons CuS+2H^+$$

可知，当 Cu^{2+} 沉淀完全时，反应产生的 $b(H^+)$ 为 $0.2mol\cdot kg^{-1}$，溶液中还有 $1.0mol\cdot kg^{-1}$ 的 HCl，所以 H^+ 的总浓度为 $b(H^+)=1.2mol\cdot kg^{-1}$

设平衡时溶液中的 $b(Cu^{2+})$ 为 $x\,mol\cdot kg^{-1}$

$$Cu^{2+}+H_2S \rightleftharpoons CuS+2H^+$$

平衡时浓度/($mol\cdot kg^{-1}$)　　x　　0.1　　　　1.2

$$K^{\ominus}=\frac{[b(H^+)/b^{\ominus}]^2}{[b(H_2S)/b^{\ominus}][b(Cu^{2+})/b^{\ominus}]}\times\frac{[b(S^{2-})/b^{\ominus}]}{[b(S^{2-})/b^{\ominus}]}\times\frac{[b(HS^-)/b^{\ominus}]}{[b(HS^-)/b^{\ominus}]}$$

$$=\frac{K_{a1}^{\ominus}K_{a2}^{\ominus}}{K_{sp}^{\ominus}(CuS)}=\frac{8.91\times10^{-8}\times1.20\times10^{-13}}{6.3\times10^{-36}}=2.14\times10^{15}$$

$$\frac{[b(H^+)/b^{\ominus}]^2}{[b(H_2S)/b^{\ominus}][b(Cu^{2+})/b^{\ominus}]}=2.14\times10^{15}$$

$$\frac{1.2^2}{0.1x}=2.14\times10^{15}$$

$$x=6.73\times10^{-15}$$

由此得此溶液中的 $b(Cu^{2+})$ 为 $6.73\times10^{-15}mol\cdot kg^{-1}$。

4.解：电对 $[Cu(NH_3)_4]^{2+}/Cu$ 的标准电极电势对应电极反应

$$[Cu(NH_3)_4]^{2+}+2e^- \rightleftharpoons Cu+4NH_3$$

中的配离子和配体浓度均为 $1.0mol\cdot kg^{-1}$，且电对 $[Cu(NH_3)_4]^{2+}/Cu$ 的标准态是电对 Cu^{2+}/Cu 的非标准态，因此有

$$E^{\ominus}([Cu(NH_3)_4]^{2+}/Cu)=E(Cu^{2+}/Cu)=E^{\ominus}(Cu^{2+}/Cu)+\frac{0.0592V}{2}\lg[b(Cu^{2+})/b^{\ominus}]$$

$$=0.3419V+\frac{0.0592V}{2}\lg\left[\frac{b([Cu(NH_3)_4]^{2+})/b^\ominus}{K^\ominus_{稳}([Cu(NH_3)_4]^{2+})b(NH_3\cdot H_2O)/b^\ominus}\right]$$

$$=0.3419V+\frac{0.0592V}{2}\lg\left(\frac{1.0}{2.09\times10^{13}\times1.0}\right)$$

$$=-0.0346V$$

在 $1.0mol\cdot kg^{-1}$ 的氨水溶液中，设 $b(OH)$ 为 $x\,mol\cdot kg^{-1}$，则

$$NH_3\cdot H_2O \rightleftharpoons OH^- + NH_4^+$$

平衡时浓度/$(mol\cdot kg^{-1})$　　$1.0-x$　　x　　x

$$K_b^\ominus(NH_3\cdot H_2O)=\frac{[b(OH^-)/b^\ominus][b(NH_4^+)/b^\ominus]}{b(NH_3\cdot H_2O)/b^\ominus}=1.8\times10^{-5}$$

$$\frac{x^2}{1.0-x}=1.8\times10^{-5}\quad x=4.2\times10^{-3}$$

即 $b(OH)$ 为 $4.2\times10^{-3}mol\cdot kg^{-1}$。

电对 O_2/OH^- 对应电极反应为 $O_2+H_2O+4e^- \rightleftharpoons 4OH^-$，在题中条件下该电对的电极电势为

$$E(O_2/OH^-)=E^\ominus(O_2/OH^-)+\frac{0.0592V}{4}\lg\frac{p(O_2)/p^\ominus}{[b(OH^-)/b^\ominus]^4}$$

$$=0.401V+\frac{0.0592V}{4}\lg\frac{21/100}{(4.2\times10^{-3})^4}$$

$$=0.532V$$

因为 $E(O_2/OH^-)>E^\ominus([Cu(NH_3)_4]^{2+}/Cu)$，故不能用铜制容器储存 $1.0mol\cdot kg^{-1}$ 的氨水。

（菅文平）

综合测试题九

一、判断题（每题1分，共15分）

（　　）1. 同一元素在不同化合物中，氧化数越高，其得电子能力就越强。氧化数越低，其失电子趋势越强。

（　　）2. 原子轨道和电子云的角度分布图不是原子轨道和电子云的实际形状，而是电子运动的轨迹图。

（　　）3. 镧系收缩的结果使得第三过渡系与第二过渡系的同族元素原子半径（或离子半径）相近，性质极为相似，难以分离。

（　　）4. 主量子数相同的原子轨道并不一定属于同一能级组。

（　　）5. 在25℃时，$0.10mol\cdot dm^{-3}$ HAc 溶液中 HAc 的解离平衡常数为 1.75×10^{-5}，在25℃时，$0.05mol\cdot dm^{-3}$ HAc溶液中HAc的解离平衡常数为 $0.5\times1.75\times10^{-5}$。

（　　）6. 烟雾形成的化学反应之一是 $O_3(g)+NO(g) = O_2(g)+NO_2(g)$。已知此反应对 O_3 和 NO 都是一级的，且速率常数为 $1.2\times10^7mol^{-1}\cdot dm^3\cdot s^{-1}$。当被污染的空气中 $c(O_3)=c(NO)=5.0\times10^{-8}mol\cdot dm^{-3}$ 时，生成 NO_2 的初速率为 $3.0\times10^{-8}mol\cdot dm^{-3}\cdot s^{-1}$。

(　　) 7. B_2 与 N_2 具有相同的分子轨道能级顺序，都具有反磁性。

(　　) 8. 将 NaCl 溶液滴在抛光的金属锌表面，经过一定时间后，锌发生腐蚀的区域位于液滴覆盖的部位。

(　　) 9. 当反应 $MgCO_3(s) \rightleftharpoons MgO(s) + CO_2(g)$ 达平衡时，则该系统共有两相。

(　　) 10. 测得人体血液的凝固点降低值为 0.56K，则人的体温为 37℃时血液的渗透压约为 776kPa。(已知水的 $K_f = 1.86K \cdot g \cdot mol^{-1}$)

(　　) 11. 高分子材料的老化是一个复杂的过程，其实质是发生了共聚和交联反应。

(　　) 12. 油页岩与火山喷发均为可再生的一次能源。

(　　) 13. 温室效应、水体富营养化和臭氧层破坏是当今世界面临的三大环境问题。

(　　) 14. 在埃灵罕姆图中，处于上方的金属能将下方的金属从其氧化物中置换出来。

(　　) 15. 若将 B 原子掺入 Si 晶体中，载流子主要是空穴，这类杂质称为受主杂质。

二、选择题（每题 1 分，共 30 分）

1. 下列叙述中，正确的是（　　）

A. 系统的焓等于恒压反应热

B. 不做非体积功时，封闭系统的焓变等于恒压反应热

C. 只有等压过程，才有化学反应热效应

D. 单质的标准摩尔生成焓等于零

2. 下列不属于共轭酸碱对的是（　　）

A. H_2O 和 OH^-　　B. NH_3 和 NH_2^-

C. H_2SO_3 和 SO_3^{2-}　　D. $[Fe(H_2O)_6]^{3+}$ 和 $[Fe(H_2O)_5OH]^{2+}$

3. 下列说法正确的是（　　）

A. 电子的自旋量子数 $m_s = \frac{1}{2}$ 是从薛定谔方程中解出来的

B. 磁量子数 $m=0$ 的轨道都是球形对称的轨道

C. 角量子数 l 的可能取值是从 1 到（$n-1$）的正整数

D. 多电子原子中，电子的能量决定于主量子数 n 和角量子数 l

4. 第五电子层中有多少种电子亚层（　　）

A. 4　　B. 11　　C. 5　　D. 25

5. 下列两个电池反应的标准电动势分别为 $E_1^\ominus$ 和 $E_2^\ominus$，则两个 $E^\ominus$ 的关系为（　　）

(1) $\frac{1}{2}H_2(p^\ominus) + \frac{1}{2}Cl_2(p^\ominus) = HCl(1mol \cdot kg^{-1})$

(2) $2HCl(1mol \cdot kg^{-1}) = H_2(p^\ominus) + Cl_2(p^\ominus)$

A. $E_2^\ominus = -2E_1^\ominus$　　B. $E_2^\ominus = -E_1^\ominus$　　C. $E_2^\ominus = 2E_1^\ominus$　　D. $E_2^\ominus = E_1^\ominus$

6. 在质量摩尔浓度为 $1.00mol \cdot kg^{-1}$ 的 NaCl（分子量为 58.5）水溶液中，溶质的摩尔分数 x_B 和质量分数 ω_B 分别为（　　）

A. 1.00，18.1%　　B. 0.0177，5.53%

C. 0.055，17.0%　　D. 0.180，5.85%

7. 反应速率的质量作用定律适用于（　　）

A. 一步完成的基元反应

B. 实际上能够进行的反应

C. 化学方程式中反应物和生成物的化学计量数均为 1 的反应

D. 核反应和链反应

8. 纯液体沸腾时，下列几种物理量中数值增加的是（　　）

A. 蒸气压　　B. 熵　　C. 摩尔气化热　　D. 液体质量

9. 下列各组量子数 n，l，m，m_s 中，合理的是（　　）

A. 5，−3，−3，$\frac{1}{2}$　　B. 3，0，−1，$\frac{1}{2}$

C. 4，2，2，$-\frac{1}{2}$　　D. 2，2，−2，$\frac{1}{2}$

10. 一封闭钟罩中放$\frac{2}{3}$杯纯水 A 和$\frac{2}{3}$杯糖水 B，静置足够长时间后发现（　　）

A. A 杯水减少，B 杯水满后不再变化　　B. B 杯变成空杯，A 杯水满后溢出

C. B 杯水减少，A 杯水满后不再变化　　D. A 杯变成空杯，B 杯水满后溢出

11. 某反应在一定温度下达到平衡时，下面叙述中正确的是（　　）

A. 平衡常数能准确代表反应进行的完全程度

B. 转化率能准确代表反应进行的完全程度

C. 平衡常数和转化率都能准确代表反应进行的完全程度

D. 平衡常数和转化率都不能准确代表反应进行的完全程度

12. 已知气相反应 $PCl_5(g) \rightleftharpoons PCl_3(g)+Cl_2(g)$ 的 $\Delta_r H_m>0$，当反应达平衡时，能使反应向右移动的方法是（　　）

A. 降温和减压　　B. 升温和增压　　C. 升温和减压　　D. 降温和增压

13. 下列有关缓冲溶液的叙述错误的是（　　）

A. 若缓冲比一定时，缓冲溶液总浓度越大，缓冲容量越大

B. 由 $NH_3 \cdot H_2O$ 和 NH_4Cl 组成的缓冲溶液，若溶液中 $c(NH_4^+)<c(NH_3)$，则该缓冲溶液抵抗外来酸的能力大于抵抗外来碱的能力

C. 缓冲容量越大的缓冲溶液，缓冲范围不一定越大

D. 碳酸氢盐缓冲对在血液中的浓度最高，缓冲能力最大，维持血液正常的功能也最为重要，其 $c(HCO_3^-):c(CO_2)_{溶解}$ 为 1∶20

14. 在容器中加入相同物质的量的 NO 和 Cl_2，一定温度下，下列反应 $NO(g)+\frac{1}{2}Cl_2(g) \rightleftharpoons NOCl(g)$ 达平衡时，对有关各物质的分压判断正确的是（　　）

A. $p(NO)=p(Cl_2)$　　B. $p(NO)=p(NOCl)$

C. $p(NO)<p(Cl_2)$　　D. $p(NO)>p(Cl_2)$

15. 下列叙述中正确的是（　　）

A. 溶度积最大的难溶盐，其溶解度肯定大

B. 向含 AgCl 固体的溶液中加入水，溶解平衡后，AgCl 的溶解度不变

C. 难溶电解质在水中溶解达到平衡时，离子浓度的乘积为该物质的溶度积

D. AgCl 的导电性弱，所以为弱电解质

16. 基元反应 $A+2B \rightleftharpoons 2D$，已知某温度下正反应的速率常数 $k_{正}=1$，逆反应的速率常数 $k_{逆}=0.5$，则该温度下处于平衡状态的体系是（　　）

A. $c(A)=1mol \cdot dm^{-3}$，$c(B)=c(C)=2mol \cdot dm^{-3}$

B. $c(A)=c(D)=1mol \cdot dm^{-3}$，$c(B)=2mol \cdot dm^{-3}$

C. $c(A)=2mol \cdot dm^{-3}$，$c(B)=c(D)=1mol \cdot dm^{-3}$

D. $c(A)=c(D)=2mol \cdot dm^{-3}$，$c(B)=1mol \cdot dm^{-3}$

17. 向浓度为 $0.30mol\cdot dm^{-3}$ 的 HCl 溶液中通入 H_2S 气体达到饱和，此时 H_2S 浓度为 $0.10mol\cdot dm^{-3}$（H_2S 的 $K_{a1}^{\ominus}=1.07\times10^{-7}$，$K_{a2}^{\ominus}=1.26\times10^{-13}$），则溶液的 pH 约为（　　）

A. 7.04　　B. 3.78　　C. 1.07　　D. 0.523

18. 下面几种溶液：① $0.1mol\cdot dm^{-3}$ $Al_2(SO_4)_3$，② $0.2mol\cdot dm^{-3}$ $MgSO_4$，③ $0.15mol\cdot dm^{-3}$ NaCl，④ $0.15mol\cdot dm^{-3}$ 葡萄糖。按溶液的凝固点由高到低排列，顺序正确的是（　　）

A. ①②③④　　B. ①③②④　　C. ④③②①　　D. ④②③①

19. 在 298.15K 时，原电池电动势为 0.419V，根据以下原电池得出胃液的 pH 约为（　　）

(－)Pt|H_2(100kPa)|胃液 ⋮⋮ SCE(＋)。已知 E(SCE)＝0.241V

A. 4.28　　B. 3.02　　C. 2.17　　D. 6.03

20. 现将有关离子浓度增大 5 倍，电极电势值保持不变的电极反应是（　　）

A. $MnO_4^- + 8H^+ + 5e^- \rightleftharpoons Mn^{2+} + 4H_2O$

B. $Cl_2 + 2e^- \rightleftharpoons 2Cl^-$

C. $Fe^{3+} + e^- \rightleftharpoons Fe^{2+}$

D. $Zn^{2+} + 2e^- \rightleftharpoons Zn$

21. 下列说法正确的是（　　）

A. O_2 分子中最高能量的电子处在 π_{2p} 轨道

B. N_2^+ 有一个单电子 π 键

C. N_2^+ 键级为 2.5，具有顺磁性

D. O_2 分子磁性弱于 O_2^-

22. 第四周期元素基态原子中未成对电子数最多可达（　　）

A. 4 个　　B. 5 个　　C. 6 个　　D. 7 个

23. 反应 $CaO(s)+H_2O(l) = Ca(OH)_2(s)$ 在 25℃ 时自发进行，高温时其逆反应变为自发，这表明该反应的焓变、熵变为（　　）

A. $\Delta_r H_m^{\ominus}$ 为正值，$\Delta_r S_m^{\ominus}$ 为正值　　B. $\Delta_r H_m^{\ominus}$ 为正值，$\Delta_r S_m^{\ominus}$ 为负值

C. $\Delta_r H_m^{\ominus}$ 为负值，$\Delta_r S_m^{\ominus}$ 为正值　　D. $\Delta_r H_m^{\ominus}$ 为负值，$\Delta_r S_m^{\ominus}$ 为负值

24. 下列物质中，标准摩尔熵最大的是（　　）

A. MgO　　B. MgF_2　　C. $MgCO_3$　　D. $MgSO_4$

25. 中心原子 Co(Ⅲ) 形成配位数为 6 的配合物 $CoCl_m\cdot nNH_3$，若 1mol 配合物与 $AgNO_3$ 作用生成 1mol AgCl 沉淀，则 m 和 n 的值是（　　）

A. $m=3$，$n=4$　　B. $m=1$，$n=5$　　C. $m=5$，$n=1$　　D. $m=4$，$n=5$

26. 若温度 T 时，某化学反应的 $\Delta_r H_m^{\ominus}=-100kJ\cdot mol^{-1}$，则其正反应的活化能 E_a 与 $100kJ\cdot mol^{-1}$ 的关系为（　　）

A. E_a 大于 $100kJ\cdot mol^{-1}$　　B. E_a 等于 $100kJ\cdot mol^{-1}$

C. E_a 小于 $100kJ\cdot mol^{-1}$　　D. 无法确定

27. 下列溶液中，其溶液上方蒸气压最低的是（　　）

A. $0.10mol\cdot dm^{-3}$ $Ba(OH)_2$　　B. $0.10mol\cdot dm^{-3}$ NaOH

C. $0.10mol\cdot dm^{-3}$ 蔗糖溶液　　D. $0.10mol\cdot dm^{-3}$ HAc

28. 3.24 g 硫（原子量为 32）溶于 40.0g 苯中，测其凝固点为 3.77℃，则组成单质的硫原子数为（苯的凝固点为 5.40℃，$K_f=5.12K\cdot kg\cdot mol^{-1}$）（　　）

A. 8 个　　　B. 5 个　　　C. 6 个　　　D. 7 个

29. 潜水员的肺中可容纳 $6.0dm^3$ 的空气，在某深海中的压力为 980 kPa。在 37℃时，如果潜水员很快升至水面，压力为 100kPa，则他的肺将膨胀至（　　）

A. $5.88dm^3$　　　B. $58.8dm^3$　　　C. $588dm^3$　　　D. $0.0588dm^3$

30. AB_2 型的分子或离子，其中心原子可能采取的杂化类型（含不等性）是（　　）

A. sp^2　　　B. sp

C. sp^3　　　D. 除 A、B、C 外，还有 sp^3d

三、填空题（每空 1 分，共 15 分）

1. 将下列分子或离子 BCl_3，H_2O，NH_3，PCl_4^+，$HgCl_2$，按键角由大到小的顺序排列是______________________。

2. 配合物$[Co(NH_3)(en)_2Cl]SO_4$ 的名称为______________________，中心原子和配位数分别为________________，配体为________________，配位原子为________。

3. 根据酸碱质子理论，以水为溶剂时，下列物质：H_3AsO_3，NH_2-NH_2，HCO_3^-，$HC_2O_4^-$，H_3PO_3，BrO^- 中仅为酸的有____________________；仅为碱的有________________，为两性物质的有____________________。

4. 浓氨水中含有 NH_3 的质量分数为 0.28，其浓度 $c(NH_3)=15mol\cdot dm^{-3}$，$NH_3$ 的分子量为 17，则溶液的密度为__________$g\cdot cm^{-3}$。

5. 基态原子电子构型如下，半径最大的是______，电负性最大的是______。(填写序号)。

(1)$1s^22s^22p^63s^2$　(2)$1s^22s^22p^5$　(3)$1s^22s^22p^1$　(4)$1s^22s^22p^63s^23p^64s^1$

6. 离子极化的发生使键型由离子键向________转化，通常表现出化合物的熔沸点________。

7. 将正常红细胞放在 $15g\cdot dm^{-3}$ NaCl 溶液中，在高倍显微镜下能看到的现象是________________。(已知 NaCl 的分子量为 58.5)

8. 在 310K 时的鲜牛奶大约 4h 变酸，但在 278K 的冰箱中可保持 48h。若反应速率常数与牛奶变酸的时间成反比，则牛奶变酸反应的活化能为____________。

四、简答题（共 4 题，共 15 分）

1. 判断下列分子或离子的空间构型，写出中心原子的杂化轨道类型。(4 分)

NO_3^-；SO_2；$[Fe(CN)_5(CO)]^{3-}$ ($\mu=0$)；SO_2Cl_2

2. 有 A、B 两元素，A 基态原子的 M 层和 N 层的电子数比 B 基态原子的 M 层和 N 层的电子数均少 5 个。常温时 A 的单质为固体，B 的单质为液体。给出两元素的符号和基态原子的电子排布式，并指明两元素在周期表中的位置（所属周期、族、区）。给出 B 元素基态原子中单电子的运动状态。(5 分)

3. 试用分子轨道理论解释 N_2 和 O_2 分子的稳定性及磁性。(3 分)

4. 判断下列各组分子之间存在何种形式的分子间作用力。(3 分)

(1) Br_2 和 CCl_4　(2) CS_2 和 NO_2　(3) H_2O 和 对羟基苯甲醛（苯环上 OH 与 CHO 处于对位）

五、计算题（共 4 题，共 25 分）

1.（本小题 5 分）某物质 A 的分解反应在 836K 时的速率常数为 $1.05\times10^{-3}s^{-1}$，在

943K 时的速率常数为 $2.68\times10^{-3}s^{-1}$，

计算：(1) 该反应的活化能 E_a；

(2) 该分解反应在 773K 时的速率常数；

(3) 写出 773K 时的速率方程式，请推测该反应的反应级数。

2.(本小题 7 分) 根据下列数据，回答反应 $C_2H_6(g,p^\ominus)\longrightarrow C_2H_4(g,p^\ominus)+H_2(g,p^\ominus)$的相关问题：

(1) 计算 298K 时该反应的 $\Delta_rH_m^\ominus$；

(2) 计算 298K 时该反应的 $\Delta_rS_m^\ominus$；

(3) 计算 500K 时该反应的 $\Delta_rG_m^\ominus$，判断在标准状态下，该温度时的反应方向；

(4) 计算 298K 时，反应 $C_2H_6(g,80kPa)\longrightarrow C_2H_4(g,3.0kPa)+H_2(g,3.0kPa)$的 Δ_rG_m 并判断反应方向。

已知：

热力学函数	$C_2H_6(g)$	$C_2H_4(g)$	$H_2(g)$	C(石墨)
$\Delta_cH_m^\ominus/(kJ\cdot mol^{-1})$	−1560.7	—	−285.8	−393.5
$\Delta_fH_m^\ominus/(kJ\cdot mol^{-1})$	—	52.4	0	
$S_m^\ominus/(J\cdot mol^{-1}\cdot K^{-1})$	229.2	219.3	130.7	

3.(本小题 6 分) 某混合溶液中含有 $0.10mol\cdot kg^{-1}\,Fe^{3+}$ 和 $0.10mol\cdot kg^{-1}\,Cd^{2+}$，在温室下加入氢氧化钠 (不改变原离子浓度)，问：

(1) 各自沉淀需要 OH^- 的最低浓度是多少？它们的沉淀次序是怎样的？

(2) 应将溶液的 pH 控制在什么范围，才能使 Fe^{3+} 与 Cd^{2+} 分离？

已知：$K_{sp}^\ominus(Fe(OH)_3)=2.8\times10^{-39}$，$K_{sp}^\ominus(Cd(OH)_2)=7.2\times10^{-15}$

4.(本小题 7 分) 在 25℃时，下列原电池的电池电动势为 0.280V，

$(-)Pt|H_2(1.0\times10^5Pa)|H^+(1.0mol\cdot L^{-1})\parallel Cl^-(1.0mol\cdot L^{-1})|Hg_2Cl_2(s)|Hg(l)|Pt(+)$

已知：$F=96500C\cdot mol^{-1}$，$E^\ominus(Hg_2{}^{2+}/Hg)=0.7896V$，请完成 25℃时下列各项：

(1) 写出电极反应以及原电池反应；

(2) 氯化亚汞和汞电极的标准电极电势 $E^\ominus(Hg_2Cl_2/Hg)$；

(3) 计算该温度下的标准平衡常数 $K^\ominus$；

(4) 计算 $Hg_2Cl_2(s)$的溶度积 $K_{sp}^\ominus$。

综合测试题九答案

一、判断题

1. ×；2. ×；3. √；4. √；5×；6. √；7. ×；8. √；9. ×；10. √；11. ×；12. ×；13. ×；14. ×；15. √

二、选择题

1. B；2. C；3. D；4. C；5. B；6. B；7. A；8. B；9. C；10. D；11. A；12. C；13. D；14. C；15. B；16. D；17. D；18. C；19. B；20. C；21. C；22. C；23. D；24. D；25. A；26. D；27. A；28. A；29. B；30. D

三、填空题

1. $HgCl_2$，BCl_3，PCl_4^+，NH_3，H_2O

2. 硫酸一氯·一氨·二(乙二胺)合钴(Ⅲ)；Co^{3+}，6；en，NH_3，Cl^-；N　N　Cl

3. H_3AsO_3、H_3PO_3；$NH_2—NH_2$、BrO^-，$HC_2O_4^-$、HCO_3^-

4. 0.91

5. (4)；(2)

6. 共价键；降低

7. 红细胞发生皱缩现象

8. 55.6$kJ\cdot mol^{-1}$（或 55.64$kJ\cdot mol^{-1}$）

四、简答题

1.

NO_3^-	平面三角形	sp^2 杂化
SO_2	V 型	sp^2 不等性杂化
$[Fe(CN)_5(CO)]^{3-}$($\mu=0$)	八面体	d^2sp^3 杂化
SO_2Cl_2	四面体	sp^3（不等性）杂化

2. 答：A：Mn，电子排布式：$[Ar]3d^54s^2$，第四周期，第ⅦB族，d区

B：Br，电子排布式：$[Ar]3d^{10}4s^24p^5$，第四周期，第ⅦA族，p区

$n=4$　$l=1$　$m=0$（或 $m=1$，$m=-1$）　$m_s=\frac{1}{2}$或$-\frac{1}{2}$

3. 答：N_2 的分子轨道式为：$[(\sigma_{1s})^2(\sigma_{1s}^*)^2(\sigma_{2s})^2(\sigma_{2s}^*)^2(\pi_{2p_y})^2(\pi_{2p_z})^2(\sigma_{2p_x})^2]$，键级为3，分子中没有单电子，因此具有反磁性。$O_2$ 的分子轨道式为：$[(\sigma_{1s})^2(\sigma_{1s}^*)^2(\sigma_{2s})^2(\sigma_{2s}^*)^2(\sigma_{2p_x})^2(\pi_{2p_y})^2(\pi_{2p_z})^2(\pi_{2p_y}^*)^1(\pi_{2p_z}^*)^1]$，键级为2，分子中有2个单电子，所以 O_2 具有顺磁性。因为 N_2 分子键级比 O_2 分子键级大，所以 N_2 分子比 O_2 分子稳定。

4. 答：(1) Br_2 和 CCl_4　　色散力

(2) CS_2 和 NO_2　　色散力、诱导力

(3) H_2O 和 对羟基苯甲醛（OH、CHO 取代苯环）　　色散力、诱导力、取向力、氢键

五、计算题

1. 解：

(1) $\ln\frac{k_2}{k_1}=\frac{E_a}{R}\left(\frac{T_2-T_1}{T_1T_2}\right)=\frac{E_a}{8.314kJ\cdot mol^{-1}\cdot K^{-1}}\times\left(\frac{943K-836K}{943K\times836K}\right)$

$E_a=57.4kJ\cdot mol^{-1}$

(2) $\ln\frac{k_2}{k_1}=\frac{E_a}{R}\left(\frac{T_2-T_1}{T_1T_2}\right)$

$\ln\frac{k_2}{k_1}=\frac{5.74\times10^4}{8.314}\times\frac{(943-773)}{943\times773}=1.61$

$k_1=5.36\times10^{-4}s^{-1}$

(3) $v=k\,c(A)=5.36\times10^{-4}\,c(A)$

该反应为一级反应。

2. 解：(1) 第一种计算方法：

$C_2H_6(g)+\frac{7}{2}O_2(g)=\!=\!=2CO_2(g)+3H_2O(l)$

$\Delta_f H_m^\ominus(CO_2)=\Delta_c H_m^\ominus(C_{石墨})=-393.5\text{kJ}\cdot\text{mol}^{-1}$

$\Delta_f H_m^\ominus(H_2O)=\Delta_c H_m^\ominus(H_2)=-285.8\text{kJ}\cdot\text{mol}^{-1}$

$-1560.7=2\times(-393.5)+3\times(-285.8)-\Delta_f H_m^\ominus(C_2H_6)$

$\Delta_f H_m^\ominus(C_2H_6)=-83.7\text{kJ}\cdot\text{mol}^{-1}$

$\Delta_r H_m^\ominus(298\text{K})=\Sigma\nu_B\Delta_f H_m^\ominus=0+52.4-(-83.7)=136.1\text{kJ}\cdot\text{mol}^{-1}$

第二种计算方法：用燃烧焓计算

$\Delta_c H_m^\ominus(C_2H_4)=-1411\text{kJ}\cdot\text{mol}^{-1}$

$\Delta_r H_m^\ominus(298\text{K})=\Sigma\nu_B\Delta_c H_m^\ominus=136.1\text{kJ}\cdot\text{mol}^{-1}$

（2）$\Delta_r S_m^\ominus(298.15\text{K})=\Sigma\nu_B S_m^\ominus=S_m^\ominus(C_2H_4,g)+S_m^\ominus(H_2,g)-S_m^\ominus(C_2H_6,g)$

$=(219.3+130.7-229.2)\text{J}\cdot\text{mol}^{-1}\cdot\text{K}^{-1}=120.8\ \text{J}\cdot\text{mol}^{-1}\cdot\text{K}^{-1}$

（3）$\Delta_r G_m^\ominus(298.15\text{K})=\Delta_r H_m^\ominus(298\text{K})-T\Delta_r S_m^\ominus(298\text{K})$

$=136.1-500\times120.8\times10^{-3}=75.7\text{kJ}\cdot\text{mol}^{-1}$

在标准状态下 $\Delta_r G_m^\ominus>0$，反应逆向进行。

（4）各物质的分压不等于标准压强，系统处于非标准状态，因此

$\Delta_r G_m=\Delta_r G_m^\ominus+RT\ \ln Q$

$\Delta_r G_m^\ominus(298\text{K})=\Delta_r H_m^\ominus(298\text{K})-T\Delta_r S_m^\ominus(298\text{K})$

$=(136.1-298\times120.8\times10^{-3})\text{kJ}\cdot\text{mol}^{-1}=100.1\text{kJ}\cdot\text{mol}^{-1}$

$$\Delta_r G_m=\left[100.1+8.314\times298\times10^{-3}\ln\frac{(3.0/100)^2}{80/100}\right]\text{kJ}\cdot\text{mol}^{-1}=83.28\text{kJ}\cdot\text{mol}^{-1}$$

因 $\Delta_r G_m>0$，故反应仍逆向进行。

3.解：（1）当 Fe^{3+} 开始沉淀时，$Fe(OH)_3 \rightleftharpoons Fe^{3+}+3OH^-$

$$K_{sp}^\ominus(Fe(OH)_3)=\frac{b(Fe^{3+})}{b^\ominus}\times\left[\frac{b(OH^-)}{b^\ominus}\right]^3=0.1\times\left[\frac{b(OH^-)}{b^\ominus}\right]^3=2.8\times10^{-39}$$

$b(OH^-)=3.04\times10^{-13}\text{mol}\cdot\text{kg}^{-3}$

当 Cd^{2+} 开始沉淀时，$Cd(OH)_2 \rightleftharpoons Cd^{2+}+2OH^-$

$$K_{sp}^\ominus(Cd(OH)_2)=\frac{b(Cd^{2+})}{b^\ominus}\times\left[\frac{b(OH^-)}{b^\ominus}\right]^2=0.1\times\left[\frac{b(OH^-)}{b^\ominus}\right]^2=7.2\times10^{-15}$$

$b(OH^-)=2.68\times10^{-7}\text{mol}\cdot\text{kg}^{-3}$，$pH=7.43$

综上可得，Fe^{3+} 先沉淀。

（2）当 Fe^{3+} 沉淀完全时，$b(Fe^{3+})=1.0\times10^{-5}\text{mol}\cdot\text{kg}^{-3}$

$$K_{sp}^\ominus(Fe(OH)_3)=\frac{b(Fe^{3+})}{b^\ominus}\times\left[\frac{b(OH^-)}{b^\ominus}\right]^3=1.0\times10^{-5}\times\left[\frac{b(OH^-)}{b^\ominus}\right]^3=2.8\times10^{-39}$$

$b(OH^-)=6.54\times10^{-12}\text{mol}\cdot\text{kg}^{-3}$，$pH=2.81$

所以，只要控制 pH 在 2.81～7.43 之间，便可使 Fe^{3+} 与 Cd^{2+} 分离。

4.解：（1）$Hg_2Cl_2(s)+H_2(g) \rightleftharpoons 2Hg+2Cl^-+2H^+$

正极：$Hg_2Cl_2(s)+2e^- \rightleftharpoons 2Hg+2Cl^-$

负极：$H_2(g) \rightleftharpoons 2H^++2e^-$

（2）$E^\ominus=E^\ominus(Hg_2Cl_2/Hg)-E^\ominus(H^+/H_2)=E^\ominus(Hg_2Cl_2/Hg)-0=0.280\text{V}$

$E^\ominus(Hg_2Cl_2/Hg)=0.280\text{V}$

（3）$RT\ln K^\ominus=zFE^\ominus$

$\lg K^\ominus=2\times0.280/0.0592=9.46$

$K^{\ominus}=2.88\times10^{9}$

(4) $E^{\ominus}(Hg_2Cl_2/Hg)=E^{\ominus}(Hg_2^{2+}/Hg)+\frac{0.0592V}{2}\lg[b(Hg_2^{2+})/b]$

∵ $b(Cl^-)=1.0mol\cdot kg^{-1}$

∴ $K_{sp}^{\ominus}(Hg_2Cl_2)=b(Hg_2{}^{2+})b^2(Cl^-)(b^{\ominus})^{-3}=b(Hg_2^{2+})(b^{\ominus})^{-1}$

由 $E^{\ominus}(Hg_2Cl_2/Hg)=0.280V$，$E^{\ominus}(Hg_2{}^{2+}/Hg)=0.7896V$

得 $0.280V=0.7896V+\frac{0.0592V}{2}\lg K_{sp}^{\ominus}(Hg_2Cl_2)$

∴ $K_{sp}^{\ominus}(Hg_2Cl_2)=6.03\times10^{-18}$

（刘松艳）

综合测试题十

一、判断题（每题1分，共15分）

（　　）1. 元素在化合物中的最高氧化数不一定等于该元素在周期表中的族数。

（　　）2. s电子与s电子间配对形成的键一定是σ键，而p电子与p电子间配对形成的键一定是π键。

（　　）3. 在临床上，$50g\cdot dm^{-3}$ 葡萄糖（$M_r=180$）溶液与 $9.0g\cdot dm^{-3}$ NaCl（$M_r=58.5$）溶液都作为等渗溶液使用。

（　　）4. 浓度、压力、温度的变化都会引起化学平衡常数的改变，从而引起化学平衡的移动。

（　　）5. 已知 Ag^+/Ag 和 Fe^{3+}/Fe^{2+} 电对的标准电极电势分别为07996V和0.771V，可判断反应 $Ag^++Fe^{2+}\rightleftharpoons Ag+Fe^{3+}$ 在标准状态下可以正向进行。

（　　）6. n、l 相同 m 不同，表示不同的原子轨道，它们所具有的能量也不相同。

（　　）7. $NO_2{}^+$ 的键角大于 NO_2^- 的键角。

（　　）8. 可逆反应达到平衡后，若反应速率常数 k 发生变化，则标准平衡常数不一定发生变化。

（　　）9. 一定温度下，AB型和 AB_2 型难溶强电解质，溶度积大的其溶解度也一定大。

（　　）10. 在缓冲溶液中，只要每次加入少量的一元强酸或强碱，无论添加多少次，缓冲溶液始终具有缓冲能力。

（　　）11. 用金属镍为电极电解 $NiSO_4$ 水溶液，阳极产物是 Ni^{2+}，阴极产物是Ni。

（　　）12. 铝、铬金属表面的氧化膜具有连续结构并有高度热稳定性，故可做耐高温的合金元素。

（　　）13. 化石燃料是不可再生的二次能源。

（　　）14. 燃料的发热量是指单位物质的量的燃料完全燃烧所释放的最大热量。

（　　）15. 应用分子轨道理论需要洪特规则，应用电子配对理论不需要考虑洪特规则。

二、选择题（每题1分，共25分）

1. 比较下列各组分子沸点的大小，正确的是（　　）

A. 邻羟基苯甲醛>对羟基苯甲醛　　B. $H_2O>H_2S>H_2Se>H_2Te$

C. $H_2O>H_2Se>H_2Te>H_2S$　　D. $H_2O>H_2Te>H_2Se>H_2S$

2. 分别将 50g 甘油（$M_r=92$）、葡萄糖（$M_r=180$）和蔗糖（$M_r=342$）溶解于 $1.0dm^{-3}$ 水中，以相同的冷却速度降温冷冻，最先结冰和最后结冰的分别是（　　）

A. 甘油溶液和蔗糖溶液　　B. 蔗糖溶液和甘油溶液

C. 甘油溶液和葡萄糖溶液　　D. 葡萄糖溶液和甘油溶液

3. 下列配合物中，中心原子的配位数均为 6，浓度相同时，导电能力最强的是（　　）

A. K_2PtCl_6　　B. $Co(NH_3)_6Cl_3$　　C. $Cr(NH_3)_4Cl_3$　　D. $Pt(NH_3)_6Cl_4$

4. 向原电池$(-)Zn|Zn^{2+}(b^{\ominus})\vdots\vdots Cu^{2+}(b^{\ominus})|Cu(+)$的负极电极溶液中通入 H_2S，则电池的电动势（　　）

A. 减小　　B. 不变　　C. 增大　　D. 无法判断

5. 某氧化还原反应的标准吉布斯函数变 $\Delta_rG_m^{\ominus}$，标准平衡常数 $K^{\ominus}$，标准电动势 $E^{\ominus}$，则下列对 $\Delta_rG_m^{\ominus}$，$E^{\ominus}$，$K^{\ominus}$的值判断合理的一组是（　　）

A. $\Delta_rG_m^{\ominus}>0$，$E^{\ominus}<0$，$K^{\ominus}<1$　　B. $\Delta_rG_m^{\ominus}>0$，$E^{\ominus}<0$，$K^{\ominus}>1$

C. $\Delta_rG_m^{\ominus}<0$，$E^{\ominus}<0$，$K^{\ominus}>1$　　D. $\Delta_rG_m^{\ominus}<0$，$E^{\ominus}>0$，$K^{\ominus}<1$

6. 在某温度下发生如下化学反应：$2A(aq)+2B(aq) \rightleftharpoons C(aq)+2D(aq)$将不同浓度的 A 与 B 混合，测得下列实验数据：

$c(A)/(mol \cdot L^{-1})$	$c(B)/(mol \cdot L^{-1})$	$v/(mol \cdot L^{-1} \cdot s^{-1})$
1.0×10^{-3}	6.0×10^{-3}	8.0×10^{-7}
2.0×10^{-3}	6.0×10^{-3}	3.2×10^{-6}
2.0×10^{-3}	3.0×10^{-3}	1.6×10^{-6}

该反应的速率方程为（　　）

A. $v=kc^2(A)c(B)$　　B. $v=k\,c(A)c(B)$

C. $v=kc(A)c^2(B)$　　D. $v=kc^2(A)c^2(B)$

7. 下列分子中偶极矩为零的是（　　）

A. CH_3Cl　　B. CO_2　　C. NH_3　　D. HCl

8. 某一元弱酸的浓度为 $0.10mol \cdot dm^{-3}$，其 pH 应该是（　　）

A. 小于 1　　B. 大于 1　　C. 等于 1　　D. 不能确定

9. 下列分子或离子中，构型不为直线形的是（　　）

A. CS_2　　B. I_3^-　　C. I_3^+　　D. $BeCl_2$

10. 测得浓度为 $0.40mol \cdot dm^{-3}$ 一元弱酸的 pH=4.0，该弱酸的酸常数约为（　　）

A. 2.5×10^{-6}　　B. 1.0×10^{-4}　　C. 4.0×10^{-4}　　D. 2.5×10^{-8}

11. 已知 H_3PO_4 的 $K_{a1}^{\ominus}=7.11\times10^{-3}$，$K_{a2}^{\ominus}=6.34\times10^{-8}$，$K_{a3}^{\ominus}=4.79\times10^{-13}$，在 H_3PO_4 溶液中加入一定量 NaOH，溶液 pH=10.00，则在该溶液的下列各物种中，浓度最大的是（　　）

A. H_3PO_4　　B. $H_2PO_4^-$　　C. HPO_4^{2-}　　D. PO_4^{3-}

12. 下列缓冲溶液中，缓冲容量最大的是（　　）

A. $0.15mol \cdot dm^{-3}$ $NH_3 \cdot H_2O$-$0.05mol \cdot dm^{-3}$ NH_4Cl 混合溶液

B. $0.05mol \cdot dm^{-3}$ $NH_3 \cdot H_2O$-$0.05mol \cdot dm^{-3}$ NH_4Cl 混合溶液

C. $0.05mol \cdot dm^{-3}$ $NH_3 \cdot H_2O$-$0.15mol \cdot dm^{-3}$ NH_4Cl 混合溶液

D. $0.10mol \cdot dm^{-3}$ $NH_3 \cdot H_2O$-$0.10mol \cdot dm^{-3}$ NH_4Cl 混合溶液

13. 已知反应 $PbCO_3(s)$═══$PbO(s)+CO_2(g)$，数据如下，则 $PbCO_3$ 热分解反应的最低温度是（　　）

热力学函数	$PbCO_3(s)$	$PbO(s)$	$CO_2(g)$
$\Delta_f H_m^\ominus(298.15K)/(kJ \cdot mol^{-1})$	−699.1	−217.3	−393.5
$S_m^\ominus(298.15K)/(J \cdot mol^{-1} \cdot K^{-1})$	131.0	68.7	213.8

A. 309.8K　　B. 582.8K　　C. 0.5828K　　D. 0.3098K

14. 下列分子或离子中，具有反磁性且键级为 2 的是（　　）

A. N_2　　B. O_2^{2-}　　C. N_2^-　　D. C_2

15. 用石墨作电极电解 $MgSO_4$ 水溶液，下列叙述正确的是（　　）

A. 阴极析出氢气　　B. 阴极析出单质镁

C. 阴极析出氧气　　D. 阳极析出氢气

16. 已知 $\Delta_c H_m^\ominus$(石墨)$=-393.7kJ \cdot mol^{-1}$，$\Delta_c H_m^\ominus$(金刚石)$=-395.6kJ \cdot mol^{-1}$，则由石墨生成金刚石的 $\Delta_r H_m^\ominus$ 为（　　）

A. $-789.5kJ \cdot mol^{-1}$　　B. $1.9kJ \cdot mol^{-1}$

C. $-1.9kJ \cdot mol^{-1}$　　D. $789.5kJ \cdot mol^{-1}$

17. 盖斯定律认为化学反应的热效应与途径无关的条件是反应处在（　　）

A. 恒容只做体积功条件下　　B. 恒压只做体积功条件下

C. A、B 都正确　　D. 可逆条件下

18. 已知下列热化学方程式：

$CH_3OH(g)+3O_2(g)$═══$CO_2(g)+2H_2O(l)$　$\Delta_r H_m^\ominus=-763.9kJ \cdot mol^{-1}$

$H_2(g)+\frac{1}{2}O_2(g)$═══$H_2O(l)$　$\Delta_r H_m^\ominus=-285.8kJ \cdot mol^{-1}$

$CO(g)+\frac{1}{2}O_2(g)$═══$CO_2(g)$　$\Delta_r H_m^\ominus=-283.0kJ \cdot mol^{-1}$

则 $CO(g)+2H_2(g)$═══$CH_3OH(g)$ 的 $\Delta_r H_m^\ominus$ 为（　　）

A. $195.4kJ \cdot mol^{-1}$　B. $195.4kJ \cdot mol^{-1}$　C. $90.7kJ \cdot mol^{-1}$　D. $-90.7kJ \cdot mol^{-1}$

19. 已知稳定常数 $K_稳^\ominus([Fe(CN)_6]^{3-})>K_稳^\ominus([Fe(CN)_6]^{4-})$，则下面对 $E^\ominus([Fe(CN)_6]^{3-}/[Fe(CN)_6]^{4-})$ 与 $E^\ominus(Fe^{3+}/Fe^{2+})$ 的判断正确的是（　　）

A. $E^\ominus([Fe(CN)_6]^{3-}/[Fe(CN)_6]^{4-})<E^\ominus(Fe^{3+}/Fe^{2+})$

B. $E^\ominus([Fe(CN)_6]^{3-}/[Fe(CN)_6]^{4-})>E^\ominus(Fe^{3+}/Fe^{2+})$

C. $E^\ominus([Fe(CN)_6]^{3-}/[Fe(CN)_6]^{4-})=E^\ominus(Fe^{3+}/Fe^{2+})$

D. 无法判断

20. 已知 H_3PO_4 的 $pK_{a1}^\ominus=2.12$，$pK_{a2}^\ominus=7.20$，$pK_{a3}^\ominus=12.36$，则 $0.2mol \cdot dm^{-3}$ Na_3PO_4 与 $0.2mol \cdot dm^{-3}$ H_3PO_4 等体积混合后，溶液的 pH 为（　　）

A. 4.66　　B. 9.78　　C. 12.36　　D. 7.20

21. 通常线型非晶态高聚物中，适宜作塑料且加工性能较好的是（　　）

A. T_g 值和 T_f 值均高一些　　B. T_g 值和 T_f 值均低一些

C. T_g 值低些，T_f 值高一些　　D. T_g 值高一些，T_f 值低一些

22. 若 $[M(NH_3)_2]^+$ 的稳定常数 $K_稳^\ominus=a$，$[M(CN)_2]^-$ 的稳定常数 $K_稳^\ominus=b$，则反应

$[M(NH_3)_2]^+ + 2CN^- \rightleftharpoons [M(CN)_2]^- + 2NH_3$ 的平衡常数 $K^\ominus$ 为（　　）

A. $a-b$　　B. $a+b$　　C. ab　　D. a/b

23.下列有关缓冲溶液的叙述错误的是（　　）

A. 若缓冲比一定时，缓冲溶液总浓度越大，缓冲容量越大

B. 由 $NH_3 \cdot H_2O$ 和 NH_4Cl 组成的缓冲溶液，若溶液中 $b(NH_4^+) < b(NH_3)$，则该缓冲溶液抵抗外来碱的能力小于抵抗外来酸的能力

C.缓冲容量越大的缓冲溶液，缓冲范围也越大

D.若缓冲溶液总浓度一定时，缓冲比越接近 1，缓冲容量越大

24.下列说法正确的是（　　）

A. 活化能的大小是影响反应速率的内在因素，还可以表示反应速率常数受温度影响的程度

B. 当反应商 $Q < K^\ominus$ 时，反应向逆反应方向进行

C. HNO_3 存在分子间氢键

D. $\Delta_r H_m^\ominus$ 越小，反应速率越快

25. 400℃时，反应 $3H_2(g) + N_2(g) \longrightarrow 2NH_3(g)$ 的 $K^\ominus(673K) = 1.66 \times 10^{-4}$。同温同压下，$\frac{2}{3}H_2(g) + \frac{1}{2}N_2(g) \longrightarrow NH_3(g)$ 的 $\Delta_r G_m^\ominus$ 为（　　）

A. $-10.57kJ \cdot mol^{-1}$　　B. $10.57kJ \cdot mol^{-1}$

C. $-24.35kJ \cdot mol^{-1}$　　D. $24.35kJ \cdot mol^{-1}$

三、填空题（共 10 题，每空 1 分，共 20 分）

1.配合物 $[Pt(H_2O)(NH_3)(NO_2)(NH_2OH)]Cl$ 的名称为____________，中心原子和配位数分别为__________，配体为________________，配位原子为____________。

2.第四周期元素中，基态原子 3d 轨道半充满的元素有__________，价层电子中 4s 电子数与 3d 电子数相同的元素是__________。

3.游客在沙漠中长途旅行，遇到含有微量重金属离子的积水，如何通过合理设计实验方案，使用自身携带的理想半透膜、空水瓶、高浓度葡萄糖水溶液为材料，得到能饮用的水溶液，补充营养和水分，完成旅行。方案简述为：____。（2 分）

4.反映原子在分子中吸引成键电子能力的物理量称为元素的__________。

5.第四周期元素未成对电子数目最多可以为______个，d 轨道______个电子，s 轨道______个电子。

6.周期系中非金属元素有______种。在非金属元素的单质中，熔点最高的是______。

7.某基元反应，其活化能 $E_a = 66.4kJ \cdot mol^{-1}$，逆反应活化能 $E'_a = 96.6kJ \cdot mol^{-1}$，该反应是________（吸热/放热）反应，其反应的 $\Delta_r H_m^\ominus$ 为__________。

8.C_2 分子的分子轨道式为__________；键级为________。

9.称取某一难挥发非电解质化合物 9.0g 溶于 200.0g 水中，测得该溶液的凝固点为 -0.186℃，已知水的 $K_f = 1.86K \cdot kg \cdot mol^{-1}$，$K_b = 0.512K \cdot kg \cdot mol^{-1}$，则该化合物的摩尔质量为__________$g \cdot mol^{-1}$，此该物质水溶液的沸点为__________。

10.光纤的制作原理是____________________。

四、简答题（共 5 题，共 15 分）

1. 判断下列分子或离子的空间构型，写出中心原子的杂化轨道类型。（4 分）

HNO_3，　SOF_2，　$[Co(NH_3)_6]^{2+}$(μ=3.88)，　ClO_2

2. 根据酸碱质子理论，写出下列各酸的共轭碱的化学式。（3 分）

NH_3，　HAc，　$H_2[PtCl_6]$，　HS^-，　HPO_4^{2-}，　$[Al(H_2O)_4(OH)_2]^+$

3. 将正常红细胞放在 $5g\cdot dm^{-3}$ NaCl 溶液中，在高倍显微镜下能看到什么现象？解释其原因。（已知 NaCl 的摩尔质量为 $58.5g\cdot mol^{-1}$）（1 分）

4. 位于 Kr 之前的某元素，其基态原子中最外层有 1 个电子，最高能级组有 6 个电子，

（1）试推测该金属元素符号以及该元素基态原子的核外电子排布式。

（2）指出该元素在周期表中所在周期、族、区，写出其价层电子构型及单电子个数。

（3）给出最外层电子的运动状态。（4 分）

5. 判断下列各组分子之间存在何种形式的分子间作用力。（3 分）

（1）$SOCl_2$ 和 H_2Se　（2）CH_3OH 和 H_2O　（3）CCl_4 和 CO_2

五、计算题（共 4 题，共 25 分）

1.（本小题 7 分）已知化学反应 $MgCO_3(s) \rightleftharpoons MgO(s)+CO_2(g)$。在 298.15K 时有关数据如下：

热力学函数	$MgCO_3(s)$	$MgO(s)$	$CO_2(g)$
$\Delta_f H^\ominus_{mB}(298.15K)/(kJ\cdot mol^{-1})$	−1095.8	−601.7	−393.51
$S^\ominus_{mB}(298.15K)/(J\cdot mol^{-1}\cdot K^{-1})$	65.7	26.94	213.74

求：（1）400K 时上述反应的 $K^\ominus$ 及 CO_2 的平衡分压 $p(CO_2)$；

（2）当 $p(CO_2)=0.05\ p^\ominus$ 时，上述反应自发进行的温度范围。

2.（本小题 7 分）某溶液中含有 Pb^{2+} 和 Co^{2+}，二者的浓度均为 $0.20mol\cdot kg^{-1}$ 在温室下通入 H_2S 使其成为饱和溶液，并加 HCl 控制 S^{2-} 浓度。为了使 PbS 完全沉淀出来而 Co^{2+} 仍留在溶液中，则溶液中的 H^+ 离子浓度应为多少？此时溶液中的 Pb^{2+} 离子浓度是多少？（已知 $K^\ominus_{a1}(H_2S)=1.07\times10^{-7}$，$K^\ominus_{a2}(H_2S)=1.26\times10^{-13}$；$K^\ominus_{sp}(PbS)=9.04\times10^{-29}$，$K^\ominus_{sp}(CoS)=4\times10^{-21}$，$b(H_2S)=0.1mol\cdot kg^{-1}$）

3.（本小题 6 分）以 AgCl/Ag（Cl^- 的浓度为 $0.010mol\cdot kg^{-1}$）电对作为负极，以标态下 Ag^+/Ag 电对作为正极组成原电池，实验测得 298K 时该原电池的电动势为 0.457V。（已知 $E^\ominus(Ag^+/Ag)=0.800V$，$F=96500C\cdot mol^{-1}$，$R=8.314\ J\cdot K^{-1}\cdot mol^{-1}$）

（1）写出该原电池的电池符号。

（2）计算 298K 时 AgCl 的溶度积 $K^\ominus_{sp}$。

4.（本小题 5 分）反应 $N_2O_5(g) = N_2O_4(g)+\frac{1}{2}O_2(g)$，在 298.15K 时的速率常数 $k_1=3.4\times10^{-5}s^{-1}$ 在 328K 时的速率常数 $k_2=1.5\times10^{-3}s^{-1}$，求反应的活化能和 A。

综合测试题十答案

一、判断题

1. √；2. ×；3. √；4. ×；5. √；6. ×；7. √；8. √；9. ×；10. ×；11. √；12. √；13. ×；14. ×；15. √

二、选择题

1. D；2. B；3. D；4. C；5. A；6. A；7. B；8. B；9. C；10. D；11. C；12. D；13. B；14. D；15. A；16. B；17. C；18. D；19. A；20. D；21. D；22. D；23. C；24. A；25. D

三、填空题

1. 氯化硝基·氨·羟胺·水合铂(Ⅱ)；Pt^{2+}，4；H_2O，NH_3，NO_2^-，NH_2OH；O、N、N、N

2. Cr，Mn；Ti

3. 将高浓度葡萄糖溶液装入空水瓶，瓶口用半透膜封闭，将瓶子放到积水中，水分子透过半透膜进入水瓶，将葡萄糖溶液稀释，获得可饮用的葡萄糖水溶液

4. 电负性

5. 6；5；1

6. 22；金刚石

7. 放热；$-30.2kJ \cdot mol^{-1}$

8. $[(\sigma_{1s})^2(\sigma_{1s}^*)^2(\sigma_{2s})^2(\sigma_{2s}^*)^2(\pi_{2p_y})^2(\pi_{2p_z})^2$；2

9. $450g \cdot mol^{-1}$；373.20K

10. 光从一种折射率大的介质射向折射率小的介质时会发生全反射

四、简答题

1.

HNO_3	平面三角形	sp^2 杂化
SOF_2	三角锥形	不等性 sp^3 杂化
$[Co(NH_3)_6]^{2+}$(μ=3.88)	八面体	sp^3d^2 杂化
ClO_2	V形	不等性 sp^3 杂化

2. NH_2^-　Ac^-　$\{H[PtCl_6]\}^-$　S^{2-}　PO_4^{3-}　$[Al(H_2O)_3(OH)_3]$

3. 看到红细胞溶血现象。

因为 $5g \cdot dm^{-3}$ NaCl 溶液的渗透浓度为 $5g \cdot dm^{-3} \times 2/58.5g \cdot mol^{-1} = 0.171mol \cdot L^{-1} = 171mmol \cdot L^{-1} < 280mmol \cdot L^{-1}$，为低渗溶液，红细胞外的水通过细胞膜流入，造成红细胞胀大，最后破裂。

4. (1) Cr：$1s^2 2s^2 2p^6 3s^2 3p^6 3d^5 4s^1$

(2) 第四周期，ⅥB族，d区；$3d^5 4s^1$，6个

(3) $n=4$　$l=0$　$m=0$　$m_s=\frac{1}{2}$或$-\frac{1}{2}$

5. (1) $SOCl_2$ 和 H_2Se　色散力、诱导力、取向力

(2) CH_3OH 和 H_2O　色散力、诱导力、取向力、氢键

(3) CCl_4 和 CO_2　色散力

五、计算题

1. 解：(1) $\Delta_r H_m^\ominus(298.15K) = 100.59kJ \cdot mol^{-1}$

$\Delta_r S_m^\ominus(298.15K) = 0.175kJ \cdot K^{-1} \cdot mol^{-1}$

$$\Delta_r G_m^\ominus(400K) = \Delta_r H_m^\ominus(298.15K) - T\Delta_r S_m^\ominus(298.15K)$$
$$= (100.59 - 400 \times 0.175)kJ \cdot mol^{-1} = 30.59kJ \cdot mol^{-1}$$

$$\lg K^\ominus = -\frac{\Delta_r G_m^\ominus(400K)}{RT}$$

解得：$K^\ominus = 1.01 \times 10^{-4}$

$p^{eq}(CO_2)=1.01\times10^{-4}\times10^5\,Pa=10.1Pa$

(2) $\Delta_r G_m(T)=\Delta_r G_m^\ominus(T)+RT\ln\left(\frac{p_B}{p^\ominus}\right)^{\nu_B}$

$=\Delta_r H_m^\ominus(298.15K)-T\Delta_r S_m^\ominus(298.15K)+RT\ln0.05$

$=100.59kJ\cdot mol^{-1}-T\times0.175kJ\cdot mol^{-1}\cdot K^{-1}+$

$T\times8.344kJ\cdot mol^{-1}\cdot K^{-1}\times10^{-3}\times\ln0.05$

$=100.59kJ\cdot mol^{-1}-T\times(0.175+0.025)kJ\cdot mol^{-1}\cdot K^{-1}$

自发进行时，$\Delta_r G_m(T)<0$，因此 $T>503K$。

答：(1) 上述反应的 $K^\ominus$ 为 1.01×10^{-4}，CO_2 的平衡分压为 10.1Pa；

(2) 上述反应自发进行的温度范围为大于 503K。

2. 解：使 Co^{2+} 刚开始沉淀时，溶液的 $b(H^+)$

$$b(S^{2-})=\frac{K_{sp}^\ominus(b^\ominus)^2}{b(Co^{2+})}=\frac{4.0\times10^{-21}}{0.2}mol\cdot kg^{-1}=2.0\times10^{-20}mol\cdot kg^{-1}$$

$b(H^+)/b^\ominus=[K_{a1}^\ominus K_{a2}^\ominus b(H_2S)/b(S^{2-})]^{1/2}$

$b(H^+)=(1.07\times10^{-7}\times1.26\times10^{-13}\times0.1/2\times10^{-20})^{1/2}mol\cdot kg^{-1}=0.26mol\cdot kg^{-1}$

此时，不形成 CoS 沉淀。溶液中的 H^+ 浓度应低于 $0.26mol\cdot kg^{-1}$。

此时溶液中 Pb^{2+} 离子的浓度为：

$$b(Pb^{2+})=\frac{K_{sp}^\ominus(b^\ominus)^2}{b(S^{2-})}=\frac{K_{sp}^\ominus b^2(H^+)/b^\ominus}{K_{a1}^\ominus K_{a2}^\ominus b(H_2S)b^\ominus}$$

$=[0.0676\times9.04\times10^{-29}/(1.07\times10^{-7}\times1.26\times10^{-13}\times0.1)]mol\cdot kg^{-1}$

$=4.53\times10^{-9}mol\cdot kg^{-1}$

答：溶液中的 H^+ 浓度应低于 $0.26mol\cdot kg^{-1}$，溶液中的 Pb^{2+} 浓度为 $4.53\times10^{-9}mol\cdot kg^{-1}$。

3. 解：(1) (−)Ag|AgCl(s)|$Cl^-(0.010mol\cdot kg^{-1})$ ⋮⋮ $Ag^+(b^\ominus)$|Ag(+)

(2) $E=E_+-E_-$

$E_-=E_+-E=0.800-0.457=0.343V$

$E_-=E^\ominus(Ag^+/Ag)+0.0592\lg[b(Ag^+)/b^\ominus]$

$b(Cl^-)=0.010mol\cdot kg^{-1}$，$\therefore b(Ag^+)/b^\ominus=K_{sp}^\ominus(AgCl)/[b(Cl^-)/b^\ominus]=100K_{sp}^\ominus(AgCl)$

得 $K_{sp}^\ominus(AgCl)=1.91\times10^{-10}$

答：298K 时 AgCl 的溶度积为 1.91×10^{-10}。

4. 解：由 $\lg\frac{k_2}{k_1}=\frac{E_a}{2.303R}\left(\frac{T_2-T_1}{T_1T_2}\right)$得

$$E_a=\frac{2.303RT_1T_2}{T_2-T_1}\lg\frac{k_2}{k_1}$$

$$=\frac{2.303\times8.314J\cdot mol^{-1}\cdot K^{-1}\times298.15K\times328K}{328K-298.15K}\lg\frac{1.5\times10^{-3}}{3.4\times10^{-5}}=103kJ\cdot mol^{-1}$$

由公式 $k=Ae^{-\frac{E_a}{RT}}$ 得 $\lg A=\lg k+\frac{E_a}{2.303RT}$

将 298.15K 时的各个数值代入

$$\lg A=\lg(3.4\times10^{-5})+\frac{103\times1000J\cdot mol^{-1}}{2.303\times8.314J\cdot mol^{-1}\cdot K^{-1}\times298.15K}$$

$=-4.47+18.04=13.57$

$\therefore A=3.72\times10^{13}s^{-1}$（$A$ 和 k 具有相同的单位）

答：此反应的活化能 $E_a=103kJ\cdot mol^{-1}$，$A=3.72\times10^{13}s^{-1}$

（刘松艳）

综合测试题十一

一、判断题（每题1分，共15分）

（　　）1. 对双原子分子来说，偶极矩可衡量其分子的极性大小和键的极性大小。

（　　）2. 升高温度，平衡向吸热反应方向移动。这是因为温度升高时，吸热反应的反应速率增加的较大，而其逆反应的反应速率增加得较小。

（　　）3. 鲍林原子轨道近似能级图既能反映电子的填充顺序，也能表示电子的失去顺序。

（　　）4. 化学反应的焓变 ΔH 就是反应的热效应。

（　　）5. 除金属离子和原子以外，某些高价态的非金属离子也可作为配合物的形成体。

（　　）6. 缓冲溶液中加入少量的水稀释后，其 pH 基本保持不变，但是缓冲容量会改变。

（　　）7. F_2的分子轨道式与 O_2^{2-} 的相同，都具有反磁性。

（　　）8. 由于镧系收缩的影响，使得镧系元素中两相邻元素的原子半径递减程度超过 d 区中两相邻元素间原子半径的递减程度。

（　　）9. $FeCl_3$ 溶液可以刻蚀铜板，说明 $E^\ominus(Fe^{3+}/Fe^{2+})>E^\ominus(Cu^{2+}/Cu)$。

（　　）10. 同种金属与其盐溶液也能组成原电池，其条件是两个半电池中离子浓度不同。

（　　）11. 当原子轨道或电子云的形状相同时，n 值越大的电子能量越高。

（　　）12. 两种分子酸 HX 溶液和 HY 溶液浓度相等，则其 pH 相同。

（　　）13. 反应级数取决于反应方程式中反应物的化学计量数。

（　　）14. 已知某可逆反应的 $\Delta H>0$，$\Delta S>0$，则该反应在高温下能正向自发进行，逆反应在低温下能自发进行。

（　　）15. 电子云角度分布图表示波函数随 θ、φ 变化的情况。

二、选择题（每题1分，共15分）

1. 下列物质加入电池负极，使 $Zn^{2+}/Zn-H^+/H_2$ 组成的原电池电动势增大的是（　　）

A. $ZnSO_4$ 固体　　B. Na_2S 溶液　　C. Zn 粒　　D. Na_2SO_4 溶液

2. 熵减小的反应（或过程）是（　　）

A. NaCl 晶体从溶液中析出　　B. 反应 $C(s)+\frac{1}{2}O_2(g)=CO(g)$

C. $CuSO_4\cdot5H_2O$ 晶体溶于水　　D. 固态 I_2 的升华

3. 某反应在一定条件下的平衡转化率为 35%，当加入催化剂后，若其他反应条件不变，则反应的平衡转化率（　　）

A. 大于 35%　　B. 等于 35%　　C. 小于 35%　　D. 无法判断

4. 下列分子或离子中，键级为 1.5 的是（　　）

A. O_2^+　　B. N_2^{2-}　　C. O_2^-　　D. N_2^+

5. 基态 Cr 原子最易失去的电子对应的一组量子数是（　　）

A. 3，1，−1，$\frac{1}{2}$　　B. 3，2，1，$\frac{1}{2}$

C. 4，0，0，$-\frac{1}{2}$　　D. 4，1，0，$\frac{1}{2}$

6. 当反应 $2NO_2(g)$（棕红色）$\rightleftharpoons$ $N_2O_4(g)$（无色）达平衡时，降低温度混合气体的颜色会变浅，说明此反应的逆反应是（　　）

A. $\Delta_r H_m < 0$ 的反应　　B. $\Delta_r H_m = 0$ 的反应

C. $\Delta_r H_m > 0$ 的反应　　D. 气体分子数减小的反应

7. 下列分子中具有极性的是（　　）

A. PCl_5　　B. CO_2　　C. NH_4^+　　D. $POCl_3$

8. $LaNi_5$ 的一个重要用途是用作（　　）

A. 超导材料　　B. 半导体材料　　C. 储氢材料　　D. 硬质合金

9. 下列关于标准状态描述错误的是（　　）

A. 标准状态并不特指 298.15K 时的状态

B. 气体物质的标准状态是在标准压力下并具有理想气体性质的状态

C. 溶液的标准状态是在标准压力下具有标准浓度，并表现无限稀溶液特性的状态

D. 固体的标准状态是在标准压力下的纯固体并具有完美晶体性质的状态

10. 标准状态下石墨的燃烧焓为 $-393.7kJ \cdot mol^{-1}$，石墨转变为金刚石时反应的焓变为 $1.9kJ \cdot mol^{-1}$，则金刚石的燃烧焓（$kJ \cdot mol^{-1}$）为（　　）

A. 395.6　　B. 391.8　　C. −395.6　　D. −391.8

11. 下列原子中第二电离能最大的是（　　）

A. Li　　B. Be　　C. B　　D. He

12. 大分子链具有柔顺性时，碳原子均采取（　　）

A. sp 杂化　　B. sp^2 杂化　　C. sp^3 杂化　　D. 不等性 sp^3 杂化

13. 过渡元素的下列性质中错误的是（　　）

A. 过渡元素的水合离子都有颜色

B. 过渡元素的原子或离子易形成配离子

C. 过渡元素有可变的氧化数

D. 过渡元素的价电子包括 ns 和 $(n-1)$ d 电子

14. 在同一个原子中，允许量子数 $n=4$，$m_s=+\frac{1}{2}$的电子最多有（　　）

A. 6 个　　B. 9 个　　C. 16 个　　D. 32 个

15. 下列化合物中，键的极性最弱的是（　　）

A. $FeCl_3$　　B. $AlCl_3$　　C. $SiCl_4$　　D. PCl_5

三、填空题（每空 1 分，共 25 分）

1. 下列物质 $H_2PO_4^-$、NH_4^+、NH_2CH_2COOH、$[Al(H_2O)_4(OH)_2]^+$、H_2S、Ac^- 中，只属于质子酸的是____________；只属于质子碱的是____________；属于两性物质的是____________________。

2. 配合物$[Co(ONO)(en)(NH_3)_2Br]Br$ 的名称为____________________；该配合物的中心离子是____________，配位原子是____________，配位

数是__________，配体为____________________。

3. 一级反应速率常数的单位是____________________。

4. Ag_3PO_4（已知 $K^{\ominus}_{sp}(Ag_3PO_4)=8.9\times10^{-17}$）在 $0.2mol\cdot kg^{-1}$ Na_3PO_4 溶液中的溶解度为________。

5. $0.4mol\cdot kg^{-1}$ HAc 溶液中 $b(H^+)$ 是 $0.1mol\cdot kg^{-1}$ HAc 溶液中 $b(H^+)$ 的________倍。

6. 线型非晶态高聚物在恒定外力作用下，当温度降至 T_g 以下时，称为________态；温度下降至 $T_g \sim T_f$ 之间时，称为________态；温度高于 T_f 时，称为________态。

7. 2mol Hg(l) 在沸点 630K 的蒸发热为 110kJ，其蒸发过程（等温等压）的热量 $Q=$ ________；$W=$ ________；$\Delta U=$ ________；$\Delta S=$ ________；$\Delta G=$ ________。

8. 某基元反应的活化能 $E_a=60.4kJ\cdot mol^{-1}$，其逆反应的活化能 $E'_a=95.6kJ\cdot mol^{-1}$，则该反应是______反应（填“放热”或“吸热”），其反应的 $\Delta_r H^{\ominus}_m$ 为__________。

9. 某化合物 A 的水合晶体 $A\cdot 3H_2O$ 脱水反应过程：

$A\cdot 3H_2O(s) \longrightarrow A\cdot 2H_2O(s)+H_2O(g) \qquad K^{\ominus}_1$

$A\cdot 2H_2O(s) \longrightarrow A\cdot H_2O(s)+H_2O(g) \qquad K^{\ominus}_2$

$A\cdot H_2O(s) \longrightarrow A(s)+H_2O(g) \qquad K^{\ominus}_3$

为使 $A\cdot 2H_2O$ 晶体保持稳定（不发生潮解或风化），则容器中水蒸气压 $p(H_2O)$ 与平衡常数之间的关系应为__________。

10. 根据分子轨道理论，O_2^+ 中化学键的类型有________、________、________。

四、简答题（共 4 小题，20 分）

1. 根据所给信息填写下表：

原子序数	元素符号	价电子构型	低价阳离子的电子构型	周期表中的位置（包括周期、族和区）
		$3d^5 4s^1$	9～17 电子型	
29				
	Br			

2. 根据价层电子对互斥理论预测下列物质的几何构型，判断杂化方式。

（1）SO_3　　　　（2）ICl_2^-

3. 已知下列配合物的磁矩，推测中心离子的杂化类型和配离子的空间构型。

（1）$[Cd(CN)_4]^{2-}$　$\mu=0$　　（2）$[Co(H_2O)_6]^{2+}$　$\mu=3.9$B. M.

4. 判断下列各组分子之间存在何种形式的分子间作用力。

（1）NO_2 和 CS_2　　（2）H_2O 和对羟基苯甲酸　　（3）BCl_3 和 SF_6

五、计算题（共 5 小题，25 分）

1.（本小题 4 分）在生物化学中常用温度系数 Q_{10}，即 37℃时的反应速率常数与 27℃时速率常数之比来表明温度对酶催化反应的影响。已知某反应的 Q_{10} 为 2.5，求该反应的活化能。

2.（本小题 6 分）已知：HCOOH 的 $K^{\ominus}_a=1.8\times10^{-4}$，HAc 的 $K^{\ominus}_a=1.8\times10^{-5}$，$NH_3\cdot H_2O$ 的 $K^{\ominus}_b=1.8\times10^{-4}$，欲配制 pH=3.00 的缓冲溶液，问：

（1）选用哪一缓冲对最好？该缓冲溶液的缓冲比为多少？有效缓冲范围是多少？

（2）若有一含有 $b(Mn^{2+})=0.10mol\cdot kg^{-1}$ 的中性溶液 10g，向其中加入 10g 上述缓冲溶液，通过计算说明是否有 $Mn(OH)_2$ 沉淀生成。（已知 $K^{\ominus}_{sp}(Mn(OH)_2)=2.1\times10^{-13}$）

3.（本小题 6 分）已知 $CCl_4(l) \rightleftharpoons CCl_4(g)$ 反应的相关数据如下：

	$CCl_4(l)$	$CCl_4(g)$
$\Delta_f H_m^\ominus(298.15K)/(kJ \cdot mol^{-1})$	-139.2	-106.7
$S_m^\ominus(298.15K)/(J \cdot K^{-1} \cdot mol^{-1})$	214.4	304.4

计算：(1) 标准状态下 CCl_4 的沸点；

(2) CCl_4 在 300K 时的饱和蒸气压（即平衡时 CCl_4 的分压）。

4.（本小题 7 分）已知 25℃时 $E^\ominus(Ag^+/Ag)=0.7996V$，

(1) 计算电极反应 $Ag_2S(s)+2e^- \rightleftharpoons 2Ag(s)+S^{2-}$ 在 pH=3.00 的缓冲溶液中的电极电势 $E(Ag_2S/Ag)$（此时 H_2S 在溶液中达饱和，浓度为 $0.10mol \cdot kg^{-1}$）；

(2) 计算 $E^\ominus([Ag(S_2O_3)_2]^{3-}/Ag)$；

(3) 根据 (1) 和 (2) 得到的电极电势值设计原电池并写出电池符号；

(4) 计算电池反应的 $K^\ominus$。

（已知 $K_{sp}^\ominus(Ag_2S)=6.3\times10^{-50}$；$H_2S$：$K_{a1}^\ominus=1.07\times10^{-7}$，$K_{a2}^\ominus=1.26\times10^{-13}$；$K_{稳}^\ominus([Ag(S_2O_3)_2]^{3-})=2.9\times10^{13}$）

5.（本小题 5 分）某浓度的蔗糖水溶液在 -0.250℃时结冰。此溶液在 20℃时的蒸气压为多少？渗透压为多大？

综合测试题十一答案

一、判断题

1. √；2. √；3. ×；4. ×；5. √；6. √；7. √；8. ×；9. ×；10. √；11. √；12. ×；13. ×；14. √；15. ×

二、选择题

1.B；2.A；3.B；4.C；5.C；6.C；7.D；8.C；9.D；10.C；11.A；12.C；13.A；14.C；15.D

三、填空题

1. H_2S、NH_4^+；Ac^-；NH_2CH_2COOH、$[Al(H_2O)_4(OH)_2]^+$、$H_2PO_4^-$

2. 溴化溴·亚硝酸根·二氨·(乙二胺)合铬(Ⅲ)；Co^{3+}；O N N Br；6；ONO^-，en，NH_3，Br^-

3. s^{-1}

4. $2.54\times10^{-6}mol \cdot kg^{-1}$

5. 2

6. 玻璃；高弹；黏流

7. 110kJ；-10.48kJ；99.52kJ；$174.6J \cdot K^{-1}$；$0kJ \cdot mol^{-1}$

8. 放热；$-35.2kJ \cdot mol^{-1}$

9. $K_1^\ominus > p(H_2O)/p^\ominus > K_2^\ominus$

10. 1 个 σ 键；1 个 2 电子 π 键；1 个 3 电子 π 键

四、简答题

1.

原子序数	元素符号	价电子构型	低价阳离子的电子构型	周期表中的位置（包括周期、族和区）
24	Cr	$3d^54s^1$	9～17 电子型	第四周期ⅥB族，d区
29	Cu	$3d^{10}4s^1$	18 电子型	第四周期ⅠB族，ds区
35	Br	$4s^23p^5$		第四周期ⅦA族，p区

2.(1) SO_3：正三角形，sp^2 杂化　(2) ICl_2^-：直线形，sp^3d 杂化

3.(1) 没有未成对电子，sp^3 杂化，正四面体

(2) 3 个未成对电子，sp^3d^2 杂化，正八面体

4.(1) 色散力、诱导力

(2) 取向力、诱导力、色散力、氢键

(3) 色散力

五、计算题

1.解：根据公式：$\ln\frac{k_2}{k_1}=\frac{E_a}{R}\left(\frac{T_2-T_1}{T_1T_2}\right)$　得　$E_a=\frac{RT_1T_2}{T_2-T_1}\ln\frac{k(T_2)}{k(T_1)}$

$\frac{k_2}{k_1}=Q_{10}=2.5$　$E_a=70.85\text{kJ}\cdot\text{mol}^{-1}$

2.解：(1) 因为缓冲溶液 pH=3.00，所以应选用 $HCOOH\text{-}COOH^-$ 缓冲对

$\text{pH}=\text{p}K_a^{\ominus}+\lg(b_b/b_a)$

$3=-\lg(1.8\times10^{-4})+\lg(b_b/b_a)$

$b_b/b_a=0.18$

缓冲范围：$\text{pH}=\text{p}K_a^{\ominus}\pm1=2.7\sim4.7$

(2) $Mn(OH)_2 \rightleftharpoons Mn^{2+}+2OH^-$

$b(Mn^{2+})=0.050\text{mol}\cdot\text{kg}^{-1}$

$b(OH^-)=1.0\times10^{-11}\text{mol}\cdot\text{kg}^{-1}$

$[b(Mn^{2+})/b^{\ominus}][b(OH^-)/b^{\ominus}]^2=0.050\times(1.0\times10^{-11})^2=5.0\times10^{-24}$

$K_{sp}^{\ominus}(Mn(OH)_2)=2.1\times10^{-13}>5.0\times10^{-24}$

故没有沉淀生成。

3.解：

(1) $\Delta_rH_m^{\ominus}=(-106.7+139.2)\text{kJ}\cdot\text{mol}^{-1}=32.5\text{kJ}\cdot\text{mol}^{-1}$

$\Delta_rS_m^{\ominus}=(304.4-214.3)\text{J}\cdot\text{K}^{-1}\cdot\text{mol}^{-1}=90.1\text{J}\cdot\text{K}^{-1}\cdot\text{mol}^{-1}$

$\Delta_rG_m^{\ominus}=0$

$T_b=\Delta_rH_m^{\ominus}/\Delta_rS_m^{\ominus}=360.7\text{K}$

(2) 300K 时　$\Delta_rG_m^{\ominus}=\Delta_rH_m^{\ominus}-T\Delta_rS_m^{\ominus}=(32.5-300\times90.0\times10^{-3})\text{kJ}\cdot\text{mol}^{-1}=5.47\text{kJ}\cdot\text{mol}^{-1}$

$\Delta_rG_m^{\ominus}=-RT\ln K^{\ominus}=-8.314\text{kJ}\cdot\text{mol}^{-1}\cdot\text{K}^{-1}\times10^{-3}\times300\text{K}\ln K^{\ominus}=5.47\text{kJ}\cdot\text{mol}^{-1}$

$\ln K^{\ominus}=-2.2$

$K^{\ominus}=0.110$　(0.1101)

$K^{\ominus}=p(CCl_4)/p^{\ominus}$　$p(CCl_4)=11.0\text{kPa}$

4.解：(1) $E(Ag_2S/Ag)=E^{\ominus}(Ag^+/Ag)+0.0592\text{V}\lg[b(Ag^+)/b^{\ominus}]$

$$=E^{\ominus}(Ag^+/Ag)+0.0592\text{V}\lg\sqrt{\frac{K_{sp}^{\ominus}}{b(S^{2-})}}$$

$b(S^{2-})=\frac{K_{a1}^{\ominus}K_{a2}^{\ominus}b(H_2S)(b^{\ominus})^2}{b^2(H^+)}$

$b(S^{2-})=1.35\times10^{-15}\text{mol}\cdot\text{kg}^{-1}$

$E(Ag_2S/Ag)=0.7996\text{V}+0.0592\text{V}\lg(6.83\times10^{-18})=-0.217\text{V}$

(2) $E^{\ominus}([Ag(S_2O_3)_2]^{3-}/Ag)=E^{\ominus}(Ag^+/Ag)+0.0592V\ lg[b(Ag^+)/b^{\ominus}]$

$$=E^{\ominus}(Ag^+/Ag)+0.0592V lg\frac{1}{K^{\ominus}_{稳}}=0.0026V$$

(3) 原电池符号：

$(-)Ag|Ag_2S(s)|S^{2-}(1.43\times10^{-15}mol\cdot kg^{-1}),H^+(10^{-3}mol\cdot kg^{-1}),H_2S(0.1mol\cdot kg^{-1})⋮⋮[Ag(S_2O_3)_2]^{3-}(b^{\ominus}),S_2O_3^{2-}(b^{\ominus})|Ag(+)$

(4) $E^{\ominus}(Ag_2S/Ag)=E^{\ominus}(Ag^+/Ag)+\frac{0.0592V}{1}lg[b(Ag^+)/b^{\ominus}]$

$$=0.7996V+\frac{0.0592V}{2}lg\frac{K^{\ominus}_{sp}}{b(S^{2-})}=-0.657V$$

$E^{\ominus}=E^{\ominus}([Ag(S_2O_3)_2]^{3-}/Ag)-E^{\ominus}(Ag_2S/Ag)=0.6596V$

$RT\ln K^{\ominus}=zFE^{\ominus}\quad K^{\ominus}=1.91\times10^{22}$

5. 解：(1) 根据 $\Delta T_f=K_f b_B$，查表可得水的凝固点降低常数为 $1.86K\cdot kg\cdot mol^{-1}$，则

$\Delta T_f=0.25K=K_f b_B=1.86\ b_B$

$b_B=0.134mol\cdot kg^{-1}$

根据公式 $p=p^* x_A$ 和在20℃时水的饱和蒸气压为2333.14Pa，有

$$p=p^* x_A=2333.14Pa\times\frac{\frac{1000}{18}}{\frac{1000}{18}+0.134}=2327.53Pa$$

(2) 对于稀水溶液，$c_B\approx b_B$，则渗透压为

$$\begin{aligned}\Pi&=c_BRT\\&=0.134mol\cdot m^{-3}\times8.314Pa\cdot m^3\cdot mol^{-1}\cdot K^{-1}\times1000\times(273+20)K\\&=326.4kPa\end{aligned}$$

（刘松艳）

综合测试题十二

一、判断题（每题1分，共10分）

(　　) 1. 系统从状态Ⅰ变化到状态Ⅱ，若大 $\Delta T=0$，则 $Q=0$，无热量交换。

(　　) 2. 向 $0.10mol\cdot kg^{-1}$ HCl 溶液中通入 H_2S 气体，溶液中 S^{2-} 浓度可近似地按 $b(S^{2-})\approx K^{\ominus}_{a2}(H_2S)$ 计算。

(　　) 3. 在同核双原子分子中，只有 σ 和 π 两种轨道。

(　　) 4. 主量子数、角量子数和自旋量子数都是解薛定谔方程时得到的。

(　　) 5. 在4.5mol溶剂中，溶解0.5mol难挥发非电解质，所形成溶液的饱和蒸气压与纯溶剂的蒸气压之比为10∶9。

(　　) 6. 因为 Al^{3+} 比 Mg^{2+} 的极化力强，所以 $AlCl_3$ 的熔点低于 $MgCl_2$ 的熔点。

(　　) 7. 在含有难溶电解质沉淀的溶液中，反应商等于溶度积时，该溶液为饱和溶液。

(　　) 8. 对于一个确定的化学反应来说，$\Delta_r G^{\ominus}_m$ 越负，反应速率越快。

(　　) 9. 在水中 HAc 和 HCl 的酸性强度不同，而在液态氨溶液中的酸性强度相同，

因为氨是区分剂。

(　　) 10. 由于 AgCl 的 $K_{sp}^{\ominus}(1.77\times10^{-10})$ 大于 Ag_2CrO_4 的 $K_{sp}^{\ominus}(1.12\times10^{-12})$，所以 AgCl 的溶解度也就大于 Ag_2CrO_4 的溶解度。

二、选择题（含单选和多选题，共 30 分）

(一) 单选题（每题 1 分，共 20 分）

1. 下列溶液中，不断增加 H^+ 的浓度，氧化能力不增强的是（　　）

A. MnO_4^-　　B. NO_3^-　　C. H_2O_2　　D. Cu^{2+}

2. 浓度均为 $0.10mol\cdot dm^{-3}$ 的下列水溶液中，凝固点最高的是（　　）

A. $Fe_2(SO)_3$　　B. NaCl　　C. $AlCl_3$　　D. $MgCl_2$

3. 下列反应中熵增加最多的是（　　）

A. $2SO_2(g)+O_2(g)=\!=\!=2SO_3(g)$

B. $NH_4NO_3(s)=\!=\!=N_2O(g)+2H_2O(l)$

C. $MnO_2(s)+Mn(s)=\!=\!=2MnO(s)$

D. $CO(g)+H_2O(g)=\!=\!=CO_2(g)+H_2(g)$

4. 298K $H_2O(l)\rightleftharpoons H_2O(g)$达到平衡时，水蒸气的压强为 3.13kPa，则平衡常数 $K^{\ominus}$（　　）

A. 100　　B. 3.13×10^{-2}　　C. 3.13　　D. 1

5. $20cm^3$ $0.10mol\cdot dm^{-3}$ HCl 和 $20cm^3$ $0.20mol\cdot dm^{-3}$ $NH_3\cdot H_2O$ 混合，其 pH 为（　　）（NH_3：$K_b^{\ominus}=1.76\times10^{-5}$）

A. 11.25　　B. 9.25　　C. 4.75　　D. 4.25

6. 原子轨道角度分布图中，从原点到曲面的距离表示（　　）

A. $4\pi r^2dr$ 值的大小　　B. ψ 值的大小

C. Y 值的大小　　D. r 值的大小

7. 合成氨反应 $N_2(g)+3H_2(g)\rightleftharpoons 2NH_3(g)$，在 673K 时，$K^{\ominus}=5.7\times10^{-4}$；在 473K 时，$K^{\ominus}=0.61$，则 $\Delta_rH_m^{\ominus}$ $(kJ\cdot mol^{-1})$ 为（　　）

A. -92.31　　B. 92.31　　C. -9.231×10^4　　D. 9.231×10^4

8. 下列叙述中，错误的是（　　）

A. $MgSO_4$ 的 $S_m^{\ominus}$ 大于 $MgCl_2$ 的 $S_m^{\ominus}$

B. 基态原子的第四电子层只有两个电子，则该原子的第三电子层中的电子数应为 9～17 个

C. 在金属元素中，密度最大的元素是 Os，硬度最大的元素是 Cr

D. 当反应 $A_2+B_2\rightleftharpoons 2AB$ 的速率方程为 $v=kc(A_2)c(B_2)$时，则该反应不一定是基元反应

9. 下列各组量子数中，可以描述核外电子运动状态的是（　　）

A. $n=4$，$l=0$，$m=1$，$m_s=-\frac{1}{2}$　　B. $n=4$，$l=3$，$m=-4$，$m_s=-\frac{1}{2}$

C. $n=4$，$l=2$，$m=2$，$m_s=-\frac{1}{2}$　　D. $n=2$，$l=2$，$m=1$，$m_s=-\frac{1}{2}$

10. 将标准氢电极中的 H^+ 浓度和 H_2 的分压均减小为原来的一半，其电极电势为（　　）

A. 0.00V　　B. 0.0089V　　C. $-0.0045V$　　D. $-0.0089V$

11. 已知气相反应 $PCl_5(g)=\!=\!=PCl_3(g)+Cl_2(g)$的 $\Delta H>0$，当反应平衡时，能使反应向右移动的方法是（　　）

A. 降温和减压　　B. 升温和增压　　C. 升温和减压　　D. 降温和增压

12. 某一可逆反应达平衡后，若反应速率常数 k 发生变化时，则平衡常数 $K^{\ominus}$（　　）

A. 不一定变化　　B. 不变　　C. 一定发生变化　　D. 与 k 无关

13. 已知下列电池反应的电动势 $E_1^{\ominus}$ 和 $E_2^{\ominus}$，标准平衡常数 $K_1^{\ominus}$ 和 $K_2^{\ominus}$，

（1）$Cl_2 + 2Fe^{2+} \rightleftharpoons 2Cl^- + 2Fe^{3+}$　　$E_1^{\ominus}$，$K_1^{\ominus}$

（2）$\frac{1}{2}Cl_2 + Fe^{2+} \rightleftharpoons Cl^- + Fe^{3+}$　　$E_2^{\ominus}$，$K_2^{\ominus}$

则下列表达式正确的是（　　）

A. $E_1^{\ominus} = E_2^{\ominus}$，$K_1^{\ominus} \neq K_2^{\ominus}$　　B. $E_1^{\ominus} \neq E_2^{\ominus}$，$K_1^{\ominus} \neq K_2^{\ominus}$

C. $E_1^{\ominus} = E_2^{\ominus}$，$K_1^{\ominus} = K_2^{\ominus}$　　D. $E_1^{\ominus} \neq E_2^{\ominus}$，$K_1^{\ominus} = K_2^{\ominus}$

14. 已知一元弱酸 HX 酸常数为 1.0×10^{-5}，等体积、等浓度的 HX 与 NaX 混合后，溶液的 pH 为（　　）

A. 9.0　　B. 8.0　　C. 6.0　　D. 5.0

15. 下列配合物中，根据磁矩判断属于外轨型配合物的是（　　）

A. $[Fe(CN)_6]^{3-}$（1.73B. M.）　　B. $[Fe(EDTA)]^-$（1.8B. M.）

C. $K_2[MnCl_4]$（5.92B. M.）　　D. $[Co(NH_3)_6]^{3+}$（0B. M.）

16. 以铜作电极电解 $CuSO_4$ 稀水溶液，极板周围溶液颜色的变化是（　　）

A. 阳极变浅，阴极变深　　B. 阳极阴极均变深

C. 阳极变深，阴极变浅　　D. 阳极阴极均变浅

17. 下列有关缓冲溶液的叙述中，正确的是（　　）

A. HCl 与过量 $NH_3 \cdot H_2O$ 不可以配制缓冲溶液

B. 由 HAc 和 NaAc 组成的缓冲溶液，若溶液中 $b(HAc) > b(NaAc)$，则该缓冲溶液抵抗外来碱的能力小于抵抗外来酸的能力

C. KH_2PO_4 稀溶液具有缓冲作用

D. 25℃时，$K_b^{\ominus}(NH_3) = 1.76 \times 10^{-5}$，在 50.0 mL 0.20mol·L^{-1} 的氨水中溶入 NH_4Cl 1.07g，溶液的 pH 为 8.945（忽略体积的改变）

18. 已知　$Zn(s) + \frac{1}{2}O_2(g) \rightleftharpoons ZnO(s)$　　$\Delta_r H_m^{\ominus} = -351.5 kJ \cdot mol^{-1}$

$Hg(l) + \frac{1}{2}O_2(g) \rightleftharpoons HgO(s, 红)$　　$\Delta_r H_m^{\ominus} = -90.8 kJ \cdot mol^{-1}$

则 $Zn(s) + HgO(s, 红) \rightleftharpoons ZnO(s) + Hg(l)$ 的 $\Delta_r H_m^{\ominus}$（kJ·mol^{-1}）为（　　）

A. 260.7　　B. 442.3　　C. −260.7　　D. −442.3

19. 下列说法正确的是（　　）

A. O_2^+ 有 1 个 σ 键，1 个 π 键　　B. O_2^- 有 1 个 σ 键，1 个 3 电子 π 键

C. C_2 中有 1 个 σ 键，2 个单电子 π 键　D. N_2 中有 1 个 σ 键，2 个 3 电子 π 键

20. 下表列出化学反应 $A(aq) + B(aq) = G(aq) + D(aq)$ 的初始浓度和初速率，则该反应的速率方程为（　　）

初始浓度	$c(A)/(mol \cdot dm^{-3})$	2.0	4.0	6.0	2.0	2.0
	$c(B)/(mol \cdot dm^{-3})$	2.0	2.0	2.0	4.0	6.0
初速率	$r/(mol \cdot dm^{-3} \cdot s^{-1})$	0.30	0.60	0.90	0.30	0.30

A. $v=kc(\mathrm{A})c^2(\mathrm{B})$　　B. $v=kc(\mathrm{A})c(\mathrm{B})$

C. $v=kc(\mathrm{A})$　　D. $v=kc^2(\mathrm{A})c(\mathrm{B})$

（二）多选题（每题 2 分，共 10 分）

21. 下面分子或离子的几何构型为 V 形的是（　　）

A. NO_2^-　　B. SO_2　　C. H_3O^+　　D. SCl_2

22. 下列分子或离子形成时，中心原子采取等性或不等性 sp^3 杂化的是（　　）

A. NH_3　　B. PF_3　　C. H_2S　　D. $SiCl_4$

23. 下列说法错误的是（　　）

A. 在共轭酸碱对中，若共轭酸的酸性越强，则其共轭碱的碱性也越强

B. 在前两周期 10 种元素中，基态原子最外层未成对电子数与其电子层数相等的元素有 4 种

C. 元素按电负性大小排列顺序为 F>Cl>S

D. He^+ 的 3s 轨道和 3p 轨道的能量是相等

24. 存在分子内氢键的化合物是（　　）

A. OH, NO_2 (邻硝基苯酚)　　B. OH, CHO (邻羟基苯甲醛)　　C. HF　　D. HNO_3

25. 下列说法正确的是（　　）

A. 非极性分子永远不会产生偶极

B. 利用冰点降低法求算葡萄糖分子量时，如果葡萄糖样品中含有不溶性杂质，则所得的分子量偏高

C. 元素按电负性大小排列顺序为 F>O>Al

D. 酸性较强介质中，析氢腐蚀时，阴极上 H^+ 放电析出 H_2；在弱酸性和碱性介质中，发生吸氧腐蚀时，阴极上 O_2 得电子生成 OH^-

三、填空题（共 7 题，每空 1 分，共 25 分）

1. 葡萄糖水溶液的凝固点为－0.452℃，则此溶液的质量摩尔浓度为__________。（已知水的 $K_f=1.86\mathrm{K\cdot kg\cdot mol^{-1}}$）。

2. 配位化合物$[Pt(NH_3)_2(NO_2)(NH_2)]$的名称为__________，中心原子和配位数分别为________，配体为__________。

3. 用理想半透膜将 $50\mathrm{g\cdot dm^{-3}}$ 蔗糖溶液（$M_r=342$）和 $50\mathrm{g\cdot dm^{-3}}$ 葡萄糖溶液（$M_r=180$）隔开，则水分子的渗透方向为__________。

4. 在金属单质中，硬度最大的是______，其价层电子构型为______；熔点最高的是______；密度最大的是______；导电性最好的是______。

5. 根据 $\Delta_r G_m^\ominus$-T 图，回答下列问题：

C 的还原性强弱与温度的关系是__________；

在 1000K 时，C、Mg、Ti 的还原能力由弱到强的顺序是______；

在 2000K 时，C______（能/不能）还原 MgO。

6. 给出下列分子或离子的几何构型及中心原子的杂化类型：

H_3PO_4______、______，H_5IO_6______、______，ClO_2______、______，$[Mn(CN)_6]^{4-}$______、______，XeF_2______、______。

7.电池(−)Cu|Cu^+ ⋮⋮ Cu^+，Cu^{2+}|Pt(+)和电池(−)Cu|Cu^{2+} ⋮⋮ Cu^{2+},Cu^+|Pt(+)的电池反应均可写成 $Cu+Cu^{2+} \rightleftharpoons 2Cu^+$，这两个电池的 $\Delta_r G_m^\ominus$______，$E^\ominus$______（填“相同”或“不同”）。

四、简答题（共 5 题，共 15 分）

1.某元素基态原子有 6 个电子处于 $n=3$、$l=2$ 的能级上，试推测：(3 分)

(1) 该元素的核外电子排布式；

(2) 该元素属于哪一周期？哪一族？哪一区？

(3) d 轨道上有几个未成对的电子和元素符号？

2.判断下列各组分子之间存在何种形式的分子间作用力。(3 分)

(1) BBr_3 和 PF_3　(2) NH_3 和 H_2O　(3) BrF_5 和 $CHCl_3$

3.根据酸碱质子理论，写出下列各碱的共轭酸的化学式。(3 分)

CO_3^{2-}；S^{2-}；$H_2PO_4^-$；$[Al(H_2O)_5(OH)]^{2+}$；$NH_2CH_2COO^-$；HSO_3^-

4.应用动力学原理解释，温度由 T_1 升高到 T_2，化学平衡向吸热反应方向移动。(3 分)

5. Ag_2CrO_4 在 $0.01mol \cdot kg^{-1}$ $AgNO_3$ 溶液中的溶解度小于 $0.01mol \cdot kg^{-1}$ K_2CrO_4 溶液中的溶解度。为什么？(已知：$K_{sp}^\ominus(Ag_2CrO_4)=1.12\times10^{-12}$) (3 分)

五、计算题（共 4 题，共 20 分）

1.(本小题 4 分) 298K 时，以饱和甘汞电极为正极，与氢电极组成原电池。氢电极溶液为 HA-A^- 的缓冲溶液，测得原电池的电动势为 0.4780V。已知：$b(HA)=1.0mol \cdot kg^{-1}$，$b(A^-)=0.10mol \cdot kg^{-1}$，$p(H_2)=p^\ominus$，$E(Hg_2Cl_2/Hg)$(饱和)$=0.2415V$，$F=96500C \cdot mol^{-1}$

回答：(1) 写出该原电池的电池符号。

(2) 计算 298K 时弱酸的解离常数 $K_a^\ominus$。

2.(本小题 6 分) 某溶液中含有浓度均为 $0.10mol \cdot kg^{-1}$ 的 Cd^{2+} 和 Fe^{2+}，通入 H_2S 至饱和，若将二者分离，应控制溶液的 pH 在什么范围？(已知 H_2S 的 $K_{a1}^\ominus=1.07\times10^{-7}$，$K_{a2}^\ominus=1.26\times10^{-13}$，$K_{sp}^\ominus(CdS)=8.0\times10^{-27}$，$K_{sp}^\ominus(FeS)=6.3\times10^{-18}$，$H_2S$ 饱和溶液浓度为 $0.10mol \cdot kg^{-1}$)

3.(本小题 6 分) 有人提出利用反应 $CO(g)+NO(g) \longrightarrow \frac{1}{2}N_2(g)+CO_2(g)$ 净化汽车尾气中 CO 和 NO 气体，试通过计算说明：(1) 在 298.15K 和标准条件下，反应能否自发进行；(2) 在标准条件下，反应自发进行的温度范围。

已知：

热力学函数	CO(g)	NO(g)	$CO_2(g)$
$\Delta_f G_m^\ominus(298.15K)/(kJ \cdot mol^{-1})$	−137.15	86.57	−394.36
$\Delta_f H_m^\ominus(298.15K)/(kJ \cdot mol^{-1})$	−110.52	90.25	−393.51

4.(本小题 4 分) 甲醛是烟雾中刺激眼睛的主要物质之一，它可以由臭氧与乙烯反应生成：

$$O_3(g)+C_2H_4(g) \longrightarrow 2HCHO(g)+\frac{1}{2}O_2(g)$$

反应速率方程为 $v=kc(O_3)c(C_2H_4)$，已知 $k=2.0\times10^3 mol^{-1} \cdot L \cdot s^{-1}$。在受严重污染的空气中，臭氧和乙烯的浓度分别为 $5.0\times10^{-8}mol \cdot L^{-1}$ 和 $1.0\times10^{-8}mol \cdot L^{-1}$。

(1) 计算该反应的反应速率；

（2）若空气中臭氧和乙烯的浓度不变，经过多长时间甲醛的浓度能达到 $1.0\times10^{-8}\text{mol}\cdot\text{L}^{-1}$（超过此浓度，甲醛将对眼睛产生明显刺激作用）？

综合测试题十二答案

一、判断题

1. ×；2. ×；3. √；4. ×；5. ×；6. √；7. √；8. ×；9. ×；10. ×

二、选择题

1. D；2. B；3. B；4. B；5. B；6. C；7. A；8. B；9. C；10. D；11. C；12. A；13. A；14. D；15. C；16. C；17. D；18. C；19. B；20. C；21. ABD；22. ABCD；23. AB；24. ABD；25. BCD

三、填空题

1. $0.243\text{mol}\cdot\text{kg}^{-1}$

2. 氨基·硝基·二胺合铂(Ⅱ)；Pt^{2+}，4；NH_3，NO_2^-，NH_2^-

3. 由蔗糖溶液向葡萄糖溶液渗透

4. 铬(Cr)；$3d^54s^1$；钨(W)；锇(Os)；银(Ag)

5. 温度升高其还原性增强；C、Ti、Mg；能

6. H_3PO_4：等性 sp^3 杂化，四面体；H_5IO_6：sp^3d^2 杂化，八面体

   ClO_2：不等性 sp^2 杂化，V形；$[Mn(CN)_6]^{4-}$：d^2sp^3 杂化，八面体

   XeF_2：sp^3d 杂化，直线形

7. 相同；不同

四、简答题

1. 答：（1）该元素核外电子排布：$1s^2 2s^2 2p^6 3s^2 3p^6 3d^6 4s^2$；

（2）该元素属于4周期、Ⅷ族、d区；

（3）4和Fe。

2. 答：（1）BBr_3 和 PF_3　　色散力、诱导力

（2）NH_3 和 H_2O　　色散力、诱导力、取向力、氢键

（3）BrF_5 和 $CHCl_3$　　色散力、诱导力、取向力

3. 答：HCO_3^-；HS^-；H_3PO_4；$[Al(H_2O)_6]^{3+}$；NH_2CH_2COOH；H_2SO_3

4. 答：根据 $\ln\dfrac{k_2}{k_1}=\dfrac{E_a}{R}\left(\dfrac{T_2-T_1}{T_1T_2}\right)$

当温度由 T_1 升高到 T_2 时，$\left(\dfrac{T_2-T_1}{T_1T_2}\right)$ 为一常数，且大于零，升高温度正逆反应速度同时加快，速率常数都增大，但活化能大的增加的更多；同一可逆反应中吸热反应过程的活化能大于放热反应，即：E_a(吸)$>E_a$(放)，所以吸热反应方向增加的多于放热反应方向，最终平衡向吸热反应方向移动。

5. 答：设 Ag_2CrO_4 在 $0.01\text{mol}\cdot\text{kg}^{-1}$ $AgNO_3$ 溶液中的溶解度为 S，在 $0.01\text{mol}\cdot\text{kg}^{-1}$ K_2CrO_4 溶液中为 S'，则

$$Ag_2CrO_4(s) \rightleftharpoons 2Ag^+(aq)+CrO_4^{2-}(aq)$$

$$b_{平}\qquad 0.01\text{mol}\cdot\text{kg}^{-1}+2S \qquad S$$

因为 $K_{sp}^{\ominus}(Ag_2CrO_4)$ 很小，所以 $0.01\text{mol}\cdot\text{kg}^{-1}+2S\approx0.01\text{mol}\cdot\text{kg}^{-1}$

$b^2(Ag^+)b(CrO_4^{2-})(b^\ominus)^{-3}=K_{sp}^\ominus(Ag_2CrO_4)$

$(0.01)^2 S kg\cdot mol^{-1}\approx 1.12\times10^{-12}$

得 $$S=1.0\times10^{-8}mol\cdot kg^{-1}$$

则 Ag_2CrO_4 在 $0.01mol\cdot kg^{-1}$ $AgNO_3$ 溶液中的溶解度为 $1.0\times10^{-8}mol\cdot kg^{-1}$。

$$Ag_2CrO_4(s) \rightleftharpoons 2Ag^+(aq)+CrO_4^{2-}(aq)$$

$$b_{平} \qquad\qquad 2S' \qquad S'+0.01mol\cdot kg^{-1}$$

同样，$0.01mol\cdot kg^{-1}+S'\approx 0.01mol\cdot kg^{-1}$， $(b^\ominus)^{-3}b^2(Ag)b(CrO_4^{2-})=K_{sp}^\ominus(Ag_2CrO_4)$

$(2S')^2\times0.01kg^2\cdot mol^{-2}\approx1.12\times10^{-12}$

得 $$S'=5.29\times10^{-6}mol\cdot kg^{-1}$$

所以，Ag_2CrO_4 在 $0.01mol\cdot kg^{-1}$ K_2CrO_4 溶液中的溶解度为 $5.29\times10^{-6}mol\cdot kg^{-1}$。

计算结果表明：Ag_2CrO_4 在 $0.01mol\cdot kg^{-1}$ $AgNO_3$ 溶液中的溶解度小于其在 $0.01mol\cdot kg^{-1}$ K_2CrO_4 溶液中的溶解度。

五、计算题

1.解：$(-)Pt|H_2(p^\ominus)|HA(b^\ominus)$，$A^-(0.10mol\cdot kg^{-1})$ ⋮⋮ KCl(饱和)$|Hg_2Cl_2(s)|Hg(l)|Pt(+)$

$$E_-=E_+-E=0.2415V-0.4780V=-0.2365V$$

负极 $E_-=E^\ominus(H^+/H_2)+0.0592\lg[b(H^+)/b^\ominus]$

又 $b(H^+)b^\ominus=K_a^\ominus(HA)b(HA)/b(A^-)$

则 $E_-=E^\ominus(H^+/H_2)+0.0592V\lg[K_a^\ominus(HA)b(HA)/b(A^-)]$

$$-0.2365V=0+0.0592V\lg[K_a^\ominus(HA)/0.01]$$

$$K_a^\ominus=1.01\times10^{-6}$$

答：弱酸的平衡常数为 1.01×10^{-6}。

2.解：浓度相同，沉淀类型相同，故 $K_{sp}^\ominus$ 小的 CdS 先沉淀。当 Cd^{2+} 沉淀完全时

$$CdS(s)\rightleftharpoons Cd^{2+}(aq)+S^{2-}(aq)$$

$$b(S^{2-})=K_{sp}^\ominus(CdS)(b^\ominus)^2/b(Cd^{2+})=[8.0\times10^{-27}/(1.0\times10^{-5})]mol\cdot kg^{-1}$$
$$=8.0\times10^{-22}mol\cdot kg^{-1}$$

所以 Cd^{2+} 沉淀完全时溶液中的 H^+ 浓度为

$$b(H^+)=\sqrt{\frac{K_{a1}^\ominus K_{a2}^\ominus b(H_2S)(b^\ominus)^2}{b(S^{2-})}}=\left(\sqrt{\frac{1.07\times10^{-7}\times1.26\times10^{-13}\times0.10}{8.0\times10^{-22}}}\right)mol\cdot kg^{-1}$$
$$=1.30mol\cdot kg^{-1}$$

$$pH=-0.11$$

Fe^{2+} 开始沉淀时，溶液中的 S^{2-} 浓度为

$$FeS(s)\rightleftharpoons Fe^{2+}(aq)+S^{2-}(aq)$$

$$b(S^{2-})=K_{sp}^\ominus(FeS)(b^\ominus)^2/b(Fe^{2+})=(6.3\times10^{-18}/0.10)mol\cdot kg^{-1}=6.3\times10^{-17}mol\cdot kg^{-1}$$

此时溶液中的 H^+ 浓度为

$$b(H^+)=\sqrt{\frac{K_{a1}^\ominus K_{a2}^\ominus b(H_2S)(b^\ominus)^2}{b(S^{2-})}}=\left(\sqrt{\frac{1.07\times10^{-7}\times1.26\times10^{-13}\times0.10}{6.3\times10^{-17}}}\right)mol\cdot kg^{-1}$$
$$=4.63\times10^{-3}mol\cdot kg^{-1}$$

$$pH=2.33$$

答：溶液的 pH 控制在 $-0.11 \sim 2.33$ 之间。

3. 解：(1) $\Delta_r G_m^\ominus = \Delta_f G_m^\ominus(CO_2, g) + \frac{1}{2}\Delta_f G_m^\ominus(N_2, g) - \Delta_f G_m^\ominus(NO, g) - \Delta_f G_m^\ominus(CO, g)$

$$= [(-394.36) + \frac{1}{2}\times 0 - (86.57) - (-137.15)]\text{kJ}\cdot\text{mol}^{-1}$$

$$= -343.78\text{kJ}\cdot\text{mol}^{-1}$$

在 298.15K 和标准状态下 $\Delta_r G_m^\ominus < 0$，反应正向进行。

(2) $\Delta_r H_m^\ominus(298.15\text{K}) = \Delta_f H_m^\ominus(CO_2, g) + \frac{1}{2}\Delta_f H_m^\ominus(N_2, g) - \Delta_f H_m^\ominus(NO, g) - \Delta_f H_m^\ominus(CO, g)$

$$= [(-393.51) + \frac{1}{2}\times 0 - (90.25) - (-110.52)]\text{kJ}\cdot\text{mol}^{-1}$$

$$= -373.24\text{kJ}\cdot\text{mol}^{-1}$$

$$\Delta_r S_m^\ominus(298.15\text{K}) = [\Delta_r H_m^\ominus(298.15\text{K}) - \Delta_r G_m^\ominus(298.15\text{K})]/T$$

$$= \{[(-373.24) - (-343.78)]/298.15\}\text{kJ}\cdot\text{mol}^{-1}\cdot\text{K}^{-1}$$

$$= -0.0988\text{kJ}\cdot\text{mol}^{-1}\cdot\text{K}^{-1}$$

在标准状态下，反应自发进行，则有 $\Delta_r G_m^\ominus(T) < 0$，即

$$\Delta_r G_m^\ominus(T) = \Delta_r H_m^\ominus(T) - T\Delta_r S_m^\ominus(T) < 0$$

$$\Delta_r H_m^\ominus(T) \approx \Delta_r H_m^\ominus(298.15\text{K}) \qquad \Delta_r S_m^\ominus(T) \approx \Delta_r S_m^\ominus(298.15\text{K})$$

$$\Delta_r G_m^\ominus(T) = \Delta_r H_m^\ominus(298.15\text{K}) - T\Delta_r S_m^\ominus(298.15\text{K}) < 0$$

$$T > \frac{\Delta_r H_m^\ominus}{\Delta_r S_m^\ominus} \quad T < [(-373.24)/(-0.0988)]\text{K} = 3777.7\text{K}$$

答：在标准状态下，反应自发进行的温度范围是小于 3777.7K。

4. 解：(1) 将题中已知数据代入速率方程 $v = kc(O_3)c(C_2H_4)$ 有

$$v = kc(O_3)c(C_2H_4) = 2.0\times 10^3 \times 5.0\times 10^{-8} \times 1.0\times 10^{-8} = 1.0\times 10^{-12}\text{mol}\cdot\text{L}^{-1}\cdot\text{s}^{-1}$$

(2) 根据速率表达式 $v = \frac{1}{\nu_B}\frac{dc_B}{dt}$，

有 $v = \frac{1}{\nu(HCHO)}\frac{\Delta c(HCHO)}{\Delta t} = \frac{1}{2}\frac{\Delta c(HCHO)}{\Delta t}$

$$\Delta t = \frac{1}{2}\times\frac{\Delta c(HCHO)}{v} = \frac{1}{2}\times\frac{1.0\times 10^{-8}}{1.0\times 10^{-12}} = 5000\text{s}$$

答：(1) 反应速率为 $1.0\times 10^{-12}\text{mol}\cdot\text{L}^{-1}\cdot\text{s}^{-1}$；(2) 需要时间为 5000s。

（刘松艳）

期末测试题及答案

2020—2021学年第一学期《普通化学》期末试题

一、判断题（每小题1分，共20分，将"√"或"×"填在括号中）

（　　）1. 在一定的温度、压强下，某反应的 $\Delta_r G_m > 0$，故要寻找合适的催化剂可以使反应向正向进行。

（　　）2. 溶剂从浓溶液通过半透膜进入稀溶液的现象称为反渗透现象。

（　　）3. 同一元素在不同化合物中，氧化数越高，其得电子能力就越强。氧化数越低，其失电子趋势越强。

（　　）4. sp^2 杂化轨道是由 1s 轨道和 2p 轨道混合起来形成的三个 sp^2 杂化轨道。

（　　）5. OF_2 是极性分子，其分子构型为 V 形。

（　　）6. 油页岩与火山喷发均为可再生的一次能源。

（　　）7. 按电负性大小正确顺序为：Cl>O>S。

（　　）8. 过渡元素许多特性都与未充满的 d 轨道电子有关。

（　　）9. 以 Pt 为电极电解 Na_2SO_4 水溶液，两极的溶液中各加几滴石蕊溶液，在电解过程中阴极区溶液呈蓝色，阳极区溶液呈红色。

（　　）10. 将氢原子的一个电子从 1s 分别激发到 3s、3d 能级所需能量不同。

（　　）11. 在埃灵罕姆图中，$\Delta_r G_m^{\ominus}$-T 线位置越高，表明金属单质与氧结合能力越弱，反应速率越慢。

（　　）12. 实物微观粒子均具有波粒二象性。

（　　）13. 反应 $A_2 + B_2 \xlongequal{} 2AB$ 的速率方程为 $v = kc(A_2)c(B_2)$，则此反应一定为基元反应。

（　　）14. 将 NaCl 溶液滴在抛光的金属锌表面，经过一定时间后，锌发生腐蚀的区域位于液滴覆盖的部位。

（　　）15. $MgCO_3(s) \rightleftharpoons MgO(s) + CO_2(g)$ 达平衡，则此系统共有两相。

（　　）16. 原子失去电子变成正离子时，失电子的顺序为填充电子顺序的逆过程。

（　　）17. 氧元素的第一电离能大于氮元素的第一电离能。

（　　）18. 正负离子相互极化，导致键的极性增强，相应物质的熔、沸点变低。

（　　）19. 基态某原子的 4d 亚层上共有 2 个电子，那么其第三电子层上的电子数是 18。

（　　）20. 原子光谱是由原子中的电子绕核旋转时释放的能量产生的。

二、选择题（每小题 1 分，共 20 分，每题的备选项中，只有 1 个最符合题意）

1. 若反应：$A+B \longrightarrow C$ 对 A 和 B 来说都是一级的，下列叙述中正确的是（　　）

A. 此反应为一级反应

B. 该反应速率常数的量纲为 $mol \cdot dm^{-3} \cdot s^{-1}$

C. 两种反应物的浓度同时减半，则反应速率也将减半

D. 若任一种反应物的浓度为原来的 2 倍，则反应速率也为原来的 2 倍

2. 反应 $CO(g)+H_2O(g) \rightleftharpoons CO_2(g)+H_2(g)$，在 973K 时 $K^{\ominus}=0.71$，如各物质的分压均为 100 kPa，则反应的 $\Delta_r G_m$（　　）

A. <0　　B. $=0$　　C. >0　　D. $<\Delta_r G_m^{\ominus}$

3. 已知气相反应 $PCl_5(g) = PCl_3(g)+Cl_2(g)$ 的 $\Delta H>0$，当反应平衡时，能使反应向右移动的方法是（　　）

A. 降温和减压　　B. 升温和增压　　C. 升温和减压　　D. 降温和增压

4. 一封闭钟罩中放 $\frac{2}{3}$ 杯纯水 A 和 $\frac{2}{3}$ 杯糖水 B，静置足够长时间后发现（　　）

A. A 杯水减少，B 杯水满后不再变化　　B. B 杯变成空杯，A 杯水满后溢出

C. B 杯水减少，A 杯水满后不再变化　　D. A 杯变成空杯，B 杯水满后溢出

5. 某难溶强电解质 A_2B_3 在水中溶解度为 S，则在此温度下其溶度积常数 $K_{sp}^{\ominus}$ 为（　　）

A. $6S^5/(b^{\ominus})^5$　　B. $36S^5/(b^{\ominus})^5$　　C. $27S^3/(b^{\ominus})^3$　　D. $108S^5/(b^{\ominus})^5$

6. 下列物质凝固时可以形成分子晶体的是（　　）

A. NaF　　B. CO_2　　C. Cu　　D. SiO_2（石英）

7. 下列说法正确的是（　　）

A. 电子的自旋量子数 $m_s=\frac{1}{2}$ 是从薛定谔方程中解出来的

B. 磁量子数 $m=0$ 的轨道都是球对称的轨道

C. 角量子数 l 的可能取值是从 1 到（$n-1$）的正整数

D. 多电子原子中，电子的能量决定于主量子数 n 和角量子数 l

8. 适宜作为橡胶的高聚物是（　　）

A. T_g 较高、T_f 较低的非晶态高聚物　　B. T_g 较高、T_f 也较高的非晶态高聚物

C. T_g 较低、T_f 较高的非晶态高聚物　　D. T_g 较低、T_f 也较低的非晶态高聚物

9. 下列说法正确的是（　　）

A. 离子键无方向性和饱和性

B. 3d 电子的能量一定大于 4s 电子的能量

C. 极性键构成的分子都是极性分子

D. 以等性 sp^3 杂化轨道成键的分子必为正四面体

10. 一贮水铁箱上被腐蚀了一个洞，今用一金属片焊接在洞外面以堵漏，为了延长铁箱的寿命，选用哪种金属片为好（　　）

A. 镀锡铁　　B. 铁片　　C. 铜片　　D. 锌片

11. 反应 $A+B \longrightarrow P$ 符合阿伦尼乌斯公式，当使用催化剂时其活化能降低了 $80kJ \cdot mol^{-1}$，在 298K 下进行反应时，催化剂使其反应速率常数约为原来的多少倍（指前因子不变）？（　　）

A. 2×10^5　　B. 10^{14}　　C. 5000　　D. 9×10^{12}

12. 下列物质熔点高低正确的是（　　）

A. $SnCl_4 < SnCl_2$　B. $H_2Se > H_2Te$　C. 金刚石＞石墨　D. $Br_2 > I_2$

13. 下列各组量子数 n，l，m，m_s 中，合理的是（　　）

A. 5，−3，−3，$\frac{1}{2}$　B. 3，0，−1，$\frac{1}{2}$

C. 4，2，2，$-\frac{1}{2}$　D. 2，2，−2，$\frac{1}{2}$

14. 下列各系统，分子间存在的作用力同时具有氢键、色散力、诱导力和取向力的是（　　）

A. 乙醇的水溶液　B. I_2 的 CCl_4 溶液　C. 液态 SO_2　D. H_2Se 晶体

15. 下列分子中，几何构型为 T 形的是（　　）

A. SO_3　B. ClF_3　C. NCl_3　D. IF_5

16. 下列不是共轭酸碱对的是（　　）

A. H_2SO_3 和 SO_3^{2-}

B. H_2O 和 OH^-

C. H_2S 和 HS^-

D. $[Fe(H_2O)_6]^{3+}$ 和 $[Fe(H_2O)_5OH]^{2+}$

17. H_2O 分子中氧的成键轨道是（　　）

A. $2p_x 2p_y$ 轨道　B. 不等性 sp^3 杂化轨道

C. sp^2 杂化轨道　D. sp 杂化轨道

18. 下列两个反应的电池标准电动势分别为 $E_1^{\ominus}$ 和 $E_2^{\ominus}$，(1) $\frac{1}{2}H_2(p^{\ominus}) + \frac{1}{2}Cl_2(p^{\ominus}) = HCl(1mol \cdot kg^{-1})$，(2) $2HCl(1mol \cdot kg^{-1}) = H_2(p^{\ominus}) + Cl_2(p^{\ominus})$，则两个 $E^{\ominus}$ 的关系为（　　）

A. $E_2^{\ominus} = 2E_1^{\ominus}$　B. $E_2^{\ominus} = -E_1^{\ominus}$　C. $E_2^{\ominus} = -2E_1^{\ominus}$　D. $E_2^{\ominus} = E_1^{\ominus}$

19. 原子轨道发生重叠的根本原因是（　　）

A. 增加成键能力　B. 保持共价键的方向性

C. 增加配对电子数　D. 进行电子重排

20. 已知 H_3PO_4 的 $pK_{a1}^{\ominus} = 2.15$，$pK_{a2}^{\ominus} = 7.21$，$pK_{a3}^{\ominus} = 12.32$，则浓度为 $0.1mol \cdot kg^{-1}$ 的 KH_2PO_4 溶液和 $1mol \cdot kg^{-1}$ 的 K_2HPO_4 溶液等体积混合后，溶液的 pH 约为（　　）

A. 13.32　B. 11.32　C. 8.21　D. 6.21

三、填空题（每空 1 分，共 28 分）

1. 某金属位于周期表 36 号之前，其一价阳离子的 3d 轨道上有 10 个电子，该金属的元素符号是______，该元素基态原子的核外电子分布式为______________，原子外层电子构型是________，位于第______周期，______族，属于________区，+1 价离子的电子层结构为________电子构型。

2. $[Co(NH_3)(en)_2Cl]SO_4$ 的名称是______________，中心离子为________，配位体为______________，配位原子是__________，配位数是______。

3. 若将 As 原子掺入 Ge 晶体中，载流子主要是________，这类杂质称为________杂质，这种半导体称为________型半导体。

4. 对于电池(−)Ag|$AgNO_3(b_1)$Ag ⋮⋮ $NO_3(b_2)$|Ag(+)，比较 b_1 与 b_2 的大小，即 b_1

________b_2。

5. 已知下列反应均向正反应方向进行，$2FeCl_3+SnCl_2 \longrightarrow SnCl_4+2FeCl_2$，$2KMnO_4+10FeSO_4+8H_2SO_4 \longrightarrow 2MnSO_4+5Fe_2(SO_4)_3+K_2SO_4+8H_2O$。上述两个反应中几个氧化还原电对的电极电势的相对大小（从大到小排序）________________________；上述物质中，最强的还原剂是______，最强的氧化剂是________，能将 Sn^{2+} 氧化成 Sn^{4+} 的物质有________________________。

6. 某化学反应若在 300K、$p^{\ominus}$下在试管中进行时放热 3×10^4J，若在相同条件下通过电池进行该反应，则吸热 3×10^3J，该化学反应的焓变 ΔH 为________________________。

7. 超导体的三大临界条件包括临界温度、________________和________________。

8. 往下列溶液中不断通入 H_2S 气体：$0.2mol\cdot kg^{-1}$ 的 $CuSO_4$ 和 $0.5mol\cdot kg^{-1}$ 的 HCl 混合溶液。计算此溶液中最后剩余的 $b(Cu^{2+})=$________（已知饱和 H_2S 溶液的浓度为 $0.1mol\cdot kg^{-1}$，$K_{sp}^{\ominus}(CuS)=6.3\times10^{-36}$，$K_{a1}^{\ominus}(H_2S)=1.07\times10^{-7}$，$K_{a2}^{\ominus}(H_2S)=1.26\times10^{-13}$）。

9. 水中总氮、总磷量超标称为水体的________________________。

10. 往 1kg 水中加入 0.10mol HAc 溶液和 0.01mol NaAc 晶体并完全溶解，则该溶液 pH=______，HAc 解离度 $\alpha=$________，$K_a^{\ominus}(HAc)=$________{已知 $pK_a^{\ominus}(HAc)=4.76$}。

四、计算题（共 3 题，共 32 分）

1.（本小题 7 分）现有两份溶液：一份为 1kg 水中溶有 0.01mol $FeCl_3$ 的溶液，另一份为 1kg 水中溶有 0.1mol 氨水和 1.0mol NH_4Cl（均完全溶解）的混合溶液，将上述两份溶液全部混合后，请回答：

（1）是否有 $Fe(OH)_3$ 沉淀生成？

（2）此条件下 Fe^{3+} 是否沉淀完全？

（已知 $pK_a^{\ominus}(NH_4^+)=9.25$，$K_{sp}^{\ominus}(Fe(OH)_3)=2.79\times10^{-39}$）

2.（本小题 12 分）电池(−)Pt | H_2(g,100kPa) | HBr($b=1.0mol\cdot kg^{-1}$) | AgBr(s) | Ag(s)(+)，在 25℃ 时电池电动势 $E=0.0712V$，试求 25℃ 时下列各项（已知 $E^{\ominus}(Ag^+/Ag)=0.7994V$，$F=96485C\cdot mol^{-1}$）：

（1）写出电极反应以及原电池反应；

（2）银-溴化银电极的标准电极电势 $E^{\ominus}(AgBr/Ag)$；

（3）此电池反应 $z=1$ 时的 $\Delta_r G_m^{\ominus}$ 和标准平衡常数 $K^{\ominus}$；

（4）AgBr(s)的溶度积 $K_{sp}^{\ominus}$。

3.（本小题 13 分）已知 298K 时下列数据，求下列反应

$HCOOH(l)+CH_3OH(l) \longrightarrow HCOOCH_3(l)+H_2O(l)$ 的各项：

热力学函数	$HCOOCH_3$(l)	C(石墨,s)	H_2(g)	HCOOH(l)	CH_3OH(l)	H_2O(l)
$\Delta_c H_m^{\ominus}/(kJ\cdot mol^{-1})$	−979.5	−393.5	−285.8	—	—	—
$\Delta_f H_m^{\ominus}/(kJ\cdot mol^{-1})$	—	—	—	−424.3	−238.7	—
$S_m^{\ominus}/(J\cdot mol^{-1}\cdot K^{-1})$	180.6	—	—	129.0	126.8	70.0

（1）298K 时此反应的标准摩尔焓变；

（2）298K 时此反应的标准摩尔熵变；

（3）计算此反应在 298K 时进行的程度；

（4）400K 时此反应的标准摩尔吉布斯函数变，判断在 400K、标准状态下是否能自发进行；

(5) 此反应标准状态下自发进行的温度范围。

期末试题答案

一、判断题

1. ×；2. √；3. ×；4. ×；5. √；6. ×；7. ×；8. √；9. √；10. ×；11. ×；12. √；13. ×；14. √；15. ×；16. ×；17. ×；18. ×；19. √；20. ×

二、选择题

1. D；2. C；3. C；4. D；5. D；6. B；7. D；8. C；9. A；10. D；11. B；12. A；13. C；14. A；15. B；16. A；17. B；18. B；19. A；20. C

三、填空题

1. Cu；$1s^2 2s^2 2p^6 3s^2 3p^6 3d^{10} 4s^1$ 或 [Ar] $3d^{10}4s^1$；$3d^{10}4s^1$；四；ⅠB；ds；18

2. 硫酸一氯•一氨•二(乙二胺)合钴(Ⅲ)；Co^{3+}；NH_3、en、Cl^-；N、N、Cl；6

3. 电子；施主；n

4. <

5. $E(MnO_4/Mn^{2+}) > E(Fe^{3+}/Fe^{2+}) > E(Sn^{4+}/Sn^{2+})$；$Sn^{2+}$；$MnO_4^-$；$Fe^{3+}$ 和 MnO_4^-

6. -3×10^4J

7. 临界磁场；临界电流

8. $3.79\times10^{-15}mol^{-1}\cdot kg^{-1}$

9. 富营养化

10. 3.76；0.174%或 1.74×10^{-3}；1.74×10^{-5}

四、计算题

1. 解：(1) 按题意 $b(Fe^{3+})=0.005mol^{-1}\cdot kg^{-1}$　$b(NH_4^+)=0.5mol^{-1}\cdot kg^{-1}$，$b(NH_3\cdot H_2O)=0.05mol^{-1}\cdot kg^{-1}$

$$pH=pK_a^\ominus+\lg\frac{b(A^-)}{b(HA)}=9.25+\lg\frac{0.05}{0.5}=8.25$$

$pOH=14-8.25=5.75$　$b(OH^-)=1.78\times10^{-6}mol^{-1}\cdot kg^{-1}$

$\Pi_B(b_B/b^\ominus)=0.005\times(1.78\times10^{-6})^3=2.82\times10^{-20}>K_{sp}^\ominus(Fe(OH)_3)=2.79\times10^{-39}$

所以有 $Fe(OH)_3$ 沉淀生成。

(2) $K_{sp}^\ominus(Fe(OH)_3)=2.79\times10^{-6}=[b(Fe^{3+})/b][b(OH^-)/b]^3$

$b(Fe^{3+})=4.95\times10^{-22}mol\cdot kg^{-1}<1\times10^{-5}mol\cdot kg^{-1}$

所以此条件 Fe^{3+} 已经沉淀完全。

2. 解：(1) 电池反应：$AgBr(s)+\frac{1}{2}H_2(g)═══Ag+Br^-+H^+$

正极：$AgBr(s)+e^-═══Ag+Br^-$　负极：$\frac{1}{2}H_2(g)═══H^++e^-$

(2) $E(H^+/H_2)=E^\ominus(H^+/H_2)=0$

$E(AgBr/Ag)=E^\ominus(AgBr/Ag)-0.0529V\lg[b(Br^-)/b^\ominus]=E^\ominus(AgBr/Ag)$

$E=E^\ominus(AgBr/Ag)-E^\ominus(H^+/H_2)=0.0712V$

$E^\ominus(AgBr/Ag)=0.0712V$

(3) $\Delta_rG_m^\ominus=-zFE^\ominus=(-1\times96485\times0.0712)J\cdot mol^{-1}=-6.87kJ\cdot mol^{-1}$

$RT\ln K^{\ominus}=zFE^{\ominus}$， $\ln K^{\ominus}=1\times96485\times0.0712/(8.314\times298.15)=2.77$

$K^{\ominus}=15.96$

(4) 当 $b(Br^-)=1.0mol\cdot kg^{-1}$ 时，$E(Ag^+/Ag)$电极电势值即为 $E^{\ominus}(AgBr/Ag)$标准电极电势，此时 $b(Ag^+)=(b^{\ominus})^2K_{sp}^{\ominus}/b(Br^-)=K_{sp}^{\ominus}mol\cdot kg^{-1}$

$$
\begin{aligned}
E^{\ominus}(AgBr/Ag)&=E^{\ominus}(Ag^+/Ag)+\lg[b(Ag^+)/b^{\ominus}]\\
&=0.7994V+0.0529V\lg K_{sp}^{\ominus}\\
&=0.0712V
\end{aligned}
$$

$\lg K_{sp}^{\ominus}=-12.30$ 得 $K_{sp}^{\ominus}=5.01\times10^{-13}$

3. 解：(1) $HCOOCH_3(l)+2O_2(g)$══$2H_2O(l)+2CO_2(g)$

$$
\begin{aligned}
\Delta_c H_m^{\ominus}(HCOOCH_3)&=\Sigma\nu_B\Delta_f H_{m,B}^{\ominus}=2\Delta_c H_m^{\ominus}(H_2)+2\Delta_c H_m^{\ominus}(C)-\Delta_f H_m^{\ominus}(HCOOCH_3)\\
&=-979.5kJ\cdot mol^{-1}
\end{aligned}
$$

$\therefore\ \Delta_f H_m^{\ominus}(HCOOCH_3)=-379.1kJ\cdot mol^{-1}$

$\Delta_r H_m^{\ominus}=\Sigma\nu_B\Delta_f H_{m,B}^{\ominus}=[(-285.8)+(-379.1)-(-424.3)-(-238.7)]kJ\cdot mol^{-1}=-1.9kJ\cdot mol^{-1}$

(2) $\Delta_r S_m^{\ominus}=\Sigma\nu_B S_{m,B}^{\ominus}=(180.6+70.0-129.0-126.8)J\cdot mol^{-1}\cdot K^{-1}=-5.2J\cdot mol^{-1}\cdot K^{-1}$

(3) $\Delta_r G_m^{\ominus}=\Delta_r H_m^{\ominus}-T\Delta_r S_m^{\ominus}=(-1.9+298\times5.2\times0.001)kJ\cdot mol^{-1}=-0.35kJ\cdot mol^{-1}$

$\Delta_r G_m^{\ominus}=-RT\ln K^{\ominus}$

$K^{\ominus}=1.15$

(4) $\Delta_r S_m^{\ominus}(400K)\approx\Delta_r S_m^{\ominus}(298K)$ $\Delta_r H_m^{\ominus}(400K)\approx\Delta_r H_m^{\ominus}(298K)$

$\Delta_r G_m^{\ominus}(400K)=\Delta_r H_m^{\ominus}-T\Delta_r S_m^{\ominus}=(-1.9+400\times5.2\times0.001)kJ\cdot mol^{-1}=0.18kJ\cdot mol^{-1}>0$

在标准状态下不能自发进行。

(5) $\Delta_r H_m^{\ominus}-T\Delta_r S_m^{\ominus}<0$ $T<365K$

主要参考书

[1] 周伟红，曲宝中．新大学化学．4版．北京：科学出版社，2018.
[2] 徐家宁，史苏华，宋天佑．无机化学例题与习题．北京：高等教育出版社，2002.
[3] 顾金英，杨勇．普通化学学习指导．北京：化学工业出版社，2013.
[4] 赵兵，梅文杰．无机化学学习指导．北京：中国医药科技出版社，2015.
[5] 王兴尧．无机化学简明教程学习指南．北京：高等教育出版社，2014.
[6] 姜凤超．无机化学习指导与习题集．北京：人民卫生出版社，2016.
[7] 颜秀茹．无机化学学习指导．北京：高等教育出版社，2009.
[8] 穆慧．基础化学学习指导．2版．北京：科学出版社，2007.
[9] 迟玉兰，于永鲜，牟文生，孟长功．无机化学释疑与习题解析（第二版）．北京：高等教育出版社，2002.
[10] 徐春祥．基础化学．北京：人民卫生出版社，2007.
[11] 高胜利，谢钢．无机化学与化学分析学习指导．2版．北京：高等教育出版社，2004.
[12] 宋天佑，程鹏，王杏乔．无机化学．北京：高等教育出版社，2004.